21 世纪高等职业教育规划教材

微型计算机原理及其应用

（第四版）

陈卜锁　主编

U0295161

上海交通大学出版社

内 容 提 要

本书是计算机基础系列课程教材之一,以 16 位 8086 微处理器的微机系统为主,系统地介绍了计算机基础知识、8086/8088 微处理器及其系统结构、指令系统、汇编语言程序设计、存储器与存储器系统、输入输出与接口芯片、中断接口技术、D/A 和 A/D 转换器接口、人机交互设备接口以及总线系统等。全书共 13 章,每章附有习题。

本书可作为于高职高专电类、计算机类、机电一体化专业教学用书,也可作为工程技术人员参考用书。

图书在版编目(CIP)数据

微型计算机原理及其应用/陈卜锁主编. —4 版.
—上海:上海交通大学出版社,2016
21 世纪高等职业教育规划教材
ISBN 978-7-313-02612-5

Ⅰ. 微... Ⅱ. 陈... Ⅲ. 微型计算机—高等学校:技术学校—教材 Ⅳ. TP36

中国版本图书馆 CIP 数据核字(2008)第 064984 号

微型计算机原理及其应用
(第四版)

陈卜锁 主编

上海交通大学出版社出版发行
(上海市番禺路 951 号 邮政编码 200030)
电话:64071208 出版人:韩建民
常熟市梅李印刷有限公司 印刷 全国新华书店经销
开本:787mm×1092mm 1/16 印张:21 字数:514 千字
2001 年 1 月第 1 版 2016 年 7 月第 4 版 2016 年 7 月第 7 次印刷
ISBN 978-7-313-02612-5/TP 定价:45.00 元

21世纪高等职业教育通用教材

编 审 委 员 会

主 任 名 单

（以姓氏笔画为序）

序

　　发展高等职业教育,是实施科教兴国战略、贯彻《高等教育法》与《职业教育法》、实现《中国教育改革与发展纲要》及其《实施意见》所确定的目标和任务的重要环节;也是建立健全职业教育体系、调整高等教育结构的重要举措。

　　近年来,年轻的高等职业教育以自己鲜明的特色,独树一帜,打破了高等教育界传统大学一统天下的局面,在适应现代社会人才的多样化需求、实施高等教育大众化等方面,做出了重大贡献。从而在世界范围内日益受到重视,得到迅速发展。

　　我国改革开放不久,从 1980 年开始,在一些经济发展较快的中心城市就先后开办了一批职业大学。1985 年,中共中央、国务院在关于教育体制改革的决定中提出,要建立从初级到高级的职业教育体系,并与普通教育相沟通。1996 年《中华人民共和国职业教育法》的颁布,从法律上规定了高等职业教育的地位和作用。目前,我国高等职业教育的发展与改革正面临着很好的形势和机遇:职业大学、高等专科学校和成人高校正在积极发展专科层次的高等职业教育;部分民办高校也在试办高等职业教育;一些本科院校也建立了高等职业技术学院,为发展本科层次的高等职业教育进行探索。国家学位委员会 1997 年会议决定,设立工程硕士、医疗专业硕士、教育专业硕士等学位,并指出,上述学位与工程学硕士、医学科学硕士、教育学硕士等学位是不同类型的同一层次。这就为培养更高层次的一线岗位人才开了先河。

　　高等职业教育本身具有鲜明的职业特征,这就要求我们在改革课程体系的基础上,认真研究和改革课程教学内容及教学方法,努力加强教材建设。但迄今为止,符合职业特点和需求的教材却还不多。由泰州职业技术学院、上海第二工业大学、金陵职业大学、扬州职业大学、彭城职业大学、沙洲职业工学院、上海交通高等职业技术学校、上海交通大学技术学院、上海汽车工业总公司职工大学、立信会计高等专科学校、江阴职工大学、江南学院、常州技术师范学院、苏州职业大学、锡山职业教育中心、上海商业职业技术学院、潍坊学院、上海工程技术大学等百余所院校长期从事高等职业教育、有丰富教学经验的资深教师共同编写的《21 世纪高等职业教育通用教材》,将由上海交通大学出版社等陆续向读者朋友推出,这是一件值得庆贺的大好事,在此,我们表示衷心的祝贺,并向参加编写的全体教师表示敬意。

　　高职教育的教材面广量大,花色品种甚多,是一项浩繁而艰巨的工程,除了高职院校和出版社的继续努力外,还要靠国家教育部和省(市)教委加强领导,并设立高等职业教育教材基金,以资助教材编写工作,促进高职教育的发展和改革。高职教育以培养一线人才岗位与岗位群能力为中心,理论教学与实践训练并重,二者密切结合。我们在这方面的改革实践还不充分。在肯定现已编写的高职教材所取得的成绩的同时,有关学校和教师要结合各校的实际情况和实训计划,加以灵活运用,并随着教学改革的深入,进行必要的充实、修改,使之日臻完善。

　　阳春三月,莺歌燕舞,百花齐放,愿我国高等职业教育及其教材建设如春天里的花园,群芳争妍,为我国的经济建设和社会发展作出应有的贡献!

叶春生

前　言

　　为使本教材更加适合高职高专教学的需要,第三版的内容做了如下修订:增加了第 13 章总线,由成行洁编写;第 7 章中断控制、第 10 章可编程定时器/计数器接口芯片 8253 及各章习题由陈卜锁重新编写,并对其他章节做了增删,纠正了第二版中的一些错误。结合本教材,由陈卜锁主持的网络教学课件,包括教学大纲、教学方案、教学内容、习题集、实验实训已经上网,网址:www. ntvc. edu. cn

　　根据高职高专基础理论知识以够用为度的原则,并考虑到学时的限制,故对计算机科学中的新技术、新思想只能适当涉及。第三版教材可能还会存在一些错误和问题,希望继续得到广大的读者批评指正。

编者

2010 年 1 月 2 日

目　　录

1 计算机基础知识

本章主要介绍微型机中常用数制、十进制数、二进制数和十六进制数的表示方法及它们之间的相互转换,还介绍了有符号数的三种表示形式:原码、反码、补码及补码的运算规则、溢出概念和判别方法。此外还介绍了微型机的基本组成,硬、软件的基本概念。

1.1 计算机中的运算基础

各种类型计算机的处理对象都是数。因此,在学习微型计算机原理之前,首先对计算机中数的表示方法及运算规则作简要介绍。

1.1.1 各种进位制数及其特点

各种进位制数(为了叙述方便,设为 N 进制数),均有以下特点:

① 任意一个 N 进位制数最多由 N 个数码组成。

例如:十进制数有 10 个数码,即 0,1,2,3,4,5,6,7,8,9

二进制数有 2 个数码,即 0,1

十六进制数有 16 个数码,即 0,1,2,3,4,5,6,7,8,9,A,B,C,D,E,F,其中 A~F 对应于十进制数的 10~15。

② N 进制数的基数为 N,它的计数规则是"逢 N 进一"。所谓基数是指该数制中所使用的数码个数。

例如:十进制数的基数是 10,二进制数的基数是 2,十六进制的基数是 16。

③ 各位数码在 N 进制数中所处位置的不同,其所对应的"权"也不同。所谓"权"是与各位数码在数中所代表的数值大小相关的以 N 为底的幂。

例如:十进制数(Decimal number):

$$9 \quad 6 \quad 5 \quad \cdot \quad 7 \quad 8$$
$$\downarrow \quad \downarrow \quad \downarrow \quad \quad \downarrow \quad \downarrow$$

各位的权: $10^2 \quad 10^1 \quad 10^0 \quad \quad 10^{-1} \quad 10^{-2}$

该数按权展开可表示为:

$$965.78 = 9 \times 10^2 + 6 \times 10^1 + 5 \times 10^0 + 7 \times 10^{-1} + 8 \times 10^{-2}$$

一般地说,任意一个十进制数 D 都可以表示为:

$$D = \pm(D_{n-1} \times 10^{n-1} + D_{n-2} \times 10^{n-2} + \cdots + D_1 \times 10^1 + D_0 \times 10^0 + D_{-1} \times 10^{-1} + D_{-2} \times 10^{-2}$$
$$+ \cdots + D_{-m} \times 10^{-m}$$

$$= \pm \sum_{i=-m}^{n-1} D_i \times 10^i \tag{1}$$

其中D_i表示第i位数码,可以是$0 \sim 9$中的任一个具体的数,具体由D确定。m,n为正整数,n为整数部分的位数,m为小数部分的位数。$10^{n-1},10^{n-2},10^1,10^0,10^{-1},\cdots,10^{-m}$为十进制数各位的"权"。

对于任意进位制数K,基数可以用正整数R来表示。这时,数K可表示为:

$$K = \pm \sum_{i=-m}^{n-1} K_i R^i \tag{2}$$

式中m、n均为正整数;K_i则是$0,1,\cdots,(R-1)$中的任一个数码,R是基数,采用"逢R进一"的原则进行计数,各位的权为R^i。

例如:二进制数(Binary number):

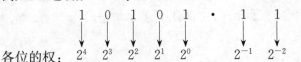

根据式(2),该数按权展开为:

$$(10101.11)_2 = 1 \times 2^4 + 0 \times 2^3 + 1 \times 2^2 + 0 \times 2^1 + 1 \times 2^0 + 1 \times 2^{-1} + 1 \times 2^{-2}$$
$$= 16 + 0 + 4 + 0 + 1 + 0.5 + 0.25$$
$$= (21.75)_{10}$$

它是逢2进位的。如:

$(10)_2 + (11)_2 = (101)_2$

$(101)_2 - (11)_2 = (10)_2$

例如:十六进制数(Hexadecimal number):

根据式(2),十六进制数A5.8可展开成下式:

$$(A5.8)_{16} = 10 \times 16^1 + 5 \times 16^0 + 8 \times 16^{-1} = 160 + 5 + 0.5 = (165.5)_{10}$$

它是逢16进位的。如:16进制数$39+98=D1$,$100-39=C7$。

十进制数、二进制数、十六进制数,它们之间存在着直接唯一的对应关系,如表1.1所示。

表1.1　十进制、二进制、十六进制数对照表

十进制	十六进制	二进制	十进制	十六进制	二进制
0	0	0000	8	8	1000
1	1	0001	9	9	1001
2	2	0010	10	A	1010
3	3	0011	11	B	1011
4	4	0100	12	C	1100
5	5	0101	13	D	1101
6	6	0110	14	E	1110
7	7	0111	15	F	1111

一般用两种方法,区别所表示数的数制:一是在数的括号右下角用数字注明该数数制,如二进数1010.1可写成$(1010.1)_2$,十六进制数C8.5可写成$(C8.5)_{16}$。

另一种是在数字后面跟一个英文字母。通常用B(Binary)表示二进制数,H(Hexadecimal)表示十六进制数,D(Decimal)表示十进制数。所以上面两个数也可写成:1010. 1B、

C8.5H。十进制数的后跟字母"D"一般可省略不写。

④ 二进制数的特点如下：

· 状态简单，凡是具有两个状态的元件都可用来表示二进制数的 0 和 1，所以物质基础广泛，容易实现。

· 运算规则简单，大大地简化了计算机中的运算线路。

· 可用布尔代数这一数学工具对计算机电路进行设计和分析，便于对计算机结构的优化。

由于它具有上述特点，使得二进制数特别适用于计算机。但由于二进制数书写冗长，阅读不便，为此，人们常用十六进制数来书写。此外，人们习惯于十进制数，这就需要熟悉不同数制之间的相互转换。

1.1.2 各不同进位制数之间的转换

1) 二进制数与十进制数之间的转换

(1) 二进制数转换成十进制数

我们只要将二进制数按权展开相加即可，例如：

$$1010.101 = 1 \times 2^3 + 0 \times 2^2 + 1 \times 2^1 + 0 \times 2^0 + 1 \times 2^{-1} + 0 \times 2^{-2} + 1 \times 2^{-3}$$
$$= 8 + 0 + 2 + 0 + 0.5 + 0 + 0.125$$
$$= (10.625)_{10}$$

(2) 十进制数转换成二进制数

整数和小数分开转换。

① 十进制整数的转换。

方法一：可用"除 2 取余"法，即将十进制整数反复除以 2，直至商等于 0 为止。然后将所得的一系列余数按逆序排列即为所求的二进制整数。

例如：$(38)_{10} = (100110)_2$

$$
\begin{array}{ll}
2\underline{)38} & \cdots\cdots\text{余数为}0 \quad K_0=0 \quad \text{最低位} \\
\quad 2\underline{)19} & \cdots\cdots\text{余数为}1 \quad K_1=1 \\
\qquad 2\underline{)9} & \cdots\cdots\text{余数为}1 \quad K_2=1 \\
\qquad\quad 2\underline{)4} & \cdots\cdots\text{余数为}0 \quad K_3=0 \\
\qquad\qquad 2\underline{)2} & \cdots\cdots\text{余数为}0 \quad K_4=0 \\
\qquad\qquad\quad 2\underline{)1} & \cdots\cdots\text{余数为}1 \quad K_5=1 \quad \text{最高位} \\
\qquad\qquad\qquad 0 &
\end{array}
$$

方法二：可用"减幂"法，即将十进制整数不断减去 2 的最高次幂，直至差值等于 0 为止。若该十进制数中包含一个 2^N，则该位为 1，否则为 0。然后将每次减得的 2 的最高次幂排列起来即为所求的二进制整数。

例如：$(38)_{10} = (100110)_2$

$$
\begin{array}{rl}
38 & \\
-32 & \cdots\cdots 2^5 \\
\hline
6 & \\
-4 & \cdots\cdots 2^2 \\
\hline
2 & \\
-2 & \cdots\cdots 2^1 \\
\hline
0 &
\end{array}
$$

② 十进制小数的转换。

可用"乘2取整"法，即将十进制小数反复乘以2，直至所剩小数部分等于零为止，然后将每次所得整数按顺序排列即为所求的二进制小数。如果所求的结果永不为零，可根据精度要求用"0舍1入"的方法进行取舍，也可以用方法二，依此减2的最高次幂法。

例　$(0.625)_{10} = (0.101)_2$

$$
\begin{array}{r}
0.625 \\
\times\ \ \ 2 \\
\hline
1.250 \\
\times\ \ \ 2 \\
\hline
0.500 \\
\times\ \ \ 2 \\
\hline
1.000
\end{array}
$$

……整数部分　1　$K_{-1}=1$　最高位

……整数部分　0　$K_{-2}=0$

……整数部分　1　$K_{-3}=1$　最低位

例　$(0.75)_{10} = (0.11)_2$

$$
\begin{array}{r}
0.75 \\
-\ \ 0.5 \\
\hline
0.25 \\
-\ 0.25 \\
\hline
0
\end{array}
$$

……2^{-1}

……2^{-2}

对于既有整数部分又有小数部分的十进制数，只要按上述方法分别转换，然后合并起来即可。

2）二进制数与十六进制数之间的转换

（1）二进制数转换为十六进制数

由于数16与数2之间的关系为$2^4 = 16$，因此，4位二进制数对应1位十六进制数。根据这个关系，对于二进制数的整数部分的转换，只要从小数点开始依次向左每4位为一节，最后不足4位的前面补0；小数部分由小数点向右，每4位为一节，最后不足4位的后面补0。然后把每4位二进制数用所相应的1位十六进制数代替，即转换成十六进制数。

例：$(10001111011011.111010)_2 = (23DB.E8)_{16}$

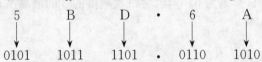

（2）十六进制数转换成二进制数

不论是十六进制的整数或小数，只要把每一位十六进制的数用相应的四位二进制数代替，就可以转成二进制数。

例　$(5BD.6A)_{16} = (10110111101.0110101)_2$

$$
\begin{array}{ccccc}
5 & B & D & \cdot & 6 & A \\
\downarrow & \downarrow & \downarrow & & \downarrow & \downarrow \\
0101 & 1011 & 1101 & \cdot & 0110 & 1010
\end{array}
$$

1.1.3　二进制数的运算规则

1）算术运算规则

（1）加法规则

4

① 0＋0＝0

② 1＋0＝0＋1＝1

③ 1＋1＝10(向高位进位1)

（2）减法规则

① 0－0＝0

② 1－1＝0

③ 1－0＝1

④ 0－1＝1(向高位有借位)

（3）乘法规则

① 0×0＝0

② 0×1＝0

③ 1×0＝0

④ 1×1＝1

二进制的乘法运算是十分简单的,只有当两个1相乘时积才为1,否则积为0。

（4）除法规则

它是乘法的逆运算,规则与十进制除法类似,这里不再赘述。

2）逻辑运算法则

（1）"或"运算（逻辑加）,运算符为"＋"或"∨"

① 0∨0＝0

② 1∨0＝1

③ 0∨1＝1

④ 1∨1＝1

（2）"与"运算（逻辑乘）,运算符为"·"或"∧"

① 0∧0＝0

② 0∧1＝0

③ 1∧0＝0

④ 1∧1＝1

（3）"非"运算（逻辑否定）

$\overline{0}=1,\overline{1}=0$

（4）异或运算（按位加）,运算符为⊕

① 0⊕0＝0

② 0⊕1＝1

③ 1⊕0＝1

④ 1⊕1＝0

按位加是不考虑进位的加法运算。

1.2 计算机中带符号数的表示法及其运算

1.2.1 微机中常用的基本术语

1) 位(bit)和字节(byte)

"位"是计算机能够表示的最小的数据单位,位用 b 表示。字节由 8 个二进制位组成,通常一个存储单元中存放着 1 个字节的数据,字节用 B 表示。

2) 字(word)和字长

"字"是微处理器内部进行数据处理的基本单位,通常它也是微处理器与存储器之间和输入/输出电路之间传送数据的基本单位。字用 W 表示。

"字长"是指一个字所包含的二进制数的位数,它是微处理器的重要指标之一,通常用数据总线的位数来决定微处理器的字长。

8 位微处理器的字长是 8 位,每一个字由一个字节组成,如图 1.1(a)所示。在字节中,最左边的位(D_7)为最高位(MSB),最右边的位(D_0)为最低位(LSB)。16 位微处理器的字长是 16 位,每一个字由两个字节组成,如图 1.1(b)所示。左边的字节是高位字节,最左边的位为最高位,右边的字节是低位字节,最右边的位为最低位。

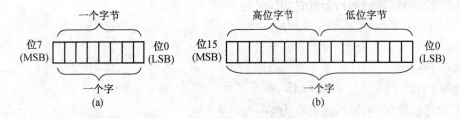

图 1.1 字和字节

1.2.2 机器数与真值

在计算机中,对于一个不带正、负号的数,称无符号数。它将字长的所有位均用于表示数值位。一个 n 位字长的数据可用来表示 2^n 个正整数。例如,一个 8 位数据可表示的数值范围为:

00000000B～11111111B,即 0～255 共 256 个数。

通常数还有正、负之分,并用符号"+"、"−"来表示,称为带符号数。

在计算机中,数的正、负号与数一起存放在寄存器或内存单元中,因此,数的符号在机器中已"数码化"了,通常规定在数的前面增设一位符号位,并规定正号用"0"表示,负号用"1"表示。

若以 8 位字长的存数单元为例,设有数:

$N_1 = +1010101$

$N_2 = -1010101$

N_1 和 N_2 在计算机中表示形式为:

$N_1 = 01010101$,十进制数为 +85

$N_2 = 11010101$，若为原码表示的有符号数，十进制数为-85，而不是 213。

在计算机中，把放在寄存器、存储器或数据端口中的数称为机器数。机器数所对应的值称为真值。机器数的真值到底是多少取决于机器数所对应的是无符号数还是有符号数或学符，以及所对应的是什么码制表示的数或学符。

1.2.3 原码、反码和补码

在计算机中，有符号数有三种表示形式，即原码、反码、补码。

在介绍原码、反码和补码之前，先介绍模的概念和性质。我们把一个数字系统的最大量程称为"模"或"模数"，记为 M 或 mod M。它在计量过程中会自动丢失。

如钟表系统的模为 12，当时针转到 12 时，时针又从零开始重新计时，数 12 就自动丢失。又如三位十进制计算器，它的表示范围从 000 到 999，若在 999 时再加 1，则为 1 000，此时 1 000 这个数就自动丢失，计数器又从 000 开始重新计数，所以 1 000 是该计数器的模。

1) 原码

当符号位为 0 表示正数，符号位为 1 表示负数，其余各位表示尾数，这种表示方法称为原码表示法。前面介绍的机器数 N_1 和 N_2 就是原码表示法。

(1) 对于正数的原码表示

例　$X = +0101010$

　　$[X]_原 = 0\ 0101010$

　　　　　↓└尾数┘

　　　符号位

(2) 对于负数的原码表示

例　$X = -0101010$

　　$[X]_原 = 1\ 0101010$

　　　　　↓└尾数┘

　　　符号位

(3) 对于 0 的原码表示

"0"在原码中的表示方法有两种：

$[+0]_原 = 00\cdots\cdots0$

$[-0]_原 = 10\cdots\cdots0$

计算机遇到这两种情况都当作 0 来处理。

对于 8 位二进制数原码的数值范围为 $+127 \sim -127$，对于 16 位二进制数原码的数值范围为 $+32\ 767 \sim -32\ 767$。

由上所述，可将字长为 n 位二进制整数（包括符号位）X 的原码定义为：

$$[X]_原 = \begin{cases} X & \text{当 } 0 \leqslant X < 2^{n-1} \\ 2^{n-1} - X & \text{当 } -2^{n-1} < X \leqslant 0 \end{cases} \pmod{2^n}$$

2) 反码

① 正数的反码表示与原码相同。

② 负数的反码除符号位仍为 1 外，其余各位均取反。

例　$X = -1010101$　　$[X]_反 = 1\ 0101010$

③ "0"的反码表示不是唯一的,它有$[+0]_反$和$[-0]_反$两种表示方法。

$[+0]_反 = 00\cdots\cdots0$

$[-0]_反 = 11\cdots\cdots1$

由上所述,可将字长为n位二进制整数(包括符号位)X的反码定义为:

$$[X]_反 = \begin{cases} X & 当\ 0 \leqslant X < 2^{n-1} \\ 2^n - 1 + X & 当 -2^n - 1 < X \leqslant 0 \end{cases} \quad (\mathrm{mod}\ 2^n)$$

8 位二进制反码所能表示的数值范围为$+127 \sim -127$;16 位二进制反码所表示的数值范围为$+32\,767 \sim -32\,767$。

3) 补码

原码的表示简单易懂,与真值转换方便。原码在执行乘除运算时,只要将尾数进行乘除操作,而商或积的符号为两个原码符号的异或结果,运算显得十分方便。但遇到两个异号数相加时,计算机的运算就变得复杂,这时计算机首先要比较两数绝对值的大小,然后进行减法运算,将绝对数大者减绝对数小者,最后决定差数的符号。计算机做这些工作势必增加硬件电路的复杂程度,而且减低了加减运算的速度。为了简化硬件设备,提高运算速度,人们采用了另一种机器数表示法,即补码表示法。

补码表示法可以把减法运算转换为加法运算,使正负数的加减运算转化为单纯的加法运算,这样就解决了原码表示法在加减运算中所遇到的上述问题。

(1) 同余的概念和补码

如果有两个整数a和b,被某一整数M相除,所得余数相等时,则称a和b对模M是同余的。

例如:$a=16$,$b=26$,若模为 10;则a,b除以 10,余数均为 6,我们称 16 和 26 在以 10 为模时是同余的,并记为:

$16 = 26 (\mathrm{mod}\ 10)$

即 16 和 26 在以 10 为模时,它们是相等的。由同余的概念不难得出:

$$a + M = a (\mathrm{mod}\ M)$$

$$a + KM = a (\mathrm{mod}\ M) \quad K\ 为整数$$

因此当a为负数时,如$a=-7$,在以 10 为模时有:

$$-7 + 10 = -7 (\mathrm{mod}\ 10)$$

$$3 = -7 (\mathrm{mod}\ 10)$$

即在以 10 为模时,-7 与 $+3$ 是相等的。我们称$+3$是-7的补码,或者说$+3$与-7对模来说互为补数。同理,$+6$是-4的补码,$+8$是-2的补码等等。由此可得出补码的定义为:

$$[X]_补 = 模 + X$$

引进了补码,也就可以将减法运算转化为加法运算(加补码)。例如:

$$7 - 4 = 7 + 6 (\mathrm{mod}\ 10)$$

即在以 10 为模时,7 减 4 可以通过 7 加-4的补码 6 运算,所得结果是一样的。只是在加补码时所产生的进位"10"舍弃即可,这也正是以 10 为模的含意。

由补码定义可知,为了求得补码仍然用了减法运算,似乎还没避免减法运算。然而在计算机中求二进制数的补码可以不用减法运算,而用下面介绍的简单方法求之。

(2) 模为 2 的补码

假定字长为 n 位(包括符号位)的带符号二进制整数,它的模就是 2^n,也称以 2^n 为模。根据补码的定义得到整数补码的表示式为:

$$[X]_{补} = 2^n + X \,(\mathrm{mod}\ 2^n)$$

由定义可知

① 正数的补码与正数的原码、反码相同。

例　　$X = +1001011$

则　　$[X]_{补} = 2^8 + 1001011 = 01001011$(若字长 $n=8$,则模 2^8 自动丢失)

② 对于负数的补码表示如下:

例　　$X = -1001011$

则　　$[X]_{补} = 2^8 - 1001011 = 10110101\ (n=8)$

③ 对于"0"的补码表示如下:

$$[+0]_{补} = 00\cdots\cdots 0$$

$$[-0]_{补} = 2^n - 0 = 00\cdots\cdots 0$$

因此,对于补码而言,$[+0]_{补} = [-0]_{补}$,即 0 的补码只有一种表示方式。

④ 当 $X = -2^{n-1}$ 时,仍可用 $[X]_{补} = 2^n + X$ 求之:

$$[-2^{n-1}]_{补} = 2^n - 2^{n-1} = 2^{n-1}$$

这样,补码的取数范围扩大为: $-2^{n-1} \leqslant X < 2^{n-1}$。

若字长为 8 位的计算机中,补码所能表示的范围为:

$$+127 \sim -128 \quad 即 \quad 01111111 \sim 10000000$$

在字长为 16 位的计算机中,补码所能表示的范围为: $+32\,767 \sim -32\,768$

比较 $[X]_{原}$、$[X]_{反}$、$[X]_{补}$、三个定义表达式可知:当 $X > 0$ 时,$[X]_{原} = [X]_{反} = [X]_{补}$;当 $X < 0$ 时,$[X]_{补} = 2^n + X = (2^n - 1) + X + 1 = [X]_{反} + 1$

由此可知,对于满足 $-2^{n-1} \leqslant X < 0$ 的负数,$[X]_{补}$ 为 $[X]_{原}$ 除符号位相同外尾数各位求反加 1,即 X 的反码加 1。这样,在计算机中求补码时就可避免做减法运算。

例　$[X]_{原} = 1\ 0\ 0\ 0\ 1\ 0\ 1\ 0$

　　　　↓　↓　↓　↓　↓　↓　↓　↓

　　　　1　1　1　1　0　1　0　1　　符号位不动,其余各位变反

　　+)　　　　　　　　　　　1　　最低位加 1

　$[X]_{补} = 1\ 1\ 1\ 1\ 0\ 1\ 1\ 0$

另外,若已知 $[X]_{补}$,可以对 $[X]_{补}$ 再求一次补,就得到 $[X]_{原}$ 即 $[[X]_{补}]_{求补} = [X]_{原}$

例　$[X]_{补} = 1\ 1\ 1\ 1\ 0\ 1\ 1\ 0$

　　　　　↓　↓　↓　↓　↓　↓　↓

　$[X]_{原} = 1\ 0\ 0\ 0\ 1\ 0\ 1\ 0$

从以上分析得到,8 位二进制数码,表示为无符号数为 $0 \sim 255$;表示为原码为 $-127 \sim +127$;表示为反码为 $-127 \sim +127$;表示为补码为 $-128 \sim +127$,如表 1. 2 所示。

表 1.2　8 位二进制数表示法对照表

二进制数码	无符号数	原、反、补码	二进制数码	无符号数	原码	反码	补码
00000000	0	+0	10000000	128	−0	−127	−128
00000001	1	+1	10000001	129	−1	−126	−127
00000010	2	+2	10000010	130	−2	−125	−126
…	…	…	…	…	…	…	…
…	…	…	…	…	…	…	…
…	…	…	…	…	…	…	…
01111101	125	+125	11111101	253	−125	−2	−3
01111110	126	+126	11111110	254	−126	−1	−2
01111111	127	+127	11111111	255	−127	−0	−1

1.2.4　补码的加减运算

1) 补码运算的特点

① 凡参加运算的数一律用补码表示,其运算结果也用补码表示,若结果的符号位为 0,表示正数;若结果的符号为 1,表示负数。最高位产生进位,则自然丢失。

② 补码的符号位与数值部分一起参加运算,并自动获得结果(包括符号和数值部分)。所得的结果也是补码。

2) 补码加减运算的一般公式

① 补码加法:$[X]_补 + [Y]_补 = [X+Y]_补$;

② 补码减法:$[X]_补 - [Y]_补 = [X]_补 + [-Y]_补 = [X]_补 + [[Y]_补]_{变补}$。

其中,$[-Y]_补 = [[Y]_补]_{变补}$。变补就是连同符号位一起求反加 1,它与前面介绍的由补码求原码的表示式$[[Y]_补]_{求补}$不同。

例　已知 $X = +1100011$,$Y = -0111010$,进行补码加法运算。

$$[X]_补 = \ 0\ 1\ 1\ 0\ 0\ 0\ 1\ 1 \quad +99\ 的补码$$
$$+)\ [Y]_补 = \ 1\ 1\ 0\ 0\ 0\ 1\ 1\ 0 \quad -58\ 的补码$$
$$[X+Y]_补 = 1\ 0\ 0\ 1\ 0\ 1\ 0\ 0\ 1$$

进位位自动丢失 ⌐　└ 符号位

D_7 向高位的进位自然丢失,运算结果的符号位为 0,表示结果为正数,其真值为 +41。

例　已知 $X = -0111000$,$Y = -0010001$,进行补码减法运算。

$[X]_原 = 10111000$,$[X]_补 = 11001000$

$[Y]_原 = 10010001$,$[Y]_补 = 11101111$,$[-Y]_补 = [[Y]_补]_{变补} = 00010001$

则　$[X]_补 - [Y]_补 = [X]_补 + [[Y]_补]_{变补}$,运算过程如下:

$$[X]_补 = \ 1\ 1\ 0\ 0\ 1\ 0\ 0\ 0 \quad -56\ 的补码$$
$$+)\ [-Y]_补 = \ 0\ 0\ 0\ 1\ 0\ 0\ 0\ 1 \quad +17\ 的补码$$
$$[X-Y]_补 = \ 1\ 1\ 0\ 1\ 1\ 0\ 0\ 1$$

符号位 ⌐

10

符号位是"1"表示所得的结果为负数,用原码表示,只要对补码结果再求一次补即可:

$$[X-Y]_原=10100111,即真值 X-Y=-0100111(-39)$$

1.2.5　无符号数的运算

当两个无符号数相加时,其和必定为正。当和超过字长时,就向更高位进位,要采用多字节来表示。

当两个无符号数相减时,其差值符号取决于两数相减时最高位有无借位。若有借位表示被减数小于减数,其差值为负数;若无借位,表示被减数大于减数,其差值为正数。

在计算机中,对于无符号数的减法运算一律采用减数变补加被减数来代替两数相减。这里应当注意的是:在变补相加时,最高位有进位表示 $X-Y$ 时无借位,结果为正。反之,若最高位无进位则表示 $X-Y$ 时有借位,结果为负。

例　已知两个 8 位无符号数 $X=11000000,Y=10010100$,求 $X-Y$。

减数 Y 的变补 $[Y]_{变补}=01101100$,所以 $X-Y=X+[Y]_{变补}$

$$
\begin{array}{r}
X=\quad1\ 1\ 0\ 0\ 0\ 0\ 0\ 0 \\
+)[Y]_{变补}=\quad0\ 1\ 1\ 0\ 1\ 1\ 0\ 0 \\
\hline
0\ 0\ 1\ 0\ 1\ 1\ 0\ 0
\end{array}
$$

从运算结果看 D_7 向更高位有进位,此进位自动丢失,有进位表示无借位,即被减数大于减数,够减差数为正。

综上所述,在减法运算中,不论是带符号数还是无符号数,对计算机来说其处理方法是相同的,即都是用减数变补相加来代替两数相减。但值得一提的是,结果的符号判断方法是不同的,若参加运算的数为带符号的补码,则结果的符号以最高位的状态来判别;最高位为 0,表示为正数,最高位为 1,表示为负数;若参加运算的数为无符号数,则结果的符号以最高位向更高位是否有进位来判别;若有进位(即两数相减无借位)表示正数;若无进位(即两数相减有借位)表示负数。

1.2.6　溢出的概念及判别

1) 溢出的概念

从广义上讲,无论是带符号数还是无符号数,如果在运算过程中产生的数超过计算机所能允许表示的范围,就称为"溢出"。而我们这里所讨论的"溢出",仅对带符号数而言。

上面提到八位微型计算机用补码所能表示的数值范围为 $-128\sim+127$;十六位微型计算机用补码所能表示的数值范围为 $-32\,768\sim+32\,767$。超出此范围便称为"溢出"。通常,任何运算都不允许发生溢出,若运算发生溢出时,计算机应能立即发现,并作出相应的处理。

2) 溢出的判别

① 方法一,双高位判别法。这种方法是用字长的最高位(即符号位)与次高位(即数值部分最高位)的进位状态来判断运算过程是否发生溢出。

设 C_{S+1} 和 C_S 分别表示最高位和次高位的进位状态。当 D_7 位向更高位有进位时,$C_{S+1}=1$,无进位时,$C_{S+1}=0$;当 D_6 位向 D_7 位有进位时,$C_S=1$,无进位时 $C_S=0$。若参加运算的两个数 X 和 Y 的绝对值小于 2^{n-1},则只有当两个同号数补码相加时,才可能产生溢出,因此用双高位进位判别溢出的方法是:当运算过程的两个进位状态 C_{S+1} 和 C_S 同时出现 0 或 1(即 C_{S+1} 和

C_S 状态相同)时不产生溢出;若 C_{S+1} 和 C_S 状态不同,则产生溢出。

用逻辑式表示为:

$$C_{S+1} \oplus C_S = \begin{cases} 0 & \text{无溢出} \\ 1 & \text{有溢出} \end{cases}$$

② 方法二,仅有四种情况有可能产生溢出。

正数+正数=正数,无溢出,否则有溢出;

负数+负数=负数,无溢出,否则有溢出;

正数-负数=正数,无溢出,否则有溢出;

负数-正数=负数,无溢出,否则有溢出。

其余加减运算肯定无溢出。

现以字长为 8 位微机系统举例说明如下:

例 已知 $X=+1100101,Y=-1000101$,用补码进行加法运算。

$$
\begin{array}{llll}
[X]_\text{补} = & 0\ 1\ 1\ 0\ 0\ 1\ 0\ 1 & +101 \text{的补码} \\
+)[Y]_\text{补} = & 1\ 0\ 1\ 1\ 1\ 0\ 1\ 1 & -69 \text{的补码} \\
\hline
[X+Y]_\text{补} = 1\ & 0\ 0\ 1\ 0\ 0\ 0\ 0\ 0 \\
& C_{S+1}=1 \quad C_S=1
\end{array}
$$

由于 $C_{S+1} \oplus C_S = 1 \oplus 1 = 0$,所以未发生溢出。上面的运算结果为+32 是正确的。用方法二判别,此例属于正数+负数,肯定无溢出。

例 已知 $X=-1100101,Y=-1000101$,用补码进行加法运算。

$$
\begin{array}{llll}
[X]_\text{补} = & 1\ 0\ 0\ 1\ 1\ 0\ 1\ 1 & -101 \text{的补码} \\
+)[Y]_\text{补} = & 1\ 0\ 1\ 1\ 1\ 0\ 1\ 1 & -69 \text{的补码} \\
\hline
[X+Y]_\text{补} = 1\ & 0\ 1\ 0\ 1\ 0\ 1\ 1\ 0 \\
& C_{S+1}=1 \quad C_S=0
\end{array}
$$

由于 $C_{S+1} \oplus C_S = 1 \oplus 0 = 1$,故发生溢出。因为$-101+(-69)=-170$,小于$-128$,所以发生溢出,运算结果是错误的。用方法二判别,此例属于负数+负数,有可能产生溢出,现在结果为正数,则有溢出。

1.2.7 数的定点和浮点表示

定点表示:又称整数表示,小数点在数中的位置是固定不变的;

浮点表示:又称实数表示,小数点在数中的位置是浮动的。

对于任意一个二进制数 N,可用 $N=S*2^P$ 表示,其中 S 为尾数,P 为阶码,2 为阶码的底,P,S 都用二进制数表示,S 表示 N 的全部有效数字,P 指明小数点的位置,当阶码为固定值时,数的这种表示法称为定点表示,这样的数称为定点数;当阶码为可变时,数的这种表示法称为浮点表示,这样的数称为浮点数。

通常定点数有两种表示法,均设 $P=0$,小数点是隐含的。若数值部分为 n 位,则

当 S 为纯整数时,此时定点数只能表示整数,所能表示的 N 范围是 $2^n-1) \geqslant N \geqslant -(2^n-1)$;

当 S 为纯小数时,此时定点数只能表示小数,所能表示的 N 范围是 $1-2^{-n}) \geqslant N \geqslant -(1-2^{-n})$。

实际数值不一定都是纯整数或纯小数,运算前可选择比例因子,使所有原始数据化成纯小

12

数或纯整数,运算后再用比例因子恢复成实际值。

Pentium 处理器除无符号整数外,还有四种不同类型的整数,见表 1-3 。

表 1.3　Pentium 处理器四种整数类型

整数类型	数值范围	精　　度	格　　式
16 位整数	$-32\,768 \sim 32\,767$	二进制 16 位	16 个二进位,补码表示
短整数	$-2^{31} \sim 2^{31}-1$	二进制 32 位	32 个二进位,补码表示
长整数	$-2^{63} \sim 2^{63}-1$	二进制 64 位	64 个二进位,补码表示
BCD 整数	$-10^{18}+1 \sim 10^{18}-1$	二进制 80 位	80 个二进位,最左边一个字节的最高位表示符号,其余 7 位无效,另外 72 位是 18 位 BCD 码,原码表示

表示浮点数时还常用一种称为增码的码制。浮点数的阶码表示指数大小,有正有负。为避开阶码的符号,对每个阶码都加上一个正的常数(称偏移常数),使能表示的所有阶码都为正整数,变成"偏移"了的阶码,又称移码,又称增码。移码的值不小于 0,浮点数小数点的实际位置由移码减去偏移常数来决定。

一个实数可表示成一个纯小数与一个乘幂之积,如:

$1011.101 = 0.1011101 \times 2^{100}$

$-0.0010011 = -0.10011 \times 2^{-10}$

$-110001101 = -0.110001101 \times 2^{1001}$

一个任意实数,在计算机内部可以用指数(为整数)和尾数(为纯小数)来表示。用指数和尾数表示实数的方法称为浮点表示法。

表示浮点数时指数选用什么编码? 尾数的格式和小数点位置如何确定? 起初不同的计算机有不同的规定,产生了相互间数据格式的不兼容。为此,IEEE 制定了有关标准,并被普遍采用。

浮点数的长度可以是 32 位、64 位甚至更长,分阶码和尾数两部分。阶码位数越多,可表示的数的范围越大;尾数越多,所表示的数的精度越高。

Pentium 处理器中浮点数格式完全符合 IEEE 标准,其形式如下:

$(-1)S2E(b0 \triangle b1b2b3 \cdots bp-1)$

其中:$(-1)S$ 是符号位,$S=0$ 为 0,表示正,$S=1$ 为 -1,表示负;E 是指数,为无符号整数的移码;$(b0 \triangle b1b2b3 \cdots bp-1)$ 是尾数,$bi=0$ 或 1,$\triangle$ 代表隐含的小数点,p 是尾数的长度。

Pentium 处理器可表示三种不同类型的浮点数,见表 1-4。

表 1.4　Pentium 处理器三种类型浮点数格式

参　　数	单精度浮点数	双精度浮点数	扩充精度浮点数
浮点数长度(字长)	32	64	80
尾数长度 p	23	52	64
符号位 S 位数	1	1	1

参　　数	单精度浮点数	双精度浮点数	扩充精度浮点数
指数 E 长度	8	11	15
最大指数	$+127$	$+1023$	$+16383$
最小指数	-126	-1022	-16382
指数的偏移量	$+127$	$+1023$	$+16383$
表示的实数范围	$10^{-38} \sim 10^{38}$		$10^{-308} \sim 10^{308}$

浮点数在计算机中一般都表示成规格化形式,即尾数的最高位 b_0 总为 $1,b_0$ 和小数点一样都是隐含存在,在机器中不明确表示出来。例如:

182.375 在 Pentium 中表示成单精度浮点数为:01000011001101100110000000000000

因为 $182.375 = 10110110.011B \Rightarrow 1.0110110011 \times 2^{111} \Rightarrow 1_{\triangle}0110110011 \times 2^{111}$

指数 $111B = 7$,加上偏移量 127,成为 $134 = 10000110B$,所以 182.375 的单精度浮点数表示为 0　10000110　01101100110000000000000。

S　　　E　　　　　　尾数

实际问题是复杂和多样的,因而同一计算机里也提供多种类型的整数(定点数)和实数(浮点数),用户应根据需要选用,以求最佳效果。

1.3　计算机中数据的编码

在计算机中,数用二进制表示,而计算机又应能识别和处理各种字符,如大小写英文字母、标点符号、运算符号等,这些字符只能用若干位二进制码的组合来表示,这就是二进制编码。

1.3.1　8421BCD 码(Binary Coded Decimal 二进制编码的十进制数)

通常人们最习惯的是十进制数,但是计算机内部是按二进制数运算的,输入/输出时仍采用十进制数,沟通的办法是,每一位十进制数用 4 位二进制编码来表示。由于十进制数的数码为 0~9,对应的 BCD 码为 0000~1001,超过 1001 的 4 位二进制数(1010~1111)为非法 BCD码。最常用的是 8421BCD 码,它的编码关系如表 1.5 所示。

表 1.5　BCD 编码表

十进制数	8421BCD	十进制数	8421BCD
0	0000	5	0101
1	0001	6	0110
2	0010	7	0111
3	0011	8	1000
4	0100	9	1001

由于 4 位二进制数每位的权为 8,4,2,1。故称 8421BCD 码。

利用 8421BCD 码,十进制数 89.5 可表示为:

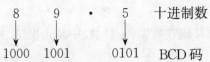

为了避免 BCD 码与纯二进制数混淆,通常将 BCD 码用括号括起来在右括号的下角写上小的脚码 BCD 字样。

例如:(01011001.0111)$_{BCD}$

所以,只要熟悉了 BCD 码的 10 个编码,可以很容易地实现十进制数与 BCD 码之间的转换。但要注意:BCD 码与二进制数之间的转换不是直接的,要先经过 BCD 码转换成十进制数,然后再转换为二进制数;反之亦然。

计算机执行的是二进制运算,如果是用 BCD 码进行运算就会出错,那么为了得到正确的结果,计算机在执行 BCD 码运算时,必须进行 BCD 码调整。调整规则如下:

① 4 位二进制数一组,两个 BCD 数相加结果大于 9 或者大于或等于 16 时,则需对该 4 位进行"加 6 调整"。

② 4 位二进制数一组,两个 BCD 数相减时需向高位借位,则需对该 4 位进行"减 6 调整"。

例　用 BCD 码求 56+28=?

$$
\begin{array}{r}
56=(0\ 1\ 0\ 1\ 0\ 1\ 1\ 0)_{BCD} \\
+)\ 28=(0\ 0\ 1\ 0\ 1\ 0\ 0\ 0)_{BCD} \\
\hline
0\ 1\ 1\ 1\ 1\ 1\ 1\ 0 \\
+)\qquad\qquad 0\ 1\ 1\ 0 \\
\hline
84=(1\ 0\ 0\ 0\ 0\ 1\ 0\ 0)_{BCD}
\end{array}
$$

　低 4 位大于 9 进行加 6 调整

从运算结果看到经过调整后的运算结果是正确的,这是因为 BCD 码相加是按十进制加法规则逢十进一,但是对于 4 位二进制来说,是逢 16 才能进位(减法是向高位借 16),这样两个进位相差为 6。这时,需将 BCD 码的和再加上一个 6(减法减 6)进位调整,以产生正确的进位。

例　用 BCD 码求 98-69=?

$$
\begin{array}{r}
98=(1\ 0\ 0\ 1\ 1\ 0\ 0\ 0)_{BCD} \\
-)\ 69=(0\ 1\ 1\ 0\ 1\ 0\ 0\ 1)_{BCD} \\
\hline
0\ 0\ 1\ 0\ 1\ 1\ 1\ 1 \\
-)\qquad\qquad 0\ 1\ 1\ 0 \\
\hline
29=(0\ 0\ 1\ 0\ 1\ 0\ 0\ 1)_{BCD}
\end{array}
$$

　低 4 位向高 4 位有借位进行减 6 调整

通过调整后运算结果正确。

通过例题我们看到了 BCD 码运算结果的调整过程,在计算机系统中,这种调整过程由 BCD 码调整指令自动完成。

1.3.2　ASCII 码(美国标准信息交换代码)

在计算机中,字母和各种符号的二进制编码普遍采用 ASCII 码(American Standard Code For Information Interchange,美国信息交换标准码),见附录。

它是 8 位二进制编码,最高位为奇偶校验位,无奇偶校验时该位为"0",其余 7 位可表示 128 个字符,其中包括数码(0～9)、大小写英文字母和其他符号等。例如数字 0～9 的 ASCII 码为 30H～39H,大写字母 A～Z 的 ASCII 码为 41H～5AH 等。

设置奇偶校验位的目的是为了校验 ASCII 码在数据传送过程中是否出错。

例如:字母 B 的 ASCII 码为 01000010

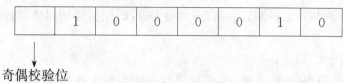

奇偶校验位

它共有两个 1,若采用奇校验,则奇偶校验位为 1,ASCII 码中"1"的个数为奇数,这时字母 B 的编码为 11000010。

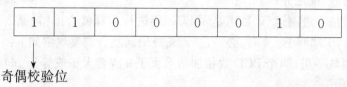

奇偶校验位

如果采用偶校验,则奇偶校验位为 0,ASCII 码中"1"的个数变成偶数,这时字母 B 的编码就为 01000010。

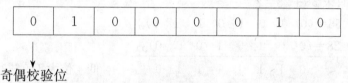

奇偶校验位

究竟采用哪种校验由计算机通信双方约定,若采用奇校验,则在发送字符 B 时,发送端应发出编码为 C2H,校验位为"1"。若接收端发现"1"的个数为偶数,则认为发送过程中有错,应及时作出出错处理。

1.4 微型计算机系统的基本组成

1.4.1 概述

传统电子计算机的组成如图 1.2 所示。它主要有运算器、控制器、存储器、输入设备和输出设备五大部件组成。各部件的功能如下:

运算器:主要进行算术运算和逻辑运算。

存储器:用来存储程序、数据、中间结果和运算结果。

输入设备:用来输入程序和数据。常用的输入设备有键盘、鼠标器等。

输出设备:用来输出运算结果。常用的输出设备有显示器、打印机等。

控制器:进行指令译码,发布各种操作命

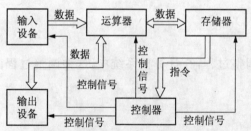

图 1.2　电子计算机的基本组成

令和控制信息,控制计算机各部件按人们预先规定的计算步骤有条不紊地、自动地进行工作。它是计算机的指挥中枢。

要使计算机能正常地工作,仅有上述五大部件还不够,还须配以必要的"指令"和"程序"。

指令由二进制代码组成,能使计算机执行某种操作的命令。例如,使计算机执行加法操作的命令称"加法指令",执行减法操作的命令称"减法指令"等。

为解决某一问题而编制的一系列指令序列就构成了程序。指令是程序中的一步,它告诉计算机在程序中这一步是如何操作的。整个程序就是计算机的解题步骤。计算机在运行时,首先要将程序和数据送到存储器,然后由控制器从存储器中逐条取出指令,并逐条译码后执行,直至执行完最后一条指令,程序也就执行结束。

由上所述,一台完整的计算机系统应该由硬件系统和软件系统两大部分组成。

硬件是指组成计算机的物理实体,它包括组成计算机的各种部件和外部设备,如前所述的运算器、存储器、控制器、输入设备和输出设备等。硬件系统是指组成某台计算机所具有的硬件资源。

软件是指具有一定功能的各种各样的程序,软件系统是指某计算机所具有的各种程序的集合。

只有当硬件和相应的软件都具备时,计算机才能完成特定的任务。硬件的功能在于对指令译码,然后执行指令,实现输入和输出。软件的功能在于控制计算机执行指令,从而解决各种各样的问题。

这种以二进制和程序控制为基础的计算机结构是由冯·诺依曼(John Von Neumann)在1940年提出的,故又称为冯·诺依曼计算机原理。

1.4.2 微型计算机的硬件系统

微型计算机的硬件系统,从原理上讲与传统电子计算机的硬件系统一样。它由中央处理器CPU(Central Processing Unit)、存储器、输入输出接口、系统总线、输入输出设备组成。

微型计算机采用了大规模集成电路,把传统电子计算机的运算器、控制器和有关寄存器集成在一块芯片上,称中央处理器CPU,或称微处理器(Micro Processor Unit)。

由微处理器MPU(即CPU)配以存储器和输入输出接口就构成微型计算机的硬件系统。微处理器、微型计算机、微型计算机系统的硬件构成如图1.3所示。

在有些微型机系统中,把CPU、存储器、输入输出接口集成在一块芯片上,则构成单片微型计算机(简称单片机)。单片机被广泛地应用于机电一体化、仪器仪表智能化领域中。

现将微型计算机硬件系统各部件的功能与原理介绍如下。

1) 中央处理器CPU(即微处理器MPU)

中央处理器CPU的功能相当于传统计算机的运算器和控制器。微处理器主要有算术逻辑运算单元、控制单元、寄存器阵列(寄存器组)和内部总线组成。

(1) 算术逻辑运算单元ALU(Arithmetic Logic Unit)

算术逻辑运算单元ALU的基本功能是对数据进行算术运算(加、减)或逻辑运算(与、或、异或)以及移位操作等。由ALU等电路组成的运算器如图1.4所示。

ALU的运算数据(一个或两个)可以来自寄存器组或存储器的某个单元,经暂存器T送至ALU。ALU的运算结果送至有关的一个寄存器或存储单元。

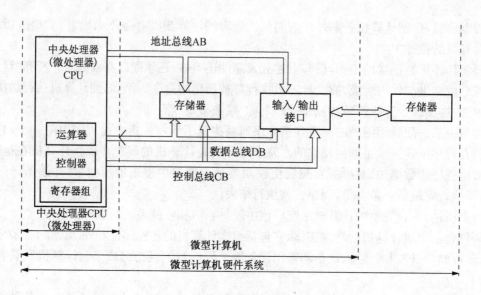

图 1.3 微型计算机硬件系统组成

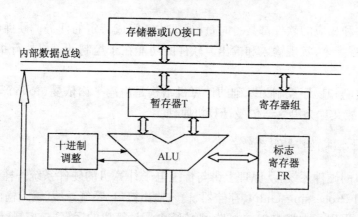

图 1.4 由 ALU 组成的运算器

标志寄存器 FR 用来存放本次操作后的有关状态信息,标志寄存器中不同位各自存放不同的状态信息。例如,操作的结果是"正"还是"负";结果是"0"还是非"0";操作过程中,最高位有进位还是无进位;有溢出还是无溢出等等。这些操作结果的状态信息和操作过程中的状态信息就存放在标志寄存器 FR 中,以便提供条件转移指令的使用。

十进制调整电路用来调整 BCD 码的运算,使得二进制的运算器实现 BCD 码的运算。

(2)控制器

控制器是计算机发布各种操作命令和控制信号的部件,是计算机的指挥中心。它的基本职能是从存储器中取出指令,然后分析指令并控制整个计算机执行指令。它由指令寄存器 IR、指令译码器 ID、操作控制部件、定时电路和指令指针 IP 等组成,如图 1.5 所示。

计算机解题时,总是先用指令编制成一个程序,并把它放到存储器中,然后启动计算机逐条取出指令,分析它的操作功能,接着执行这条指令。执行完毕后,控制器再取下一条指令,又去分析、去执行,就这样周而复始,直至整个程序执行完毕。

为了指明本条指令存放在存储器的哪个单元,CPU 中设置了一个存放指令地址的寄存

18

器,称为指令指针 IP(Instruction Pointer)。计算机在执行指令时,首先把指令地址,即指令指针 IP 的内容送到内存储器的地址译码器上,以选中指令所在的存储单元,然后启动存储器读出这条指令。当指令指针 IP 的内容送到存储器的地址译码器后,IP 的内容自动递增以形成下一条要执行的指令地址。指令指针 IP 的内容反映了程序的执行顺序,所以又称程序计数器 PC(Program Counter)。

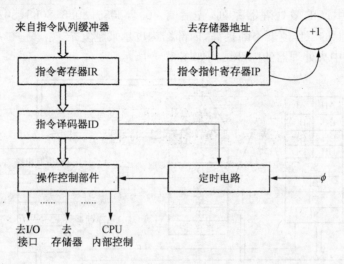

图 1.5 控制单元组成

从内存取出的指令送到指令寄存器 IR 和指令译码器 ID,由指令译码器对该指令进行译码。译码后,在其输出端产生相应的控制电位。再将这些控制电位传送到操作控制部件,并与定时电路送来的定时信号进行组合,产生出实现该指令规定操作的所有控制信号。

操作控制部件用来产生计算机执行指令所必须的全部操作控制信号,并按照执行指令的需要,把全部操作控制信号按一定的时间顺序送到计算机适当的地方,去完成执行该指令所规定的操作。

定时电路在时钟信号 Φ 的驱动下,按一定的周期产生执行指令所需要的定时电位和定时脉冲,控制计算机的正常运行。

(3) 寄存器阵列(寄存器组)

寄存器阵列是 CPU 内部的临时存储单元,其数量是根据不同的 CPU 而异,每个寄存器按其功能都有专门名称和英文符号,如 8086CPU 中存放一般数据的数据寄存器 AX,BX,CX,DX 等,它们是 16 位的,也可分成两个 8 位的寄存器,如 16 位的 AX 寄存器可分为 8 位寄存器 AH 和 AL;有存放指令地址的指令寄存器 IP;有存放状态信息的标志寄存器 FR 等等,这些寄存器都是 16 位的。

由于 CPU 内部有了一定数量的寄存器,CPU 就可以直接从寄存器阵列中存取数据,从而减少了访问存储器的次数,有利于提高 CPU 的运行速度。

(4) 总线

总线是连接计算机各部分的一束公共信息传输线,它是计算机传送信息的通道。连接 CPU、存储器和输入输出接口的公共传输线称为系统总线。在这些部件内部起连接作用的称为内部总线。因此,CPU 内部各部件之间(如 ALU、控制单元、寄存器阵列等)是由内部总线连接并传送信息的。

在系统总线中,有传输地址信息的地址总线 AB(Address Bus);有传输数据或指令的数据总线 DB(Data Bus);有传输控制信号的控制总线 CB(Control Bus)。CPU 为了与外界发生联系必须具有连接这些系统总线的引出脚。

微型计算机的 CPU 随着微电子技术的发展而日新月异地变化。具有代表性的产品是美国 INTEL 公司生产的微处理器系列,先后有 4004,8085,8086,8088,80286,80386,80486,Pentium 等。它们的工作速度不断提高,内部结构也越来越复杂。

一个简化的中央处理器的内部结构如图 1.6 所示。

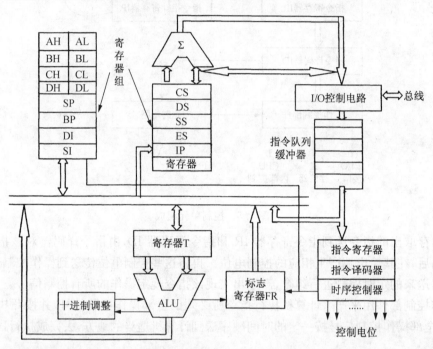

图 1.6　简化的中央处理器内部结构

2) 存储器

存储器的功能是用来存放程序和数据的。它的组织犹如一个旅社中的每个房间都编有一个号码,若要访问某位旅客,先要根据他所住的房间号码才能方便地找到。存储器存取程序和数据也类似这种情况。

存储器由许多存储单元组成,每个存储单元用来存放程序中的指令或数据(称为存储单元的内容)。为了区分各个存储单元,给每个存储单元编上一个序号,称为存储单元的"地址"。CPU 就是根据存储单元的地址对该单元进行存取操作。在微型机中,存储单元的地址通常用十六进制数表示,如 8 号单元用 08H 表示,12 号单元用 0CH 表示等等。

3) 输入输出接口(I/O 接口——Input/Output Interface)

连接计算机与外部设备,或连接计算机与计算机之间的部件称为接口,输入输出设备是常用的外部设备,它要通过输入输出"接口"才能与计算机交换信息。

接口的功能是使快速而有节奏工作的 CPU 与慢速而又随机操作的外部设备之间在速度、定时、信息格式、逻辑电平等方面互相协调匹配,实现数据的正确传送。

20

4）外部设备

微型计算机配上相应的外部设备就组成了微型计算机硬件系统，微型计算机常用的外部设备有以下几种。

（1）输入设备

其功能将原始数据送入计算机内部。通常有键盘、鼠标器等。

（2）输出设备

其功能是将计算机内部的运算或处理结果传送给计算机用户。通常有显示器、打印机、绘图仪等。

（3）外存储器

按存储器在计算机中的作用不同，通常可分为内存储器和外存储器。前面介绍的存储器实际上是指内存储器，简称"内存"。外存的特点是存取速度比内存慢，但存储容量比内存大得多，所以有"海量存储器"之称，大多由磁性材料制成，因此信息不因掉电而丢失。它要经接口部件才能与 CPU、内存储器传送信息。外存主要存放后备文件（程序、数据等）。当计算机关机前，得先把内存中的信息传送到外存保存，当计算机开机需要运行时，再将程序和数据从外存调到内存。

微型机常用的外存储器有磁盘驱动器、光盘驱动器和磁带机等，信息分别存放在磁盘、光盘和磁带中。磁盘又分为软盘和硬盘两大类，硬盘容量比软盘容量大得多且存取速度也快得多，如常用的软盘为 1.44MB 的英寸软盘，而硬盘的容量可达 15GB 以上。

1.4.3 微型计算机的软件系统

如果计算机只有硬件系统而无软件系统，则计算机是不能进行任何工作的。因为计算机的功能是高速地、准确地执行存放在存储器中的程序，没有程序，计算机是不能发挥其任何作用的。计算机做不同工作需要不同的程序，与一台计算机相应的各种各样的程序集合称为这台计算机的软件系统。

计算机软件部分分为系统软件和应用软件两大类。

1）系统软件

系统软件是用来管理计算机、简化程序设计方法、提高计算机使用效率、发挥和扩大计算机功能的软件。它主要有：操作系统（如 DOS，WINDOWS，NetWare 等）、语言处理程序（如各种编译程序、解释程序、汇编程序等）、数据库管理系统（如 FoxBase，FoxPro 等）、各种服务程序（如各种工具、检测、诊断程序等）等。

2）应用软件

应用软件是用户利用计算机来解决某些问题而编制的程序系统，如数据处理程序、科学计算程序、生产过程控制程序等。随着计算机的广泛应用，应用软件将越来越多。

综上所述，微型计算机系统的组成如图 1.7 所示。

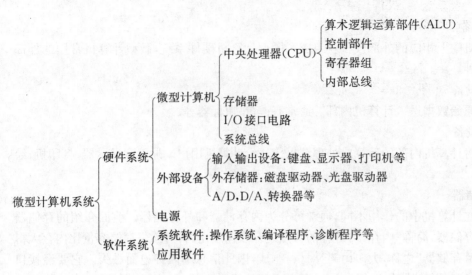

图 1.7　微型计算机组成系统

1.5　汉字编码

计算机系统中的汉字在不同应用界面有不同的编码,如输入、存储、传输、交换、显示等不同场合同一汉字各有不同的编码,同一应用界面也存在多种汉字代码。

1) 常用汉字字符集与编码

按使用频度可把汉字分为高频字(约 100 个)、常用字(约 3 000 个)、次常用字(约 4 000 个)、罕见字(约 8 000 个)和死字(约 45 000 个)。

我国 1981 年公布了"信息交换用汉字字符集·基本集"(GB2312-80)。该标准选取 6763 个常用汉字和 682 个非汉字字符,并为每个字符规定了标准代码。该字符集及其编码称为国标交换码,简称国标码。

GB2312 字符集由三部分组成:第一部分是字母、数字和各种常用符号(拉丁字母、俄文字母、日文平假名与片假名、希腊字母、制表符等),共 682 个;第二部分是一级常用汉字 3 755 个,按汉语拼音顺序排列;第三部分是二级常用汉字 3 008 个,按偏旁部首排列。

GB2312 国标字符集构成一个二维平面,分成 94 行 94 列,行号称为区号,列号称为位号,分别用 7 位二进制数表示。每个汉字或字符在码表中都有各自确定的位置,即有一个唯一确定的 14 位编码(7 位区号在左,7 位位号在右)。用区号和位号作为汉字的编码就是汉字的区位码。GB2312－80 字符集中字符二维分布如图 1.8 所示。

汉字的区位码与国标码不相同。为了正确无误地进行信息传输,不与 ASCII 码的控制代码相混淆,在区位码的区号和位号上各自加 32(即 20H),就构成了该汉字的国标码。

为了存储与处理方便,汉字国际码的高低 7 位各用一个字节(8 位)来表示,即用两个字节表示一个汉字。在计算机中,双字节汉字与单字节西文字符混合使用、处理。汉字编码的各个字节若不予以特别标识,就会与单字节的 ASCII 码混淆不清。为此,将标识汉字的两个字节编码的最高位置为 1。这种最高位为 1 的双字节汉字编码就是中国大陆普遍采用的汉字机内码,简称内码,是计算机内部存储、处理汉字所使用的代码。内码、国标码、区位码三者的关系是：

高字节内码＝高字节国标码＋80H＝区码＋20H＋80H＝区码＋0A0H＝区码＋160；

低字节内码＝低字节国标码＋80H＝位码＋20H＋80H＝位码＋0A0H＝位码＋160。

区码 \\ 位码	1) 2) 3)……………………94)
1) … 9)	标准符号区：字母、数字、各种常用符号
10) … 15)	自定义符号区
16) … 55)	一级汉字（3 755 个，按拼音顺序排列）
56) … 87)	二级汉字（3 008 个，按偏旁部首排列）
88) … 94)	自定义汉字区（共 658 个）

（55 区的第 90～94 位未定义汉字）

图 1.8　GB2312—80 字符集二维分布

繁体汉字在一些地区和领域仍在使用，国家又制定出相应的繁体汉字字符集，国家标准代号是 GB12345－90"信息交换用汉字编码字符集——辅助集"，包含了 717 个图形符号和 6866 个繁体汉字。BIG5 是我国台湾地区计算机系统中使用的汉字编码字符集，包含了 420 个图形符号和13 070个繁体汉字（不用简体字）。

2）通用编码字符集 UCS

字符集的基本要素是字汇和代码；字汇应涵盖各个文种，满足已有的和潜在的应用要求；编码应统一简明，保证不同系统可直接进行信息交换。

ISO/IEC10646，即"通用编码字符集"UCS(Universal Coded Character Set)规定了全世界现代书面语言文字所使用的全部字符的标准编码，用于世界上各种语言文字、字母符号的数字化表示、存储、传输、交换和处理，真正实现了所有字符在同一字符集内等长编码、同等使用的多文种信息处理。

1993 年 5 月，该标准的第一部分即 ISO/IEC10646.1 正式发布。我国国家标准 GB13000 和 GB13000.1 与上述两个标准相互对应，技术内容完全一致。

UCS 编码字符集的总体结构有组、平面、行、字位构成四维编码空间，即 UCS 有 00~7F 共 128 个组，每个组有 00～FF 共 256 个平面。每个面有 00～FF 共 256 行。每行有 00～FF 共 256 个字（位）。每个字位用 8 位二进制数（一个字节）表示。这样，UCS 中每一个字符用 4 个字节编码，对应每个字符在编码空间的组号、平面号、行号和字位号，称为四八位正则形式，记作 UCS-4。UCS-4 提供了极大的编码空间，可安排多达 13 亿个字符，充分满足世界上多种民族语言文字信息处理的需要。

3）汉字的输入

向计算机输入汉字信息的方法很多,众多的汉字输入方法可归纳成三大类:键盘输入法、字形识别法和语音识别法。其中语音识别法在一定条件下能达到某些预期效果(接近实用),字形识别法中的印刷汉字扫描输入自动识别已广泛应用于文献资料录排存挡,手写汉字联机识别已达到实用的水平,而普通广泛采用的汉字输入方法仍是简便的在英文键盘上输入汉字的方法。汉字数量庞大,无法使每个汉字与键盘上的键一一对应,因此,每个汉字须用几个键符编码表示,这就是汉字的输入编码。

汉字输入编码多达几百种,可归纳为四类:数字编码、字音编码、字形编码和音形编码。不管采用哪一种输入编码,汉字在计算机中的内码、交换码都是一样的,由该种输入方法的程序自动完成输入码到内码的转换。

4）汉字的输出

在计算机内部,只对汉字内码进行处理,不涉及汉字本身的形象——字形。若汉字处理的结果直接供人使用,则必须把汉字内码还原成汉字字形。一个字符集的所有字符的形状描述信息集合在一起称为该字符集的字形信息库,简称字库。不同的字体(如宋、仿、楷、黑等)有不同的字库。每输出一个汉字,都必须根据内码到字库中找出该汉字的字形描述信息,再送去显示或打印。

描述字符(包括汉字)字形的方法主要有两种:点阵字型和轮廓字形。

点阵字形由排成方阵(如 $16 \times 16, 24 \times 24, 48 \times 48, \cdots$)的一组二进制数字表示一个字符,1表示对应位置是黑点,0 表示对应位置是空白。16×16 点阵字形常用于屏幕显示。笔画生硬、细节难以区分时常用 24×24、40×40、48×48 等,甚至常用 96×96。点阵的数目越多,笔锋越完整,字迹亦越清晰美观。

轮廓字形表示比较复杂。该方法是用一组直线和曲线来勾画字符(如汉字、字母、符号、数字等)的笔画轮廓,记下构成字符的每一条直线和曲线的数学描述(端点和控制点的坐标)。轮廓字符描述的精度高,字形可任意缩放而不变形,也可按需要任意变化。轮廓字形在输出之前必须通过复杂的处理转换成点阵形式。Windows True Type 字库就是典型的轮廓字符表示法。

1.6 图行信息的数字化

对日常生活中的图,在计算机中有两种数字化表示方法:一种称为几何图形或矢量图形,简称图形(Graphics);另一种称为点阵图像或位图图像,简称图像(Image)。

1）图形

图形表示法是用几何要素(点、线、图、体等)以及表面材质、光照位置等来描述画面或场景中的内容,如工程图纸、机械零件图、地形图、气象图等。

目前图形生成方法绝大多数采用交互式(Interactive),操作人员使用交互设备控制和操作模型的建立和图形的生成过程,模型及其图形可边生成、边形成、边修改,直到产生了符合要求的模型和图形。

二维和三维图形生成的算法和交互处理技术是计算机图形学最基本的研究内容,它包括图形的输入、输出、交换、组合、控制、存储等技术,特别是三维真实感图形的生成技术。20 世纪 80 年代广泛使用的光栅图形扫描显示器,为改善图形真实感创造了条件。许多的图形处理功能已经形成了一些国际标准、工业标准和公司标准。

2) 图像

图像表示法用 $m \cdot n$ 个像点(Pixel,即像素)来表示画面内容,又称为位图表示法或点阵表示法。图像特别适合表现含有大量细节(如明暗、浓淡、层次、纹理等)、彩色丰富的照片、绘图的画面。

常用彩色空间(又称为彩色模型)来描述图像颜色。常用的色彩空间有 RGB(红绿蓝)空间、CMKY(青橙黄黑)空间 、YUV(亮度色差)空间。任何一种颜色都可在上述彩色空间中精确描述。图像在彩色空间的每一个分量的所有像素构成一个位平面,彩色图像有三或四个位平面,单色图像只有一个位平面。组成图像的所有位平面中像素的位数之和称为最大颜色数,也叫图像深度。图像的数据量等于图像宽度×图像高度×图像深度/8(字节长度)。表 1.6 给出几种常用图像的数据量。

表 1.6 常用图像的数据量

图像尺寸	8 位(256 色)	16 位(65536 色)	24 位(真彩色)
512×512	256kB	512kB	768kB
640×480	300kB	600kB	900kB
1024×768	768kB	1.5MB	2.25MB
1024×1024	1MB	2MB	3MB
1280×1024	1.25MB	2.5MB	3.75MB

一幅静止图像的数据量尚且如此,三维动态画面的数据量更是大得惊人,必须经过压缩编码才能有效地传输、存储。

计算机中的数字化图像,可利用工具软件如 Paint,Airbrush,Photoshop 等来创作生成,也可通过硬件设备如图像扫描仪、摄像机、数码照相机等采集产生。

位图图像的数据文件格式较多,表 1.7 列出了计算机中常用的图像文件格式。

表 1.7 常用图像文件格式

文件扩展名	性 能 说 明
.BMP	microsoft windows 的图像格式,格式转换时用作 microsoft windows 的源文件
.TGA	Truevision 公司定义的文件格式,用于存储彩色图像,采用游程编码(RLE)对图像数据进行无失真压缩
.PCX	Z-soft 公司为存储 PaintBrush 软件产生的图像而建立的图像文件格式,已成为事实上的位图文件标准格式。采用 RLE 压缩方法
.GIF	是 CompuServe 开发的 Graphics Interchange Format 图像文件格式,采用 LZW(Lempel-ZivWalch)算法进行无失真压缩,使用变长代码,支持 256 色,一个文件中可存放多幅彩色图像
.TIFF	是 Aldus 和 Microsoft 公司为扫描仪和出版软件开发的 Tag Image File Format 文件格式,适合存储二值图像、灰度图像和彩色图像,它极其灵活、完全开放、扩展性好,不针对特定系统,适用面广,各种软件都支持该格式。

图形和图像两种表示方法各有所长,在很多应用场合他们相互补充,在一定的条件下能相互转换。

习题 1

一、单项选择题

X 的 8 位补码是 10110100,则 X 的 16 位补码是_____。

A) 0000000010110100   B) 1000000010110100

C) 1111111110110100   D) 0111111110110100

二、多项选择题

8 位数 11011011B 可表示_____。

A) 无符号数 219   B) -37 的补码   C) -36 的补码

D) -36 的反码   E) 91 的原码   F) -91 的原码

三、填空题

1. 计算机的硬件由_____、_____、_____、_____ 和 _____ 等部分组成。

2. 十进制 68＝_____ B＝_____ Q＝_____ H。

3. $[X]_{补}＝78H$,则 $[-X]_{补}＝$_____ H。

4. 通用编码字符集 UCS 的总体结构由_____、_____、_____ 和_____ 构成四维编码空间,容量巨大。

四、计算题

1. 已知 $[X]_{原}＝11001010$,求 X 的反码、补码。

2. 用补码求 $[X+Y]_{补}$ 与 $[X-Y]_{补}$,并判断运算结果是否溢出。

1) 已知 $[X]_{原}＝10101100$,$[Y]_{补}＝11000110$

2) 已知 $[X]_{反}＝01110110$,$[Y]_{补}＝00100110$

五、简答题

1. 什么是微型机的硬件和软件?

2. 什么是系统软件和应用软件?

2 8086/8088 微处理器及其系统结构

本章主要讲述 8086/8088 CPU 的内部结构、引脚与功能、CPU 的两种工作模式、总线结构和总线周期。

2.1 8086/8088 CPU 的结构

8086/8088 CPU 是最早出现的第三代微处理器,8086 为典型的 16 位微处理器,它具有 16 位的内部数据总线和 16 位的外部数据总线;8088 具有 16 位的内部数据总线和 8 位的外部数据总线。它们都是 40 条引脚的双列直插式组件,一个 5V 电源和一相时钟,时钟频率为 5MHz。均具有 20 位地址总线,可寻址的地址空间达 1M 字节,I/O 地址空间为 64K 字节,两者具有完全兼容的指令系统。

2.1.1 8086/8088 CPU 的内部结构

8086/8088 CPU 的结构,从原理上讲与 8 位 CPU 一样,具有算术逻辑运算单元、定时控制单元、寄存器组和内部总线,但它又具有 16 位微处理器自身的特点,下面将围绕 16 位微处理器的特点来介绍 8086/8088 CPU 的结构。

8086/8088 CPU 的内部是由两个独立的工作部件所构成。它分别为总线接口部件 BIU (Bus Interface Unit)和执行部件 EU(Execution Unit)。其内部结构框图如图 2.1 所示。以虚线为界右半部分为 BIU,左半部分为 EU。

1) 总线接口部件 BIU

总线接口部件 BIU 主要有地址加法器、专用寄存器(段寄存器、指令指针 IP 等)、指令预取队列和总线控制器等 4 个部分组成。其主要功能是形成访问存储器物理地址,访问存储器并取出指令暂存到预取指令队列中等待执行。只要指令队列中空出 2 个字节,BIU 将自动进入读指令的操作,以填满指令队列。当收到 EU 送来操作数的 16 位偏移地址时,BIU 立即形成操作数的 20 位物理地址,访问存储器或 I/O 端口,读取操作数参加 EU 运算或存放运算结果等。

预取指令队列 8086 可存放 6 个字节的指令代码(8088 存放 4 个字节)。一般情况下应保证指令队列中总是填满的,使 EU 可以源源不断地得到等待执行的指令。

地址加法器的功能是将逻辑地址变换成物理地址,即把段寄存器中的段地址左移 4 位和指令指针 IP 或 EU 单元提供的 16 位偏移地址相加形成 20 位物理地址,从而使可寻址的存储空间达到 1M 字节。

总线控制电路将 8086/8088 CPU 的内部总线与外部总线相连,是 8086/8088 CPU 与外部交换数据的必经之路。它包括 16 条数据总线,20 条地址总线和若干条控制总线。CPU 通

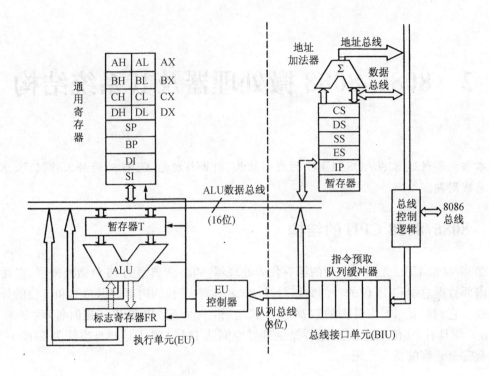

图 2.1 8086/8088 CPU 内总结构

过这些总线与外部环境联系,从而形成各种 8086/8088 微机系统。

2) 执行部件 EU

执行部件 EU 主要由算术逻辑单元 ALU、状态标志寄存器 FR、通用寄存器组和 EU 控制器等 4 个部件组成。其功能是执行指令,进行算术逻辑运算、完成偏移地址的计算、向总线接口单元 BIU 提供指令执行的结果和偏移地址,并对通用寄存器和标志进行管理。

传统的 CPU 在执行程序时,取指和执行指令两个阶段依次重复循环,如图 2.2 所示。

取指	执行	取指	执行

图 2.2 8 位微处理器的指令执行过程

在取指阶段,CPU 取出指令的操作码;在执行阶段,仅对内部寄存器进行操作,而系统总线是空闲的。取指和执行不能并行操作,无形中浪费了很大一部分资源和时间,这种工作方式总线的利用率是比较低的。在 8086/8088 CPU 中,EU 和 BIU 这两个单元能相互独立地工作,其过程如图 2.3 所示。一般情况下,EU 在执行指令时,不必访问存储器去取指令,而是从 BIU 的指令队列中取出预先读入的指令代码,并分析执行它,所以大多数情况下节省了取指令所需的时间,从而有效地加快了系统的运算速度。EU 在执行指令时,只要指令队列不满,而 EU 没有访问存储器或 I/O 的要求,BIU 总要从存储器中取指令,读入到指令队列中,使大部分取指和执行指令重迭进行,大大地提高了微处理器指令执行速度及总线利用率。

如果指令在执行过程中需要访问存储器取操作数,那么将访问地址送到 BIU 后,将要等待操作数到来后才能操作;遇到转移指令、调用、返回指令时,指令队列中的内容将作废。这时,EU 要等待 BIU 重新从存储器取出目的地址中的指令代码进入指令队列后,才能继续执行指令。这时 EU 和 BIU 的并行操作会受到一定影响，但这类指令出现的概率不高，对系统的运行速度影响不大。

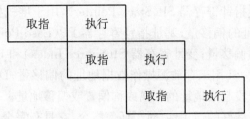

图 2.3　8086/8088 微处理器的指令执行过程

EU 中的算术逻辑运算单元 ALU 完成 16 位或 8 位的二进制运算后，运算结果通过内部总线送到 BIU 的内部寄存器，等待写入存储器。16 位暂存器用来暂存参加运算的操作数，把 ALU 运算后的结果特征置入标志寄存器 FR 中。

EU 控制器负责从 BIU 的指令队列中取指令，并对指令译码，向 EU 内部各部件发出控制命令以完成该指令的功能。

3) 8086/8088 CPU 寄存器阵列(寄存器组)

8086/8088 CPU 中有 14 个 16 位的寄存器，主要分为通用寄存器、专用寄存器、段寄存器，如图 2.4 所示。

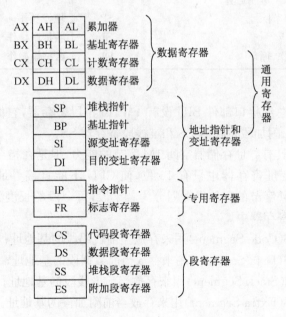

图 2.4　8086/8088 CPU 寄存器结构

(1) 通用寄存器

EU 单元中的寄存器阵列包括 8 个 16 位的通用寄存器，分为两组。

一组为 AX,BX,CX,DX。一般用来存放 16 位数据，故又称为数据寄存器，它们又都可以分别作为两个 8 位的寄存器使用，并分为高低字节，分别命名为 AH,BH,CH,DH 和 AL,BL, CL,DL 两组，用以存放 8 位数据。这 4 个通用寄存器既可用来存放源操作数，又可用来存放目标操作数和运算结果。

另一组 4 个 16 位通用寄存器,主要用来存放存储器或 I/O 端口地址,故又称地址指针和变址寄存器。它们是堆栈指针寄存器 SP(Stack Pointer),用于堆栈操作时确定堆栈在内存中的位置,由它给出堆栈地址的偏移量;基址指针寄存器 BP(Base Pointer),用来存放位于堆栈段中的一个数据区基址的偏移量;变址寄存器 SI(Source Index)和 DI(Destination Index),用来存放被寻地址的偏移量,SI 用来存放源操作数据地址的偏移量;DI 存放目的操作数地址的偏移量。偏移量是相对于段起始地址的距离或称偏置或偏移地址。

这些通用寄存器具有良好的通用性,对于任何指令,它具有完全的一致性。例如,ADD 指令将任意两个 16 位或 8 位通用寄存器的内容相加,结果可放到两个寄存器中的任何一个。然而,在某些指令中,它们都有着专门的用法,如 AX 作累加器用;BX 作基址寄存器(用来存放存储单元的基地址)用;CX 作计数寄存器(可用来存放数据串元素的个数)用;DX 作为数据寄存器(可在除法运算中存放余数),这些寄存器在指令中的隐含使用可见表 2.1。

表 2.1 数据寄存器隐含使用

寄存器	数 据	寄存器	数 据
AX	字乘、字除、字 I/O	CL	多位移位和循环移位
AL	字节乘、字节除、字节 I/O 查表转换、十进制运算	DX	间接 I/O
AH	字乘、字节除	SP	堆栈操作
BX	查表转换	SI	数据串操作
CX	数据串操作,循环	DI	数据串操作

(2) 段寄存器

8086/8088 CPU 总线接口部件 BIU 设有 4 个 16 位段寄存器,它们分别是代码段寄存器 CS、数据段寄存器 DS、附加段寄存器 ES 和堆栈段寄存器 SS。

8086/8088 CPU 具有寻址存储器空间 1M 字节的能力,但是在指令中给出的地址码仅有 16 位,指针寄存器和变址寄存器也只有 16 位,使 CPU 不能直接寻址 1M 字节空间,为此,8086/8088 CPU 把 1M 字节的存储空间划分为若干段,每个段的长度为 64K 字节,每个段的基地址存放在这些段寄存器中。

代码段寄存器 CS(Code Segment)用来存放当前代码段的基地址;

数据段寄存器 DS(Data Segment)用来存放当前数据段的基地址;

堆栈段寄存器 SS(Stack Segment)用来存放当前堆栈段的基地址;

附加段寄存器 ES(Extra Segment)用来存放当前附加段的基地址。

(3) 专用寄存器

专用寄存器有指令指针寄存器 IP 和标志寄存器 FR。

指令指针寄存器 IP:是一个 16 位的寄存器,在正常执行时,IP 中存放 BIU 要取出的下一条指令的偏移地址,以实现对代码段指令的跟踪。当 IP 的内容被保存到堆栈中时,它首先会自动调整成指向要执行的下一条指令。程序不能直接访问 IP,若遇到转移类指令,则将转移地址送入 IP 中,以实现程序的转移。

状态标志寄存器 FR:是一个 16 位的寄存器,其中 6 个为状态标志,3 个为控制标志,通常状态标志的状态在指令执行后受影响,而控制标志不受指令执行的影响,只能用指令预置其状态,如图 2.5 所示。

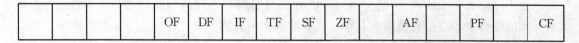

			OF	DF	IF	TF	SF	ZF		AF		PF		CF

图 2.5　8086/8088 的标志寄存器

状态标志位用来反映 EU 执行算术或逻辑运算的结果特征,6 个状态标志位如下:

CF(Carry Flag):进位标志,运算结果最高位(字节运算时为 D_7 位,字运算时为 D_{15} 位)若产生进位(作加法时)或借位(作减法时)则 CF=1;若无进位(或无借位)则 CF=0。

PF(Parity Flag):奇偶标志,运算指令执行后,若运算结果低 8 位中的 1 的个数为偶数,则 PF=1;若 1 的个数为奇数,则 PF=0。

AF(Auxiliary Carry Flag):辅助进位标志,在加法运算过程中,若第三位有进位,或减法运算过程中,第三位需要借位,则 AF=1;若无进位(或无借位)则 AF=0。

ZF(Zero Flag):零标志,运算指令执行完后,结果各位都为零时,ZF=1 否则 ZF=0。

SF(Sign Flag):符号标志,若运算结果为正,则 SF=0;若结果为负,则 SF=1。

OF(Overflow Flag):溢出标志,若带符号数在进行算术运算时产生了算术溢出,则 OF=1;若无溢出,则 OF=0。

控制标志位是用来控制 CPU 的操作,3 个控制标志位如下:

DF(Direction Flay):方向标志,该标志用于字符串处理指令的操作,当 DF=1 时,变址寄存器地址自动递减;当 DF=0 时,变址寄存器地址自动递增。该标志可用指令置位或清零。

IF(Interrupt-Enable Flag):中断允许标志,该标志用于控制 CPU 可屏蔽中断。当 IF=1 时,CPU 允许中断;当 IF=0 时,CPU 禁止中断。该标志也可用指令置位或复位。

TF(Trap Flag):单步陷阱标志,也称为单步工作标志,该标志用于控制单步中断。当 TF=1 时,表示 CPU 进入单步工作方式;当 TF=0 时,CPU 正常执行程序。单步中断用于程序调试过程中。

2.1.2　8086/8088 CPU 芯片的引脚及其功能

8086/8088 CPU 具有 40 个引脚,双列直插式封装,采用了分时复用地址/数据总线,从而使 8086/8088 CPU 用 40 个引脚实现 20 位地址、16 位数据及控制信号及状态信号的传输。在引脚方面 8086 和 8088 的之间的差别是:8086 有 16 个地址/数据复用引脚,8088 只有 8 个地址/数据复用引脚(低 8 位)。

为了尽可能地适应各种各样的使用场合,8086/8088 CPU 芯片可以在两种模式下工作,即最大模式和最小模式。

所谓最大模式,是指系统中通常含有两个或多个微处理器(即多微处理器系统),其中一个主处理器就是 8086/8088 CPU,另外的处理器可以是协处理器或 I/O 处理器。

最小模式,即在系统中只有 8086/8088 一个微处理器。在这种系统中,所有的总线控制信号都直接由 8086/8088 来产生,系统所需的外加其他总线控制逻辑部件最少。由于这种特点故称为最小模式。

与 8086/8088 CPU 相配的数值运算协处理器为 8087,系统中加入了 8087 处理器之后,会大幅度地提高系统的数值运算速度。另外若系统中配以一个 I/O 处理器 8089,则会提高主处理器的效率,大大减少了输入/输出操作占用主处理器的时间。

在不同模式下工作时,8086/8088 CPU 的部分引脚有不同的功能,如图 2.6 所示。图中带括号的引脚表示在最大模式下工作时被重新定义的名称。

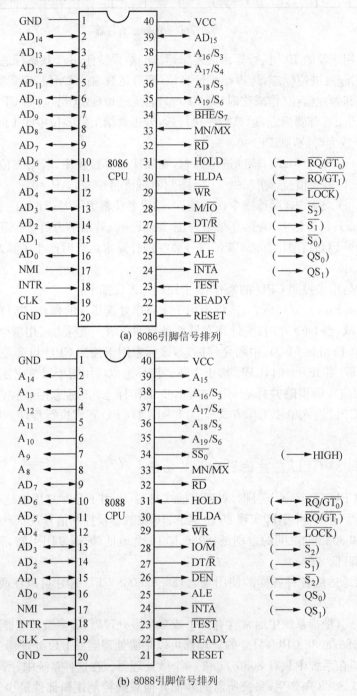

(a) 8086引脚信号排列

(b) 8088引脚信号排列

图 2.6　8086/8088 CPU 引脚信号

1) 两种模式公用的引脚的定义

$AD_0 \sim AD_{15}$（Address/Data Bus）：分时复用的地址数据总线。

传送地址时以三态输出，传送数据时可双向三态输入/输出。在 8088 中，$AD_{15} \sim AD_8$ 实际上不作复用，它们只用来输出地址信息 $AD_{15} \sim AD_8$。

$A_{19}/S_6 \sim A_{16}/S_3$（Address/status）：分时复用的地址/状态线。

当作地址线时，$A_{19} \sim A_{16}$ 与 $AD_{15} \sim AD_0$ 一起构成访问存储器的 20 位物理地址。当 CPU 访问 I/O 端口时 $A_{19} \sim A_{16}$ 保持"0"电平。

作状态线用时，$S_6 \sim S_3$ 用来输出状态信息，其中用 S_3 和 S_4 的组合用来表示当前正在使用的段寄存器，如表 2.2 所示。

S_5 用来表示中断状态线，当 $IF=1$ 时，S_5 置"1"。S_6 恒为"0"。

表 2.2　S_3, S_4 的代码组合与当前段寄存器的关系

S_4	S_3	当前使用的段寄存器
0	0	ES 段寄存器
0	1	SS 段寄存器
1	0	存储器寻址时，使用 CS 段寄存器；对 I/O 或中断矢量寻址时，不需要用段寄存器
1	1	DS 段寄存器

$\overline{BHE}/S_7$（Bus High Enable/Status）：高 8 位数据总线允许/状态复用引脚。

三态输出，在数据传送期间，当 $\overline{BHE}$ 为低电平时，表示高 8 位数据总线 $AD_8 \sim AD_{15}$ 的数据有效；若 $\overline{BHE}$ 为高电平，表示当前仅在数据总线 $AD_0 \sim AD_7$ 上传送 8 位数据。当 $\overline{BHE}$ 和 AD_0 信号相配合，表示当前总线使用情况如表 2.3 所示。非数据传送期间，$\overline{BHE}/S_7$ 输出状态信息，低电平有效（在 8088 中相应的引脚称 $\overline{SS0}$）。在 8086 中，S_7 状态并未被赋于任何实际意义。

表 2.3　$\overline{BHE}$ 和 AD_0 的不同组合状态

操　作	$\overline{BHE}$	AD_0	使用的数据引脚
读或写偶地址的一个字	0	0	$AD_{15} \sim AD_0$
读或写偶地址的一个字节	1	0	$AD_7 \sim AD_0$
读或写奇地址的一个字节	0	1	$AD_{15} \sim AD_8$
读或写奇地址的一个字	0	1	$AD_{15} \sim AD_8$（第一个总线周期放低位数字节）
	1	0	$AD_7 \sim AD_0$（第二个总线周期放高位数字节）

$\overline{RD}$（Read）：读信号，三态输出，低电平有效。此信号有效，表示当前 CPU 正在从内存储器或 I/O 端口输入数据。

READY（Ready）：准备就绪信号，输入，高电平有效，表示 CPU 访问的存储器或 I/O 设备已作好输入/输出数据的准备工作。当此信号无效时（低电平），要求 CPU 插入一个或多个等待状态 T_W，直至该信号有效为止。

$\overline{TEST}$（Test）：测试信号，输入，低电平有效。当 CPU 执行 WAIT 指令时，CPU 每隔 5 个时钟对此引脚进行测试。当此引脚为高电平时，则 CPU 继续执行 WAIT 指令，即处于空转状态进行等待；当该信号有效时，CPU 结束等待状态，继续执行 WAIT 的下一条指令。由此可见，该信号对 WAIT 指令起到了监视作用。

INTR(Interrupt Request)：可屏蔽中断请求信号，输入，电平触发，高电平有效，该信号若为高电平，表示 I/O 设备向 CPU 发出中断申请，这时如果 CPU 允许中断，就会在结束当前指令后响应该外设的中断请求，进入可屏蔽中断的处理程序。

NMI(NO-Maskable Interrupt)：非屏蔽中断请求信号，输入，边沿触发，正跳沿有效。此类中断不受中断允许标志位的限止，也不能用软件进行屏蔽。当 NMI 端有一个上升沿触发信号时，CPU 就会在结束当前指令后，自动从中断向量表中找到类型 2 中断服务程序的入口地址，并转去执行。NMI 是一种比 INTR 优先级高的中断请求。

RESET(Reset)：复位信号，输入，高电平有效。当复位信号有效时，CPU 便结束当前的操作，并对寄存器 FR，IP，DS，SS，ES 及指令队列清零，而将 CS 设置为 FFFFH。当复位信号变为低电平时，CPU 从 FFFF0H 单元开始执行程序。

CLK(Clock)：时钟信号，输入。该信号为微处理器提供基本的定时脉冲，不同的 CPU，最高的时钟频率不同，8086/8088 为 5MHz。8086/8088 CPU 一般都用时钟发生器芯片 8284 来提供时钟信号，经 CLK 端输入到 CPU 中作定时脉冲信号。

MN/$\overline{\text{MX}}$(Minimum/Maximum Mode Control)：最小/最大模式控制信号，输入，该引脚接 +5V 时 CPU 处于最小模式，若接地时，CPU 处于最大模式。

GND，VCC：地和电源，GND 为接地端，VCC 为电源端。8086/8088 CPU 所采用的电源电压为 +5V±10%。

上述信号就是 8086/8088 工作在最小模式及最大模式下要用到的，还有 8 个控制信号，它们在最小及最大模式下具有不同的名称和定义。

2）最小模式下部分引脚的定义

8086/8088 CPU 处于最小工作模式时，它的 24～31 引脚有不同的含义。

$\overline{\text{INTA}}$(Interrupt Acknowledge)：中断响应信号，输出，低电平有效。在最小模式下，该信号有效，表示 CPU 响应了外设的可屏蔽中断申请，即通知其外部设备，该外设发出的中断请求已得到 CPU 允许，外设接口可以向数据总线放中断类型码，从而使 CPU 取得相应的中断服务程序的入口地址。

ALE(Address Latch Enable)：地址锁存允许信号，输出，高电平有效。此信号是 8086/8088 提供给地址锁存器 8282/8283 的控制信号。当该信号有效，表明 AD$_0$～AD$_{15}$ 地址/数据复用总线上输出的是地址信息。利用它的下降沿将地址信息和 $\overline{\text{BHE}}$ 锁存在地址锁存器中，从而达到复用总线上地址信息与数据信息复用分时传送的目的。

$\overline{\text{DEN}}$(Data Enable)：数据允许信号，三态输出，低电平有效。该信号作为总线收发器 8286/8287 的选择控制信号，表示 CPU 当前准备发送或接收一个数据。它是当 CPU 访问存储器或 I/O 端口和中断响应周期时变为有效。在 DMA 方式时，该信号被浮置为高阻状态。

DT/$\overline{\text{R}}$(Data Transmit/Receive)：数据发送/接收控制信号，三态输出。在系统使用 8286/8287 作为数据总线收发器时，控制其数据传送方向。如果该信号为高电平，则进行数据发送；若该信号为低电平，则进行数据接收。在 DMA 方式时，DT/$\overline{\text{R}}$ 被浮置为高阻状态。

$\overline{\text{WR}}$(Write)，写信号，三态输出，低电平有效。表示 CPU 当前正在进行存储器或 I/O 端口的写操作。

$M/\overline{IO}$(Memory/Input and Output)：存储器或 I/O 控制信号，三态输出。该信号是区别 CPU 进行存储器访问还是 I/O 端口访问的控制信号，如为高电平，表示 CPU 与存储器之间进行数据传输；若为低电平，则表示 CPU 与 I/O 端口之间进行数据传输。当为 DMA 方式时，该信号被浮置为高阻状态，8088 CPU 该引脚为 $IO/\overline{M}$。

HOLD (Hold Request)：总线请求信号，输入，高电平有效。系统中除 CPU 之外的其他主控部件要求占用总线时，可通过此引脚向 CPU 发一个高电平请求信号。这时，如果 CPU 允许让出总线控制权，就在当前总线操作周期完成后，HLDA 引脚发送出一个高电平信号，作为对刚才的总线请求的应答。同时，CPU 使地址/数据总线和控制线处于悬空状态，即 CPU 出让了总线控制权。申请总线的部件收到 HLDA 信号后，就获得了总线控制权。在此后一段时间，HOLD 和 HLDA 都保持高电平。当获得总线控制权的部件用完总线以后，使 HOLD 信号变为低电平，表示放弃对总线的控制权。8086/8088 CPU 检测到此信号为低电平后，同时会将 HLDA 变为低电平。这时，8086/8088 CPU 又重新获得了对地址/数据总线和控制总线的占有权。

HLDA(Hold Acknowledge)：总线请求响应信号，输出，高电平有效。该信号是 HOLD 的应答信号。在 HLDA 有效期间，所有与三态门相接的 CPU 的引脚都呈现高阻状态，从而让出总线权。

需要指出的是：在最小模式下，8086 和 8088 的 34 号引脚的定义有所不同；对 8086 来讲，此引脚定义 $\overline{BHE}/S_7$，即 $\overline{BHE}$ 与 S_7 复用，但由于 S_7 未被定义，所以此引脚仅用来提供高 8 位字节数据总线允许信号。对 8088 来讲，外部数据总线只用低 8 位，因而不需要 $\overline{BHE}$。这时，34 号引脚被定义为 $\overline{SS0}$，$\overline{SS0}$ 和 $IO/\overline{M}$ 及 $DT/\overline{R}$ 组合起来，决定了当前总线周期的操作，表示了各信号的具体对应关系，如表 2.4 所示。

表 2.4 $IO/\overline{M}$,$DT/\overline{R}$,$\overline{SS0}$ 状态编码

$IO/\overline{M}$	$DT/\overline{R}$	$\overline{SS0}$	操作状态	$IO/\overline{M}$	$DT/\overline{R}$	$\overline{SS0}$	操作状态
1	0	0	中断响应	0	0	0	取指令
1	0	1	读 I/O 端口	0	0	1	读存储器
1	1	0	写 I/O 端口	0	1	0	写存储器
1	1	1	暂停	0	1	1	无

3）最大模式下部分引脚的定义

当 8086/8088 的 MN/$\overline{MX}$ 引脚接地时，则 CPU 处于最大工作模式，它的 24～31 引脚有不同的含义。

QS_1 和 QS_0(Instruction Queue Status)：指令队列状态信号，输出，用来表示 CPU 中指令队列的当前状态。设置这两个引脚的目的是让外部设备能监视 CPU 内部指令队列的状态，QS_1，QS_0 的代码组合与队列状态的对应关系见表 2.5 所示。

表 2.5 QS_1,QS_0 与队列状态

QS_1	QS_0	队列状态
0	0	无操作，未从队列中取指令
0	1	从队列中取出当前指令的第一字节（操作码字节）
1	0	队列空，由于执行转移指令，队列重装填
1	1	从队列中取出指令的后续字节

$\overline{S0}$,$\overline{S1}$,$\overline{S2}$(Bus Cycle Status)：总线周期状态信号,三态输出,在最大模式中由 CPU 传送给总线控制器 8288,经 8288 译码,产生相应的访问存储器或 I/O 端口的总线控制信号,来代替 CPU 原输出的控制信号。

$\overline{LOCK}$(Lock)：总线封锁信号,三态输出、低电平有效。此信号线为低电平时,表明 CPU 要独占总线不允许其他主控器占用。该信号是由软件设置的。在 8086/8088 指令系统中有一条前缀指令$\overline{LOCK}$,只要在一条指令前加上前缀指令,就能保证 CPU 在执行此指令过程中,$\overline{LOCK}$引脚始终是低电平,将总线请求封锁。直至附加有前缀指令$\overline{LOCK}$的那条指令执行完后,$\overline{LOCK}$引脚才变为高电平,撤消总线封锁。此信号是为避免多个处理器使用共有资源时产生冲突而设置的。

通常,$\overline{LOCK}$信号接向 8289(总线仲裁)的$\overline{LOCK}$输入端。在 DMA 期间,$\overline{LOCK}$端被浮空处于高阻状态。

$\overline{RQ}/\overline{GT0}$,$\overline{RQ}/\overline{GT1}$(Request/Grant)：总线请求信号输入/总线请求允许信号输出。双向,低电平有效。当该信号为输入时,表示其他主控者向 CPU 请求使用总线;当为输出时,表示 CPU 对总线请求的响应信号。两条线可同时与两个主控者相连,内部保证$\overline{RQ}/\overline{GT0}$的优先级高于$\overline{RQ}/\overline{GT1}$。该信号使用在多处理器的场合,它是用一条$\overline{RQ}/\overline{GT1}$或$\overline{RQ}/\overline{GT0}$信号线而不是像最小模式下用两条(HOLD/HLDA)来实现总线请求/总线允许的。$\overline{RQ}/\overline{GT1}$和$\overline{RQ}/\overline{GT0}$都是双向的,总线请求信号和允许信号在同一引脚上传输,但方向相反。

2.2　8086/8088 存储器结构

8086/8088 CPU 地址总线为 20 根,故可寻 1M 字节的存储器地址空间。但算术逻辑运算单元和提供地址的寄存器都是 16 位的,其寻址范围只能是 64K 字节,那么要扩大到 1M 字节的寻址范围就需要有一个辅助的办法来构成 20 位的地址。8086/8088 CPU 采用了地址分段办法,从而使寻址范围可达到 1M 字节。

2.2.1　物理地址的确定

8086/8088 系统将 1M 字节的存储器空间划分若干段(称逻辑段),每段包含 64K 个字节,每个段的首地址是能被 16 整除的地址(亦即段首址的地址号的最低 4 位二进制数均为 0)。一个段的首地址的高 16 位称为该段的段地址,各段的段地址分别由代码段寄存器 CS、堆栈段寄存器 SS、数据段寄存器 DS 和附加段寄存器 ES 这 4 个段寄存器来给出。任意相邻的两个段地址相距 16 个字节的存储器单元,由于一个段中最多可以包括 64K 字节的存储空间,故段内任一个存储单元的地址可以用相对于段首址的 16 位偏移量来表示。这个偏移量称为段内的偏移地址,也称为有效地址 EA。

在 1M 字节的存储器空间中,任一存储单元都有一个 20 位二进制(即 5 位十六进制)的地址码称为物理地址,也就是实际地址。当 CPU 与存储器之间交换信息时,需要指出物理地址才能对内存单元存取信息。用段地址及偏移地址来指明的某一内存单元地址称为逻辑地址。

逻辑地址的表示格式为：段地址:偏移地址。

例如,逻辑地址为 A015:EC6F,表示段地址为 A015H,偏移地址为 EC6FH,知道了逻辑地址,就可以很方便地求出对应的物理地址。

物理地址的计算公式为：

$$物理地址＝段地址×10H＋偏移地址$$

即物理地址等于段地址左移 4 位加上 16 位偏移地址。因此逻辑地址为 A015：EC6F,物理地址就为 AEDBFH。

在 8086/8088 中段地址总是由段寄存器提供的,CPU 可通过对 4 个段寄存器来访问 4 个不同的段,一个段最大可包括 64K 字节的存储空间,段和段之间可以是连续的、分开的、部分重叠或完全重叠的。一个程序所用的具体存储空间可以为一个逻辑段,也可为多个逻辑段。

2.2.2 分段存储及分段寻址

计算机中的程序指令、数据和状态等信息都存放在存储器中,为了寻址及操作的方便,可以将存储器的空间按信息特征来进行分段存储,一般把存储器划分为：程序区、数据区、堆栈区。这样,在程序区中存储程序的指令代码；数据区中存储原始数据、中间结果和最后结果；堆栈区中存储压入堆栈的数据或状态信息。8086/8088 CPU 通常按信息特征区分段寄存器的作用,如 CS 提供程序存储区的段地址；DS 和 ES 提供存储源和目的数据区的段地址；SS 提供堆栈区的段地址。

由于系统中只设有 4 个段寄存器,任何时候 CPU 只能识别当前可寻址的 4 个逻辑段,如果程序量或数据量很大,超过 64K 字节,那么可定义多个代码段、数据段、附加段和堆栈段,但 4 个段寄存器中必须是当前正在使用的逻辑段的基地址,需要时可修改这些段寄存器的内容,以扩大程序的规模。

在 8086/8088 CPU 中设置 4 个段寄存器除了扩充寻址范围以外,还为存储器的读/写操作提供了方便。

1) 对程序区的访问

程序通常放在程序存储区中,每当取指令时,CPU 就会选择代码段寄存器 CS 的值左移 4 位后的内容与指令寄存器 IP 中的 16 位偏移地址相加形成指令所在单元的 20 位的物理地址。

由于程序区独立划分,可以将不同的任务的程序分别放在不同的程序区,在任务开始执行时,只要改变 CS 的内容就可以实现程序区的再定位作用。

2) 堆栈区的操作

堆栈区是在内存中间开辟的一个特定的区域,用来暂存一批需要"保护"的数据或地址。堆栈区在存储区中的位置由堆栈段寄存器 SS 和堆栈指针 SP 来规定。SS 中存放堆栈段的首地址,SP 中则存放栈顶的地址,地址是表示栈顶距离段地址的偏移量。只要将堆栈段寄存器的值左移 4 位后的内容与堆栈指针 SP 的内容相加就形成了堆栈操作所指的 20 位物理地址。

3) 数据区

不同任务的程序也有与之对应的数据区,当要往数据区写一个数据或读一个数据时,CPU 就会选择数据段寄存器 DS,只要将 DS 的值左移 4 位后的内容与通用寄存器 BX 或变址寄存器 SI,DI 的内容相加就形成了操作数据所在存储单元的 20 位的物理地址。

4) 字符串操作

在字符串操作时,是对存储器中两个数据块进行传送。这时,需要在一条指令中同时指定源和目的两个数据区。这时,CPU 就会指定源数据区的段地址由数据段寄存器 DS 提供,目的数据区的段地址由附加段寄存器 ES 提供。

2.3 总线结构和总线周期

微型计算机是通过系统总线与存储器、I/O 端口进行信息交换的。过去有的 8 位机,地址线和数据线是分开的,系统总线(地址、数据、控制三总线)可直接从 CPU 引出。而在 8086/8088 CPU 中,由于地址线和数据线是复用的,其 CPU 的工作方式又有最大模式和最小模式,所以它的总线结构就不是简单地直接从 CPU 引出,而是需要用一定的电路与 CPU 进行逻辑连接后,才能构成所需要的系统总线。这些电路常用的有锁存器 8282、收发器 8286、时钟电路 8284 和总线控制器 8288 等。有了系统总线,CPU 才能外接不同容量的存储器和不同数量的 I/O 端口,组成不同规模的微型计算机。

2.3.1 锁存器、总线控制器、收发器

1) 8282/8283 地址锁存器

8086/8088 CPU 为了减少地址和数据线,采取地址总线和数据总线分时复用的办法。为了使地址/数据或地址/状态总线分时复用,就要用地址锁存的办法来实现。即先将地址信号锁存起来,稍后 CPU 再把数据发送到数据总线上,而地址信号由地址锁存器输出端发送到地址总线上,如图 2.7 所示。地址锁存器把地址从地址/数据总线上分离出来。

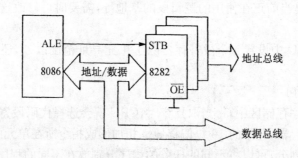

图 2.7 锁存器把地址从公用地址/数据总线上分离出来框图

与 8086/8088 CPU 相配的地址锁存器为 8282/8283 芯片,8282 引脚和内部逻辑如图 2.8 所示。

8282 芯片具有 8 位数据输入端口 $DI_0 \sim DI_7$ 和 8 位数据输出端口 $DO_0 \sim DO_7$。在选通脉冲 STB 的下降沿实现数据锁存。三态输出的允许信号 $\overline{OE}$ 用来控制三态门,当 $\overline{OE}$ 低电平时,允许数据输出;当 $\overline{OE}$ 高电平时,输出为高阻态。8283 的功能与它相似。

在 8086/8088 系统中需要锁存 20 位地址和 1 位 $\overline{BHE}$ 信息,共需 3 片 8282/8283。它的 STB 端应与 CPU 的 ALE 相连,锁存器 $\overline{OE}$ 端接地,保持常有效。锁存器输出的地址总线 $A_0 \sim A_{19}$ 称为系统地址总线。

2) 8288 总线控制器

8086/8088 工作在最大模式时,不直接产生总线控制信号。8288 总线控制器将 8086 送来的状态信号 $\overline{S0}$,$\overline{S1}$,$\overline{S2}$ 进行译码后,与输入控制信号 $\overline{AEN}$,CEN 和 IOB 相结合,来产生总线命令和控制信号,以确认 CPU 执行何种操作。状态 $\overline{S0}$,$\overline{S1}$,$\overline{S2}$ 及 8288 输出的相应命令信号如表 2.6 所示。

38

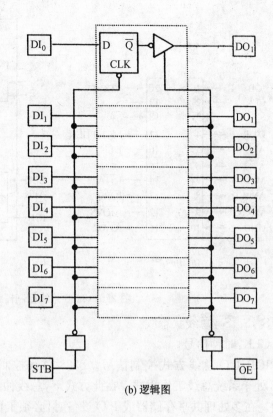

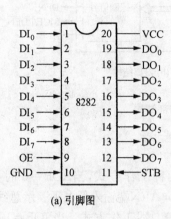

		引脚图	
DI$_0$ →	1	20	← VCC
DI$_1$ →	2	19	→ DO$_0$
DI$_2$ →	3	18	→ DO$_1$
DI$_3$ →	4	17	→ DO$_2$
DI$_4$ →	5 8282	16	→ DO$_3$
DI$_5$ →	6	15	→ DO$_4$
DI$_6$ →	7	14	→ DO$_5$
DI$_7$ →	8	13	→ DO$_6$
OE →	9	12	→ DO$_7$
GND →	10	11	← STB

(a) 引脚图

(b) 逻辑图

图 2.8　8282 的引脚和内部逻辑图

表 2.6　8086/8088 总线状态信号经 8288 所产生的总线命令

总线状态信号			CPU 状态	8288 命令
$\overline{S0}$	$\overline{S1}$	$\overline{S2}$		
0	0	0	中断状态	$\overline{INTA}$
0	0	1	读 I/O 端口	$\overline{IORC}$
0	1	0	写 I/O 端口,超前写 I/O 端口	$\overline{IOWC}$,$\overline{AIOWC}$
0	1	1	暂停	无
1	0	0	取指令	$\overline{MRDC}$
1	0	1	读存储器	$\overline{MRDC}$
1	1	0	写存储器,超前写存储器	$\overline{MWTC}$,$\overline{AMWC}$
1	1	1	无作用	无

8288 总线控制器引脚及内部结构如图 2.9 所示。

8288 由状态译码器、命令信号发生器、控制信号发生器及控制逻辑四部分组成。8288 产生的 ALE 及 DEN 信号与最小模式方式时相同,但 DEN 信号的极性相反。

8288 引脚信号功能如下:

(1) 状态译码和控制逻辑信号(输入)

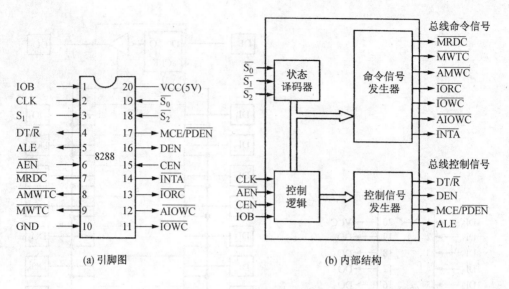

(a) 引脚图   (b) 内部结构

图 2.9   8288 总线控制器引脚及内部结构

$\overline{S_0},\overline{S_1},\overline{S_2}$:总线状态线。

CLK:时钟信号。

IOB:I/O 总线方式控制信号。8288 总线控制器有两种工作方式,当 IOB=0 时,表示 8288 处于系统总线工作方式。在此方式下,总线仲裁逻辑向$\overline{AEN}$端输入低电平表示总线可供使用。在多处理共享存储器或 I/O 设备时,必须工作于系统总线工作方式。当 IOB=1 时,表示 8288 处于 I/O 总线工作方式。在此方式下,所有的 I/O 命令,如$\overline{IORC}$,$\overline{IOWC}$,$\overline{AIOWC}$,$\overline{INTA}$总是允许的。处理器访问 I/O 设备时,8288 立即使 I/O 命令有效,而与$\overline{AEN}$无关,并用 MCE/$\overline{PDEN}$和 T/$\overline{R}$信号控制 I/O 总线收发器。此时由于没有仲裁,这些 I/O 命令线不能用于控制系统总线。在一个多处理器系统中,如果某些外部设备从属于某一个处理器,则选择 I/O 总线方式为宜。

$\overline{AEN}$:地址允许信号,总线仲裁器 8289 输入,低电平有效,表示总线可供使用。它是支持多总线结构的同步控制信号。

CEN:命令允许信号,由外部输入,高电平有效,在多片 8288 协同工作时,起控制信号作用。当此信号为高电平时,允许 8288 输出全部控制信号,当此信号为低电平时,则禁止 8288 发出总线命令信号和总线控制信号中的 DEN 和 PDEN,强制它们呈现高阻状态。任何时侯只允许一片 8288 的 CEN 信号有效,所以它相当于 8288 芯片的选片信号,单片 8288 使用时,可不提供这个控制信号。

(2) 总线命令信号(输出)

$\overline{MRDC}$:读存贮信号命令,相当于最小模式时,8086/8088 发出控制信号$\overline{RD}\land$IO/$\overline{M}$=0。

$\overline{IORC}$:读 I/O 端命令,相当于最小模式时由 8086/8088 发出$\overline{RD}$=0$\land$IO$\overline{M}$/=1。

$\overline{MWTC}$和AMWC:写存储器命令,相当于最小模式时,由 8086/8088 发出$\overline{WR}$=0$\land$IO/$\overline{M}$=0,只是增设了一个比$\overline{MWTC}$提前一个时钟周期出现的超前写存储器信号$\overline{AMWC}$。

$\overline{IOWC}$和AIOWC:写 I/O 端命令,相当于最小模式$\overline{WR}$=0$\land$IO/$\overline{M}$=1,只是增设了一个比$\overline{IOWC}$提前一个时钟出现的超前 I/O 端口信号$\overline{AIOWC}$。

$\overline{INTA}$:中断响应信号,相当于在最小模式时由 CPU 直接发出的$\overline{INTA}$。

（3）总线控制信号（输出）

MCE/$\overline{\text{PDEN}}$：主控级联允许/外设数据允许信号，是一条双功能的输出控制线。当8288工作于系统总线方式时，作主控级联允许信号MCE用，在中断响应周期时MCE有效，控制主设备向从设备输出级联地址。当8288工作于I/O总线方式时，作外设数据允许信号$\overline{\text{PDEN}}$用，控制外部设备通过I/O总线传送数据。

DT/$\overline{\text{R}}$：数据发送/接收信号。

DEN：数据传送允许信号。

ALE：地址锁存允许信号。

3）8286/8287总线收发器

为了提高8086/8088 CPU数据总线的负载能力，在CPU与系统数据总线之间接入总线双向缓冲器，8286/8287是专门为这种目的设计的称为总线收发器，前者为正相，后者为反相。8286的引脚和逻辑图如图2.10所示。

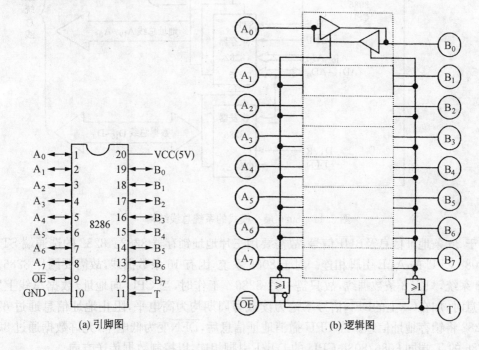

图2.10　8286的引脚和内部逻辑图

8286/8287有两个控制输入信号：传送方向控制信号T和输出允许信号$\overline{\text{OE}}$。当信号$\overline{\text{OE}}$为高电平时，8286在两个方向上都不能传送数据，当信号$\overline{\text{OE}}$为低电平并且T为高电平时，$A_0 \sim A_7$为输入端，$B_0 \sim B_7$为输出端；当$\overline{\text{OE}}$为低电平并且T为低电平时，$B_0 \sim B_7$为输入端，$A_0 \sim A_7$为输出端。在8086/8088系列微机系统中，其T端与8086的数据收发信号DT/$\overline{\text{R}}$相连，用于控制数据传送方向；信号$\overline{\text{OE}}$端与8086的数据允许信号$\overline{\text{DEN}}$相连，用来保证只有在CPU需要访问存储器或I/O端口时才允许数据通过8286/8287。

2.3.2　系统总线结构

当8086/8088 CPU的引脚MN/MX接+5V电源时，工作处于最小模式。

41

1) 8086 最小模式系统总线结构

一种典型的最小模式系统的基本配置如图 2.11 所示,它除了 8086/8088 CPU 外,还包括 8284A 时钟发生器,三片 8282 地址锁存器及两片 8286 总线收发器。

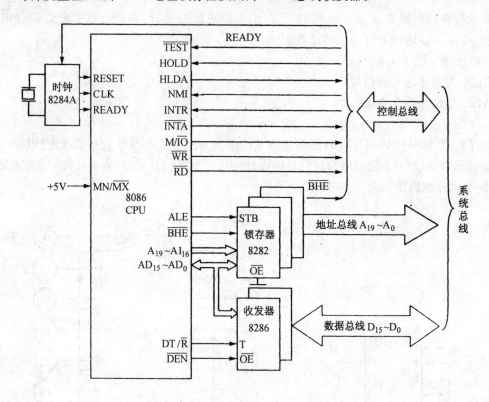

图 2.11　8086 最小模式的系统总线结构

由于 20 条地址信息及 $\overline{BHE}$ 信号,故需要用三片地址锁存器 8282。8282 的选通端 STB 与 8086/8088 CPU 的 ALE 引脚相连。对于 8086 系统,因有 16 条数据线,故需要两片 8286。而对 8088 系统,只需 8 条数据线,故只需一片 8286。工作时,当 CPU 向地址/数据总线上发送地址信息时,加在 $\overline{OE}$ 上的 $\overline{DEN}$ 信号不论为读或写周期均为高电平,阻止地址信息通过 8286,这时 8282 将锁存地址信息。当 CPU 撤消地址信息后,$\overline{DEN}$ 变为低电平,允许数据通过 8286。

8286 的 T 端同 8086/8088 CPU 的 DT/$\overline{R}$ 引脚相连,以控制数据传送方向。

当 8086/8088 CPU 的引脚 MN/$\overline{MX}$ 引脚接地时,便工作在最大模式。

2) 8086 最大模式系统总线结构

8086 最大模式的系统总结构如图 2.12 所示。它与最小模式系统相比,主要是增加了一个用于转换总线控制信号的总线控制器 8288。由于 $\overline{S_0}$,$\overline{S_1}$,$\overline{S_2}$ 状态经过组合,由 8288 产生相应的内存储器或 I/O 端口读写命令和总线控制信号,控制 8282 锁存器和 8286 总线收发器。

8088 最大模式系统总线的形成与此类似,不同的是在访问内存储器或 I/O 端口时不用 $\overline{BHE}$(8088 该引脚定义为 $\overline{SS0}$),另外数据线只有 8 条 $AD_7 \sim AD_0$。

2.3.3　总线周期时序

任何一种微处理器都是在统一的时钟信号 CLK 控制下工作的。时钟信号的周期也称为

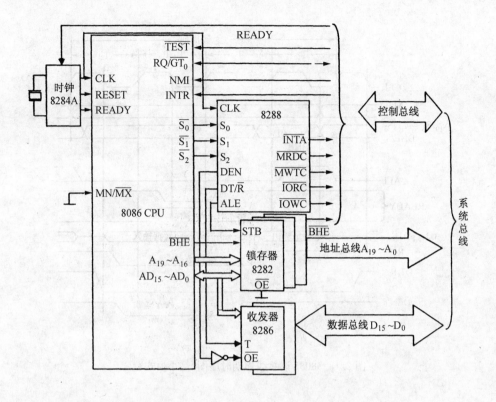

图 2.12   8086 最大模式的系统总线结构

状态周期 T,它是处理器的最小动作单位时间。CPU 在执行每一条指令时,最少要通过总线对内存储器进行一次访问。8086/8088 CPU 通过总线对存储器或 I/O 接口访问一次所需要的时间称为一个总线周期。一个典型的总线周期包含 4 个 T 状态,即 T_1,T_2,T_3 和 T_4。在存储器和外设速度较慢时,需在 T_3 之后插入一个或几个等待状态 T_w。下面介绍 8086 两种工作模式下的总线周期。

1) 最小模式系统读/写总线周期

8086 最小模式读/写总线周期时序图,如图 2.13 和图 2.14 所示。

在 T_1 状态开始时,使地址锁存信号 ALE 为有效,并输出 M/$\overline{\text{IO}}$ 信号来确定本次总线周期是访问存储器(M/$\overline{\text{IO}}$=1)还是访问 I/O 端口(M/$\overline{\text{IO}}$=0)。若是访问内存储器,BIU 把欲访问的内存储器单元的 20 位地址信息从 $A_{19}/S_6 \sim A_{16}/S_3$,$AD_{15} \sim AD_0$ 引脚输出;若是访问 I/O 端口,则 16 位地址由 $AD_{15} \sim AD_0$ 引脚输出。$\overline{\text{BHE}}$也在 T_1 状态由$\overline{\text{BHE}}$/S_7 引脚输出。在 T_1 状态的后半部,ALE 信号变为低电平,利用 ALE 信号的下降沿将 20 位地址信息和$\overline{\text{BHE}}$状态锁存在 8282 地址锁存器中。T_2 状态,读总线周期和写总线周期有所不同。在读总线周期 T_2 状态中,$A_{19}/S_6 \sim A_{16}/S_3$ 高 4 位地址线由地址信息变为状态信息 $S_6 \sim S_3$,$\overline{\text{BHE}}$/ S_7 引脚上的信息变为状态信息 S_7。这时,$AD_{15} \sim AD_0$ 总线地址信息消失。地址/数据总线 $AD_{15} \sim AD_0$ 处于浮动高阻状态,使 CPU 有足够的时间让 $AD_{15} \sim AD_0$ 总线由输出地址方式转变为输入数据方式。这时,$\overline{\text{RD}}$变为有效,DT/$\overline{\text{R}}$ 为低电平,$\overline{\text{DEN}}$ 为低电平有效。DT/$\overline{\text{R}}$ 和 $\overline{\text{DEN}}$用于收发器 8286,使 8286 处于反向传送(即信息由总线传向 CPU)。在 T_3 期间,将数据送到数据总线上,T_3 结束时,CPU 从 $AD_{15} \sim AD_0$ 上读取数据,T_4 前$\overline{\text{RD}}$变为无效,数据也即消失。

43

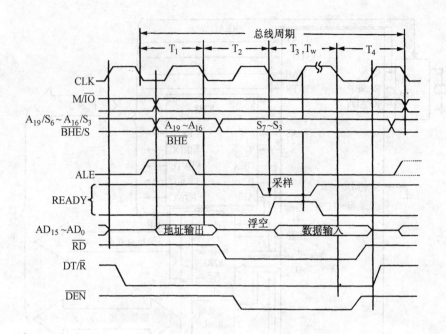

图 2.13 8086 读总线周期时序图（最小模式）

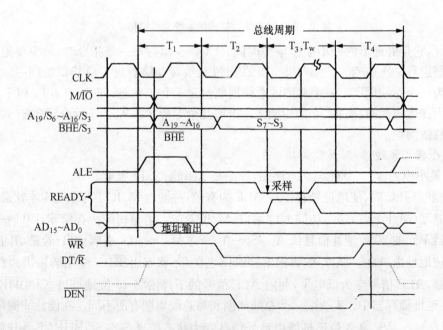

图 2.14 8086 写总线周期时序图（最小模式）

在写总线周期中，CPU 不需要对 $AD_{15} \sim AD_0$ 总线进行输出/输入方式的转变，因而在 T_2 状态下撤消地址后就立即把数据送到 $AD_{15} \sim AD_0$ 总线，此时 $\overline{WR}$ 为有效，DT/$\overline{R}$ 为高电平，$\overline{DEN}$ 为低电平，8286 处于正向传送（即信息由 CPU 传向外部总路线），经 T_3 状态到 T_4 期间 $\overline{WR}$ 变为无效，数据也即消失。

不论是在读总线周期还是写总线周期,若存储器或外设工作速度较慢,不能与快速的 CPU 相匹配,可用等待电路产生 READY 信号,CPU 在 T_3 和 T_4 之间插入一个或几个 T_W 状态,来解决 CPU 与存储器或外设间的速度配合。CPU 在 T_3 状态测试 READY 引线,若发现为高电平(有效),则表示在 T_3 之后不需插入 T_W 状态,立即进入 T_4 状态;否则就必须插入 T_W 状态,以后在每个 T_W 状态的开始都去测试 READY 引线,只要它变为高电平,则在这个 T_W 状态后进 T_4 状态,即 T_W 结束。

以上是 8086 最小模式系统的读/写总线周期,而对 8088 来说,差别仅在于 $M/\overline{IO}$ 变为 $IO/\overline{M}$,$\overline{BHE}/S_7$ 变为 $\overline{SS0}$,$AD_{15} \sim AD_8$ 仅作为地址总线高 8 位,只有 $AD_7 \sim AD_0$ 是传送数据的。

2)最大模式系统读/写总线周期

在最大模式下,8086/8088 进行读/写操作的控制信号和命令信号均由总线控制器 8288 提供。其中定时关系和最小模式下相同的信号有 ALE,DEN(相位相反)和 $DT/\overline{R}$。而不同的是由 8288 直接产生的访问内存和访问 I/O 端口所用的总线命令信号,有存储器读和写 $\overline{MRDC}$ 和 $\overline{MWTC}$,先行存储器写命令 $\overline{AMWC}$,I/O 读和写 $\overline{IORC}$ 和 $\overline{IOWC}$,先行 I/O 写命令 $\overline{AIOWC}$。

在最小模式下,读存储器和读 I/O 端口的集合都是 $\overline{RD}$,但在最大模式下是区分开的,分别为 $\overline{MRDC}$ 和 $\overline{IORC}$。

最大模式时读/写总线周期时序图,如图 2.15 和图 2.16 所示。

$\overline{S_0}$,$\overline{S_1}$ 和 $\overline{S_2}$ 在总线开始前就有效,且保持到 T_3。而当总线控制器检测到这 3 个信号有效时,8288 便在 T_1 期间输出 ALE 信号和 $DT/\overline{R}$ 信号(此信号读总线周期为低,写总线周期为高)。T_2 期间 DEN 变为高电平,经反相接 8286 $\overline{OE}$ 端,使总线收发器 8286 允许数据通过,在 T_2 期间对读总线操作,8288 输出存储器读或 I/O 读信号 $\overline{MRDC}$ 和 $\overline{IORC}$,且保持到 T_4;同样在 T_2 期间对写总线操作,8288 输出先行存储器写或 I/O 写信号 $\overline{AMWC}$ 或 $\overline{AIOWC}$,且保持到

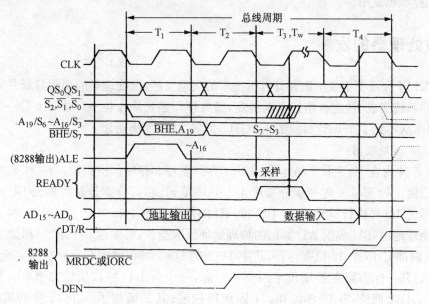

图 2.15　8086 读总线周期时序图(最大模式)

45

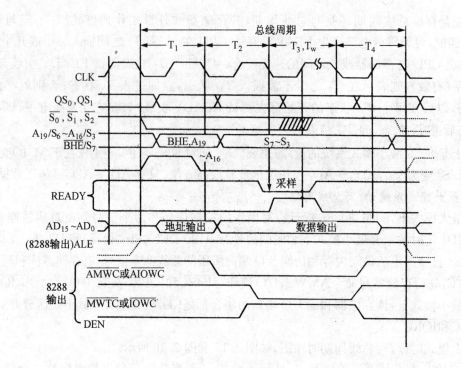

图 2.16 8086 写总线周期时序图(最大模式)

T_4,在 T_3 到 T_4 输出 $\overline{\text{AMWC}}$ 和 $\overline{\text{IOWC}}$ 不论是读或写总线操作。在 T_3 期间若 READY 信号为高电平,则不需插入等待周期 T_W,否则,需在 T_3 至 T_4 之间插入 T_W 一个或多个。

8088 的时序与 8086 基本相似,差别是不使用 $\overline{\text{BHE}}$,$AD_{15} \sim AD_8$ 仅输出地址,而 $AD_7 \sim AD_0$ 为地址/数据复用。

2.4 微处理器的发展

随着 VLSI 大规模集成电路和计算机技术的飞速发展,微处理器的面貌日新月异,从单片集成上升到系统集成,性能价格比不断提高,微处理器字长从 4 位→8 位→16 位→32 位→64 位,工作频率从不到 1MHz 到目前的 1.3GHz,发展之快,匪夷所思。

1) 80286 微处理器

80286 芯片内含 13.5 万个晶体管,集成了存储管理和存储保护机构。80286 将 8086 中的 BIU 的 EU 两个处理单元进一步分离成 4 个处理单元,它们分别是总线单元 BU、地址单元 AU、指令单元 IU 和执行单元 EU。BU 和 AU 的操作基本上和 8086 的 BIU 一样,AU 专门用来计算物理地址,BU 根据 AU 算出的物理地址预取指令(可多达 6 个字节)和读写操作数。

80286 内部有 15 个 16 位寄存器,其中 14 个与 8086 寄存器的名称和功能完全相同。不同之处有二:其一标志寄存器增设了两个新标志,一个为 I/O 特权层标志 IOPL(I/O Privilege),占 D13D12 两位,有 00,01,10,11 四级特权层;其二增加了一个 16 位的机器状态字(MSW)寄存器,但只用了低 4 位。D3 为任务转换位 TS;D_2 为协处理器仿真位 EM;D_1 为监督协处理器位 MP;D_0 为保护允许位 PE;其余位都空着未用。

80286 有 24 根地址线,16 根数据线,16 根控制线(其中输出的状态线 8 根,输入的控制线 8 根),地址线和数据线、状态线不再分时复用。80286 封装在 68 条引脚的正方形管壳中,管壳四面引脚。68 根引脚中有五条引脚未编码(NC),Vcc 有 2 条,Vss 有 3 条,各引脚的符号和名称如表 2.7 所示。

表 2.7 80286 引脚符号和名称

符 号	I/O	名 称	符 号	I/O	名 称
CLK	I	系统时钟	INTR	I	中断请求
$D_{15} \sim D_0$	I/O	数据总线	NMI	I	不可屏蔽中断请求
$A_{23} \sim A_0$	O	地址总线	PEREQ	I	协处理器操作数请求
$\overline{BHE}$	O	总线高字节有效	$\overline{PEACK}$	O	协处理器操作数响应
$\overline{S1}$ $\overline{S0}$	O	总线周期状态	$\overline{BUSY}$	I	协处理器忙
$M/\overline{IO}$	O	存储器/IO 选择	$\overline{ERROR}$	I	协处理器出错
COD/ $\overline{INTA}$	O	代码/中断响应	RESET	I	系统总清
$\overline{Lock}$	O	总线封锁	Vss	I	系统地
$\overline{READY}$	I	总线准备就绪	Vcc	I	+5V 电源
HOLD	I	总线保持请求	CAP	I	衬底滤波电容器
HLDA	O	总线保持响应			

80286 对 8086 基本指令集进行了扩展。

2) 80386 微处理

80386CPU 内部结构由 6 个逻辑单元组成,它们分别是:总线接口部件 BIU(Bus Interface Unit)、指令预取部件 IPU(Instruction Prefetch Unit)、指令译码部件 IDU(Instruction Decode unit)、执行部件 EU(Execution Unit)、段管理部件 SU(Segment Unit)和页管理部件 PU(Paging Unit)。CPU 采用流水线方式,可并行地运行取指令、译码、执行指令、存储管理、总线与外部接口等功能,达到四级并行流水操作(取指令、指令译码、操作数地址生成和执行指令操作)。

80386 采用 PGA(管脚栅格阵列)封装技术,芯片封装在正方形管壳内,管壳每边三排引脚,共 132 根。80386 管脚名称和功能见表 2.8。

表 2.8 80386 引脚名称和功能

信号名称	信号功能	有效状态	输入/输出
CLK2	时钟	—	I
$D_{31} \sim D_0$	数据总线	—	IO
$\overline{BE3} \sim \overline{BE0}$	字节使能	低	O
$A_{31} \sim A_0$	地址总线	—	O
$W/\overline{R}$	写读指示	—	O
$D/\overline{C}$	数据-控制指示	—	O

信号名称	信号功能	有效状态	输入/输出
M/$\overline{\text{IO}}$	存储器-I/O 指示	—	O
$\overline{\text{Lock}}$	总线封锁指示	低	O
$\overline{\text{ADS}}$	地址状态	低	O
$\overline{\text{NA}}$	下地址请求	低	I
$\overline{\text{BS16}}$	总线宽度 16 位	低	I
$\overline{\text{READY}}$	传送认可（准备好）	低	I
HOLD	总线占用请求	高	I
HLDA	总线占用认可	高	O
PEREQ	协处理器请求	高	I
$\overline{\text{BUSY}}$	协处理器忙	低	I
$\overline{\text{ERROR}}$	协处理器出错	低	I
INTR	可屏蔽中断请求	高	I
NMI	不可屏蔽中断请求	高	I
RESET	复位	高	I

3）80486 微处理器

Intel 公司于 1989 年推出了第二代 32 位微处理器 80486。集成度是 386 的 4 倍以上，168 个引脚，PGA 封装，体系结构与 386 几乎相同，但在相同的工作频率下处理速度比 386 提高了 2～4 倍。80486 的工作频率最低为 25MHz，最高达到 132MHz。其主要特点如下：

① 采用精简指令系统计算机 RISC（Reduced Instruction Set Computer）技术，减少不规则的控制部分，从而缩减了指令的译码时间，使微处理器的平均处理速度达到 1.2 条指令/时钟。

② 内含 8KB 的高速缓存（Cache），用于对频繁访问的指令和数据实现快速的存取。如果 CPU 所需要的指令或数据在高速缓存中（即命中），则勿需插入等待状态便直接把指令或数据从 Cache 中取到；相反，如果未命中，CPU 便从主存中读取指令或数据。由于存储访问的局部性，高速缓存的"命中"率一般很高，使得插入的等待状态很少，同时高"命中率"必然降低外部总线的使用频率，提高了系统的性能。

③ 80486 芯片内包含有与独立的 80387 完全兼容且功能又有所扩充的片内 80387 协处理器，称作浮点运算部件（FPU）。

④ 80486 采用了猝发式总线（Burst Bus）技术，系统取得一个地址后，与该地址相关的一组数据都可以进行输入/输出，有效地解决了 CPU 与存储器之间的数据交换问题。

⑤ 80486CPU 与 8086/8088 的兼容性是以实地址方式来保证的。其保护地址方式和 80386 指标一样，80486 也继承了虚拟 8086 方式。

⑥ 80486CPU 的开发目标是实现高集成化，并支持多处理机系统。可以使用 N 个 80486 构成多处理机的结构。

4) Pentium 微处理器

1993 年 3 月 Intel 公司推出 Pentium 微处理器,后又相继推出了高能奔腾 Pentium Pro、多能奔腾 Pentium MMX 以及奔腾第二代(PⅡ)、第三代(PⅢ)和 P4。奔腾机主频也从最初的 60MHz 提高到 1GHz 以上。Pentium 芯片内含 310 万个晶体管,原来被置于片外的单元如数学协助处理器和 Cache 等,被集成到片内,速度得到显著的提高。Pentium 的设计中采用了新的体系结构,大大提高了 CPU 的主体性能。第一代奔腾芯片内置 32 位地址总线和 64 位数据总线以及浮点运算单元、存储管理单元和两个 8KB 的 Cache(分别用于指令和数据),还有一个 SMM(System Management Mode)系统管理模式。

Pentium 新型体系结构可以归纳为以下 4 个方面:

(1) 超标量流水线

超标量流水线(Superscalar)设计是 Pentium 处理器技术的核心,它由 u 与 v 两条指令流水线构成。每条流水线都拥有自己的 ALU、地址生成电路和数据 Cache 接口。这种流水线结构允许 Pentium 在单个时钟周期内执行两条整数指令,比相同频率的 80486CPU 性能提高了一倍。与 80486 流水线相类似,Pentium 的每一条流水线也分为 5 个步骤:指令预取、指令译码、地址生成、指令执行、回写。当一条指令完成预取步骤,流水线就可以开始对另一条指令的操作,但与 80486 不同的是,由于 Pentium 的双流水线结构,它可以一次执行两条指令,每条流水线中执行一条。这个过程称为"指令并行"。在这种情况下,要求指令必须是简单指令,且 v 流水线总是接受 u 流水线的下一条指令。但如果两条指令同时操作产生的结果发生冲突时,则要求 Pentium 还必须借助与适用的编译工具产生尽量不冲突的指令序列,以保证其有效使用。

(2) 独立的指令 Cache 和数据 Cache

80486 片内有 8KB 的 Cache,而 Pentium 有两个 8KB 的 Cache,指令和数据各使用一个 Cache,使 Pentium 的性能大大超过 80486 微处理器。例如,流水线的第一步骤为指令预取。在这一步中,指令从指令 Cache 中取出来,如果指令和数据合用 Cache,则指令预取和数据操作之间将很可能发生冲突,而提供两个独立 Cache 将可避免这种冲突并允许两个操作同时进行。

(3) 重新设计的浮点运算单元

Pentium 的浮点单元在 80486 的基础上进行了彻底的改进,每个时钟周期能完成一个或两个浮点运算。

(4) 分支预测

循环操作在软件设计中使用十分普通,而且每次在循环中对循环条件的判断占用了大量的 CPU 时间,为此,Pentium 提供一个称为分支目标缓冲器 BTB(Branch Target Buffer)的小 Cache 来动态地预测程序分支,提高循环程序运行速度。

习题 2

一、判断题(正确√,错误×)

1. CPU 芯片中集成了运算器、寄存器和控制器。　　　　　　　　　　　　(　)

2. 存储单元的地址和存储单元的内容是一回事。　　　　　　　　　　　　(　)

3. 在执行指令期间,EU 能直接访问存储器。 （　）

4. 8086 CPU 从内存中读取一个字(16 位)必须用两个总线周期。 （　）

5. 8086 CPU 的一个总线周期一般由 4 个状态组成。 （　）

二、单项选择题

1. 8086 CPU 的 40 根引脚中,有_____个是分时复用的。

A) 21　　　　B)1　　　　C) 2　　　　D) 24

2. 8086 CPU 工作在最大模式还是最小模式取决于_____信号。

A)M/$\overline{\text{IO}}$　　B) NMI　　C)MN/$\overline{\text{MX}}$　D)ALE

3. 8086 CPU 中 EU 和 BIU 的并行操作是_____级的并行。

A)操作　　　B)运算　　C) 指令　　D)处理器

4. 8086 CPU 用_____信号的下降沿在 T1 结束时将地址信息锁存在地址锁存器中。

A)M/$\overline{\text{IO}}$　　B)$\overline{\text{DEN}}$　　C) ALE　　D)READY

三、多项选择题

1. 微型计算机的基本结构包括_____。

A) 运算器　　B) 寄存器　　C) 存储器　　D)CPU　　E)控制器

F)外设及接口　G)总线

2. 8086 标志寄存器中控制为_____。

A) CF　　　B)IF　　　C)DF　　　D)SF　　　E)TF

F)OF　　　G) ZF

3. 若 AL＝00H,BL＝0FEH,执行 ADD AL,BL 后,为 0 的标志位有_____。

A)CF　　　B)PF　　　C)AF　　　D)SF　　　E)TF

F)OF　　　G)ZF　　　H)DF　　　I)IF

4. 8086CPU 复位后,内容为 0 的寄存器有_____。

A)IP　　　B)FR　　　C)CS　　　D)ES　　　E)DS

F)SS

5. 当 CPU 读存储器时,为 0 电平的引脚有_____。

A)ALE　　B) M/$\overline{\text{IO}}$　　C) $\overline{\text{DEN}}$　　D) DT/$\overline{\text{R}}$　　E) $\overline{\text{RD}}$

F) $\overline{\text{INTA}}$

6. 8086 与 8088 相比,具有_____。

A)相同的内部寄存器　　　B)相同的指令系统　　C)相同的指令队列

D)相同宽度的数据总线　　E)相同宽度的地址总线　　F)相同的寻址方式

四、填空题

1. _____和_____集成在一块芯片上,被称作 CPU。

2. 总线按其功能可分_____、_____和_____三种不同类型的总线。

3. 存储器操作有_____和_____两种。

4. CPU 访问存储器进行读写操作时,通常在_____状态去检测 READY ,一旦检测到 READY 无效,就在其后插入一个_____周期。

5. 8086/8088 CPU 中的指令队列的长度分别为_____和_____字节。

6. 当 8086 CPU 的 MN / MX 引脚接_____电平,CPU 处于最大模式,这时对存储器和外设端口的读写控制信号由_____芯片发出。

五、简答题

1. 8086/8088 CPU 中有几个段寄存器？其功能是什么？

2. 什么是逻辑地址、物理地址？物理地址是如何求得的？

3. 何谓 8086/8088 CPU 最大模式和最小模式？其关键区别是什么？

4. 在最小模式时 CPU 访问内存储器，哪些信号有效？

5. 在最小模式时 CPU 访问 I/O 接口，哪些信号有效？

3 8086 CPU 指令系统

本章介绍了 8086 CPU 指令系统,包括指令的一般格式和操作数的类型、操作数的寻址方式以及指令系统各指令的助记符、操作数类型、指令功能、对标志位的影响等。

指令是 CPU 用以控制微机系统各部件协调动作的命令。一种 CPU 所具有的全部指令称为该 CPU 的指令系统。指令系统全面描述了 CPU 的功能。不同厂家生产的不同型号的 CPU,其指令系统也不相同且互不兼容。但 8086 CPU 指令系统是向上兼容的,即 8086 CPU 指令系统被包含在 80X86 CPU 指令系统中。计算机的基本操作是由二进制代码实现的,能指示计算机完成基本操作的二进制代码称为机器码,也叫机器指令。为了方便编程,人们又把机器指令用符号表示。本章介绍的指令系统都是用符号表示的指令。

3.1 8086 指令一般格式

指令由操作码和操作数两部分组成。操作码表示操作的类型,不可缺省。用英文符号表示的操作码称为助记符,如 MOV 表示传送,ADD 表示相加,JMP 表示转移等。操作数表示操作对象,操作数用符号表示可以是常量、符号常量、寄存器和符号地址(包括变量名、标号)。按照一条指令中操作数的个数来分类,指令分为三种:

1) 无操作数指令

指令中只有助记符,没有操作数。

一般格式:助记符

如 HLT 指令。

2) 单操作数指令

指令中除助记符外,只有一个操作数。

一般格式:助记符 操作数

如 INC AL 指令。

需要指出的是,若这个操作数是隐含的,即助记符对固定的对象进行操作,则这个操作数在指令一般格式中不出现,在书写格式上和无操作数指令相同。

如 DAA 指令,隐含的操作数是 AL。

3) 双操作数指令

指令中有两个操作数,中间用逗号隔开,逗号前面的操作数叫目的(或目标)操作数,逗号后面的操作数叫源操作数。

一般格式:助记符 目的操作数,源操作数

如 ADD SI,[BX]。

需要指出的是,若源操作数是隐含的,则源操作数在指令书写格式上不出现,仅出现目的操作数,如 POP AX 指令,源操作数固定为堆栈单元。若目的操作数是隐含的,则目的操作数在指令书写格式上不出现,仅出现源操作数,如 PUSH AX 指令目的操作数固定为堆栈单元。若目的操作数和源操作数都是隐含的,则指令书写格式上仅有助记符,而无操作数,如 CBW 指令,源操作数固定为 AL,目的操作数固定为 AH。

3.2 8086 寻址方式

寻址方式是指 CPU 在执行指令时寻找操作数或操作数地址的方式。8086 指令中涉及的操作数类型主要有四种:立即操作数、寄存器操作数、存储器操作数和外设端口操作数(采用独立编址方式时)。因此,寻址方式可以分为四种类型:立即寻址、寄存器寻址、存储器寻址和外设端口寻址。

3.2.1 立即寻址

直接放在指令中的常数称为立即操作数,简称立即数。立即数只能作源操作数。例如:

MOV BH,56H

MOV CX,1234H

立即数可以用二进制、十进制、十六进制等数制形式表示,也可以用具有确定值的符号常数或表达式表示。

3.2.2 寄存器寻址

存放在寄存器中的数据称为寄存器操作数。通用寄存器操作数既可以作源操作数,也可以作目的操作数。例如:

MOV AX,BX;AX←BX

SUB AL,CL;AL←AL-CL

8086 指令系统中,有的指令给出寄存器的名称,有的指令不给出寄存器的名称,而隐含着某个通用寄存器作操作数,如上节所述 DAA、CBW 等指令。

需要指出的是:指令指针寄存器 IP 的名称决不在指令中出现,只在程序控制指令中隐含为目的操作数或源操作数(详见本章程序控制指令)。标志寄存器 F 也是隐含为操作数的,仅在标志传送指令中以 F 寄存器低 8 位或 16 位隐含为目的操作数或源操作数(实际上 F 寄存器的名称被包含在助记符中);此外在标志位操作指令中,F 寄存器还可以位操作,这种寻址位操作数的方式称为位寻址。对于段寄存器 CS 只在数据传送指令中作为源操作数出现,而在程序控制指令中段间操作时,可隐含为目的操作数或源操作数。DS,ES,SS 段寄存器仅在数据传送指令中以目的操作数或源操作数出现。

3.2.3 存储器寻址

存储器寻址是把操作数放在存储器中。存储器操作数所在的存储器地址应该是物理地址。物理地址是由段地址和 16 位的偏移地址决定的。段寄存器提供的段地址,自动左移 4 位,与 16 位偏移地址相加,就形成了 20 位的物理地址。

BIU 根据指令要求以隐含方式自动选择相应的段寄存器,也允许利用段超越方法选择段寄存器,如表 3.1 所示。16 位的偏移地址,可以是指令中的直接地址或 16 位地址寄存器的内容,可以是指令中的偏移值加上 16 位地址寄存器中的内容。

另外,存储器操作数具有类型属性,如字节(BYTE)、字(WORD)、双字(DWORD)等。反映了数据占用存储单元的字节数。编程中,为方便表示存储器操作数和说明其类型,约定用方括号内容表示存储器操作数的偏移地址,用"类型名 PTR 偏移地址"的形式说明指令中存储器操作数的类型,用"名字 DB/DW/DD 数据序列"的形式分别定义具有"名字"的字节、字或双字存储器操作数。例如"WORD PTR[1000H]"表示一个类型为字、偏移地址为 1000H 的存储器操作数。"BUF DB 10H,20H"则定义了两个字节存储器操作数 10H 和 20H,它们连续存放在地址名为 BUF 存储区。存储器寻址又可分为:

表 3.1　8086 寻址约定

存储器存取方式	自动选择的段基准	允许超越的段基准	偏移地址
取　指　令	CS	无	IP
堆栈操作	SS	无	SP
源　　串	DS	CS,ES,SS	SI
目　的　串	ES	无	DI
数据读写	DS	CS,ES,SS	有效地址 EA
BP 做基址	SS	CS,ES,DS	有效地址 EA

1) 直接寻址

存储器操作数的 16 位偏移地址直接包含在指令代码中,约定的存储器段地址在 DS 中。改变约定的段寄存器称为段超越,这种寻址方式允许用 CS,ES,SS 段超越。例如:

MOV　BX,[2000H]　　　　　; BX←DS:[2000H]
ADD　AX,ES:[2030H]　　　; AX←AX+ES:[2030H]

CPU 执行指令时,可直接按代码中的有效地址访问存储单元以获得操作数,故直接寻址是最简单的存储器寻址。

2) 寄存器间接寻址

操作数在存储器中,但操作数的偏移地址在指令给出的寄存器中,可用于这种寻址方式的寄存器只能是 SI,DI,BP 和 BX。例如:

MOV　AX,[SI]　　　　　; AX←DS:[SI]
MOV　AX,[BP]　　　　　; AX←SS:[BP]
MOV　[BX],AX　　　　　; DS:[BX]←AX

当选用 SI,DI,BX 间接寻址时,约定存储器段地址在 DS 中,允许用 CS,ES,SS 段超越;当选用 BP 间接寻址时,约定存储器段地址在 SS 中,允许用 CS,ES,DS 段超越。如:

MOV　BX,DS:[BP]　　　　　; BX←DS:[BP]
MOV　AX,SS:[BX]　　　　　; AX←SS:[BX]

3) 基址寻址

操作数在存储器中,操作数的有效地址是指令给定的位移量和基址寄存器 BX 或 BP 的内容之和。段地址寄存器的约定与寄存器间接寻址相同。例如:

54

```
MOV   AX,[BX+3AH]           ; AX←DS:[BX+3AH]
MOV   [BP+4EB3H],AX         ; SS:[BP+4EB3H]←AX
MOV   AX,ES:[BP+28H]        ; AX←ES:[BP+28H]
```

4) 变址寻址

操作数在存储器中,操作数的有效地址是指令给定的位移量和变址寄存器 SI 或 DI 的内容之和。约定存储器段地址在 DS 中,也允许使用 CS,ES,SS 段超越。例如:

```
MOV   [DI+12H],AX           ; DS:[DI+12H]←AX
MOV   AL,[SI+3456H]         ; AL←DS:[SI+3456H]
MOV   BX,SS:[DI+45H]        ; BX←SS:[DI+45H]
```

5) 基址加变址寻址

操作数在存储器中,操作数的有效地址是指令给定的位移量和一个基址寄存器(BX 或 BP)及一个变址寄存器(SI 或 DI)的内容之和。哪一个段寄存器作为存储器段地址,由基址寄存器决定:若基址寄存器为 BX,段寄存器使用 DS;若基址寄存器为 BP,段寄存器使用 SS。允许使用的段超越与基址寻址相同。例如:

```
MOV   BX,[DI+BP+45H]        ; BX←SS:[DI+BP+45H]
MOV   AX,ES:[SI+BX+76H]     ; AX←ES:[SI+BX+76H]
```

6) 串寻址

串寻址用于数据串操作指令,它隐含地运用变址寄存器 SI 和 DI。SI 指出源数据串偏移地址,DI 指出目的数据串偏移地址,指令执行后 SI 和 DI 的内容自动增量(或减量),操作数为字节类型时增(减)量值为 1,操作数为字类型时增(减)量值为 2。是增量还是减量取决于方向标志 DF,若 DF=0,为增量;若 DF=1,为减量。约定源数据段地址在 DS 中,允许使用 CS,ES,SS 段超越;目的数据串段地址在 ES 中,不允许段超越。例如:

```
MOVSB     ;ES:[DI]←DS:[SI],SI←SI±1,DI←DI±1
MOVSW     ;ES:[DI]←DS:[SI],SI←SI±2,DI←DI±2
```

3.2.4   端口寻址

这种寻址方式要寻址的操作数在外设端口中,用于独立编制方式时的 IN,OUT 指令。

端口寻址有两种方式:

1) 直接端口寻址

外设端口地址是 8 位,如 34H 是端口地址。

```
IN        AL,34H            ; AL←[34H]
OUT       34H,AL            ; [34H]←AL
```

2) DX 寄存器间接寻址

外设端口地址是 16 位,如 280H 是端口地址。

```
输入:MOV   DX,280H
     IN    AL,DX            ;AL←[280H]
输出:MOV   DX,280H
     OUT   DX,AL            ;[280H]←AL
```

至此,我们介绍了 8086 指令系统的基本寻址方式,编程中,如果方式选择恰当,既可以使程序简练，节省存储空间，又可以提高程序的执行速度。

3.3 8086 指令系统

8086 指令系统按其功能可分为下面几种类型：

数据传送指令（Data Transfer Instructions）；

算术运算指令（Arithmetic Instructions）；

逻辑运算指令（Logic Instructions）；

移位指令（Shift Instructions）；

程序控制指令（Program Control Instructions）；

串指令（String Instructions）；

处理器控制指令（Processor Control Instructions）。

3.3.1 数据传送类指令

表 3.2 数据传送指令

分类	指令助记符与使用格式	功　能	操　作　说　明
通用数据传送	MOV　dst,src	dst←src	传送字节或字
	XCHG　dst,src	dst↔src	交换字节或字
	PUSH　src	SP←SP−2,[SP]←src	把字压入堆栈单元
	POP　dst	dst←[SP],SP←SP+2	把字弹入堆栈单元
	XLAT	AL←[BX+AL]	字节转换(用于查表)
地址传送	LEA　reg16,src	reg16←src 偏移地址	取偏移地址
	LDS　reg16,src	reg16←src 低地址字单元内容 DS←src 高地址字单元内容	双字存储单元内容送寄存器和 DS
	LES　reg16,src	reg16←src 低地址字单元内容 ES←src 高地址字单元内容	双字存储单元内容送寄存器和 ES
标志传送	LAHF	AH←FLAG 的低 8 位	标志送 AH
	SAHF	AH→FLAG 的低 8 位	AH 送标志寄存器
	PUSHF	SP←SP−2,[SP]←FLAG	标志入栈
	POPF	FLAG←[SP],SP←SP+2	标志出栈
输入输出	IN acc,port	acc←[port]	输入字节或字
	OUT port,acc	acc→[port]	输出字节或字

数据传送指令用于寄存器、存储器或者输入输出端口之间传送数据或地址，可细分为表 3.2 列出的四种类型。表中扼要列出了各指令的使用格式、功能及操作内容，下面进一步介绍数据传送指令的用法。

1）通用数据传送指令

（1）MOV　dst,src

MOV 指令将源操作数 src 传送到目的操作数 dst，该指令不影响标志寄存器。

56

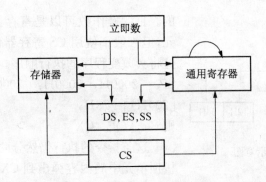

图 3.1　数据传送方向示意图

src 可以是通用寄存器、段寄存器、立即数和存储器操作数;dst 可以是通用寄存器、段寄存器和存储器操作数,src 和 dst 必须有一致的类型(都是 8 位或都是 16 位)。

当目的操作数为段寄存器时,源操作数不能为立即数,当操作数不是立即数时,两个操作数中必须有一个是寄存器。MOV 指令的数据传送方向如图 3.1 所示。下面是 MOV 指令的实际例子。

```
MOV    BX,CX               ; 通用寄存器间传送(16 位)
MOV    DH,AL               ; 通用寄存器间传送(8 位)
MOV    BP,2000H            ; 通用寄存器←立即数
MOV    DS,BX               ; 通用寄存器送入段寄存器
MOV    SI,ES               ; 段寄存器送入通用寄存器
MOV    [2000H],BL          ; 通用寄存器送入存储单元
MOV    WORD PTR [2080H],25H   ; 立即数送入字存储单元
```

(2) XCHG dst,src

XCHG 指令将源操作数与目的操作数互换。两操作数可以是通用寄存器和存储器,要求都是 8 位或都是 16 位,至少有一个操作数必须是通用寄存器。指令执行后不影响标志寄存器。下面是 XCHG 指令的实际例子。

```
XCHG    AX,BX              ; AX↔BX
XCHG    SP,CX              ; SP↔ · CX
XCHG    AL,[BP+SI]         ; AL↔SS:[BP+SI]
```

(3) PUSH src 和 POP dst

PUSH 和 POP 是两条堆栈操作指令,分别称为进栈和出栈指令,堆栈操作不影响标志寄存器。

PUSH 指令把一个源操作数(字)送至 SP 所指的现行堆栈栈顶单元。源操作数可以是寄存器(IP 除外)或存储器单元,目的操作数是隐含的。例如:

```
PUSH   AX
```

执行这条指令分两步:第一步,SP−2→SP,SP 指向新栈顶;第二步,把 AX 中的内容压入 SP 所指的堆栈单元(存储器单元)中。例:

若 SS=2000H,SP=1000H,AX=1234H 新的栈顶 SP=0FFEH,压栈操作示意图如图 3.2 所示。

POP 指令把 SP 指出的现行堆栈栈顶中的一个字传送到目的操作数中。源操作数是隐含

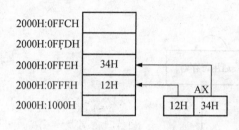

图 3.2　压栈操作示意图

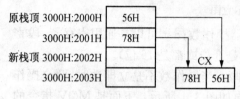

图 3.3　出栈操作示意图

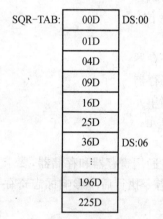

图 3.4　存储器中的平方表

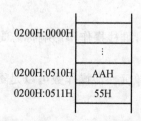

图 3.5　存储单元情况

的。目的操作数可以是寄存器(IP 除外)或存储单元,但一般不使用 CS 寄存器作为目的操作数,因为这将会改变程序的执行顺序。例如,若 SS＝3000H,SP＝2000H,3000H：[2000H]＝56H,3000H：[2001H]＝78H,

则　　POP　CX

这条指令的执行仍然分两步:第一步 SP 指示的栈顶单元中的内容弹出到 CX 寄存器中;第二步,调整 SP,使 SP＋2→SP。出栈操作示意图如图 3.3 所示。执行这条指令后,CX＝7856H,SP＝2002H。

(4) XLAT

该指令称为换码指令,操作数是隐含的,执行的操作为:AL←DS：[BX＋AL]。完成一个字节的查表转换,表的长度可达 256 字节,表首地址在 BX 寄存器中。指令执行时,根据 AL 中预先给定的表内偏移,把表中对应单元的数据传送到 AL 累加器中,达到字节转换之目的。该指令不影响标志寄存器。下面的例子说明该指令的用法。

在存储器中建立的平方表如图 3.4 所示,用查表法求自然数 0～15 的平方。则查 6 的平方的程序段为:

```
        ⋮
MOV    BX,00
MOV    AL,06        ;求 6 的平方
XLAT                ;AL←DS：[BX＋6]
        ⋮           ;AL←6 = 36
```

2) 地址传送指令

地址传送指令用来传送操作数的地址。

(1) LEA　reg16,src

LEA 是一条取偏移地址的指令,它用来将源操作数(必须是存储器操作数)的偏移地址传送到 16 位通用寄存器中。假设有存储单元如图 3.5 所示,则下面程序执行后,DI 等于源操作数 55AAH,SI 等于源操作数 55AAH 的偏移地址 0510H。

```
        ⋮
MOV    AX,200H
MOV    DS,AX
MOV    BX,500H
MOV    DI,[BX＋10H]      ;DI＝55AAH
LEA    SI,[BX＋10H]      ;SI＝0510H
        ⋮
```

58

(2) LDS reg16，src 和 LES reg16，src

取地址指针指令。其功能是将源操作数的有效地址所对应的双字存储单元中的高 16 位内容送入 DS(或 ES)，低 16 位内容送入指令指定的 16 位通用寄存器。例如：设某双字存储单元偏移地址为 3000H,双字数据为 12345678H,则有：

```
LDS   SI,[3000H]      ；DS=1234H,SI=5678H
LES   DI,[3000H]      ；ES=1234H DI=5678H
```

地址传送指令不影响标志寄存器。

3) 标志传送指令

标志传送指令专门用于对标志寄存器进行操作，操作数被包含在助记符中。8086 指令系统中许多指令的执行结果会影响标志寄存器，而标志寄存器中有些控制位的状态也会影响某些指令的执行，为方便对标志寄存器中一些控制位的操作。8086 指令系统中提供了以下 4 条标志传送指令：

```
LAHF        ；标志寄存器的低 8 位送 AH
SAHF        ；AH 的内容送标志寄存器低 8 位
PUSHF       ；标志寄存器内容进栈
POPF        ；栈顶内容送标志寄存器
```

其中，SAHF 和 POPF 指令将直接影响标志位，而其他传送均不会对标志位产生影响。

4) 输入输出指令

计算机和输入输出设备交换信息是通过它们之间的接口电路实现的。每一个接口电路都分配一个或若干个端口(port)地址，IN 和 OUT 指令是 8086 为独立的 I/O 编址方式提供的两条专用 I/O 指令。

利用 IN 和 OUT 指令，可以从端口接受 8 位或 16 位数据到累加器 AL 或 AX,或者把累加器 AL 或 AX 中的 8 位或 16 位数据传送到端口 Port。当 Port 地址能用 8 位表示时，可用直接寻址方式，否则，需要借助 DX 寄存器，用 DX 寄存器间接寻址。下面是输入输出指令的实际例子：

```
IN    AL,20H     ；从地址为 20H 的端口输入一个字节
OUT   20H,AX     ；字输出(AL 输出到 20H 端口,AH 输出到 21H 端口)
MOV  DX,278H     ；设置端口地址
IN    AX,DX      ；字输入(278H 端口的内容读入 AL,279H 端口的内容读入 AH)
```

3.3.2 算术运算指令

表 3.3 列出了常规算术运算指令和辅助运算的校正指令，以及它们的使用格式、操作内容等，下面进一步介绍各指令的用法。

1) 加法指令

(1) ADD(Addition)

该指令将两个字节或字操作数相加，其结果送到目的操作数，受影响的状态标志是 AF,CF,PF,OF,ZF 和 SF。源操作数可以是通用寄存器、存储器和立即数，目的操作数可以是通用寄存器和存储器。应用时注意，两操作数不能同时为存储器操作数，并且类型必须一致。例如：

ADD AX,BX

ADD AL,40H

ADD [BX+DI+64H],AX   ; DS:[BX+DI+64H]←DS:[BX+DI+64H]+AX

（2）ADC(Add with Carry)

该指令除了运算时加上进位位 CF 以外,其余和 ADD 指令一样,这条指令主要用于多字节加法运算。例如,为实现双字加法 DXAX←DXAX+BXCX,可用如下指令实现:

ADD AX, CX

ADC DX, BX

（3）INC(Increment Destination by 1)

这是一条单操作数指令,它将操作数加 1,结果仍返回该操作数。受影响的状态标志是 OF,SF,ZF,AF 和 PF(不影响 CF)。操作数可以是 8/16 位的通用寄存器和存储器。例如:

INC AX

INC WORD PTR [SI]

表 3.3 算术运算指令

分类	指令助记符与格式	功　能	操　作　内　容
加法	ADD dst,src ADC dst,src INC dst	加法 带进位加法 加 1	dst←dst+src dst←dst+src+CF dst←dst+1

减法	SUB dst,src
	SBB dst,src
	DEC dst
	NEG dst
	CMP dst,src
		减法
		带借位减法
		减 1
		求补
		比较
			dst←dst−src
			dst←dst−src−CF
			dst←dst−1
			dst←0−dst
			dst−src

乘法	MUL src IMUL src	无符号数乘法 带符号数乘法	AX←AL * src(字节运算),DXAX←AX * src(字运算) 同 MUL,但操作数为带符号数
除法	DIV src IDIV src	无符号数除法 带符号数除法	AHAL←AX/src(字节运算),AL 存放商,AH 存放余数 DXAX←DXAX/src(字运算),AX 存放商,DX 存放余数 同 DIV,但操作数为带符号数
符号扩展	CBW CWD	字节扩展为字 字扩展为双字	若 ALD_7 位为 0,则 AH←0;若 ALD_7 位为 1,则 AH←FFH 若 AXD_{15} 位为 0,则 DX←0;若 AXD_{15} 位为 1,则 DX←FFFFH
BCD数调整	AAA DAA AAS DAS AAM AAD	加法的非压缩 BCD 调整 加法的压缩 BCD 调整 减法的非压缩 BCD 调整 减法的压缩 BCD 调整 乘法的非压缩 BCD 调整 除法的非压缩 BCD 调整	将 AL 的内容转换成一位非压缩的 BCD 数 将 AL 的内容转换成两位压缩的 BCD 数 将 AL 的内容转换成一位非压缩的 BCD 数 将 AL 的内容转换成两位压缩的 BCD 数 将 AX 的内容转换成两位非压缩的 BCD 数 将 AX 中的两位非压缩的 BCD 数调整成二进制数

2) 减法指令

（1）SUB（Subtract）

该指令从目的操作数减去源操作数,结果存入目的操作数中。状态标志受影响的情况以及对操作数的规定与 ADD 指令相同。例如:

SUB BX,CX   ; BX←BX-CX
SUB [BX+SI],AL   ; DS:[BX+SI]←DS:[BX+SI]-AL

（2）SBB（Subtract with Borrow）

带借位减法指令,它从目的操作数减去源操作数及借位标志 CF 当前值,结果送回目的操作数,其余类似 SUB 指令。该指令主要用于多字节减法运算。

例如,为实现双字减法 DXAX←DXAX-BXCX,可用如下指令实现:

SUB AX, CX
SBB DX, BX

（3）DEC（Decrement Destination by 1）

该指令将指令的目的操作数减 1,结果送回目的操作数,其余和 INC 指令类似。

（4）NEG（Negate or Formz's Complement）

该指令对目的操作数求补,即用 0 减去目的操作数,结果送回目的操作数,操作数可以是 8/16 位的通用寄存器、存储器。受影响的状态标志是 OF,SF,ZF,AF,PF,CF。例如:

MOV AH,5
NEG AH   ;AH=11111011B,是-5(补码)
MOV AX,-6
NEG AX   ;AX=0006H,是+6

（5）CMP（Compare Two Operands）

该指令与 SUB 指令类似,只是用目的操作数减去源操作数后,结果只影响标志寄存器,而两操作数保持不变。这条指令后面一般跟条件转移指令,以判断两操作数是否满足某种关系。

3) 乘法指令

乘法操作根据操作数带符号与否可产生不同的结果。例如:

若将 8004H 看成无符号数,应有:

　　8004H×05H=00028014H

但若将 8004H 看成带符号数,则应有:

　　8004H×05H=FFFD8014H

显然,为得到正确结果,应区别处理带符号数和无符号数乘法。为此,8086 不仅提供了无符号数的乘法指令,而且还提供了带符号数的乘法指令。

（1）MUL（Multiply Unsigned）

这是一条无符号数的乘法指令,将指定的源操作数与指令约定的 AL(或 AX)中的无符号数相乘,结果放在 AX(字节乘)或 DXAX(字乘)中。若 CF 和 OF 被置1,表明在 AH 或 DX 中包含结果的有效值,即 AH≠0 或 DX≠0;否则,表明在 AH 或 DX 中不包含结果的有效值,即 AH=0 或 DX=0。指令的源操作数可以是通用寄存器、存储器,不能是立即数。例如:

MUL BX   ;DXAX←AX * BX
MUL BYTE PTR [SI]   ;AX←AL * (DS:[SI])

（2）IMUL(Integer Multiply)

这是一条带符号数的乘法指令,将指定的带符号源操作数与 AL(或 AX)中的带符号数相乘,结果放在 AX(字节乘)或 DXAX(字乘)中。若 CF 和 OF 被置1,表明在 AH 或 DX 中包含结果的有效值。否则,表明 AH 或 DX 的内容只是低半部分的符号扩展。指令的源操作数规定与 MUL 相同。例如:

```
IMUL    DL                ; AX←AL * DL
IMUL    WORD PTR [DI]     ; DXAX←AX * (DS:[DI])
```

4）除法指令

和乘法指令类似,8086 也分别提供带符号数和无符号数两种除法指令。除法指令对标志位影响未定义即不确定。

（1）DIV(Division Unsigned)

这是一条无符号数的除法指令,源操作数 src 的内容为除数。当指定 src 为字节时,约定 AX 存放被除数,运算结果的商存放在 AL 中,余数存放在 AH 中。当指定 src 为字时,约定 DXAX 存放被除数,运算结果的商存放在 AX 中,余数存放在 DX 中。如果商超过目标寄存器所能存放的最大值 FFH 或 FFFFH 时,系统产生 0 类中断,并且商和余数都不确定。操作数的规定与乘法指令相同。例如:

```
DIV    BX              ; DX,AX←DXAX/BX,DX←余数,AX←商
DIV    BYTE PTR[BX]    ; AH,AL←AX/DS:[BX],AH←余数,AL←商
```

（2）IDIV(Integer Division Signed)

这是一条带符号数的除法指令,除了执行时考虑符号外,如果商超过目标寄存器所能存放的最大值+127 或+32 767 以及商小于目标寄存器所能存放的最小值-127 或-32 767 时,系统产生 0 类中断。其他与 DIV 相同。需要说明的是,带符号数除法的余数理论上可以为正,也可以为负。例如,-26 除以+7。可以商为-4 余数为+2,也可以商为-3 余数为-5。为避免两义性,IDIV 指令选择余数的符号必须和被除数的符号相同。

5）符号扩展指令

符号扩展指令专门用来调整(扩展)带符号数的字节数,在需要对不同字节数的数据进行运算时特别有用。其中 CBW(Convert Byte to Word),而 CWD(Conver Word to Double Word)指令是将 AX 寄存器中数的符号扩展到整个 DX 寄存器中,下面是对不同字节数数据进行算术运算的例子:

```
MOV    AL,-16         ; AL=0F0H(-16)
CBW                   ; AX=0FFF0H(-16)
CWD                   ; DXAX=0FFFFFFF0H(-16)
IDIV   BX             ; DX,AX=DXAX/BX
```

6）BCD 数调整指令

BCD 数是用 4 位二进制码表示的一位十进制数。BCD 数又分为组合和非组合两种类型:所谓组合,就是用一个字节表示两位 BCD 数,又称为压缩 BCD 数;所谓非组合,又称为非压缩 BCD 数,就是一个字节只表示一位 BCD 数,有效位在低 4 位,高 4 位为零。

在计算机中,所谓运算均以二进制为基础,如果要对 BCD 数进行运算,通常要分下面两步进行。首先对 BCD 数按二进制进行运算,然后对运算结果进行相应的调整。BCD 数调整指

62

令就是完成十进制调整的。例如将两个压缩的 BCD 数 26 和 55 相加,其二进制形式加法如下:

    00100110(BCD 数 26)+01010101(BCD 数 55)= 01111011(≠BCD 数 81)

正确的结果应该是 BCD 数 81,实际却不对,这意味着必须调整,方法是检查每半字节是否大于 9 或 AF,CF 是否等于 1,如果 AF=1 或低半字节大于 9,应在低半字节加 6 并置 AF=1;如果 CF=1 或高半字节大于 9,则应在高半字节加 6 并置 CF=1。因为 AF=1,表示低半字节有进位,对 4 位二进制而言是逢 16 进 1,而对 1 位十进制而言应逢 10 进 1,说明低半字节向高半字节的进位多一个 6,所以调整时应在低半字节补加 6;如果低半字节的结果大于 9,对于十进制而言应产生进位(逢 10 进 1),但对 4 位二进制而言尚不够进位条件(逢 16 进 1),调整时在低 4 位加 6 以校正产生进位的条件。即得正确结果。高半字节的情况与此类似。上述调整原理及其操作内容,其实就是加法的压缩 BCD 数调整指令 DAA 的调整原理与操作内容。

8086 的 BCD 数调整指令共六条,都有各自的调整原理,分别适用于 BCD 数的加、减、乘、除算术运算,下面不具体讨论这些指令的调整原理,主要结合例子说明它们的用法。

(1) 加法的 BCD 数调整

① AAA:加法的非压缩 BCD 数调整指令。用来把约定的 AL 内容转换成非压缩的 BCD 结果。AAA 指令不影响 PF,ZF,SF,OF。若 AL 的低 4 位大于 9 或 AF=1,则 AL 加 6,AH 加 1,CF 和 AF 置 1,AL 高 4 位清零;否则 AL 高 4 位清零,CF 和 AF 置 0。下面是 AAA 指令的应用例子:

```
ADD   AL,BL            ; AL 和 BL 中的非压缩 BCD 数相加
AAA                    ; 调整 AL 为正确的非压缩 BCD 数
```

② DAA:加法的压缩 BCD 数调整指令。用来把约定的 AL 内容转换成两位压缩的 BCD 数。除 OF 之外,CF,PF,AF,ZF,SF 均受影响。其中 CF 说明结果是否大于 99。下面是 DAA 指令的应用例子:

```
ADD  AL,BL            ; AL 和 BL 中的压缩 BCD 数相加
DAA                   ; 调整 AL 为正确的压缩 BCD 数
```

(2) 减法的 BCD 数调整

① AAS:减法的非压缩 BCD 数调整指令。用来把约定的 AL 内容转换成非压缩的 BCD 数。下面是 AAS 指令的应用例子:

```
SUB  AL,BL            ; AL 和 BL 中的非压缩 BCD 数相减
AAS                  ; 调整 AL 为正确的非压缩 BCD 数
```

② DAS:减法的压缩 BCD 数调整指令。用来把约定的 AL 内容转换成两位压缩的 BCD 数。下面是 DAS 指令的应用例子:

```
SUB  AL,BL            ; AL 和 BL 中的压缩 BCD 数相减
DAS                  ; 把结果 AL 调整为正确的压缩 BCD 数
```

(3) 乘法的 BCD 数调整

乘法运算只有非压缩 BCD 数调整指令 AAM,用来把约定的 AX 中的字节乘法的积转换成两个非压缩 BCD 数。下面是 AAM 指令的应用例子:

```
MOV   AX,705H          ; AH←BCD 数 7,AL←BCD 数 5
MUL   AH               ; AX←AL×AH=23H
```

AAM   ; 把结果 AX 调整为两个非压缩 BCD 数 0305H

（4）除法的 BCD 数调整

除法运算只有非压缩 BCD 数调整指令 AAD。与其他运算的 BCD 调整指令相比，除法的 BCD 数据调整操作正好相反。其他运算的 BCD 调整是将二进制结果调整成为正确的 BCD 数，而 AAD 是在除法运算前，把约定的 AX 中的两位非压缩 BCD 数调整成二进制，以解决非压缩 BCD 数除法运算问题。AAD 指令的应用例子如下：

MOV AX,0205H   ; AX←非压缩 BCD 数 25
MOV BL,04H   ; BL←非压缩 BCD 数 4
AAD   ; AX=19H(AL←AH×10+AL=25,AH←0)
DIV BL   ; AL←AX/BL=06H(商)，AH=01H(余数)

3.3.3　位操作指令

8086 提供两组位操作指令，它们是逻辑运算指令和移位指令。

1）逻辑运算指令

表 3.4 列出 8086 逻辑运算指令以及它们的使用格式、操作内容等。逻辑运算按位进行，不产生进位和借位，OF 和 CF 被清零。

（1）AND(Logical And)

逻辑"与"指令对两个字节或字操作数按位"与"，结果送目的操作数。受影响的状态标志是：SF，ZF 和 PF，OF 和 CF 被置 0，AF 不确定。源操作数可以是通用寄存器、存储器、立即数。目的操作数可以是通用寄存器和存储器，两操作数不可同时为存储器。该指令可借助于某给定的操作数将另一个操作数的某些位清零。例如：

MOV BX,0F56H
AND BL,BH   ; BL=06H

表 3.4　逻辑运算指令

指令助记符与格式	功　能	操作内容
AND dst,src	逻辑"与"	dst←dst ∧ src
OR dst,src	逻辑"或"	dst←dst ∨ src
NOT dst	逻辑"非"	dst←$\overline{\text{dst}}$
XOR dst,src	逻辑"异或"	TEST dst,src
测试	dst←dst ⊕ src	dst ∧ src

（2）OR(Logical Inclusive Or)

逻辑"或"指令将两个字节或字操作数按位"或"操作，结果送目的操作数。对标志寄存器的影响以及对操作数的规定与 AND 指令相同。该指令可借助于某给定的操作数将另一个操作数的某些位置 1。例如：

MOV DX,8FF5H
OR DH,DL   ; DH=0FFH

（3）NOT(Logical Not)

逻辑"非"指令把目的操作数按位取反后送回目的操作数。该指令不影响标志寄存器，操作数可以是通用寄存器、存储器。例如：

    MOV   AL，05H
    NOT   AL   ；AL＝0FAH

（4）XOR(Logical Exclusive Or)

逻辑"异或"指令将两个字节或字操作数按位"异或"操作，结果送目的操作数。该指令对标志寄存器的影响以及对操作数的规定与 AND 指令相同。利用 XOR 指令可判断两操作数中哪些位不同，也可将目的操作数的指定位取反。例如：

    XOR   BX,0001H   ；将 BX 中第 0 位取反

（5）TEST(Test or Non－destructive Logical And)

测试指令对两操作数进行逻辑"与"操作，并根据结果设置状态标志位，但不改变两操作数的值。该指令常用于检测某些条件是否满足，但又不希望改变目的操作数的情况。测试指令对标志寄存器的影响以及对操作数的规定与 AND 指令相同。例如：

    TEST   AL,01H   ；测试 AL 的第 0 位，影响 ZF 状态，不改变 AL 内容

2）移位指令

表 3.5 列出移位指令及其各指令使用格式、操作内容等。移位指令可将通用寄存器或存储器单元的 8 位或 16 位内容向左或向右移动一位或多位。在移位过程中，把 CF 看作扩展位，用它接受从操作数最左或最右一位移出的二进制位。表中 cnt 表示移位次数，可以为立即数 1 或寄存器 CL，移位次数大于 1 时，必须存放在 CL 中，移位结束后 CL 的值不变。

移位指令将影响除 AF 以外的各标志位，而 AF 的内容不定。循环移位指令只影响标志位 CF 和 OF，不论是移位指令还是循环移位指令，只有当 cnt 的值为 1 时，OF 才有意义，并且，当操作数的最高两位相同时，OF＝0，否则 OF＝1。

表 3.5 移位指令和循环移位指令

类别	指令助记符与格式	功能	操作内容
移位 指令	SAL/SHL dst,cnt	算术左移 / 逻辑左移	
	SAR dst,cnt	算术右移	
	SHR dst,cnt	逻辑右移	
循环 移位 指令	ROL dst,cnt	循环左移	
	ROR dst,cnt	循环右移	
	RCL dst,cnt	带进位循环左移	
	RCR dst,cnt	带进位循环右移	

（1）SAL/SHL(Shift Arithmetic Left / Shift Logical Left)

算术左移指令和逻辑左移指令，将操作数 dst 左移 cnt 位（cnt＝1 或 CL），且每次最高位移入 CF，空出的最低位补零。

（2）SAR(Shift Arithmetic Right)

算术右移指令 SAR 实现带符号数移位,通过在整个移位过程中复制符号位来保护操作数的符号。该指令将 dst 右移 cnt 位,每次最低位移入 CF,最高位不变。

（3）SHR(Shift Logical Right)

逻辑右移指令 SHR 将 dst 右移 cnt 位,每次最低位移入 CF,最高位补零,受影响的状态标志是 OF,CF。下面是移位指令的应用例子:

```
SAL   AL, 1                  ; AL 内容乘以 2
MOV   CL, 4
SHL   AX, CL                 ; AX 内容乘以 16
SAR   AX, CL                 ; AX 内容除以 16
SHR   BYTE PTR [3000H], 1    ; 字节单元 DS:[3000H]内容除以 2
```

3）循环移位指令

循环移位指令虽然和上面介绍的移位操作类似,把移出的位送到进位标志,但循环移位还将移出的位送回到操作数。其中,循环左移(ROL)和循环右移(ROR)是将操作数一头移出的位送回操作数的另一头。而带进位位循环左移(RCL)和带进位位循环右移(RCR)是将 CF 原来的值移到操作数的另一头。下面是循环移位指令的应用例子:

```
SAR   DX                     ; 将双字符号数 DXAX 除以 2
RCR   AX
```

3.3.4 程序控制指令

程序控制指令用来控制程序的执行顺序。在 8086 中,程序的执行顺序是由 CS 和 IP 确定的。为了使程序转移到一个新的地方去执行,可以同时改变 CS 和 IP,也可以仅改变 IP。第一种方式称为段间转移,也叫远转移,目标属性为"FAR";第二种方式称为段内转移,也叫近转移,目标属性为"NEAR"。为了进一步节省指令代码长度,对于段内不超过(−128～+127)范围内的转移。8086 专门给它取名为短转移,并由属性操作符"SHORT"加以说明。

无论是段内还是段间转移,都有直接和间接转移之分。所谓直接转移,就是在转移指令中直接指明目标地址;而间接转移,则是转移的目标地址间接存储于某一寄存器或存储器单元中。当通过寄存器间接转移时,因为寄存器只能是 16 位,所以只能完成段内间接转移。

计算段内转移地址有两种方法。一种是把当前的 IP 值增加或减少某一个值,也就是以当前指令为中心往前或往后转移,称为相对转移;另一种方法是以新的值完全代替当前的 IP 值,称为绝对转移。在 8086 中,所有段内直接转移都是相对转移,所有段内间接转移都是绝对转移。显然,由于相对转移指令的目标地址是相对于该指令本身而言的,因而适用于与位置无关(动态浮动)的程序。段间转移都是绝对转移。

8086 提供了四种程序控制指令,即无条件转移指令、条件转移指令、循环控制指令、中断指令。其中,除中断指令外,其他转移指令都不影响状态标志,而一些转移指令的执行是要受状态标志影响的。表 3.6 列出了这四种指令的格式、功能以及控制条件等。

1）无条件转移指令

（1）JMP(Jump)

无条件转移到目标地址 target 去执行程序,如果用"标号"表示指令所在存储单元的地址名,则目标地址的形式有下面五种:

66

① 短标号:段内直接转移,范围不超过-128~+127 字节,属于相对转移。

② 近标号:段内直接转移,范围是段内任何地方,属于相对转移。

③ 远标号:段间直接转移,范围是存储器任何地方,属于绝对转移。

④ 通用寄存器:段内间接转移,范围是段内任何地方,属于绝对转移。

⑤ 存储器变量,属绝对转移。当存储器变量是字类型时,为段内间接转移;当存储器变量是双字类型时,为段间间接转移。例如:

```
JMP   NEAR_label        ;(直接)近转移,IP←IP+(目标地址-IP 当前值)
JMP   SHORT_label       ;(直接)短转移,IP←IP+(目标地址-IP 当前值)
JMP   FAR_label         ;IP←目标 FAR_label 的偏移地址,CS←目标地址的段地址
JMP   BX                ;IP←BX,寄存器间接转移
JMP   DWORD PTR[SI]     ;IP←DS:[SI]的低字,CS←DS:[SI]的高字,间接转移
```

表 3.6　程序控制指令

分类	指令格式	功能	条件	说明
无条件转移	JMP target CALL proc-name RET pop-val	无条件转移 调用子程序 返回主程序		
条件转移	JZ/JE short-label	相等转移	ZF=1	
	JNZ/JNE short-label	不相等转移	ZF=0	
	JP/JPE short-label	结果为偶转移	PF=1	
	JNP/JPO short-label	结果为奇转移	PF=0	
	JO short-label	溢出转移	OF=1	
	JNO short-label	无溢出转移	OF=0	
	JC short-label	有进(借)位转移	CF=1	
	JNC short-label	无进(借)位转移	CF=0	
	JS short-label	符号位为 1 转	SF=1	
	JNS short-label	符号位为 0 转	SF=0	
	JB/JNAE short-label	低于/不高于等于转	CF=1 且 ZF=0	无符号数
	JNB/JAE short-label	不低于/高于等于转	CF=0 或 ZF=1	无符号数
	JA/JNBE short-label	高于/不低于等于转	CF=0 且 ZF=0	无符号数
	JNA/JBE short-label	不高于/低于等于转	CF=1 或 ZF=1	无符号数
	JL/JNGE short-label	小于/不大于等于转	$(SF \oplus OF)=1$ 且 ZF=0	带符号数
	JNL/JGE short-label	不小于/大于等于转	$(SF \oplus OF)=0$ 或 ZF=1	带符号数
	JG/JNLE short-label	大于/不小于等于转	$(SF \oplus OF)=0$ 且 ZF=0	带符号数
	JNG/JLE short-label	不大于/小于等于转	$(SF \oplus OF)=1$ 或 ZF=1	带符号数
循环控制	LOOP short-label	CX≠0 循环	CX≠0	CX←CX-1
	LOOPE/LOOPZ short-label	ZF=1 且 CX≠0 循环	ZF=1 且 CX≠0	CX← CX-1
	LOOPNE/LOOPNZ short-label	ZF=0 且 CX≠0 循环	ZF=0 且 CX≠0	CX ←CX-1
	JCXZ short-label	CX=0 转移	CX=0	CX←CX(不减 1)
中断	INT n INTO IRET	中断调用 溢出产生 4 号中断 中断返回		n=0,1,2,…,255

（2）CALL（call a Procedure）

程序调用指令，无条件转移到目标地址 proc-name 去执行一个过程或子程序，并且这个过程或子程序执行完毕后，仍返回到 CALL 的下一条指令继续执行原程序。和 JMP 指令相类似，CALL 指令的目标地址形式可以是已定义的近过程（子程序）名或远过程（子程序）名，或是用寄存器间接寻址、存储器间接寻址的转移地址，只是没有段内直接短调用。

无论是段内调用，还是段间调用，除了在段内调用时必须先把当前 IP 内容压入堆栈，在段间调用时必须先把当前 CS 和 IP 的内容依次压入堆栈外，目标地址的传送方式和 JMP 指令一样。例如：

```
CALL   NEAR-PROC          ;SP←SP-2,[SP]←IP,IP←目标地址的偏移地址
CALL   FAR-PROC           ;SP←SP-2,[SP]←CS,CS←目标地址的段地址
                          ;SP←SP-2,[SP]←IP,IP←目标地址的偏移地址
CALL   AX                 ;SP←SP-2,[SP]←IP,IP←AX
CALL   DWORD PTR[SI]      ;SP←SP-2,[SP]←CS,CS←DS:[SI]的高字单元
                          ;SP←SP-2,[SP]←IP,IP←DS:[SI]的低字单
```

（3）RET（Return from Procedure）

返回指令，执行与 CALL 指令相反的操作，从子程序返回到主程序。该指令有带操作数和无操作数两种形式。具体操作过程是：先将栈顶中的字弹出到 IP，然后将 SP+2→SP。如果是段间返回，则再次将栈顶中的字弹出到 CS 寄存器，并再次将 SP+2→SP。最后，检查 RET 指令中是否有立即操作数 pop-val，如果没有，操作结束；如果有，则把这个立即数加到 SP 中，以便丢弃一些在执行 CALL 指令前入栈的参数。例如：

```
   ⋮      ；近过程的返回指令，段内返回（与段内调用相呼应）
RET       ；IP←[SP],SP←SP+2
   ⋮      ；远过程的返回指令，段间返回（与段间调用相呼应）
RET       ；IP←[SP],SP←SP+2,CS←[SP],SP←SP+2
   ⋮      ；远过程的返回指令（与段间调用相呼应）
RET6      ；IP←[SP],SP←SP+2,CS←[SP],SP←SP+2,SP←SP+6
```

2）条件转移指令

条件转移指令是以标志位的状态，或者是以标志位的逻辑运算结果作为转移依据的，如果满足转移条件，则程序转移到指定的目标地址，否则，继续执行下一条指令。决定转移的标志位的状态是由前面其他指令运行时所产生的。从表 3.6 可以看到，条件转移指令的种类繁多，其中前面十条指令根据单个状态标志决定转移，中间四条指令根据上条指令无符号操作数运算所产生的标志决定转移，最后四条指令根据带符号操作数运算所产生的标志决定转移。另外，和条件重复前缀指令类似，有些条件转移指令还可以采用互换的指令形式，其功能是完全一样的。

全部条件转移指令都是段内直接短转移，也就是说，转移地址的偏移量限制在-128～+127范围内。

各条件转移指令的功能参见表 3.6，这里就不一一赘述，下面仅列出指令助记符中条件缩写字母的含义，以便于理解与应用。

A：Above　　　　高于　　　　　　N：Not　　　　　　　非、无

B:Below	低于	O:Over	溢出
C:Carry	进位	S:Sign	符号
E:Equal	等于	PE:Parity Even	偶校验
G:Greater	大于	PO:Parity Odd	奇校验
L:Less	小于		

3) 循环控制指令

循环控制指令也是段内短距离相对转移指令,但可用来控制程序段的循环执行。循环次数都由 CX 内容指定。

(1) LOOP(Loop)

无条件循环转移 CX 指定的次数。具体执行过程是:$CX \leftarrow CX-1$,$CX \neq 0$ 时,转移到指定的目标地址,否则,执行 LOOP 后面的指令(退出循环)。LOOP 指令通常放置在循环体末尾。

例如:

```
        MOV     CX,100        ;指定循环 100 次
START：                       ;循环体入口
                              ;循环体
        LOOP    START         ;CX←CX-1,CX≠0 时,转移到 START
```

(2) LOOPE/LOOPZ(Loop if Equal/Loop if Zero)

有条件循环转移 CX 指定的次数。该指令与 LOOP 指令的区别,仅在于判断 CX 的内容是否非零的同时还必须判断标志位 ZF 是否为 1,只有当两个条件同时满足即 $CX \neq 0 \land ZF=1$ 时才发生转移。例如,在某存储区查找第一个非零字节的功能程序可用下面指令序列实现,假定该存储区首地址在 BX 中,末地址在 DI 中:

```
        SUB     DI,BX
        INC     DI
        MOV     CX,DI         ;字节数送 CX
        DEC     BX
NEXT：INC     BX
        CMP     BYTE PTR[BX], 0;与 0 相比较
        LOOPE   NEXT          ;CX←CX-1,CX≠0 并且 ZF=1 时,循环转 NEXT
        JNE     FOUND         ;若 ZF=0,表示找到非零字节,转 FOUND 处理
                              ;未找到
FOUND：
```

(3) LOOPNE/LOOPNZ(Loop if Not Equal/Loop if Not Zero)

有条件循环转移 CX 指定的次数。该指令与 LOOPE 指令的区别仅在于循环结束的条件是 $CX=0$ 或 $ZF=1$,循环转移条件是 $CX \neq 0 \land ZF=0$。该指令的应用例子可参照上述程序段,如果把 LOOPE 换成 LOOPNE,并且 JNE 改成 JE,则可以用来查找该存储区内的第一个零字节,而不是非零字节。

(4) JCXZ (Jump if CX is Zero)

JCXZ 指令也是根据 CX 的内容决定是否转移,但是与 LOOP 指令不一样,一是不包含

CX 减 1 操作；二是转移条件是 CX＝0,而不是 CX≠0。

4) 中断指令

中断指令可以引起 CPU 中断。这种由指令引起的中断称为软中断。中断指令与过程调用指令有些类似,都是将返回地址信息先入栈,然后转移到某个程序。但是,过程调用可以是 NEAR 或 FAR,能直接或间接调用,而中断只能利用存储器间接转到它的服务程序,服务程序的入口地址从中断向量表获得。此外,过程调用只保护返回地址进栈,而中断还要保护标志进栈。

(1) INT(Interrupt)

INT 指令的操作数是用户指定的中断类型号 n,可以实现 256 种不同的中断。该指令具体执行过程是：

SP←SP−2,SS:[SP]←FLAG,IF←0,TF←0

SP←SP−2,SS:[SP]←CS,CS←0:[n∗4+2]

SP←SP−2,SS:[SP]←IP,IP←0:[n∗4]

例如：INT　36H

(2) INTO(Interrupt if Overflow)

INTO 是溢出中断指令,一般放在算术运算指令后,当运算指令使溢出标志 OF＝1 时,执行 INTO 指令就会进入类型为 4 的溢出中断。否则不产生中断。

(3) IRET(Interrupt Return)

中断返回指令。其作用与 RET 指令相类似,都是使控制返回到主程序,但 IRET 指令除从栈中弹出两个字分别送 IP,CS 外,还弹出第三个字送标志寄存器。

3.3.5　串操作指令

数据串是存储器中一串字节或字的序列。串操作就是对数据串中每个元素所进行的操作。这种操作通常是组合操作,能完成几条指令的功能。但串操作指令每次只处理一个元素的数据。为了能重复执行多达 64KB 的串操作,8086 还提供了重复前缀指令。硬件能自动重复执行加有重复前缀指令的串指令,并约定用 CX 寄存器存放重复次数。每重复执行一次,CX 内容减一。还可以根据指定的条件提前结束重复过程。表 3.7 列出了重复前缀指令以及五种串操作指令的格式和操作内容。

前面提到,串寻址是隐含地使用 SI 和 DI 作地址指针。SI 指向源数据串地址,段寄存器约定使用 DS；DI 指向目标数据串地址,段寄存器约定使用 ES。指令执行结束前,地址指针自动修改,修改方向取决方向标志 DF。若 DF＝0,地址指针增量,若 DF＝1,则地址指针减量。

表 3.7　串指令

类别		指令格式	功　　能	操　作　内　容
重复		REP	重复	若 CX≠0,重复,CX←CX−1;若 CX＝0,结束
		REPE/REPZ	相等/为零则重复	重复到 CX＝0 或 ZF＝0 为止,每次 CX←CX−1
前缀		REPNE/REPNZ	不相等/不为零则重复	重复到 CX＝0 或 ZF＝1 为止,每次 CX←CX−1
串		MOVSB	传送字节串	ES:[DI]←DS:[SI],DI←DI±1,SI←SI±1
传送		MOVSW	传送字串	ES:[DI]←DS:[SI],DI←DI±2,SI←SI±2

类别	指令格式	功 能	操 作 内 容
串 取出	LODSB LODSW	取字节串 取字串	AL←DS:[SI],SI←SI±1 AX←DS:[SI],SI←SI±2
串 存入	STOSB STOSW	存字节串 存字串	ES:[DI]←AL,DI←DI±1 ES:[DI]←AX,DI←DI±2
串 比较	CMPSB CMPSW	比较字节串 比较字串	DS:[SI]−ES:[DI],SI←SI±1,DI←DI±1 DS:[SI]−ES:[DI],SI←SI±2,DI←DI±2
串 搜索	SCASB SCASW	搜索字节串 搜索字串	AL−ES:[DI],DI←DI±1 AX−ES:[DI],DI←DI±2

（1）REP/REPE/REPZ/REPNE/REPNZ(Repeat String Operation While...)

重复前缀指令，它可以使串指令反复执行由寄存器 CX 指定的次数。

REPE 指令可读作"相等则重复"，是指 ZF＝1 并且 CX≠0 时就重复执行，它只用于影响 ZF 的串比较和串搜索指令。该指令有一个互换的名字叫 REPZ(等于零则重复)，其功能完全一样。

REPNE 指令（不相等时重复）的作用与 REPE 相反，它也有一个可以互换的名字叫 REPNZ(非零时重复)，当串指令加上重复前缀 REPNE 时，如果 ZF＝0 并且 CX≠0,则串操作重复执行。

（2）MOVSB/MOVSW(Move String Byte/Word)

串传送指令，该指令可加重复前缀，不影响标志位。MOVSB 用于字节串传送，MOVSW 则用于字串传送。

（3）LODSB/LODSW(Load String Byte/Word)

串取出指令，它将 DS 段 SI 指出的字节或字数据取到 AL 或 AX 寄存器中，该指令不影响标志寄存器，一般不与重复前缀指令连用。

（4）STOSB/STOSW(Store String Byte/Word)

数据串存入指令。它将 AL 或 AX 的内容存储到 ES 段 DI 指出的地址单元中，该指令不影响标志寄存器，可以和重复前缀连用。

（5）CMPSB/CMPSW(Compare String Byte/Word)

数据串比较指令。它将 DS 段 SI 指出的数据减去 ES 段 DI 指出的数据，然后 SI 和 DI 自动增量或减量，串比较指令结果不回送，受影响的状态标志是 OF,SF,ZF,AF,PF 和 CF,可加条件重复前缀，如果比较的两个数据相等（匹配），则 ZF＝1,但不改变这两个数据的值。

例如：

```
        CLD                ; DF←0
        LEA   DI,ES:DEST   ; DI 指向当前附加段中的目的串 DEST
        LEA   SI,SOURCE    ; SI 指向当前数据段中的源串 SOURCE
        MOV   CX,COUNT     ; CX←数据串字节数
        REPE   CMPSB       ; 寻找不相同字节元素,ZF＝1∧CX≠0 重复
```

71

```
        JZ   MAT              ；ZF＝1∧CX＝0（未找到）转
        DEC  SI               ；ZF＝0，找到，调整 SI
        LODSB                 ；读该元素到 AL，做处理
             ⋮
MAT：       ⋮
```

（6）SCASB/SCASW(Scan String Byte/Word)

数据串搜索指令，用于 AL 或 AX 寄存器中的内容减去 ES 段 DI 指出的数据串元素，如果相等（搜索到）则 ZF＝1，但不改变两操作数的值。受影响的状态标志是 OF，SF，ZF，AF，PF，CF，可加条件重复前缀。下面是一个应用例子。

```
        CLD                   ；DF←0
        LEA  DI,ES:DEST
        MOV  AX,0
        MOV  CX,500           ；字串长度为 500
        REPE SCASW            ；找第一个非零元素，ZF＝1∧CX≠0 重复
        JZ   NFD              ；ZF＝1∧CX＝0（找不到）转
        SUB  DI,2             ；ZF＝0，找到，调整 DI
        MOV  CX,6             ；从第一个非零元素起连续 6 个字清零
        REP  STOSW
             ⋮
NFD：       ⋮
```

3.3.6 处理器控制指令

处理器控制指令用于控制处理器的某些功能，主要包括三种类型，如表 3.8 所示。

1）标志位操作指令

标志位操作指令用来直接置位或复位标志寄存器的 CF，DF，IF 以及将 CF 标志求反。

2）外部同步指令

外部同步指令主要用于 CPU 与外部事件的同步。

（1）HLT(Halt)

暂停指令，使 CPU 进入暂停状态。只有当下面三种情况之一发生时，CPU 才退出暂停状态：ⓐ CPU 的复位输入端 RESET 线上有复位信号；ⓑ 非屏蔽中断 NMI 线上出现请求信号；ⓒ 可屏蔽中断 INTR 线上出现请求信号且中断状态 IF＝1。如果是响应中断，待处理完中断后，由 IRET 指令返回到 HLT 的下一条指令。

（2）WAIT

等待指令，使 CPU 进入空闲状态，但每隔 5 个时钟周期对 $\overline{\text{TEST}}$ 的状态进行一次测试，若 $\overline{\text{TEST}}$＝0，则退出 WAIT，开始执行下一条指令。

在等待期间，处理器也接受中断，不过从中断返回后，又进入 WAIT 执行状态。

表 3.8　处理器控制指令

分　类	指令格式	功　　能	操作内容
标志位操作	STC	进位标志置 1	CF←1
	CLC	进位标志置 0	CF←0
	CMC	进位标志取反	CF←$\overline{CF}$
	STD	方向标志置 1	DF←1
	CLD	方向标志置 0	DF←0
	STI	中断允许标志置 1	IF←1
	CLI	中断允许标志置 0	IF←0
外部同步	HLT	暂停	
	WAIT	等待$\overline{TEST}$信号有效	
	ESC ext-opcode,src	交权给外部协处理器	
	LOCK	封锁总线	
空操作	NOP	空操作	

（3）ESC(Escape)

ESC 是在最大模式下使用的一条指令，主要用在 CPU 与外部处理器（如协处理器 8087）配合工作的情形。CPU 执行该指令时，可使外部协处理器获得一个操作码和一个操作数，并使用 8086 的寻址方式。指令中的 ext-opcode 称为外部操作码，这是一个 6 位的立即数，其中 3 位用来指明哪一个协处理器工作，另外 3 位指明这个协处理器执行什么指令。指令中的 src 是源操作数，如果这个源操作数是寄存器，则 8086 直接将其内容放置在数据总线上；如果源操作数是存储器变量，则 8086 从存储器中取出操作数并放到数据总线上，使外部协处理器可以获取这个操作数，对它进行运算。

（4）LOCK(Lock Bus)

LOCK 是可以加在任何指令前面的单字节前缀指令，它使处理器在执行指令期间保持一个总线封锁信号$\overline{LOCK}$，使其他处理器不能使用总线。这样可以在多处理器系统中，实现对共享资源的存取控制。本指令不影响标志位。该前缀不能和重复前缀连用。

3）空操作指令

NOP(No Operation)

空操作指令。该指令不执行任何操作，只是耗掉了 CPU 用来获取该指令的 3 个时钟周期。该指令的用途也很多，如用来产生软件延时、填充调试程序时删除的指令字节单元等。

习题 3

一、判断题（正确√，错误×）

1. MOV　AX,[BP]的源操作数物理地址为 16d ×(DS)＋(BP)。　　　　　　　　　（　　）

2. OUT　DX,AL 指令的输出是 16 位操作数。　　　　　　　　　　　　　　　（　　）

3. 不能用立即数给段寄存器赋值。　　　　　　　　　　　　　　　　　　　（　　）

4. 所有传送指令都不影响 FR 寄存器的标志位。　　　　　　　　　　　（　　）

5. 堆栈指令的操作数均为字。　　　　　　　　　　　　　　　　　　（　　）

6. 段内转移指令执行结果要改变 IP,CS 的值。　　　　　　　　　　　（　　）

7. REPE/REPZ 是相等/为零时重复操作,其退出条件是:(CX)＝0 或 ZF＝0。　（　　）

二、单项选择题

1. 寄存器间接寻址方式中,操作数在_____中。

A) 通用寄存器　　　　B) 堆栈　　　　　　C) 存储单元　　　　D) 段寄存器

2. _____寻址方式的跨段前缀不可省略。

A) DS:[BP]　　　　B) DS:[SI]　　　　C) DS:[DI]　　　　D) SS:[BP]

3. 假设(SS)＝2000H,(SP)＝0012H,(AX)＝1234H,执行 PUSH AX 后,_____＝12H

A) 20014　　　　B) 20011H　　　　C) 20010H　　　　D) 2000FH

4. 若要检查 BX 寄存器中的 D12 位是否为1,应该用_____指令。

A) OR　BX,1000H　　　　　　　　B) TEST　BX,1000H
　　JNZ　NO　　　　　　　　　　　　　JNZ　YES

C) XOR　BX,1000H　　　　　　　　D) AND　BX,1000H
　　JZ　YES　　　　　　　　　　　　　JNZ　YES

5. 用 BP 作基址变址寻址时,操作数所在的段是当前_____。

A) 数据段　　　　　B) 代码段　　　　　C) 堆栈段　　　　D) 附加段

6. 含有立即数的指令中,该立即数被存放在_____。

A) 累加器中　　　　　　　　　　　　B) 指令操作码后的内存单元中

C) 指令操作码前的内存单元中　　　　D) 由该立即数所指定的内存单元中

7. 已知 AL＝56H,BL＝34H,都是压缩 BCD 码,要执行二数相加,正确的指令是_____。

A) ADD　AL,BL　　B)ADC　AL,BL　　C) ADD　BL,AL　D) ADC　BL,AL
　　DAA　　　　　　　DAA　　　　　　　　DAA　　　　　　　　DAA

8. 执行下列指令后:

MOV　AX,1234H

MOV　CL,4

ROL　AX,CL

DEC　AX

MOV　CX,4

MUL　CX

HLT

(AX)＝_____

A) 8D00H　　　　　B) 9260H　　　　　C) 8CA0H　　　　D) 0123H

9. 下列程序:

NEXT:MOV　AL,[SI]

　　　MOV　ES:[DI],AL

```
          INC   SI
          INC   DI
          LOOP   NEXT
```
可用指令_____来完成该功能。

A) REP LODSB　　　　B) REP STOSB　　　C) REPE SCASB　D) REP MOVSB

10. 设(AL)=−68,(BL)=86,执行 SUB AL,BL 指令后,正确的结果是 _____。

A) CF=1　　　　　　B)SF=1　　　　　　C) OF=1　　　　　D) ZF=1

三、多项选择题

1. 下列指令中源操作数使用寄存器寻址方式的有_____。

A) MOV BX,BUF[SI]　　　　　　B) ADD [SI+50],BX　　　　　C) SUB AX,2

D) CMP AX,DISP[DI]　　　　　　E) MUL VAR[BX]　　　　　　F) PUSH CX

2. 将累加器 AX 的内容清零的正确指令是 _____。

A) CMP AX,AX　　　B)SUB AX,AX　　　C) AND AX,0　　　D)XOR AX,AX

3. 正确将字变量 WORD VARR 偏移地址送寄存器 AX 的指令是_____。

A) MOV AX,WORD_VARR 2　　　　　B)LES AX,WORD_VARR

C) LEA AX,WORD_VARR　　　　　　D) MOV AX,OFFSET WORD_VARR

4. 调用 CALL 指令可有_____。

A) 段内直接　　　B) 段内间接　　　C) 短距离(SHORT)　　　D) 段间直接

E) 段间间接

5. 将 AL 中带符号数乘 10 送 AL,正确的程序是 _____。

```
A) ADD AL,AL              B) ADD AL,AL
   ADD AL,AL                 MOV BL,AL
   ADD AL,AL                 ADD AL,AL
   ADD AL,AL                 ADD AL,AL
   ADD AL,AL                 ADD AL,BL

C) MOV CL,4               D) SAL AL,1
   MOV BL,AL                 MOV BL,AL
   SAL,AL,CL                 SAL AL,1
   ADD AL,BL                 SAL AL,1
   ADD AL,BL                 ADD AL,BL
```

6. 在下列指令中,隐含使用 AL 寄存器的指令有_____。

A) SCASB　　　B) XLAT　　　C) MOVSB　　　D) DAA

E) NOP　　　　F) MUL BH

7. 指令操作数可来自于_____。

A) 存储器　　　B) 时序电路　　　C) 寄存器　　　D) 立即数

E) 控制器　　　F)I/O 接口

四、填空题

1. 假设(DS)=3000H,(BX)=0808H,(30808H)=012AAH,(3080A)=0BBCCH,当执行指令"LES DI,[BX]"后,(DI)= _____,(ES)=_____。

2. 假设(BX)＝0449H,(BP)＝0200H,(SI)＝0046H,(SS)＝2F00H,(2F246H)＝7230H 则执行 XCHG BX,[BP+SI]指令后,(BX)＝_____。

3. 执行下列指令序列后,完成的功能是将(DX,AX)的值_____。

```
        MOV   CX,4
NEXT: SHR   DX,1
        RCR   AX,1
        LOOP  NEXT
```

4. 下列指令执行后,BX＝_____。

```
        MOV   CL,3
        MOV   BX,4DABH
        ROL   BX,1
        ROR   BX,CL
```

5. 执行下列指令序列

```
        MOV   AL,80H
        MOV   BL,08H
        CBW
        IDIV  BL
```

则 AH＝_____ AL＝_____。

五、阅读程序并回答问题

```
START: IN    AL,20H
        MOV   BL,AL
        IN    AL,30H
        MOV   CL,AL
        MOV   AX,0
        MOV   CH,AL
   L1: ADD   AL,BL
        ADC   AH,0
        LOOP  L1
        HLT
```

问(1) 本程序实现什么功能?

(2) 结果在哪里?

(3) 用乘法指令 MUL BL 编程并使结果不变(假设 20H,30H 端口输入的数据均为无符号数)。

六、编程题

1. 编程检测 50H 端口输入的字节数据,若为正,将 BL 清 0;若为负,将 BL 置为 FFH。

2. 寄存器 DX 和 AX 的内容构成 32 位数,DX 内容为高 16 位,AX 内容为低 16 位,编写程序段:

(1) 将该 32 位数左移 2 位,并将移出的高位保存在 CL 的低 2 位中;

(2) 将该 32 位数右移 2 位,并将移出的低位保存在 BL 的低 2 位中。

3. 数据段中以变址寄存器 SI 为偏移地址的内存单元中连续存放着 10 个字节压缩型 BCD 码,编程求它们的 BCD 和,要求结果存放到 AX 中。

4 8086 汇编语言程序设计

汇编语言程序设计是开发微机系统软件的基本功,在程序设计中占有十分重要的地位。由于汇编语言具有执行速度快和易于实现对硬件的控制等独特的优点,所以至今它仍然是用户使用得较多的程序设计语言。特别是在对于程序的空间和时间要求很高的场合,汇编语言更是必不可少了。

4.1 程序设计语言概述

程序设计语言是专门为计算机编程所配置的语言。它们按照形式与功能的不同可分为三种,即机器语言、汇编语言、高级语言。

1) 机器语言

机器语言是由 0,1 二进制代码书写和存储的指令与数据。它的特点是能为机器直接识别与执行;程序所占内存空间较少。其特点是难认、难记、难编、易错。用机器语言编写的程序称为目标程序。

2) 汇编语言

汇编语言是用指令的助记符、符号地址、标号等书写程序的语言,简称符号语言。它的特点是易读、易写、易记。其缺点是不能为计算机所直接识别。

由汇编语言写成的语句,必须遵循严格的语法规则。现将与汇编语言相关的几个名词介绍如下:

汇编源程序:它是按严格的语法规则用汇编语言编写的程序,称为汇编语言源程序,简称汇编源程序或源程序。

汇编(过程):将汇编源程序翻译成机器码目标程序的过程称为汇编过程或简称汇编。

手工汇编与机器汇编:前者是指由人工进行汇编,而后者是指由计算机进行汇编。

汇编程序:为计算机配置的担任把汇编源程序翻译成目标程序的一种系统软件。

驻留汇编:它又称为本机自我汇编,是在小型机上配置汇编程序,并在译出目标程序后在本机上执行。

交叉汇编:它是多用户终端利用某一大型机的汇编程序进行它机汇编,然后在各终端上执行,以共享大型机的软件资源。

3) 高级语言

高级语言是脱离具体机器(即独立于机器)的通用语言,不依赖特定计算机的结构与指令系统。用同一种高级语言写的源程序,一般可以在不同计算机上运行而获得同一结果。

高级语言源程序也必须经编译程序或解释程序编译或解释生成机器码目标程序后方能执行。它的特点是简短、易读、易编;其缺点是编译程序或解释程序复杂,占用内存空间大,且产生的目标程序也比较长,因而执行时间就长;同时,目前用高级语言处理接口技术、中断技术还比较困难。所以,它不适用于实时控制。

综上所述,比较三种语言,各有优缺点。应用时,需根据具体应用场合加以选用。一般,在科学计算方面采用高级语言比较合适;而在实时控制中,通常要用汇编语言。

汇编语言程序的上机与处理过程如图 4.1 所示。图中,椭圆表示系统软件及其操作,方框表示磁盘文件。椭圆中横线上部是系统软件的名称,横线下部是软件所作的操作。此图说明了从源程序输入、汇编到运行的全过程。首先,用户编写的汇编语言源程序要用编辑程序(如行编辑程序 EDLIN 或屏幕编辑程序 WORDSTAR 等)建立与修改,形成属性为.ASM 的汇编语言源文件;再经过汇编程序进行汇编,产生属性为.OBJ 的以二进制代码表示的目标程序并存盘..OBJ 文件虽然已经是二进制文件,但它还不能直接上机运行,必须经过链接程序(LINK)把目标文件与库文件以及其他目标文件链接在一起,形成属性为.EXE 的可执行文件,这个文件可以由 DOS 装入内存,最后方能在 DOS 环境下在机器上执行之。

图 4.1 汇编语言程序的上机与处理过程

汇编程序分为小汇编程序 ASM 和宏汇编程序 MASM 两种,后者功能比前者强,可支持宏汇编。当计算机的存储量为 64KB 时,只能使用 ASM;而容量为 96KB 时,可使用 MASM。

4.2 8086 汇编语言的基本语法

各种机器的汇编语言其语法规则不尽相同,但基本语法结构形式类似。

4.2.1 8086 汇编源程序实例

在具体讨论 8086 汇编语言的繁琐语法规则之前,下面先举一个完整的汇编源程序实例,以便对汇编语言的有关规定和格式有个初步了解。

例如,求从 1 开始连续 50 个奇数之和,并将结果存放在名字为 SUM 的字存储单元中。其汇编源程序如下:

```
DATA      SEGMENT              ;定义数据段,DATA 为段名
SUM       DW 0                 ;由符号(叫变量名)SUM 指定的内存单元
                                类型定义为一个字,初值为 0

DATA      ENDS                 ;定义数据段结束
STACK     SEGMENT STACK        ;定义堆栈段,这是组合类型伪指令,它规定
                                在伪指令后须跟 STACK 组合名
DB        200 DUP(0)           ;定义堆栈段为 200 个字节的连续存储区,
                                且每个字节的值为 0

STACK     ENDS                 ;定义堆栈段结束
CODE      SEGMENT              ;定义代码段
```

```
                ASSUME DS:DATA,              ; 由 ASSUM 伪指令定义各段寄存器的
                SS:STACK,CS:CODE              内容
START:   MOV   AX,DATA                    ; 将 DS 初始化为数据段首址 DATA
         MOV   DS,AX
         MOV   CX,50                      ; CX 置入循环计数值
         MOV   AX,0                       ; 清 AX 累加器
         MOV   BX,1                       ; BX 置常量 1
NEXT:    ADD   AX ,BX                     ; 累加奇数和,计 50 次
         INC   BX                         ; 求下一个奇数
         INC   BX
         DEC   CX                         ; 循环计数器作减 1 计数
         JNE   NEXT                       ; 未计完 50 次时,转至 NEXT 循环
         MOV   SUM,AX                     ; 累加和送存 SUM 单元
         MOV   AH,4CH                     ; DOS 功能调用语句,机器将结束本程序的
                                            运行,并返回 DOS 状态
         INT   21H
CODE     ENDS                            ; 代码段结束
         END   START                     ; 整个程序汇编结束
```

　　汇编源程序一般由若干段组成,每个段都有一个名字(叫段名),以 SEGMENT 作为段的开始,以 ENDS 作为段的结束,这两者(伪指令)前面都要冠以相同的名字。从性质上可分为代码段、堆栈段、数据段和附加段四种,但代码段与堆栈段是不可少的,数据段与附加段可根据需要设置。在本例中,一共定义了 3 个段:1 个数据段、1 个堆栈段和 1 个代码段。这 3 个段的段名分别为 DATA,STACK 和 CODE,均由用户自己设定。在代码段中,用 ASSUME 命令(伪命令)告诉汇编程序,在各种指令执行时所要访问的各段寄存器将分别对应哪一段。程序中不必给出这些段在内存中的具体位置,而由汇编程序自行定位。各段在源程序中的顺序可任意安排,段的数目原则上也不受限制,段名可以任选。

　　源程序的每一段是由若干行汇编语句组成的,每一行只有一条语句,且不能超过 128 个字符,但一条语句允许有后续行,最后均以回车作结束。整个源程序必须以 END 语句来结束,它通知汇编程序停止汇编。END 后面的标号 START 表示该程序执行时的起始地址。

　　每一条汇编语句最多由 4 个字段组成,它们均按照一定的规则分别写在一个语句的 4 个区域内,各区域之间用空格或制表符(TAB 键)隔开。

4.2.2　8086 汇编语言语句的种类

　　在 8086 汇编语言中,有三种基本语句:指令语句、伪指令语句和宏指令语句。

　　指令语句是一种在目标程序运行时被执行的语句,它在汇编时,汇编程序将为之产生一一对应的机器目标代码。如:

MOV　DS,AX ;8E D_8

ADD　AX,BX ;03 C_3

伪指令语句是一种说明性语句,它在汇编时只为汇编程序提供进行汇编所需要的有关信

息,如定义符号,分配存储单元,初始化存储器等,而本身并不生成目标代码。例如:

DATA   SEGMENT

AA   DW 20H,-30H

DATA   ENDS

这三条伪指令语句将告诉汇编程序定义一个段名为
DATA的数据段。在汇编时,汇编程序将变量 AA 定义为一个
字类型数据区的首地址,在内存区的数据段中使数据的存放形
式为:

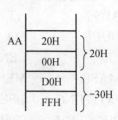

图 4.2　AA 变量数据存放示意图

AA:20H,00H,0D0H,0FFH

该数据段在内存中的数据存放示意图如图 4.2 所示。

宏指令是以某个宏名字定义的一段指令序列,在汇编时,凡有宏指令的地方都将用相应的
指令序列的目标代码插入。宏指令语句是一般性指令语句的扩展。

4.2.3　指令性语句格式

指令语句的格式为:

[标号:][前缀] 指令助记符 [操作数] [;注释]

其中[]表示可以任选或缺省。

1) 标号(Label)

(1) 标号及其属性

标号是指令的符号地址,表示":"后面的指令所在的存储器中的首地址,用来作为汇编语
言源程序中转移、调用以及循环等指令的操作数——程序转移的目标地址。它具有三种属
性——段地址、段内偏移地址(或相对地址)以及类型。

① 段地址(Segment Base):标号所在段的段地址(16 位数),是标号所在段起始地址的前
16 位。

② 段内偏移地址(Offset):它是标号与段起始地址之间相距的字节数,为一 16 位无符号
数。

③ 类型(Type):类型表示该标号所代表的指令的转移范围,分 NEAR 与 FAR 两种。
NEAR 类型的标号仅在同一段内使用,用 2 字节指针给出偏移地址属性;而 FAR 类型的标号
无此限制,必须用 4 字节指针指出其段基地址及段内偏移地址。当标号用作 JMP 或 CALL 等
指令的目标操作数时,若为段内转移或调用则采用 NEAR 类型;若为段间转移或调用则应当
采用 FAR 类型。

(2) 标号的定义

① 标号的组成:标号用一标识符定义,即以字母开头,由字母、数字、特殊字符(如?、*、下
划线、$、@ 等)组成的字符串表示。标号的最大长度一般不超过 31 个字符,除宏指令名外,标
号不能与保留字相同。保留字看上去类似标识符,但它们在语言中有被机器赋予的特殊意义。
8086 的保留字包括:

(a) 8086 CPU 寄存器名;

(b) 8086 CPU 指令系统的全部指令助记符;

(c) 汇编语言的伪操作命令;

(d) 其他名字,即:

ABS	AT	BYTE	COMMENT	CON
DUP	EQ	FAR	GE	HIGH
LE	LENGTH	LINE	LOW	LT
MASK	MENMORY	MOD	NE	NEAR
NOTHING	OFFSET	PAGE	PARA	PREFIX
PROCLEM	PTR	SEG	SKORT	SIZE
STACK	THIS	TYPE	WIDTH	WORD

标号最好具有一定含义的英文单词或单词缩写表示,以便于阅读。

② 在指令的助记符之前,使用标号并紧跟一个冒号":",表示该标号被定义为一个类型为 NEAR 的标号。

标号也可单列一行,紧跟的一行为执行性指令。

例:SUBROUT:

  MOV AX,3000H

③ 标号的类型属性还可以用伪指令定义或改变。

④ 使用过程定义伪操作命令 PROC 定义一个"过程"时,为该过程起的名字即过程名也是一个标号,该标号可以作为 CALL 指令的操作数使用。

PROC 定义格式为:

过程名 PROC NEAR; 这里 NEAR 可以省略

过程名 PROC FAR

(3) 标号的使用

通常,"标号"只在循环、转移和调用指令中使用。

① 在循环或条件转移指令中,所用标号的类型必须为 NEAR,这时,使用该标号的指令 (LOOP 或 JX,这里 X 表示某种条件的表示形式)与定义该标号指令的距离必须在$-128 \sim +127$字节之间,否则汇编将出错。

② 在无条件转移或调用指令中,所用标号规定为:在段间使用时,应采用 FAR 类型;在段内使用时,采用 NEAR 类型较好,也可采用 FAR 类型。对无条件转移指令中的 NEAR 类型标号,若定义标号与引用标号的两个指令距离在$-128 \sim +127$之间,则最好在标号前加一运算符 SHORT,表示汇编时只要生成一个字节的偏移量,可省去一个字节的目标代码,称为:"段内短转移"。而段内长转移的距离为$-32768 \sim +32767$。段内或段间间接方式的 CALL 或 JMP 指令的汇编表示如表 4.1 所示。在直接转移方式,预先给目标指令定义一个符号名字,则其目标地址可以用符号名来表示,由汇编程序在汇编时自动计算出它们的数值,填入目标指令代码中,这种目标地址的符号表示即标号。

2)前缀

作为前缀通常同执行性指令配合使用,例如和"串操作指令"(MOVS, CMPS, SCAS, LODS 与 STOS)连用的 5 个"重复前缀"(REP, REPE/REPZ, REPNE/REPNZ),以及总线封锁 LOOK 都是前缀。

3）指令助记符（Instruction Mnemonics）

执行性指令中的指令助记符是指 8086 CPU 指令系统中指令助记符。

4）操作数（Operand）

操作数可以缺省，也可以是一个或两个操作数，这由指令类型决定。若是两个操作数，中间用逗号"，"隔开，左边的操作数为目的操作数，右边的操作数为源操作数。

操作数的汇编语言表示法及规则比较复杂，这是因为操作数的表示既要能充分体现出汇编语言中使用符号操作数和指令助记符的优越性，使程序员能尽可能地减少在存储分配和地址计算方面的工作，又要能将被汇编程序有效地翻译成对应的特定处理器所具有的各种寻址方式。

表 4.1　JMP/CALL 指令的汇编表

寻址方式		操作数类型	操作数使用方法	示　例
段内转移	直接	1 字节立即数	送入 IP	JMP SHORT SUBOUT
		2 字节立即数	送入 IP	JMP SUBOUT
	间接	寄存器操作数	送入 IP	JMP BX
		存储器操作数（2 字节）	送入 IP	JMP [BP+JTABLE]
段外转移	直接	4 字节立即数	送入 IP 及 CS	JMP NEXTROUTING
	间接	存储器操作数（4 字节）	送入 IP 及 CS	JMP DWORD PTR [BX]

8086 汇编语言中的操作数有如下几种形式：

（1）立即操作数

立即操作数在指令中直接给出，不需要使用寄存器，也不涉及访问数据区的操作，只能作为源操作数。立即操作数是整数，可以是 1 字节或 2 字节。在汇编语言中，立即操作数用常量（包括数值常量和符号常量）以及由常量与有关运算符组成的数值表达式表示。

（2）寄存器操作数

通用寄存器 AX,BX,CX,DX,BP,SP,DI,SI 以及段寄存器 CS,SS,DS,ES 都可以作为操作数。

（3）存储器操作数

以指定的存储单元中的内容作为指令的操作数，汇编指令中的存储器操作数实际上是存储单元的符号地址。变量和标号都是存储单元的符号地址，只不过是标号对应的存储单元中存放的是指令，它是转移指令或调用指令的目标操作数；而变量所对应的存储单元中存放的是数据。例如：

```
JMP NEXT        ;若 NEXT 是已定义过的标号
CALL SUBR       ;若 SUBR 是已定义过的标号或过程名
MOV AL,X        ;若 X 是已定义过的字节变量名
```

此外，变量还可以具有直接寻址、变址寻址、基址寻址和基址加变址寻址几种寻址方式。

5）注释

以"；"开始，用来简要说明该指令在程序中的作用，以提高程序的可读性。

4.3 汇编语言中的表达式

汇编语言的语句中可以含表达式。8086 汇编语言的语句中允许使用的表达式分为两大类：数值表达式和地址表达式。

一个能被计算并在汇编时产生数值的表达式称为数值表达式(Constant Expression)。一个数值表达式可由常量、字符串常量以及代表常量的名字等以算术、逻辑和关系运算符(Operator)连接而成。可作为执行性指令中的立即数和数据区中的初值使用。

地址表达式表示存储器地址，其值一般都是段内的偏移地址，因此它具有段属性、偏移地址属性、类型属性。地址表达式主要用来表示执行性指令中的操作数。

地址表达式由变量、标号、常量、寄存器 BX，BP，SI，DI 的内容(用寄存器名以及方括号表示)以及一些运算符组成。

4.3.1　常量和变量

1) 常量

常量是指那些在汇编过程中已经有确定数值的量，它主要用作指令语句中的立即操作数、变址寻址和基址寻址以及基址加变址寻址中的(位移量 DISP)或在伪指令语句中用于给变量赋初值。

常量分"数值常量"与"符号常量"两种。

数值常量是以各种进位制数值形式表示，以后缀字符区分各种进位制，后缀字符 H 表示十六进制，O 或 Q 表示八进制，B 表示二进制，D 表示十进制。十进制常省略后缀。

符号常量是预先给常量定义一个"名字"，然后在汇编语句中用该"名字"表示该常量。采用符号常量的优点是改善程序的可读性；如果将符号常量作为程序的参数，则可方便地实现参数的修改，增强程序的通用性。其定义需用伪操作命令(伪命令)"EQU"或"＝"。例如：

    ONE EQU 1
    DATA1 ＝ 2 × 12H
    MOV　AX，DATA1＋ONE

即把 25H 送 AX。

常量是没有属性的纯数据，其值是在汇编时确定的。

常量的格式有多种形式，见表 4.2。

表 4.2　各种形式的常量格式

数据形式	格　　式	取值范围	示　　例	注　　解
二进制	XXXXB	0～1	101011B	
八进制	XXXO XXXQ	0～7	765O 765Q	O 是英文字母
十六进制	XXXXH	0～F	7A65H 0FA9H	首位必须是数字 0～9

数据形式	格　式	取值范围	示　例	注　解
十进制	XXXXD XXXX	0～9	965D 965	十进制数后缀可省
ASCII 码	′XXX′ "XXXX"	ASCII 字 符编码值	′IBM PC′ "OK"	由 DB 伪指令定义

2）变量

变量常常以变量名的形式出现在程序中，可以看作是存放数据的存储单元的符号地址。变量用来定义存储器中的数据，其值在程序运行期间可以改变。

变量具有三种属性：

① 段属性：指变量所在段的段地址；

② 偏移地址属性：指变量所在段的段内偏移地址；

③ 类型属性：指变量占用存储单元的字节数。

变量的类型属性有以下五种：

BYTE：字节类型，占用一个字节单元；

WORD：字类型，占用一个字单元（两个字节）；

DWORD：双字类型，占用双字单元（四字节）；

QWORD：四字类型，占用四字单元（八字节）；

TBYTE：五字类型，占用五字单元（十字节）。

变量可以使用伪指令 DB，DW，DD，DQ，DT 进行定义。例如：

Y　DW　4981H，1234H；变量 Y 是字类型，该变量存储区有 2 个字数据，$Y=4981H$

Z　DD　10 DUP(0)；变量 Z 是双字类型，该变量存储区有 10 个值为 0 的双字数据

例中"10 DUP(0)"表示"数值 0 重复定义了 10 个"，"DUP"表示"重复"。

应当注意，"变量"与"标号"有如下区别：

① 变量指的是数据区的名字。而标号是某条执行指令起始地址的符号表示。

② 变量的类型是指变量占用存储单元的字节数。标号的类型则指使用该标号的指令之间的距离远近（即 NEAR 或 FAR）。

另外还应注意：

① 变量仅对应于数据区中第一个数据项，若需对数据区中其他数据项进行操作时，必须用地址表达式指出哪个数据项是指令中的操作数。

② 变量或标号可以加上或减去某个结果为整数的数值表达式，其结果仍为变量或标号，类型及段地址属性不变，仅修改偏移地址属性。

同一段内的两个变量或标号可以相减，但结果不是地址，而是一个数值，表示两者间相距的字节数。

4.3.2　表达式中的各类运算符

1）算术运算符

算术运算符包括加（＋）、减（－）、乘（×）、除（/）、模除（MOD）、左移（SHL）和右移（SHR）

七种。加、减、乘、除是最常用的运算符,参加运算的数和运算的结果都必须是整数。除法运算的结果只取它的商,而模除运算的结果只取它的余数。例如:

```
MOV   AX, 15×4/7              ; AX=0008H
ADD   AX, 60 MOD7            ; AX=8+4=12
MOV   CX, −2×30−10          ; CX=−70
```

左移或右移运算符可使二进制数左移或右移若干位,相当于对二进制数进行乘法或除法运算,因此把它们归到算术运算符一类。例如:

```
MOV   AL, 00001010B SHL 4
```

等效于

```
MOV   AL, 10100000B。
```

2) 逻辑运算符

逻辑运算符包括逻辑与(AND)、逻辑或(OR)、逻辑异或(XOR)、逻辑非(NOT)共四种。逻辑运算都是按位进行的,参加运算的数和运算结果均为整数。逻辑运算符与逻辑操作指令有完全相同的符号,但它们在语句中的位置是不一样的。表达式中的逻辑运算符只能出现在语句的操作数部分,并且是在汇编时完成的。而逻辑操作指令中的助记符在指令的操作码部分,其运算在执行指令时进行。例如:

```
MOV   AL, NOT 10101010B                ; 等效于 MOV AL,01010101B
MOV   AL, 11110000B AND 10111101B     ; 等效于 MOV AL,10110000B
OR    AL, 10100000B OR 00000101B      ; 等效于 OR AL,10100101B
XOR   AX, 0FA0H XOR 0F00AH            ; 等效于 XOR AX,0FFAAH
```

3) 关系运算符

关系运算符包括相等(EQ)、不等(NE)、小于(LT)、大于(GT)、小于等于(LE)、大于等于(GE)共六种,它们对两个运算对象进行比较操作。若满足条件,表示运算结果为真(TRUE),输出结果为全"1";若比较后不满足条件,表示运算结果为假(FALSE),输出结果为全"0"。例如:

```
MOV   AX, 5 EQ 101B          ; 等效于 MOV   AX,0FFFFH
MOV   BH, 10H GT 16          ; 等效于 MOV   BH,00
MOV   BL, 0FFH EQ 255        ; 等效于 MOV   BL,0FFH
MOV   AL, 64H GE 100         ; 等效于 MOV   AL,0FFH
MOV   AL, 0FFH LT 256        ; 等效于 MOV   AL,0FFH
```

4) 取值运算符

取值运算符的操作对象必须是存储器操作数,即变量、标号或过程名。运算符总是加在运算对象之前,使用格式为:

取值运算符 变量或标号

返回的结果是一个数值常量。

(1) SEG 运算符

取段地址运算符,该运算为返回变量或标号所在段的段地址(字常量)。例如:

```
MOV  BX,SEG BUF              ; BX←变量 BUF 的段地址
```

(2) OFFSET 运算符

取段内偏移地址符,该运算为返回变量或标号所在段的段内偏移地址。例如:

MOV　AX, OFFSET START　　　　;AX←标号 START 的偏移地址

(3) TYPE 运算符

取类型属性运算符,该运算为返回变量或标号的类型值。若运算对象是变量,则返回变量是类型所占的字节数;若运算对象是标号,则返回标号是距离属性值。变量和标号的类型及类型值对应关系如表 4.3 所示。

表 4.3　类型值表

类　　型		类　型　值
变 量	BYTE	1
	WORD	2
	DWORD	4
	QWORD	8
	TBYTE	10
标 号	NEAR	−1
	FAR	−2

下面是 TYPE 运算符的应用例子:

```
      N1   DB 30H,31H,32H
      N2   DW 4142H,4344H
      N3   DD N2
ALD: MOV   AL,TYPE N1      ;等效于 MOV   AL,1
      ADD   AH,TYPE N2      ;等效于 ADD   AH,2
      MOV   BL,TYPE N3      ;等效于 MOV   BL,4
      MOV   BH,TYPE ALD     ;等效于 MOV   BH,0FFH
```

(4) LENGTH 运算符

取数组变量元素个数运算符,该运算为返回变量的元素个数。如果变量是用重复数据操作符 DUP 说明的,则返回 DUP 前面的数值(重复次数);如果没有 DUP 说明,则返回的值总是 1。例如:

```
      KA   DB 10H DUP(0)
      KB   DB 10H,20H,30H
      KC   DW 20H DUP(0,1,2 DUP(2))
      KD   DB'ABCDEFGH'
      MOV   AL,LENGTH KA     ;AL←10H
      MOV   BL,LENGTH KB     ;BL←1
      MOV   CX,LENGTH KC     ;CX←20H
      MOV   DX,LENGTH KD     ;DX←1
```

(5) SIZE 运算符

取数组变量总字节数运算符,该运算为返回数组变量所占的总字节数。相当于 LENGTH 和 TYPE 两个运算符返回值的乘积。例如对于上面例子中的 KA,KB,KC,KD 变量,下面的例子可以说明其 SIZE 运算符的返回值。

```
        MOV    AL,SIZE KA          ; AL←10H
        MOV    BL,SIZE KB          ; BL←1
        MOV    CX,SIZE KC          ; CX←20H×2＝40H
        MOV    DL,SIZE KD          ; DL←1
```

（6）HIGH 运算符

取地址表达式或 16 位绝对值的高 8 位。例如：

```
        CONST EQU 0ABCDH
```

则   MOV   AH,HIGH CONST

将汇编成   MOV   AH,0ABH

（7）LOW 运算符

取地址表达式或 16 位绝对值的低 8 位。

5）设置属性运算符

（1）"："运算符

该运算符用来临时给变量、标号或地址表达式指定一个段属性。例如：

```
MOV   AX,ES:[BX]                    ; 表示不用缺省的段寄存器 DS,而是用 ES 来形
                                       成物理地址,取附加段中的数据
MOV   BL,DS:[BP]                    ; 表示不用缺省的段寄存器 SS,而是临时用 DS 来
                                       形成物理地址,取数据段中数据
```

用这种段属性修改运算符将自动生成一个"段超越"前缀字节,以改变存储器操作数默认的物理地址形成关系。但并不是所有的默认关系都能用段超越加以修改,段超越指定的段属性只在所处的指令内有效。

（2）PTR 运算符

PTR 的格式为：

    类型   PTR 表达式

PTR 赋予"表达式"指定的"类型",新的类型只在所处的指令内有效。

```
例   MOV   BYTE PTR[DI], 4          ; 指定操作数 DS:[DI]为字节类型
     JMP   DWORD PTR[BP]            ; 将 SS:BP 所指双字内容作为目标地址,作段间
                                       转移
     JMP   FAR PTR START            ; 指定 START 为远标号
```

（3）THIS 运算符

THIS 的常用格式为：

    变量或标号 ＝ THIS 属性

该运算符和"＝"（或 EQU）伪指令连用,把它后面指定的类型属性或距离属性赋给当前的变量或标号。例如：

```
GAMA ＝ THIS BYTE
   ST ＝ THIS FAR
```

第一个语句将变量 GAMA 的类型属性定义为字节,不管 GAMA 原来的类型是什么,从本语句开始,GAMA 成为字节变量,直到遇到新的类型定义语句为止;第二个语句将标号 ST 的距离属性定义为 FAR,不管 ST 原来的距离属性是什么,从本语句开始,ST 成为远标号,允许作

88

为其他代码段中调用或转移指令的目标标号。

6）其他运算符

（1）SHORT 运算符

当转移指令的目标地址与该指令之间的距离在$-128 \sim +127$字节范围时,可用 SHORT 运算符进行说明,以保证汇编程序能为该指令生成最短的机器码,从而提高程序运行效率。例如:

    L1：JMP SHORT L2

        ⋮

    L2：MOV AX, BX

        ⋮

表示标号 L1 与目标标号 L2 之间的字节距离小于 127 字节,通常称之为短转移。

（2）圆括号（ ）运算符

圆括号运算符用来改变被括运算符的优先级别,使其具有最高优先权。

（3）方括号[ ]运算

方括号运算符多用在存储器操作数的表达式中。方括号的运算规则说明如下：

① 方括号的内容表示存储器操作数的偏移地址；

② 有多对方括号顺序排列时,操作数的偏移地址等于各方括号内容之和；

③ 一个常量后面跟有方括号时,操作数的偏移地址等于该常量与方括号内容之和；

④ 一个变量后面跟有方括号时,操作数的偏移地址等于该变量的偏移地址与方括号内容之和。

  例 ALPHA DB 30H,31H,32H,33H,05H,00H

      CONST EQU 2

      MOV AL,ALPHA [3]   ; AL←33H

      MOV BX,OFFSET ALPHA

      MOV AL,CONST [BX]   ; AL←[BX+2]=32H

      MOV SI,4 [BX]   ; SI←[BX+4]=0005H

      MOV AL,[BX] [SI]   ; AL←[BX+SI]=00H

      MOV AL,[BX] [SI] [−5] ; AL←[BX+SI−5]=30H

8086 宏汇编语言规定,带方括号的地址表达式还必须遵循下列规则：

① 只有 BX,BP,SI,DI 这 4 个寄存器可在方括号内出现；

② 不允许 BX 和 BP 同时出现在同一个地址表达式的方括号里；

③ 不允许 SI 和 DI 同时出现在同一个地址表达式的方括号里；

④ 当多个寄存器出现在方括号中时,它们只能作加运算,不可以作减运算；

⑤ 若方括号内包含基地址指针 BP,则隐含使用 SS 提供段地址,否则均隐含使用 DS 提供段地址。

  例如,下面的地址表达式均有错误：

      MOV AL, [AX+BX]   ;方括号内出现了 AX

      MOV AL, [BX−SI]   ;出现了寄存器间的减运算

      MOV AL,[BX] [BP]   ;BX 和 BP 同时出现,非法

                    MOV   AL,[SI+DI]   ;SI 和 DI 同时出现,非法

和一般的算术运算一样,汇编语言中的运算符亦存在优先级问题。宏汇编语言中的常用运算符及其优先级见表 4.4。表中所列运算符的优先序号越大,其优先级别越低。

表 4.4   汇编语言中运算符优先级

优 先 序 号	运算符(同级别运算符从左向右执行)
1(最高)	( ),[ ],LENGTH,SIZE
2	段超越前缀符":"
3	PTR,OFFSET,SEG,TYPE,THIS
4	*,/,MOD,SHL,SHR
5	+,-
6	EQ,NE,LT,LE,GT,GE
7	NOT
8	AND
9	OR,XOR
10(最低)	SHORT

4.4   伪指令语句

伪指令语句又称为说明性指令或指示语句。

高级语言程序中的可执行语句被翻译成机器语言时,必须有非执行语句用于实现赋值、保留存储器,给常数分配符号名字、形成数据结构和终止编译等。当汇编语言被翻译成机器语言时,也必须包括有执行类似任务的伪指令。同时由于 8086/8088 还依靠段寄存器工作,所以还必须包括有一些在汇编过程中能告诉汇编程序把某个段分配给哪一个段寄存器的伪指令。

伪指令语句格式为:

        [名字]   伪操作指令 [操作数表] [;注解]

名字是一标识符,一般不能有":"结尾。名字可以是符号常量名、段名、变量名等,由不同的伪操作命令决定。操作数表是用","分割开的一系列操作数。常用的伪操作命令如下:

① 符号定义伪指令;

② 变量定义伪指令;

③ 段定义伪指令;

④ 过程定义伪指令;

⑤ 程序模块的定义与通信伪指令。

4.4.1   符号定义伪指令

汇编语言中,所有符号常量、变量名、标号、过程名、记录名、指令助记符、寄存器名等统称为符号。这些符号可以通过伪指令重新命名或定义新的类型属性。符号定义伪指令有 EQU,

＝,LABEL 几种。

1）EQU 伪指令

使用格式为：

　　　　名字　　EQU　　表达式

EQU 伪指令给表达式赋予一个名字，其后指令中凡需用到该表达式的地方均可以用此名字来代替。其中，"名字"为任何有效的标识符；"表达式"为任何有效形式的操作数。可求出常数值的表达式，甚至可定义为任何有效的助记符。

EQU 伪指令用来为常量、表达式、其他符号等定义一个符号名，但并不申请分配内存。通过 EQU 伪指令的使用可以使汇编语言程序简洁明了，便于程序调试和修改。表达式的更改只需修改其赋值指令（或语句），使原名字具有新赋予的值，而使用名字的各条指令可保持不变。使用 EQU 伪指令应注意 EQU 左端的符号名不能是程序已定义过的符号名。通常用法示例如下：

（1）为常量定义一个符号，以便在程序中使用符号来表示常量

格式：符号常量名　　EQU　　数值表达式

例：ONE　　EQU 1 ⎫
　　　　　　　　　　⎬　数值赋予符号
　　　TWO　　EQU 2 ⎭

　　　SUM　　EQU ONE＋TWO　　　　　　　　；把 1＋2＝3 赋予符号名 SUM

（2）给变量或标号定义新的类型属性并起一个新的名字

格式：变量名或标号名　　EQU　　［类型 PTR］　　变量或标号

例　　BYTES　　DB 4 DUP（?）　　　　　　　　；为变量 BYTES 先定义保留 4 个字节类
　　　　　　　　　　　　　　　　　　　　　　　　型的连续内存单元

　　　FIRSTW　　EQU WORD PTR BYTES　　　；给变量 BYTES 重新定义为字类型属性
　　　　　　　　　　　　　　　　　　　　　　　　并赋予新变量名

　　　FIRSTDW　　EQU WORD PTR BYTES
　　　　　　　　　　　　⋮

　　　INCHS：　　MOV BYTES,AL
　　　　　　　　　　　　⋮

　　　MILES　　EQU FAR PTR INCHS　　　　　；给变量 INCHS 重新定义为 FAR 类型并
　　　　　　　　　　　　　　　　　　　　　　　　赋予新变量 MILES

　　　　　　　　　　　　⋮

　　　　　　　JMP MILES　　　　　　　　　　；段间跳转

（3）可以给由地址表达式指出的任意存储单元定义一个名字

格式：符号名　　EQU　　地址表达式

符号名可以是"变量"或"标号"，取决于地址表达式的类型。

例　　　　　XYZ EQU ［BP＋3］　　　　　　；基址引用赋予符号名 XYZ

　　　A　　　EQU ARRAY［BX］［SI］　　　　；基址加变址引用赋予符号名 A

　　　P　　　EQU ES:ALPHA　　　　　　　　；加段前缀的直接寻址引用赋予符号名 P

（4）用来为汇编语言中的任何符号定义一个新的名字

格式：新的名字　　EQU　　原符号名

例　COUNT　EQU CX　　　　　　　　　　　　;为寄存器 CX 定义新的符号名 COUNT

　　LD　　　EQU MOV　　　　　　　　　　　;为指令助记符 MOV 定义新的符号名 LD

则在以后的程序中,可以用 COUNT 作 CX 寄存器的名字,可以用 LD 作为与 MOV 同含义的助记符。

　　2)"="伪指令

"="伪指令与 EQU 伪指令具有相同的功能,区别仅在于"="伪指令定义的符号允许重新定义,使用更灵活方便。

　　例　EMP＝60　　　　　　　　　　　　;定义 EMP 等于常数 60

　　　　EMP＝79　　　　　　　　　　　　;重定义 EMP 等于常数 79

　　　　EMP＝EMP＋1　　　　　　　　　;又定义 EMP 等于常数 80

　　3) LABEL 伪指令

LABEL 伪指令为当前存储单元定义一个指定类型的变量名或标号。

LABEL 的使用格式为:变量或标号或名　LABEL　类型

下面的例子是 LABEL 伪指令的常见用法。

① 用法一:

DA_BYTE　LABEL BYTE　　　;为当前存储单元定义一个字节变量名 DA_BYTE

DA_WORD　DW 4142H,5152H　;当前存储器单元另有一个字变量名 DA_WORD

MOV　AX,DA_WORD[0]　　　　;AX←4142H

MOV　BL,DA_BYTE[0]　　　　 ;BL←42H

② 用法二:

LOPF　LABEL FAR　　　　　　;为当前存储单元定义一个 FAR 属性的标号 LOPF

LOPN:MOV AX,[BX+DI]　　　;当前存储单元另定义一个 NEAR 属性的标号 LOPN

　　　⋮　　　　　　　　　　　　;段间转移使用标号 LOPF,段内则使用 LOPN

4.4.2　变量定义伪指令

常用的变量定义伪指令有 DB,DW,DD,DQ,DT,分别用来定义字节、单字、双字、四字及十字节类型变量。它们的基本应用格式如下:

　　　　　　　[变量名]　{DB | DW | DD | DQ | DT}　〈表达式〉

其中,变量名是可选的;{ }表示其中的伪操作命令必须选用一种。表达式有如下几种应用形式。

　　1) 数值表达式

这种形式定义的变量具有表达式给定的数值初值。例如:

　　　　BETA　DW 4 * 10H　　　　　;变量 BETA 为字类型,初值为 64

　　2) ASCII 字符串

字符串必须用单引号括起来。DB 伪指令为串中每一个字符分配一个字节单元,且自左至右按地址递增的顺序依次存放,字符个数不得超过 255 个。例如:

　　　　　　　　MSG　DB 'Student'

　　3) 地址表达式

地址表达式的运算结果是一个地址,因此只能用 DW 或 DD 来定义。如果用 DW 定义,则将原变量或标号的偏移地址定义为新变量;如果用 DD 来定义,则将原变量或标号的偏移地址和段地址分别置入新变量的低位和高位字中。例如:

```
BETA       DW 3254H,5678H
PBETAW   LABEL WORD
PBETAD   DD   BETA                    ;变量的初值为 BETA 的段地址和偏移地址
         MOV   AX,SEG BETA
         MOV   BX,PBETAW              ;BX←BETA 的偏移地址
         MOV   DX,PBETAW[2]           ;DX=AX,为 BETA 的段地址
         MOV   CX,PBETAW[0]           ;CX=BX,为 BETA 的偏移地址
```

4)?

问号表示所定义的变量未指定初值。例如:

```
         BUF   DW ?                   ;定义一个字变量 BUF,初值为一随机数
```

5)〈 n 〉DUP〈表达式〉

这种情况用于定义重复变量,DUP(Duplication)是重复数据操作符,n 表示重复次数,圆括号内的表达式表示要重复的内容。例如:

```
         TAB   DB 100 DUP(0)          ;数组变量 TAB 有 100 个初值为零的字节元素
```

DUP 操作符可以嵌套使用,即圆括号中的表达式又是一个带 DUP 的表达式。例如:

```
         TAB   DW 2 DUP(5DUP(4),7)
```

表示变量 TAB 有 12 个字元素,这 12 个元素的初值构成的数据序列为:

```
         4,4,4,4,4,7,4,4,4,4,4,7
```

共占 24 个字节单元。

4.4.3 段定义伪指令

如前所述,8086 利用存储器分段技术管理存储器信息。而段定义伪指令可使我们按段来组织程序和使用存储器。涉及分段的伪指令主要有 SEGMENT,ENDS,ORG,GROUP 和 ASSUME。在源程序中,利用段定义伪指令所分段称为源程序段。为深入理解分段伪指令,先介绍如何将源程序经汇编、链接装配后生成可执行程序。

用汇编语言编写的源程序(＊．ASM)经汇编后生成目标程序(＊．OBJ)。源程序亦可分成多个模块分别汇编,生成多个.OBJ 文件。汇编后生成的.OBJ 文件,经链接装配后,即可生成可执行的.EXE 文件。

下面继续介绍伪指令。

1) SEGMENT 和 ENDS 伪指令

(1)语句格式

利用 SEGMENT 和 ENDS 可把源程序模块划分成若干个源程序段,它的格式为:

```
         〈段名〉SEGMENT[定位方式][组合方式][分类名]
             ⋮              ;段内所有语句
         〈段名〉ENDS
```

其中,段名是为该段起的名字;定位方式、组合方式和分类名是可选的,选两个以上时,书写顺序必须与格式中的顺序一致。这 3 个可选操作数都是通过汇编给链接程序提供控制信息的。

链接时,先处理组合方式,再处理定位方式,最后处理分类名。组合方式指出如何链接不同模块中的同名段;定位方式指出组合后的段如何链接;分类名指出对分类名相同的各模块中的所有段如何处理。应当指出,当某段作为堆栈段使用时,必须至少有组合方式 STACK。

(2) 组合方式

源程序可以分成若干个模块单独编制与汇编,每个模块又可划分若干段,如果这些段都不太大却又分别定义了不同的段名,则当这些模块链接起来并装入机器运行时,由于程序段数可能大大超过当前立即可用的由段寄存器确定的逻辑段数(仅 4 个),使程序运行极为不便。为此,如果将不同模块中相同性质的段使用同样的段名,则连接这些模块时就可以把同名的段按照指定的方式组合起来,既便于程序运行,又可以达到有效使用存储空间的目的。

可供选择的组合方式有 PUBLIC,STACK,COMMON,MEMORY,AT 以及 NONE 共六种。

① PUBLIC:表示该段与其他模块中说明为 PUBLIC 的同名同类别的段链接起来共用一个段地址,形成一个物理段。

② STACK:与 PUBLIC 类型同样处理,只是组合后的这个段专门用作堆栈段。并且,当生成的可执行文件装入存储器时,操作系统自动将该段的段地址送 SS,该段的终了地址送 SP。另外,被链接的所有模块中至少应该有一个 STACK 段,否则 LINK 时会提示出错。

③ COMMON:表示该段与其他模块中被说明成 COMMON 的同名同类别段共用同一个段起始地址,且相互覆盖。组合后,段的长度是各模块同名段中最大的 COMMON 段长度。

④ MENMORY:表示该段定位在所有其他段之上,即地址较大区域。如果各模块中不止一个段选用 MENMORY 方式,则把第一个遇到的段作 MENMORY 处理,而其他段均作 COMMON 方式处理。

⑤ AT〈数值表达式〉:表示该段应按绝对地址定位,段地址为数值表达式的值,位移量为0。例如,AT 1234H 表示该段段基址为 12340H。

⑥ NONE:即不指定方式,表示该段与其他模块中的段,不管段名是否相同,都不发生任何组合关系,链接时它将是一个独立的段。

图 4.3 为一示例,表示 LINK 程序是怎样根据段定义语句中的组合方式把各个模块中的段组合在一起的。图中 3 个模块共定义了 7 个段,链接时,LINK 程序按要求把有关的段组合在一起,结果生成 4 个新的逻辑段。

(3) 定位方式

定位方式通过汇编告知 LINK 程序如何将组合后的新段定位到存储器中。定位方式有四种,即 PARA,BYTE,WORD 和 PAGE 方式。

① PARA 方式:规定段从 16 的整数倍地址(指物理地址)开始,称为段边界。它使得段间可能留有 1~15 个字节的间隙。这也是一种缺省方式。

② BYTE 方式:规定段可以从任何地址开始,它使本段与前面段间不留任何间隙。

③ WORD 方式:规定段只能从偶地址开始,称为字边界。它使得段间可能留一个字节的间隙。

④ PAGE 方式:规定段从 256 的整数倍地址开始,称为页边界。它使得段间可能留有 1 到 255 个字节的间隙。

采用 BYTE 或 WORD 方式,能使存储器的利用率高,但可能使段名的偏移地址不是零。

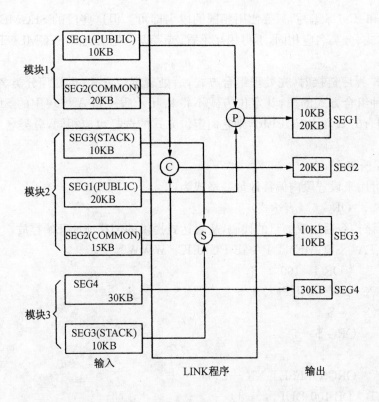

图 4.3 LINK 对不同模块同名段的组合处理

例如,定位段从偶数地址 1B484H 开始,则段地址为 1B480H,偏移地址为 00004H,存入段寄存器的内容为 1B48H。利用 PARA 或 PAGE 方式,会使存储器的利用率降低,但能确保段名的偏移地址是零。

(4) 分类名

若 SEGMENT 语句书写了"分类名",则进行链接装配时,LINK 程序把分类名相同的所有段(段名未必相同)放在连续的存储区域内,但仍然是不同的段。分类名相同的各个段在链接时,先出现的在前,后出现的在后。注意,分类名是用单引号括起来的符号。下面的例子,说明分属 3 个分类名的 5 个不同的段,LINK 后生成的装入模块中各段的相对位置。

	LINK 前	LINK 后
WW1	SEGMENT 'CODE'	'CODE'
WW2	SEGMENT 'DATA'	WW1
		WW5
WW3	SEGMENT 'STACK'	'DATA'
		WW2
WW4	SEGMENT 'STACK'	'STACK'
WW5	SEGMENT 'CODE'	WW3
		WW4

(5) 使用段定义语句的两点说明

① 源程序模块中的某一段,可使用一对 SEGMENT 和 ENDS 编写完毕,也可分为多对

95

SEGMENT 和 ENDS 编写,只要使用相同的段名即可。但这些段的 SEGMENT 语句的组合方式、定位方式、分类名应相同,不得相互矛盾,或者以首先出现的 SEGMENT 语句为准,其余均省略不写。

② LINK 程序链接时,先处理组合方式,后处理定位方式,再处理分类名。因此,各模块中具有同一种组合方式的段,其定位方式不得相互矛盾。如 A 模块中的 S1 和 B 模块中的 S1,它们的组合方式均为 PUBLIC,则它们定位方式的选择也应相同,分类名或者省略或者相同。

2) ORG 伪指令

该指令可用来设置段内偏移地址。格式为:

       ORG 〈表达式〉

它告知汇编,该指令后生成的目的代码,从表达式提供的偏移地址开始存放。

   例 DATA SEGMENT PAGE PUBLIC 'WWW'

            ORG 100

      XX DW 10DUP(?)

    XXX =$

       ORG $ +5

          ⋮

      ORG OFFSET XX +256

ARRAYB DB 100 DUP(1,-1)

它表示该段的目的代码从偏移地址 100 的位置开始产生,这是第一个 ORG 的功能。第二个 ORG 是为变量 XX 产生 10 个未初始化的字后,又跳过 5 个字节,再继续生成目的代码。第三个 ORG 告知汇编字节变量 ARRAYB 从偏移地址 356 的位置开始存放。

3) GROUP 伪指令

GROUP 是群或组的意思,它用来把模块中若干不同名的段集合成一个组,并赋予一个组名,使它们都装在同一个逻辑段中(64KB)。把若干段定义成一个组可以得到较紧凑的代码。这样,组内各段名间的跳转都可以看作段内跳转。GROUP 的伪指令格式如下:

      〈组名〉 GROUP 〈段名 1,段名 2,……〉

其中段名也可以是表达式(SEG <变量名>或 SEG<标号>)。表达式返回的是定义该变量名或标号的段号。汇编程序处理时并不能确定这些段能否合并成一个组,其大小是否在64KB 范围内,如果超过 64KB,在连接时将由 LINK 程序指出错误。

组名和段名一样,它表示该组的段地址,因此程序中可以把它作为直接量或跨段前缀使用。例如:

MOV AX,DGROUP   ; DGROUP 为已定义组名

MOV DS,AX   ; DS←组名 DGROUP 的段地址

MOV BX,OFFSET DGROUP:F1   ; 变量 F1 的 DGROUP 组内的偏移地址送 BX

4) ASSUME 伪指令

ASSUME 伪指令告诉汇编程序哪个段寄存器将为哪个段名寻址,从而在汇编时能检查出语句所引用的变量或标号是否可以通过某段寄存器正确地访问。ASSUME 的指令格式如下:

ASSUME 〈段寄存器〉:〈段名〉[,〈段寄存器〉:〈段名〉]

其中,段名是程序中定义过的任何段名或组名,也可以是表达式(SEG〈变量名〉或 SEG〈标号〉)或关键字 NOTHING。例如:

ASSUME CS:CSEG,DS:DSEG,ES:NOTHING

其中,NOTHING 表示以前为该寄存器所做的假设已被取消,此后指令运行时不再用该寄存器,除非再用 ASSUME 重新假设。

ASSUME 伪指令仅告诉汇编怎样设定,并在. OBJ 文件中指示出来。而完成这个设定是在装入和运行. EXE 文件时才真正实现。例如:

```
 DSEG   SEGMENT PUBLIC 'WW'
  VD   DW 23H
 DSEG   ENDS
 ESEG   SEGMENT
  VE   DW 32H
 ESEG   ENDS
 SSEG   SEGMENT PARA STACK 'STACK'
  VS   DW?
  DB   256 DUP(?)
 SSEG   ENDS
 CSEG   SEGMENT PUBLIC
       ASSUME CS:CSEG,DS:DSEG,ES:ESEG,SS:SSEG
START: MOV  AX,DSEG
       MOV  DS,AX         ;设定 DS
       MOV  AX,ESEG
       MOV  ES,AX         ;设定 ES
       MOV  AX,VD         ;VD 在 DS 段中
       ADD  AX,VE         ;汇编自动在 VE 前加前缀 ES:
       MOV  VS,AX         ;汇编自动在 VS 前加前缀 SS:
            ⋮
 CSEG   ENDS
       END  START
```

为段寄存器置入段地址称为段寄存器加载。CS,SS 的加载是在. EXE 文件装入内存时,由 DOS 根据可执行文件中的提示信息自动完成的,程序中不必再安排对它们的加载代码,但对 DS,ES 的加载却不能省(除非不用),必须在程序执行时,用 MOV 指令来赋给。

另外,汇编程序根据 ASSUME 语句的假定,检查是否需要为指令中引用的变量和标号产生跨段前缀,即使变量的段属性被设定在与缺省约定不同的段寄存器中,程序员也不用为该变量加段超越前缀,汇编程序能根据 ASSUME 自动产生一个正确的段超越。见上例中对变量 VE,VS 的操作指令语句。

4.4.4 过程定义伪指令

在程序设计中,常把具有一定功能的程序设计成一个子程序。子程序的使用不仅减少了目标代码的生成数量,而且便于实现程序的模块化。汇编语言中,子程序通常以过程的形式编写,通过使用过程定义伪指令 PROC 和 ENDP 来定义一个过程,然后再通过 CALL 指令实现调用。过程定义伪指令的格式如下:

〈过程名〉PROC [类型]

⋮

RET

〈过程名〉ENDP

过程名是为该过程起的名字,具有与语句标号相同的属性,即具有段地址、偏移地址和类型 3 个属性。其中地址属性是指过程中第一条语句的地址;类型属性由格式中的类型指明,可以有 NEAR 和 FAR 两种;类型缺省或指明为 NEAR 时,表示该过程只能为所在段的程序调用,若指明为 FAR,则可被跨段调用。

RET 是过程的返回指令,不能省,否则过程将无法返回。返回指令属于段内返回还是段间返回与过程的类型有关,由汇编根据类型决定;类型为 FAR,其相应的返回指令为段间返回(五字节);若类型为 NEAR,则返回指令为段内返回(三字节)。

过程既允许嵌套定义,也允许嵌套调用。嵌套定义时,内外层不能交叉。例如:

```
FARN    PROC FAR              ;过程 FARN 开始
        CALL NEAR1
        RET
FARN    ENDP                  ;过程 FARN 结束
NEAR1   PROC                  ;过程 NEAR1 开始
          ⋮
        S₁ PROC               ;过程 S₁ 开始(内层)
          ⋮
        RET
        S₁ ENDP               ;过程 S₁ 结束(内层)
        CALL S₁
          ⋮
        CALL S₂
          ⋮
        S₂: MOV BX,AX         ;子程序 S₂ 开始
          ⋮
        RET                   ;子程序 S₂ 结束
        RET
NEAR1   ENDP                  ;过程 NEAR1 结束
```

需要指出的是,汇编语言中也并不排除一段概念下的子程序形式,即不用过程,只是由子程序入口地址开始到 RET 指令结束的一个程序段,此时 CALL 指令中的操作数应该是子程

序第一条可执行语句的语句标号,如上例中的子程序 S₂。

4.4.5　模块定义与通信伪指令

把复杂程序分成若干块,每个模块相对独立,可单独汇编和调试,这样既能降低程序调试难度,又便于程序员们分工合作,缩短程序设计周期。所有模块汇编完毕后,通过链接程序连接成为一个完整的可执行程序。

为了实现模块化程序设计,汇编语言应具备划分模块及模块命名的能力,更重要的是还具有模块之间共享数据和程序代码的能力,即模块之间通信的能力。为此,汇编语言提供了这类伪指令共五条。它们是:NAME,END,PUBLIC,EXTRN 和 INCLUDE。

1) NAME 和 END 伪指令

定义一个模块需使用 NAME 和 END 两条伪指令。指令格式如下:

　　　　[NAME〈模块名〉]
　　　　　　⋮
　　　　END[标号]

其中,模块名是为该模块起的名字,NAME 语句行可缺省,缺省时,该模块的源程序文件名就是模块名。

汇编时,一个模块就是一个汇编单位。汇编处理只进行到模块结束语句 END 为止。如果该模块是主模块,END 语句可以指出一个标号,它表示该程序的启动地址。一次被连接的各模块中只能有一个是主模块,即程序只能有一个启动地址。

2) PUBLIC 伪指令

PUBLIC 伪指令说明一张符号表,表示该模块中定义的哪些符号常量、变量、标号以及过程名等可以被其他模块所引用。指令格式为:

　　　　　　PUBLIC〈符号表〉

其中,符号表中的符号在该模块中必须有定义;符号之间用逗号分隔;寄存器、非整数符号常量和值超过字范围的整数符号常量不得出现在符号表中;原则上 PUBLIC 可安排在模块的任意位置,为清晰起见,一般写在模块的起始位置。例如:

```
          NAME BLOCK1
          PUBLIC DIV1,DATA1,LOOP1,DATA2
DIV1      PROC FAR
              ⋮
DIV1      ENDP
              ⋮
LOOP1：   MOV   AX,SP
              ⋮
DATA1     DW 100 DUP(?)
DATA2     EQU 123AH
DATA3     EQU 123456H
          END
```

应当指出,作为 PUBLIC 操作数的过程名,大多是 FAR 类型,NEAR 类型仅供其他模块的同名段使用。

3) EXTRN 伪指令

EXTRN 伪指令也说明一张符号表,表示本模块中需要引用,但却是其他模块中定义并说明 PUBLIC 的那些符号。指令格式为:

    EXTRN　〈符号:类型〉[,……]

符号表中的类型可以是 BYTE,WORD,DWORD,NEAR,FAR 和 ABS。ABS 表示该符号是符号常量而不是变量或标号。当然,这里所有符号类型必须与它们在其他模块定义时的符号类型保持一致。使用该语句应注意:符号表中的符号不允许在本模块中再定义;符号表中说明的外部符号在本模块只能单独被引用,不得出现在表达式中;原则上语句可安排在模块的任何地方,为了避免"提前引用"问题,通常写在模块的起始位置。下面的例子包括了正确与错误两种情况:

```
        PUBLIC S₁
        EXTRN DIVI:FAR,DATA1:WORD,DATA2:ABS
        ⋮
S₁      PROC FAR
        ⋮
        CALL DIVI               ;正确
        ADD BX,DATA1            ;正确
        ADD AX,DATA2+100H       ;错误,因 DATA₂ 出现在表达式中
DATA1   EQU 1000H              ;错误,因 DATA₁ 被重定义
        RET
S₁      ENDP
        END
```

4) INCLUDE 伪指令

INCLUDE 伪指令可以把另一个源文件插入到当前的源文件中一起汇编,从而可以避免重复输入 n 个源文件中相同的语句序列,其格式为:

    INCLUDE ＜文件名＞

当汇编程序汇编到 INCLUDE 伪指令时,立即打开 INCLUDE 指示的文件,并把它汇编到当前的源文件中去,直到该文件中语句汇编完毕,汇编程序继续汇编 INCLUDE 伪指令之后的语句。INCLUDE 可以嵌套,也就是说,用 INCLUDE 伪指令插入的文件还可以包含 INCLUDE语句。例如:

    INCLUDE B:RECD. ASM　　　;读出 B 盘 RECD. ASM 并汇编它

    INCLUDE C:\WY\BLOCK. ASM ;读出 C:\MY\BLOCK. ASM 并汇编它

用作插入的源文件通常编辑成一个不含 END 伪指令的源程序文件,以便其他需要这个语句序列的源程序文件插入。

4.5　宏指令语句

所谓宏指令,是程序员事先自定义的"指令",这种指令是一组汇编语言语句序列的缩写。

此后在宏指令出现的地方,汇编程序自动把它们替换成相应的语句序列。事实上,宏指令是"常用语句序列"的简单代号。

4.5.1 宏指令的使用

宏指令的使用过程是宏定义、宏调用、宏扩展。

1) 宏定义

宏指令定义简称宏定义,它由四部分构成:名字、开头、宏体和结尾。其格式为:

〈宏指令名〉MACRO[[形参][,形参]…]

⋮

ENDM

其中,宏指令名是为该宏定义起的名字,可以像指令助记符一样出现在源程序中。实际上,它允许和指令性语句的助记符相同,以便重新定义该指令的功能。

形参,即形式参数,仅用于宏定义内部。形参间用逗号,也可用空格隔开。形参如同函数中的变量,在宏指令被调用是,其内部形参位置将被相应的实参(即实在参数)所取代。形参为可选项,形参的使用使宏指令更加灵活。

宏定义必须由伪指令 MACRO 开始,ENDM 结束,MACRO 和 ENDM 间的程序段称为宏体。

2) 宏调用

经过宏定义,在源程序中任意位置可以直接引用宏指令名,构成宏指令语句。宏指令名的引用就是宏调用,它要求汇编程序把定义的宏体目标代码拷贝到调用点。如果定义是带参数的,就用宏调用时的实在参数替代形式参数,其位置一一对应。宏调用格式如下:

〈宏指令名〉[[实参][,实参]…]

格式中的实参可以是数字、字符串、符号名。两个以上的实参用逗号、空格或列表符隔开,它们在顺序、属性和类型上要和形参保持一致,否则将出现意想不到的错误。另外,也允许实参是带间隔符(如空格、逗号等)的字符串,为不引起混淆,可带上尖括号,汇编会将尖括号的内容视为一个实参。实参的数目可以和形参的数目不一致。当实参多于形参时,忽略多余的参数;而当实参少于形参时,剩余的形参处理为空白。

3) 宏扩展

当汇编程序扫描到源程序中的宏调用时,就把对应宏定义的宏体指令序列插入到宏调用所在处,用实参替代形参,并在插入的每条指令前面加上一个"+"号,这一过程就称为宏扩展。下面是一个简单的例子,它展示了宏定义、宏调用和宏扩展的全过程。

例如,一个带有宏指令语句的汇编源程序为:

```
MADD   MACRO FIST,SCND,REST              ASSUME CS:CSEG,DS:DSEG,SS:SSEG
       MOV   AL,FIST            SAMP   PROC FAR
       ADD AL,SCND                      PUSH DS
       MOV BYTE PTR REST,AL             MOV AX,0
       ENDM                             PUSH AX
DSEG   SEGMENT PARA PUBLIC 'DATA'       MOV AX,DSEG
DAT    DB 12H,34H                       MOV DS,AX
```

101

```
SUM    DB 00H                          MADD DAT,DAT+1,SUM
DSEG   ENDS                            RET
SSEG   SEGMENT PARA STACK 'STACK'      SAMP    ENDP
       DB 20DUP(0)                     CSEG    ENDS
SSEG   ENDS                            END SAMP
CSEG   SEGMENT PARA PUBLIC 'CODE'
```

该源程序经汇编后扩展为：

```
 1                         MADD   MACRO FIST,SCND,REST
 2                         MOV    AL,FIST
 3                         ADD    AL,SCND
 4                         MOV    BYTE PRT REST,AL
 5                         ENDM
 6    0000                 DSEG    SEGMENT PATA PUBLIC 'DATA'
 7    0000 12 34           DAT   DB 12H,34H
 8    0002 00              SUM   DB 00H
 9    0003                 DSEG   ENDS
10    0000                 SSEG   SEGMENT PATA STACK 'STACK'
11    0000 14 * (00)              DB 20 DUP(0)
12    0014                 SSEG ENDS
13    0000                 CSEG   SEGMENT PATA PUBLIC 'CODE'
14                         ASSUME CS:CSEG,DS:ASEG,SS:SSEG
15    0000                 SAMP   PROC FAR
16    0000 1E              PUSH DS
17    0001 B8 0000         MOV AX,0
18    0004 50              PUSH AX
19    0005 B8 0000s        MOV AX,DSEG
20    0008 8E D8           MOV DS,AX
21                         MADD DAT,DAT+1,SUM
+22   000A A0 0000r        MOV AL,DAT
+23   000D 02 06 0001r     ADD AL,DAT+1
+24   0011 A2 0002r        MOV BYTE PTR SUM,AL
25    0014 CB              RET
26    0015                 SAMP   ENDP
27    0015                 CSEG   ENDS
28                         END SAMP
```

4.5.2 用于宏定义的其他伪指令

1) LOCAL 伪指令

局部符号伪指令，该指令只能在宏定义中使用，并放在宏体起始行。指令格式为：

102

LOCAL〈符号表〉

考虑到源程序中的宏调用会不止一处,若宏体中定义了标号或变量,就会因为宏体的多处复制而引起符号重复定义错误。可用 LOCAL 伪指令避免这类错误。只要将宏体中的标号或变量列在 LOCAL 指令的符号表中,汇编程序就会在宏扩展时用从小到大的特殊序列符号替换它们。例如:

```
SAM   MACRO NUM,Y
      LOCAL AA,BB
AA:   MOV AX,Y+1
BB:   ADD AX,NUM+1
      JNC BB
      ENDM
        ⋮
      SAM 3,4
AA:   MOV BX,AX
      SAM 5,6
      MOV CX,AX
        ⋮
```

该源程序经汇编扩展为:

```
+ ?? 0000:MOV AX,4+1
+ ?? 0001:ADD AX,3+1
+         JNC ?? 0001
          AA:MOV BX,AX
+ ?? 0002:MOV AX,6+1
+ ?? 0003:ADD AX,5+1
+         JNC ?? 0003
          MOV CX,AX
```

从上面例子可见,第一次宏调用时,宏体中的标号 AA 和 BB 被扩展为?? 0000 和?? 0001;第二次宏调用时,宏体中的标号 AA 和 BB 被扩展为?? 0002 和 ?? 0003;……。这样,每次调用遇到一个局部标号时,就用这样自动加1的特殊符号进行替换,从而不会出现宏体中局部标号重复定义的错误。

2) PURGE 伪指令

取消宏定义伪指令。指令格式如下:

PURGE〈宏指令名表〉

使用 PURGE 伪指令后,其宏指令名表所列的宏定义被废弃,不再有效。

3) 特殊的宏操作符

(1)百分号"%"

取表达式的值操作符,应用格式为%表达式。

功能是在宏扩展时用表达式的值取代表达式,如果在宏体中的表达式前不加%,则用表达式本身取代它。

(2) 和号"&"

标识字符串或符号中形参操作符。通常,宏扩展时并不识别符号或字符串中的形式参数,但若在形参前加一个'&'记号后,汇编程序就能够用实参代替这个形参了。例如:

源程序代码:

```
MSG   MACRO COUNT,STRING
      M&COUNT DB STRING
      ENDM
      CNTR = 0
      ERRMSG MACRO TEXT
      CNTR = CNTR+1
      MSG % CNTR,TEXT
      ENDM
      ⋮
      ERRMSG 'SYNTAN ERROR'
      ⋮
      ERRMSG 'INVALID OPERAND'
```

经汇编扩展为:

```
      ⋮
      M1 DB 'SYNTAN ERROR'
      ⋮
      M2 DB 'INVALID OPERAND'
```

(3) 感叹号"!"

标识普通字符操作符。该操作符出现在宏指令中时,不管其后是什么字符,都作为一般字符处理,而不再具有前述操作功能。

例如在字符序列 ERR!&COUNT 和!%CNTR 中,符号 &、%只是普通字符,而不再是操作符。

4.5.3 重复块宏指令

有时源程序中会连续地重复完全相同或几乎完全相同的一组语句,这时采用重复块宏指令能简化程序设计。这类宏指令有三种形式,这里介绍其中一种。

格式:

```
      REPT〈整数表达式〉
      ⋮                  ;重复体
      ENDM
```

这种宏指令用于重复块次数确定的伪操作,重复次数由表达式指出。例如:

```
      X = −1
      REPT  100
      X = X+1
      DB  X
```

```
            ENDM
相应的宏扩展为：
        ＋DB 0,1,2,…,99
```

4.5.4　宏指令与过程的比较

从某种意义上讲,宏指令与过程有相似之处,但应注意它们之间存在的区别,表 4.5 列出了它们的区别。

表 4.5　宏指令与过程的区别

宏　指　令	子　程　序
因插入,汇编后目标代码长	因只有一副本,目标代码短
无转返过程,程序运行速度快	有转返过程,程序运行速度慢
汇编时,由汇编程序处理	执行程序时,由 CPU 处理
若优先考虑速度,用宏指令	若优先考虑空间,用子程序

4.6　DOS 功能调用简介

PC-DOS 是美国 Microsoft 公司为 IBM PC 微机研制的磁盘操作系统(Disk Operating System),也称 IBM-DOS 或 MS-DOS。PC-DOS 不仅为用户提供了许多使用命令,而且还给用户提供可以直接调用的 80 多个常用子程序。对这些子程序的调用,我们就称为 DOS 功能调用,也称系统功能调用。这些子程序的主要功能是控制或管理系统资源,如进行设备管理、内存管理、基本的输入/输出管理等。在使用时,用户不需要了解各类资源的细节,通过 DOS 功能调用即对其实施控制与管理。为了使用方便,已将所有子程序顺序编号,称为功能调用号。PC-DOS2.0 提供 87 个子程序,编号从 0~57H;DOS3.0 提供了 0~62H 的功能调用,其中有一些号码无对应子程序,由 PC-DOS 留作版本升级时补充新的系统功能。

使用 DOS 功能调用的一般过程为:将调用号放入寄存器 AH 中,置好入口参数,然后执行软中断语句“INT 21H”。在必要时,还可在调用结束时分析出口参数,以获得调用结果或检查调用是否成功。

本节仅介绍 DOS 功能调用中的常用输入与输出功能及部分文件管理功能,如果读者想了解全部的系统功能调用,可参阅其他专著。

4.6.1　基本的输入与输出

1) AH = 01H,输入一个字符
功能:从键盘读入一个字符并回显。
例　　　　MOV　AH,01H
　　　　　INT　21H

上述指令执行后,系统会一直等待,直到有键盘输入为止,而且一旦读取了输入字符,立即将其显示在屏幕上,并且将所读字符放入 AL 寄存器。注意,该功能检查输入是否是 Ctrl-

Break,若是,程序自动返回到 DOS 控制下。

2）AH ＝02H,输出一个字符

功能:将 DL 寄存器的字符输出到屏幕。

```
例        MOV   DL,'A'
          MOV   AH,02H
          INT   21H
```

调用结果,在屏幕上显示字符 A。

3）AH ＝ 05H,输出一个字符到打印机

功能:将 DL 寄存器的字符输出到打印机上。

4）AH ＝ 09H,输出字符串

功能:把 DS:DX 所指单元内容作为字符串首字符,将该字符逐个显示在屏幕上,直到遇到串尾标志'$'为止。

5）AH ＝ 0AH,输入字符串

功能:从键盘接收字符串到 DS:DX 所指内存缓冲区。要求缓冲区的格式为:首字节指出计划接收字符个数,第二个字节留作填写实际接收字符个数,从第三个字节开始存放接收字符。若实际输入字符数少于指定数,剩余缓冲区填零;若实际输入字符数多于指定数,则多出的字符会丢失。若键入 RETURN,表示输入结束,DOS 自动在输入字符串的末尾加上回车字符,然而这个回车符不被计入由 DOS 填写的实际接收字符数中,因此,在指定输入字符个数时,应比所希望输入的字符个数多一个字节。

例如,读入一大写字符串,然后以小写形式显示在屏幕上。

下面的源程序可实现该功能:

```
              NAME SAMP4
STACK         SEGMENT STACK
              DW 1024 DUP(?)
              STACK ENDS
DATA          SEGMENT
BUFF          DB 20,21 DUP(?)
DATA          ENDS
INPUT         MACRO RES                ;从键盘读入一字符串
              MOV DX,OFFSET RES
              MOV AH,0AH
              INT 21H
              ENDM
PUTCHAR       MACRO CHARCTER           ;显示字符串
              MOV DL,CHARCTER
              MOV AH,02H
              INT 21H
              ENDM
CODE          SEGMENT
```

```
PROG       PROC FAR
ASSUME     CS: CODE,DS:DATA,SS:STACK
           PUSH DS
           MOV AX,0
           PUSH AX
           MOV AX,DATA
           MOV DS,AX
           INPUT BUFF              ;读取字符串→BUFF
           PUTCHAR 0DH
           PUTCHAR 0AH             ;光标另起一行
           MOV CL,BUFF+1
           MOV CH,00H
           MOV BX,OFFSET BUFF+2
BEGIN:     MOV AL,[BX]
           ADD AL,20H              ;将大写字母改成小写
           PUTCHAR AL
           INC BX
           LOOP BEGIN
           RET
           PROG ENDP
           CODE ENDS
           END PROG
```

程序执行结果:

```
C:\>SAMP4 ✓
HELLO ✓
hello
C:\>
```

4.6.2 文件管理

文件是具有名字的一维连续信息的集合。DOS 以文件的形式管理数字设备和磁盘数据。在 DOS 文件系统中,文件名是一个以零结尾的字符串,该字符可包含驱动器名、路径、文件名和扩展名。例如:

C:\SAMPLE \MY. ASM

从 PC-DOS2.0 版开始,DOS 引入了新的文件管理方式,即文件句柄式文件管理。该方式先将工作文件名和一个 16 位的数值相关联。然而,对义件的操作不必使用文件名,而直接使用关联数值,这个数值就是文件句柄(File Handle)。DOS 文件管理功能包括建立、打开、读写、关闭、删除、查找文件及与之有关的其他文件操作。这些操作是相互联系的,如读写文件之前,必须先打开或建立文件;要设置好磁盘传输区或数据缓冲区,然后才能读写;读写之后要关闭文件等等。本节仅介绍文件管理中的几个最基本的功能调用。

1) AH = 3CH,创建一个文件

功能:建立并打开一个新文件,文件名是 DS:DX 所指的以 00H 结尾的字符串,若系统中已有相同的文件名称,则此文件会变成空白。

入口参数:

DS:DX←文件名字符串的起始地址。

CX←文件属性。0 表示可读写;1 表示只读。

出口参数:

若建立文件成功,则 CF=0,AX=文件句柄。

若建立文件失败,则 CF=1,AX=错误码(3,4 或 5),3 表示找不到路径名称;4 表示文件句柄已用完;5 表示存取不允许。

2) AH = 3DH,打开一个文件

功能:打开名为 DS:DX 所指字符串的文件。

入口参数:

DS:DX←文件名字符串的始地址。AL=访问码(0 表示读,1 表示写,2 是读写)。

出口参数:

若文件打开成功,则 CF=0,AX=文件句柄。

若文件打开失败,则 CF=1,AX=错误码(3,4,5 或 12),12 表示无效访问码,其他同上。

3) AH = 3EH,关闭一个文件

功能:关闭由 BX 寄存器所指文件句柄的文件。

入口参数:

BX←指定欲关闭文件的文件句柄。

出口参数:

若关闭成功,则 CF=0。

若关闭失败,则 CF=1,AX=6 表示无效的文件句柄。

4) AH = 3FH,读取一个文件

功能:从 BX 寄存器所指文件句柄文件内,读取 CX 个字节,且将所读取的字节存储在 DS:DX 所指定的缓冲区内。

入口参数:

BX←文件句柄,CX←预计读取的字节数,DS:DX←接受数据的缓冲区地址。

出口参数:

若读取成功,则 CF=0,AX=实际读取字节数。

若读取失败,则 CF=1,AX=出错码(5 或 6)。

5) AH = 40H,写文件

功能:将 DS:DX 所指缓冲区中的 CX 个字节数据写到 BX 指定文件句柄的文件中。

入口参数:

BX←文件句柄;CX←预计写入的字节数;DS:DX←源数据缓冲区地址。

出口参数:

若写成功,则 CF=0,AX=实际写入字节数。

若写失败,则 CF=1,AX=出错码(5 或 6)。

例如，创建一磁盘文件，保存从键盘输入的字符串。

下面源程序实现该功能：

```
NAME      SAMP4
SSTACK    SEGMENT STACK 'stack'
          DB 1024 DUP(?)
SSTACK    ENDS
DATA      SEGMENT
ASKNAME   DB 0DH,0AH,'Enter the'
          DB 'dest file name:$'
ASKCONT   DB 0DH,0AH,'Enter the string'
          DB 'as file content:'0dh,0ah,'$'
FILEBUF   DB 62,63DUP(?)
HAND_D    DW?
MSGMER    DB 0DH,0AH,0AH
          DB 'Directory full',0DH,0AH,'$'
MSGWER    DB 0DH,0AH,0AH
          DB 'Disk full',0DH,0AH,'$'
MSGSUC    DB 0DH,0AH,0AH,
          DB 'Write file is Successful'
          DB 0DH,0AH,'$'
DATA      ENDS
DISPLY    MACRO TEXT
          MOV DX,OFFSET TEXT
          MOV AH,09H
          INT 21H
          ENDM
CRHAND    MACRO PATH,ATTR
          MOV DX,OFFSET PATH      ;文件名
          MOV CL,ATTR             ;文件属性
          XOR CH,CH
          MOV AH,3CH
          INT 21H
          ENDM
WRHAND    MACRO HAND,BUFF,BYTE
          MOV BX,HAND
          MOV DX,OFFSET BUFF
          ADD DX,2
          MOV CL,BYTE
          XOR CH,CH
```

```
                MOV AH,40H
                INT 21H
                ENDM
    CLHAND      MACRO HAND
                MOV BX,HAND
                MOV AH,3EH
                INT 21H
                ENDM
    CODE        SEGMENT
    PROG        PROC FAR
    ASSUME      CS:CODE,DS:DATA,SS:SSTACK
                PUSH DS
                MOV AX,0
                PUSH AX
                MOV AX,DATA
                MOV DS,AX
    DISPLY      ASKNAME                      ;提示输入文件名
                MOV DX,OFFSET FILEBUF
                MOV AH,0AH
                INT 21H
                MOV DI,OFFSET FILEBUF[2]
                MOV BL,FILEBUF[1]
                XOR BH,BH
                MOV BYTE PTR[BX][DI],00H
    CRHAND      FILEBUF[2],0                 ;创建并打开新文件
                JC CRTERR
                MOV HAND_D,AX                ;存文件句柄
    DISPLY      ASKCONT                      ;提示键入文件内容
                MOV DX,OFFSET FILEBUF
                MOV AH,0AH
                INT 21H
    WRHAND      HAND_D,FILEBUF,FILEBUF[1]
                JC WRITERR
    CLHAND      HAND_D
    DISPLY      MSGSUC
                JMP EXIT
    CRTERR:     DISPLY MSGMER
                JMP EXIT
    WRITERR:    DISPLY MSGWER
110
```

```
EXIT：       RET
             PROG ENDP
             CODE ENDS
             END PROG
```

执行结果：

```
C:\＞samp4 ↙
Enter the dest file name：mydata. txt ↙
Enter the string as file content：
Abcdefghijklmnopqrstuvwxyz ↙


Write file is Successful ↙


C:\＞type mydata. txt
Abcdefghijklmnopqrstuvwxyz ↙
C:\＞
```

4.6.3 其他

1) AH = 00H，程序终止

功能：退出用户程序并返回操作系统。这个调用所完成的功能与中断指令 INT 20H 相同。

注意：执行该中断调用时，CS 必须指向 PSP 的起始地址。PSP（Program Segment Prefix）是 DOS 装入可执行程序时，为该程序生成的段前缀数据块，当被装入程序取得控制权时，DS，ES 便指向 PSP 首地址。

通常，结束程序并返回 DOS 需要如下指令完成：

```
     PUSH DS
     MOV AX,0
     PUSH AX          ；保存 PSP 入口地址(DS:00)进栈
        ⋮
     RET              ；弹出 PSP 入口地址至 CS
```

能返回 DOS，就是因为通过 RET 指令使程序控制转移到 PSP 的入口，执行该入口处的一条 INT 20H 指令所致。

2) AH = 4CH，进程终止

功能：结束当前进程（执行程序），并返回父进程（加载并启动它运行的程序）。若父进程是 DEBUG，则返回 DEBUG，若父进程是 DOS，则返回 DOS。返回时 AL 中保留返回的退出码。

借助该调用，可以取代 RET 指令返回 DOS，这只要在程序结尾处安排下面指令即可。

```
     MOV AX,4C00H
     INT 21H
```

4.7 汇编语言程序设计举例

4.7.1 顺序程序设计

顺序执行的程序称为顺序程序,这是一种最简单的程序设计类型。

例 4.1 把 BUF 开始的两个字节单元中的压缩 BCD 数相加,结果存入字单元 RES 中。

```
            NAME    EXAM1
DATA        SEGMENT
            BUF DB 89H,34H
            RES DW?
DATA        ENDS
CODE        SEGMENT
            ASSUME CS:CODE,DS:DATA
START:      MOV AX,DATA
            MOV DS,AX
            LEA BX,BUF
            MOV AL,BUF              ;取加数
            ADD AL,[BX+1]           ;做二进制加法
            DAA                     ;调整为十进制结果
            LAHF                    ;取标志位
            AND AH,01H;             ;取 CF 位
            MOV RES,AX              ;存结果
            MOV AH,4CH
            INT 21H
CODE        ENDS
            END START
```

例 4.2 以 BUF 为首地址的内存中存有 1~15 的平方表。查表求 X 单元中数(在 1~15 之间)的平方值,并送回 X 单元。

```
NAME        EXAM2
DATA        SEGMENT
BUF         DB      1,4,9,16,25,36,49,64
            DB      81,100,121,144,169,196,225
X           DB      12
DATA        ENDS
STACK       SEGMENT STACK'STACK'
DB                  100 DUP(?)
STACK       ENDS
CODE        SEGMENT
```

112

```
          ASSUME  CS:CODE,DS:DATA,SS:STACK      ; 段地址说明
START:    MOV AX,DATA
          MOV DS,AX                              ; 数据段地址装填(堆栈
                                                    段地 址由系统装填)
          MOV SI,OFFSET BUF                      ; 取 BUF 的偏移量
          XOR AX,AX                              ; AX 清 0
          MOV AL,X                               ; 取 X
          DEC AL
          ADD SI,AX                              ; X 平方值的地址
          MOV AL,[SI]                            ; 取 X 的平方值
          MOV X,AL
          MOV AH,4CH
          INT 21H                                ; 返回 DOS
CODE      ENDS
          END START
```

4.7.2　分支程序设计

计算机的一个重要特点在于它能"判断"情况。事实表明,大量实用的程序中至少包含一个"判断"操作,计算机指令系统中的比较指令、测试指令和条件转移指令等就反映了这种能力。例如程序设计中经常会遇到判断"相等"和"不相等"、"负"和"正"、"大于"和"小于"、"满足条件"和"不满足条件"等情况,这种判断使程序的流程不再是一条顺序执行的直线,而变为由两个或多个分支所组成的倒树型结构。其中,每一个分支只有在满足条件时才被执行。

例 4.3　将内存中以 STRI1 为首址的 50 个字节单元中的数据传送到以 STRI2 为首址的 50 个字节单元中。

分析:根据源数据块与目的数据块位置的不同,可简要分为两种情况。第一种情况,源块首址高于目的块首址,考虑到有可能两块部分重叠,用增量方式串传送指令进行数据传送。第二种情况,源块首址低于目的块首址,考虑到有可能两块部分重叠,用减量方式串传送指令进行数据传送。程序流程图如图 4.4 所示。

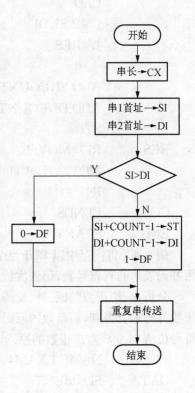

图 4.4　例 4.3 流程图

```
          NAME EXAM3
DATA      SEGMENT
STRI      DB    200 DUP(?)
STRI₁     EQU STRI+30
STRI₂     EQU STRI+70
COUNT     EQU 50
```

```
DATA      ENDS
STACK     SEGMENT PARA STACK 'STACK '
STAPN     DB 100 DUP(?)
TOP       EQU LENGTH STAPN
STACK     ENDS
CODE      SEGMENT
          ASSUME CS:CODE,DS:DATA,ES:DATA,SS:STACK  ; 段地址说明
START：   MOV AX,DATA
          MOV DS,AX                                ; 数据段地址装填
          MOV ES,AX                                ; 附加段地址装填
          MOV SP,TOP                               ; 送堆栈指针
          MOV CX,COUNT                             ; 送串长
          MOV SI,OFFSET STRI₁                      ; 送 STRI₁ 地址指针
          MOV DI,OFFSET STRI₂                      ; 送 STRI₂ 地址指针
          CLD                                      ; 正向
          CMP SI,DI                                ; 两串首地址比较
          JA RES                                   ; STRI₁ 首址大于 STRI₂
                                                     首地址转 RES
          ADD SI,COUNT-1                           ; 源块尾址
          ADD DI,COUNT-1                           ; 目的块尾址
          STD                                      ; 反向
RES：     REP MOVSB                                ; 数据块传送
          MOV AH,4CH
          INT 21H                                  ; 返回 DOS
COD       EENDS
END       START
```

例 4.4　将内存中以 BUF 为首址的 100 个字节单元中用原码表示的有符号数依次变成用补码表示的有符号数，仍依次放在原 100 个字节单元中。

分析：一切正数的原、补、反码均相同，因此符号位为 0，不变。负数的补码可通过对应的正数补码求负得到，而负数的原码和对应正数的原码仅符号位不同。因此若符号位为 1，可将符号位清 0，变成对应正数的原码，再求负，则变为要求的补码。程序流程图如图 4.5 所示。

```
          NAME EXAM4
DATA      SEGMENT
BUF       DB 200 DUP(?)
COUNT     EQU 100
DATA      ENDS
STACK     SEGMENT PARA STACK 'STACK '
STAPN     DB 100 DUP(?)
STACK     ENDS
```

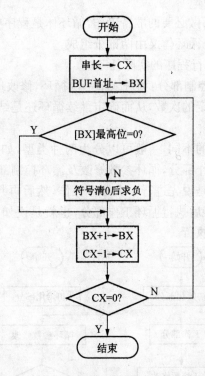

图 4.5　流程图

```
CODE        SEGMENT
            ASSUME CS:CODE,DS:DATA,SS:STACK
BEGIN:      MOV AX,DATA
            MOV DS,AX
            MOV CX,COUNT                      ;串长送 CX
            LEA BX,BUF                        ;BUF 首址送 BX
L2:         TEST BYTE PTR[BX],80H             ;[BX]最高位是否为 0
            JZ L1                             ;为 0 转 L1
            AND BYTE PTR[BX],7FH              ;[BX]最高位清 0
            NEG BYTE PTR[BX]                  ;求负
L1:         INC BX                            ;指向下一单元
            LOOP L2                           ;CX-1→CX,不为 0 转 L2
            MOV AH,4CH
            INT 21H
            CODE ENDS
            END BEGIN
```

4.7.3　循环程序设计

1) 循环程序的结构

(1) 构成

任何一个循环程序都可以分为循环初始部分、循环体和循环结束部分。

循环初始部分为进入循环做必要的准备工作,循环体是程序中重复执行的程序段,循环结束部分进行循环之后的处理。循环体又由两部分组成:

① 循环工作部分:用于执行程序的实际任务。

② 循环参数修改及循环控制部分:为进入下一次循环,修改地址指针、计数器内容等项参数;检测循环是否已执行了规定的次数,从而确定继续循环还是结束循环。

（2）循环类型

循环体的结构,依照问题的不同,一般可以分为两种类型,如图4.6所示。从图中可以看出,它们的差异主要是循环工作部分,循环参数修改及循环控制部分的安排不一样。第一种类型先执行循环工作部分,也就是说先进行一次处理操作,然后再判定循环是否结束,所以至少执行一次循环体。第二种类型后执行循环工作部分,也就是说如果一开始就满足循环结束条件,则循环工作部分一次也不执行。

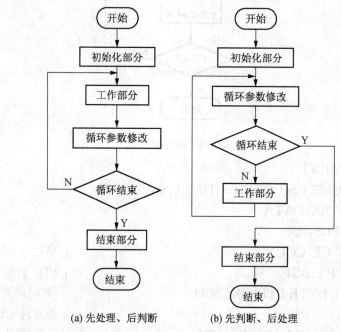

(a) 先处理、后判断　　　　(b) 先判断、后处理

图4.6　循环程序结构

（3）控制循环次数的方法

控制循环次数较常用的方法有三种:用计数控制循环、用条件控制循环、用逻辑变量控制循环。其中前两种方法用得最多。

① 用计数控制循环:对于循环次数已知的程序,或是在进入循环前可由某变量确定循环次数的程序,通常用计数器来控制循环。

例4.5　把BUF开始的10个字节单元中的二进制数据累加,求得的和放到RES字单元中。

本例采用图4.6(a)的程序结构编成如下:

```
        NAME    EXAM5
DATA    SEGMENT
BUF     DB 1,4,9,5,21,64,12,6,10,23
```

```
RES        DW ?
DATA       ENDS
STACK      SEGMENT PARA STACK 'STACK '
           DB 100 DUP(?)
STACK      ENDS
CODE       SEGMENT
           ASSUME CS:CODE,DS:DATA,SS:STACK
START:     MOV AX,DATA
           MOV DS,AX
           MOV AX,0                              ; AL 清 0
           MOV CX,0AH                            ; 置计数器初值
           MOV BX,OFFSET BUF                     ; 置地址指针
LP:        ADD AL,[BX]                           ; 取一个数累加到 AL 上
           ADC AH,0
           INC BX                                ; 地址加 1
           LOOP LP                               ; 不为 0,循环
           MOV RES,AX                            ; 传送结果
           MOV AH,4CH
           INT 21H
CODE       ENDS
           END START
```

② 用条件控制循环:对于某些循环次数未知的程序,或循环次数可变的程序,可以用问题给出的条件控制循环的结束,这个条件要根据具体情况而定。

例 4.6 从 STRIN 单元开始有一字符串,以'＊'作为结束标志。求字符串的长度。

```
           NAME   EXAM6
DATA       SEGMENT
STRIN      DB     'ASDFGHJ123KJ＊'
COUNT      DW     ?
DATA       ENDS
STACK      SEGMENT PARA STACK 'STACK'
           DB 100 DUP(?)
STACK      ENDS
CODE       SEGMENT
           ASSUME CS:CODE,DS:DATA,SS:STACK
START:     MOV AX,DATA
           MOV DS,AX
           MOV BX,OFFSET STRIN                   ; 置地址指针
           MOV AX,0
           MOV CX,AX                             ; 置计数器初值为 0
```

117

```
LP:        MOV AL,[BX]                              ;取一个字符到 AL 中
           CMP AL,'*'                               ;是'*'吗?
           JE DONE                                  ;是'*'则结束
           INC CX                                   ;不是'*'则计数加 1
           INC BX                                   ;地址加 1
           JMP LP                                   ;继续
DONE:      MOV COUNT,CX                             ;计数送 COUNT 单元
           MOV AH,4CH
           INT 21H
CODE       ENDS
           END START
```

此外还有用开关变量控制循环、用逻辑变量控制循环和多重循环。限于篇幅,这里不再赘述。

4.7.4 子程序设计

在实际编程中常常遇到功能完全相同的程序段,或不在同一程序模块,或虽在同一程序模块而需要重复执行,但不是连续重复执行。对于这种非连续但多次重复的功能程序段,为避免编制程序的重复劳动,节省存储空间,往往把程序段独立出来,附加少量额外语句,将其编制成公用子程序,供程序其他地方需要时调用。这种程序设计方法称之为子程序设计。

子程序一般由以下部分组成:

① 保存子程序运行时将被破坏的寄存器的内容——保存现场。

② 依入口参数从指定位置取要加工处理的信息。

③ 加工处理。

④ 依出口参数向指定位置送经加工处理后的结果信息。

⑤ 返回调用程序。

调用程序一般应增加如下功能语句:向指定位置送要加工处理的信息;调子程序。这里所说的指定位置是指调用程序和子程序双方约定好的某些寄存器、存储单元或堆栈。

例 4.7 将 ARRA 缓冲区中 n 个符号数(字),按照从小到大的顺序排序后显示在屏幕上。

分析:排序算法采用冒泡法。假定待排序数组中有 X_1,X_2,$\cdots X_{n-1}$,X_n 共 n 个数据,冒泡排序法的具体作法是:最多有 $n-1$ 次大循环。每次大循环均从底部开始进行数的两两比较,若后者大于前者,两者位置不变;若后者小于前者,则两者位置交换。然后两两比较向前推移,直到本次大循环应完成的两两比较的次数(称为小循环变量)达到为止。此时,本次大循环结束,最小的数冒到本次大循环的顶部。第一次大循环,两两比较的次数为 $n-1$ 次,最小数据项冒到 X_1 的位置;第二次大循环,两两比较的次数为 $n-2$ 次,剩余最小数据项冒到 X_2 的位置;依次类推,第 $n-1$ 次大循环,两两比较的次数为 1 次,剩余最小数据项冒到 X_{n-1} 的位置。若在一次大循环结束后,经判断本次大循环若一次位置交换也未发生过或仅在底部发生过一次交换,则本次大循环结束后,数的顺序已排妥,余下的大循环(若大循环次数未达到 $n-1$ 次)不必进行了。

程序应具有如下功能:

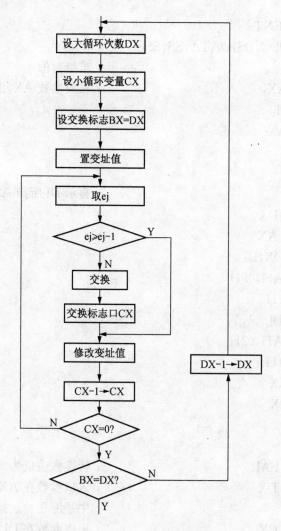

图 4.7 冒泡法排序程序流程图

ⓐ 对符号数的排序功能;ⓑ 求符号数的绝对值;ⓒ 将带符号二进制数转换成 ASCII 码字符串;ⓓ 显示字符串。一种解决方法是:排序功能由主程序直接完成,其他功能设计成子程序,供主程序需要时调用。

主程序流程图如图 4. 7 所示。

```
NAME      EXAM7
SSEG      SEGMENT STACK
DB        1024 DUP(0)
SSEG      ENDS
DATA      SEGMENT
BUFO      DB 6 DUP(?),'$'
ARRA      DW -1,75,9,-289,300,-27,32,77,1000,45
COUNT     EQU $-ARRA
DATA      ENDS
```

```
CODE      SEGMENT
ASSUME CS:CODE,DS:DATA,SS:SSEG
DABC      PROC                            ; 求绝对值
          CMP AX,0                        ; 入口参数 AX,出口参数 AX
          JGE ET
          NEG AX
ET:       RET
DABC      ENDP
DISPS     PROC                            ; 显示 DI 所指 ASCII 字符串
          PUSH DX
          PUSH AX
          MOV DX,DI
          MOV AH,09H
          INT 21H
          MOV DL ,','
          MOV AH,02H
          INT 21H
          POP AX
          POP DX
          RET
DISPS     ENDP
DATCH     PROC FAR                        ; 转换数值成为 ASCII 串
          PUSH DX                         ; 入口参数在 AX 中,要转换的数;在 DI
                                          中是源缓冲区指针
          PUSH CX                         ; 出口参数在 DI 中,是结果缓冲区指针
          PUSH BX
          MOV CX,10
          MOV BX,AX
          CALL DABC
DLOP1:    DEC DI
          XOR DX,DX
          DIV CX
          OR DL,30H
          MOV [DI],DL
          CMP AX,0
          JNZ DLOP1
          CMP BX,0
          JGE DEXIT
          DEC DI
```

120

```
                MOV BYTE PTR[DI],'—'
DEXIT：         POP BX
                POP CX
                POP DX
                RET
DATCH           ENDP
BEGIN：         MOV AX,DATA                      ；主程序
                MOV DS,AX
                MOV DX,COUNT/2                   ；DX←被排序数据个数
LOP1：          DEC DX                           ；DX←大循环变量（大循环次数）
                MOV CX,DX                        ；CX←小循环变量（两两比较次数）
                MOV BX,DX                        ；设置交换标志
                MOV SI,COUNT-2
LOP2：          MOV AX,ARRA[SI]
                CMP AX,ARRA[SI-2]
                JGE PASS
                XCHG ARRA[SI-2],AX
                MOV ARRA[SI],AX
                MOV BX,CX
PASS：          SUB SI,2
                LOOP LOP2
                CMP BX,DX
                JE DLAST                         ；数的顺序已排妥,转 DLAST
                JMP LOP1
DLAST：         MOV CX,COUNT/2                   ；显示的数据个数
                LEA SI,ARRA                      ；数据缓冲区首地址
LOP3：          MOV AX,[SI]
                MOV DI,OFFSET BUFO
                ADD DI,LENGTH BUFO
                CALL DATCH
                CALL DISPS
                ADD SI,2
                LOOP LOP3
                MOV AH,4CH
                INT 21H
                CODE ENDS
                END BEGIN
```

习题 4

一、单项选择题

1. 若主程序段中数据段名为 DATA,对数据段的初始化操作应为_____。

A) MOV AX,DATA 　　　B) MOV AX,DATA

MOV ES,AX 　　　MOV DS,AX

C) PUSH DS 　　　D) MOV DS,DATA

2. .EXE 文件产生在_____之后。

A) 汇编　　　B) 编辑　　　C) 用软件转换　　　D) 连接

3. 下列存储器操作数的跨段前缀可省略的是_____。

A) DS:[BP]　　B) SS:[BP]　　C) ES:[BX]　　D)ES:[SI]

4. 执行下列指令:

STR1　DW 'AB'

STR2　DB 16 DUP(?)

CONT　EQU $−STR1

MOV　CX,CONT

MOV　AX,STR1

HLT

后寄存器 CL 的值是_____。

A) 0FH　　　B) 0EH　　　C) 12H　　　D) 10H

5. 把若干个模块连接起来成为可执行文件的系统程序是_____。

A) 汇编程序　　B) 连接程序　　C) 机器语言程序　　D)源代码程序

6. 使汇编程序执行某种操作的命令是_____。

A) 变量　　　B) 指令　　　C) 伪指令　　　D) 宏指令

二、填空题

1. MOV AX,((VAR LT 6)AND 40)OR((VAR GE 6)AND 50),当 VAR < 6 时,汇编结果源操作数为 _____。

2. 程序段 VAR1　DB?

VAR2　DW 20 DUP(58H,2 DUP(?))

VAR3　DB'ABCD'

　　⋮

MOV　AX,TYPE VAR1

MOV　BX,TYPE VAR2

MOV　CX,LENGTH VAR2

MOV　DX,SIZE VAR2

MOV　SI,LENGTH VAR3

AX= _____,BX= _____,CX= _____,DX= _____,SI= _____。

3. 段定义伪指令语句用_____语句表示开始,以_____语句表示结束。

4. ARRAY DW 10 DUP(5 DUP(4 DUP(20H,40H,60H)))语句执行后共占_____字节存储单元。

5. 汇编语句中,一个过程有 NEAR 和 FAR 两种属性。NEAR 属性表示主程序和子程序_____,FAR 属性表示主程序和子程序_____。

6. DOS 系统功能号应放在_____寄存器中。

7. 子程序又称_____,它可以由_____语句定义,由_____语句结束,属性可以是_____或_____。

8. 与指令 MOV BX,OFFSET BUF 功能相同的指令是 _____。

9.
```
MOV  AX,9090H
SUB  AX,4AE0H
JC   L1
JO   L2
JMP  L3
```
上述程序执行后 AX=_____,程序转向_____。

10. 假设寄存器 AX=1234H,DX=0A000H
```
MOV  BX,0
MOV  CX,BX
SUB  CX,AX
SBB  BX,DX
MOV  AX,CX
MOV  DX,BX
```
上述程序执行后 AX=_____,DX=_____,程序功能是_____。

11.
```
BUF  DB 45H,68H,7AH,35H,39H
      ⋮
MOV  DI,OFFSET BUF
MOV  CX,5
MOV  AL, 'A'
CLD
REP  STOSB
```
该程序段执行后,BUF 中的内容是_____,方向标志 DF=_____。

12. 假设寄存器 AX=5AH,CX=23H
```
      ⋮
      MOV DL,0
LOP:  SUB AX,CX
      JC NEXT
      INC DL
      JMP SHORTLOP
NEXT: ADD AX,CX
      HLT
```

上述程序段执行后 AX＝_____，DL＝_____，用数学表达式指明程序功能：_____。

三、程序填空题(每空只填一条指令)

1. 下列程序段求数组 FLD 的平均值，结果在 AL 中。请将程序填写完整(不考虑溢出)

```
        FLD DW 10,-20,30,-60,-71,80,79,56
        _____
        MOV CX,8
        XOR AX,AX
R1:     _____
        ADD SI,2
        LOOP R1
        MOV CL,8
        IDIV CL
        HLT
```

2. 已知数据段 DAT 单元存放某一数 $N(-6 < N < 6)$，下面的程序段用查表法求数 N 的平方值，结果送 SQR 单元，请将程序填写完整。

```
TABLE   DB 0,1,4,9,16,25
DAT     DB N
SQR     DB ?
LEA     BX,TABLE
MOV     AL,DAT
        _____
        JGE NEXT
        _____
NEXT：  XLAT
        MOV SQR,AL
        HLT
```

四、编程题

1. 从 BUF 开始的 10 个字单元中存放着 10 个 4 位压缩型 BCD 数，求 BCD 和，结果存放在 RES 开始的 3 个字节单元中，低位存放在前，高位存放在后。要求子程序完成两个 4 位压缩型 BCD 数相加。

2. 定义一条宏指令，它可以实现任一数据块的传送，只要给出源和目的数据块的首地址以及数据块的长度即可。然后采用宏调用把 BUF1 开始的 100 个字节单元中的数据依次传送到 BUF2 开始的 100 个字节单元中。

3. 在 BUF 开始的内存中存有 100 个字节数，要求奇数在前、偶数在后仍存放在 BUF 开始的 100 个字节单元中。

4. 假设 DATAX 和 DATAX＋2 单元存放双字 P，DATAY 和 DATAY＋2 单元中存放双字 Q，编程计算 2P－Q，差在 DX，AX 中。若 OF＝1，程序转 OVERFLOW，否则转 NOOVER (只写与要求有关的指令语句)。

124

5. 已知在数据区 BUF1 和 BUF2 分别存放 20 个字节数据。编程检查两数据区中的数据是否相同。若完全一致,则将标志单元 FLAG 置 FFH,否则置 0,并将第一次出现的不同数据的地址分别存放在 ADDR1 和 ADDR2 单元中(要求:源程序格式完整)。

5 存储器与存储器系统

本章介绍了微机系统中常用存储器的分类、性能指标、层次结构,重点介绍了常用半导体存储器的基本结构、工作原理,常用半导体存储器芯片及其与 8086 CPU 微机系统的连接。

5.1 概述

任何一个计算机都必须具有相当的存储能力,使系统按预定的程序对特定的数据进行处理,存储器是不可缺少的组成部分。存储器的性能是计算机系统最重要的性能指标之一。

能够存储一位二进制信息的最小物理载体叫一个存储基元,由若干个存储基元组成一个存储单元,然后再由许多单元组成一个存储体(或称存储矩阵),存储体与存储控制器(或称外围电路)相配合构成存储器。

5.1.1 存储器的分类

根据存储介质和功能等不同,存储器有各种不同的分类方法。

1) 按存储介质分类

存储介质是指可存储二进制信息的物理载体,这种载体具有表现两种相反物理状态的能力。存储器的存取速度便取决于这种物理状态的改变速度。目前使用的存储介质主要有半导体器件、磁性材料和光学材料。用半导体器件组成的存储器称为半导体存储器;用磁性材料做成的存储器称为磁表面存储器,例如磁盘存储器和磁带存储器;用光学材料做成的存储器称为光表面存储器,例如光盘存储器。

2) 按存储器的读写功能分类

有些存储器存储的内容是固定不变的,即只能读出而不能写入,这种存储器称为只读存储器(ROM)。既能读出又能写入的存储器,称为随机存取存储器(RAM)。

3) 按信息的可保存性分类

断电后信息即消失的存储器,称为非永久性记忆的存储器;断电后仍能保存信息的存储器,称为永久性记忆的存储器。磁性材料和光学材料做成的存储器是永久性存储器,半导体读写存储器 RAM 是非永久性存储器。

4) 按在计算机系统中的作用分类

根据存储器在计算机系统中所起的作用,可分为主存储器(内存)、辅助存储器(外存)、高速缓冲存储器等。

5.1.2 存储器的性能指标

1）存储容量

存储容量是指存储器可以存储的二进制信息量，是存储器的一个重要指标。一般表示为：存储容量＝存储器单元数×每单元二进制位数，如一个存储器有 4096 个单元，每单元 8 位，则存储容量为 4096×8，称 4096B 或 4K 字节（4KB）。

存储器容量通常以字节为单位表示，对于大的存储器容量还可表示成 KB，MB，GB 和 TB 等单位。

2）存取时间和存取周期

（1）存取时间

存取时间是指启动一次存储器操作到完成该操作所经历的时间。具体讲，是从存储器接收到寻址地址开始，到它取出或存入数据为止所需要的时间。通常手册上给出这个参数的上限值，称为最大存取时间。

（2）存取周期

存取周期是指连续两次独立的存储器操作所需的最小时间间隔。通常，存取周期略大于存取时间，其差别与存储器的物理实现细节有关。

显然，存取时间和存取周期是说明存储器工作速度的指标，度量单位通常采用 ns。

3）可靠性

可靠性是指存储器对电磁场及温度等变化的抗干扰能力。半导体存储器由于采用大规模集成电路结构，可靠性高，平均无故障时间为几千小时以上。

4）其他指标

体积小、重量轻、价格便宜、使用灵活是微型计算机的主要特点及优点，所以存储器的体积大小、功耗、工作温度范围、成本高低等也成为人们关心的指标。

上述指标，有些是互相矛盾的，这就需要在设计和选用存储器时，根据实际需要，尽可能满足主要要求而兼顾其他。

5.1.3 存储器的层次结构

如果我们把计算机中凡是能存储二进制信息的部件都称为存储器，那么至少我们可以把全部存储器分成几个等级，如图 5.1 所示。

寄存器组是指在微处理机芯片内的存储器，它们具有最高的读写速度。由于它们的容量有限，常用以暂存最近要用到的数据和程序或运算中产生的中间结果，比如 8086 CPU 的通用寄存器和地址寄存器都用来存放各种数据，而指令队列寄存器则用以暂存程序。正如前面所指出的那样，充分利用这些寄存器的暂存作用，可以避免过于频繁的总线操作，加快程序执行的速度。

正是由于片内寄存器的这一突出优点，现在一些高速微处理机中往往把寄存器组尽量扩大，以获取高的运行速度。特别是最近出现的一种缩减指令处理机（RISC），更是把设置众多的片内寄存器作为提高速度的重要措施。但是对大多数处理机来说，寄存器数量总是十分有限的，它们只能暂存最近需要的极少量数据。

众所周知，计算机运行所需要的程序和数据都必须预先存入内存（又称"主存"），然后，由

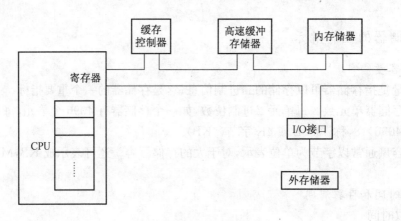

图 5.1　存储器的等级结构

处理机按预定的次序逐条执行指令。内存的容量显然远大于片内寄存器,允许存放的程序和数据量都大为增加,使计算机有可能运行较大的程序和处理较大量的数据。处理机通过系统总线从内存读取指令或读写数据。现代内存一般都采用半导体存储器,它们读写数据的速度比较快,可以在处理机规定的总线周期内完成读写操作,处理机与内存之间可以以较高的速度和谐地工作。

随着工艺水平的提高,微处理机的运行速度不断提高,主时钟在 30MHz 以上的情况已不是罕见的了。为了使内存能与之配合工作,所用的存储器芯片也必须具有相应高速度的器件。通常系统中存储器芯片的容量比较大,且高速器件的价格又相当高,如果全部采用高速存储器芯片,会使整个系统的价格过于昂贵。为了解决这个问题,在一些现代微机系统中采用了一种高速缓冲存储器(Cache)技术。高速缓冲存储器是内存的一部分,它的容量一般只占内存的几百分之一到几十分之一。高速缓冲存储器采用高速存储芯片,它们的工作速度可以与高速处理机相匹配。而大容量的内存则可以采用廉价的较慢速器件。工作时,按一定的规则将内存中的部分内容移入高速缓存中,处理机在取指令或读写数据时,首先在高速缓存中找,并随之更换高速缓存中的内容。在设计得比较好的情况下,命中率可达 90%。这样,可以少量代价,获得较高的性能。

另外一部分存储器称为外存,它们利用磁介质的磁化方向变化来记录数据信息,比如磁盘、磁带等。不少磁记录设备都具有很大的存储容量,所以又把它们叫做"海量存储器"。同时,由于磁记录是一种非遗失性存储,即介质上所存的数据并不会因为断电而丢失,便于长期保存所需的程序和数据。外存往往是一种带机械动作的外部设备,它需要通过接口与系统总线相连,相应的数据读写过程也将长一些。

通过对各种不同存储器的介绍,可以了解它们在一个计算机系统中各自所起的作用。平时我们所编的程序或数据总要以文件的形式存入外存介质中。一个外存介质,比如一张软磁盘上就可以存储多个文件。当需要运行其中某个程序时,利用系统功能从外存中将该程序调入到内存中,然后才能开始执行。至于寄存器的使用情况,是由程序员编制程序时(或编译程序)决定的。

本章中所讨论的存储器接口是指内存组织和连接。

5.2 半导体存储器

5.2.1 半导体存储器的分类

这里所说的半导体存储器是指做成集成电路形式的存储器芯片。按功能的不同,半导体存储器可以分为只读存储器(ROM)、随机存取存储器(RAM)。

只读存储器是一种预先存入数据或程序,且断电后不会丢失,工作时只能读出数据而不能写入数据的存储器。如每一个微型计算机为了能正常开始工作必须把初始化程序预先存在只读存储器中。此外,一些固定的常数或固有的子程序也可存放在其中。随机存储器的功能与之相反,它是可以随时根据控制信号进行数据的写入或读出的存储器。这种存储器在刚加电时没有确定的存储内容,只有当给它的有关单元写入数据后,该单元存储的内容才是确定的。也只有在这以后,对它的读取才是有意义的。该存储器的内容并不因为被读取而消失或改变,即它具有所谓的非破坏性读出的特性。只要没有再一次写入新内容的操作,上一次写入的内容将一直保持到切断电源为止。

随机存取存储器芯片中一般都有很多存储单元,比如2114存储芯片,以4位二进制位为一个存储单元,共有1024个单元。对某一单元的读或写操作是以地址来区分的。这种存储器在存取时间上,并不因为单元地址的不同而不同。即随时可以从芯片中以相同的时间对任意单元进行读写,这就是所谓的"随机"两字的含义。从这个意义上讲,只读存储器也是一种"随机"的存储器,但它的名称只是强调了其功能上"只读不写"的特点。

有了 ROM 和 RAM 芯片就可以组成一般微型计算机的主存储器。它们既可以存上初始化程序保证系统实行自举启动,又可以根据需要装上运行所需的各种程序和数据。

存储器除了可以按功能不同划分成几类外,还可以依制造工艺的不同分成不同的类别。由于工艺不同,所制造的存储器性能上有很大的差异,这也是我们实际应用者必须给予注意,以便把它们用到最合适的地方。

按制作工艺不同可以把存储器分成两大类,即双极型(TTL)存储器和 MOS 存储器。双极型存储器的工作速度比 MOS 型的要快得多,但是它的集成度低、功耗大。

MOS 存储器以其高集成度的优点成为半导体存储器的主流。近十年出现了一些新工艺,使 MOS 存储器除了达到了更高的集成度外,在速度上也逐渐向双极型电路逼近。

5.2.2 随机存储器(RAM)

1) 静态 RAM(SRAM)

(1) 基本存储电路

静态 RAM,基本存储电路一般由双稳态电路构成,它是半导体存储器的存储基元,用来存放一位二进制信息("0"或"1")。一个六管结构的静态 NMOS 基本存储电路如图5.2所示。

基本存储电路中的 T_1,T_3 及 T_2,T_4 两个 NMOS 反相器交叉耦合组成双稳态触发器。其中 T_3,T_4 为负载管,T_1,T_2 为反相管,T_5,T_6 为选通管。

由于 T_1、T_2 有两个稳态,可用来存储一位二进制信息"0"或"1"。当行线 X 和列线 Y 都为高电平时,开关管 T_5,T_6,T_7,T_8 都导通,该存储基元被选中,于是便可对它进行读或写操

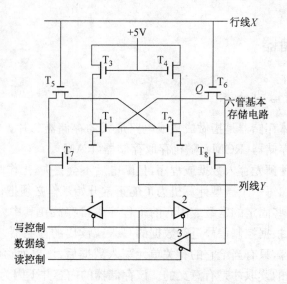

图 5.2　静态 NMOS 六管基本存储电路

作。

　　读操作：当加上读控制信号后，门 3 导通，于是触发器的状态便通过 T_6，T_8 读至数据线上。读出以后，触发器的状态保持不变，此为非破坏性读出。

　　写操作：当加上写控制信号后，数据线上的信息（电平）分别通过门 1 反相和门 2 反相以后写入触发器，使触发器置成相应的状态。

　　(2) RAM 的结构

　　利用基本存储电路排成阵列，再加上地址译码电路及读写控制电路就可以构成读写存储器。下面以 4 行 4 列基本存储电路构成 16×1 静态 RAM 为例，说明 RAM 原理。

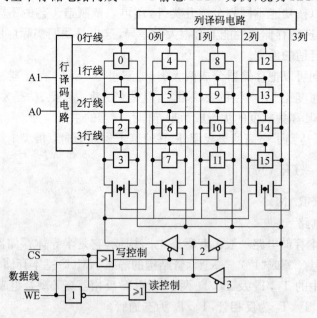

图 5.3　16×1 静态 RAM 原理图

130

如图 5.3 所示,这是一个有 16 个存储单元,而每单元仅有 1 个二进制位的存储器。它由以下几部分组成:

① 16 个基本存储电路 0~15;

② 行与列地址译码电路;

③ 4 套列开关管(对应图 5.2 中 T_7,T_8,这里每个列方向共用一套);

④ 一套读写控制电路。

该存储器的控制信号有两个,一个是片选信号 $\overline{CS}$,低电平有效。$\overline{CS}$ 有效时,存储芯片被选中,才能进行读写操作。另一个是写允许信号 $\overline{WR}$(Write Enable),规定低电平时存储器进行写操作,高电平时存储器进行读操作。一位数据线,双向,三态。

当给定地址码以后,例如 $A_3A_2A_1A_0=0000$,A_1A_0 则经行地址译码电路使 0 行线为高电平,A_3A_2 经列地址译码电路使 0 列线为高电平,于是 0 号基本存储电路被选中,在 $\overline{CS}$ 有效的情况下,再根据给定的读写控制信号对 0 号基本存储电路进行相应的读出或写入操作。同理,当地址码 $A_3A_2A_1A_0=1000$ 时,则 8 号基本存储电路被选中;当地址码 $A_3A_2A_1A_0=1110$ 时,14 号基本存储电路被选中。总之给定一个地址码,就唯一地选中一个存储单元。由上可知,地址码的位数 n 与存储器的存储单元 w 的关系为 $w=2^n$。即当 $n=4$ 时 $w=16$;若 $n=10$,则 $w=1024$;若 $n=16$,则 $w=64K$,或者说当地址线为 16 条时,寻址范围为 0~65 535(0000H~FFFFH)。

2) 动态 RAM(DRAM)

(1) 基本存储电路

与静态 RAM 利用双稳态电路存储信息的方法不同,动态 RAM 是利用电容器上存储电荷与否来达到存储信息目的的。

常用的动态基本存储电路有四管、三管和单管型等,其中单管型由于集成度高而被愈来愈广泛采用。这里以单管基本存储电路为例说明 DRAM 存储信息原理。图 5.4 为一个 NMOS 单管动态基本存储电路,它由一个管子 T 和一个电容 C 构成。这个基本存储电路所存储的内容是"0"还是"1"是由电容上是否有电荷来决定的。

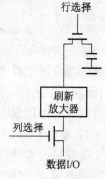

图 5.4 基本存储电路

(2) 动态 RAM 的刷新

这种利用电容器存储信息的方式,在实用中将会发生一些特殊的问题,必需给以妥当的处理。

假定所选定的单元被读出的信息是"1",对应的物理过程就由电容器对位线放电。如果不采取措施,在读出一次后,电容器上的电荷将不复存在,即一次读出就可能破坏原存储的信息,这当然是我们所不希望的。

另外,电容器本身总会有一定程度的漏电,在经过一段时间后,电容器上的电荷也会自动地消失,造成信息丢失。

两种情况所反映的是同一个问题,即如何保证电容器上的信息不会因为放电而丢失。所以在 DRAM 芯片中设置有放大器,当进行读数据操作时,读出到位线上的数据同时送到放大器中,经放大后再把该信息写回到电容器上。鉴于第二种情况,即使没有进行读写操作时也必须定期地对电容器的内容进行重写。即在电容器上的电荷还没有放完以前,就主动将其内容读出经放大后送回电容器中,以使泄放的电荷得到补充,这称为存储器刷新。这两种处理的不同处在于前者在重写的同时还要输出,而后者则只是在内部进行读写,与外部不发生联系。

可见,动态 RAM 的特点是,只有在不断重写、刷新的动态过程中,才能保持 RAM 中的内容不丢失。从需要"刷新"这一点来看,DRAM 的使用要比 SRAM 来得麻烦。但是 DRAM 的许多突出优点,使它成为当前 RAM 芯片的主流。首先,由于 DRAM 存储单元简单,可以在一个芯片中集成更多的存储单元,所以 DRAM 的容量都比较大。现在 1MB(兆位)以上容量的芯片已经不是罕见的现象了。另外 DRAM 在功耗方面也优于 SRAM。

当器件温度上升时,电容(一般 $C=0.2$pf)的放电速度会加快,所以对 DRAM 的刷新周期需随温度而变化,一般为 $1\sim100$ms。在 70℃情况下,典型的刷新时间间隔为 2ms。尽管进行一次读/写操作,实际上也是对选中行进行了刷新,但由于读/写操作的随机性,并不能保证在 2ms 内对 DRAM 所有行都能遍访一次,所以需要专门安排存储器刷新周期,以便系统地完成对动态 RAM 的刷新。

专门安排的存储器刷新操作不同于存储器读/写操作,主要表现在以下几点:

① 刷新地址通常由刷新地址计数器产生,而不是由地址总线提供;

② 由于 DRAM 的基本存储电路可按行同时刷新,所以刷新只需要行地址,不需要列地址;

③ 刷新操作时,存储器芯片的数据线呈高阻状态,即片内数据线与外部数据线完全隔离。

在实际存储系统中,DRAM 的刷新问题有两种解决方法:一是利用专门的动态 RAM 控制器来实现刷新控制,如 Intel 8203 就是专门为了支持 2117,2118 和 2164 动态 RAM 而设计的动态 RAM 控制器;二是在每个动态 RAM 芯片上集成刷新逻辑电路,这样就使存储器件自身完成刷新,这种器件叫综合型动态 RAM。它除了内部有刷新动作外,对用户来说,工作起来和静态 RAM 一样,比如 Intel 2186/2187,它们是 8K×8 的综合型动态 RAM。

5.2.3 只读存储器(ROM)

只读存储器 ROM 是在工作时只允许读操作的存储器,其内容是被预先写好的,并且断电后仍能长期保存。运行程序时,对 ROM 只能读出信息而不可能随机写入信息,所以 ROM 中存储的都是固定程序和数据。制作 ROM 的半导体材料有二极管、MOS 电路、双极型晶体管等,因制造工艺和功能不同,只读存储器又分为掩模式 ROM(MROM)、可编程 ROM(PROM)和可擦除可编程 ROM(EPROM)、可电擦除可编程 ROM(EEPROM)等。

1) 掩膜 ROM

掩膜只读存储器由制造厂采用光刻掩膜工艺注入程序而得名,内部由存储体和控制线路两部分组成,可以用二极管作存储元件构成掩膜 ROM。除二极管外,用场效应管或双极型晶体管都可以构成掩膜 ROM 的存储体。双极型掩膜 ROM 读取速度要比 MOS 掩膜 ROM 快,适用于作高速存储器。掩膜 ROM 由工厂批量生产,存储的程序和数据均是制造前确定的通用的程序。这种 ROM 存储器芯片内容一般不便于修改,如果要改变所存内容,只能由工厂重新制做,所以它用在大批量生产的情况。

2) 可编程 ROM

可编程 ROM(PROM)也是一种只读存储器,与掩膜 ROM 的主要区别在于存储器芯片封装出厂时存储单元的内容全部是"1"信号或"0"信号,由用户根据需要再以编程方式写入自己的程序,并且一次写入,不能修改擦除。写入操作也是一次性的,即不会因电源断电而丢失存入的信息状态,也不可能再修改写入的内容。

3) 可擦写 PROM

计算机软件的开发工作总要经过多次的纠错、修改、考验而逐步完善,因为掩膜 ROM 和 PROM 一经写入信息就不可能作任何变更,所以不能适应开发研究的需要。可擦写可编程只读存储器 EPROM 则是适应软件试制的一种只读存储器。EPROM 的重要特点是可以根据用户要求用光或电擦去原有的存储内容,然后利用特定的编程器写进新的程序。擦除和写入可以多次进行,写入的内容不会因断电而丢失,能长久保持。最常见的 EPROM 的存储元件常用浮置栅 MOS 管做成,出厂时内部存放全"1"或全"0",由用户通过高压脉冲写入信息。这种 EPROM 芯片上有一石英玻璃窗口,当想改写 EPROM 的内容时,窗口置于 12000mW 的紫外线灯下,相距 3CM 照射 10~25min。紫外线使浮置栅上电荷获得高能而形成电流泄漏,存储单元恢复全"1"(或全"0")状态,此时又能重新写入新的程序和数据。平时窗口上可贴不透明胶纸,防止光线进入而泄漏内部存储的信息。

另一种常用的是电可改写只读存储器 EEPROM,能用电的方法擦除和写入相应内容,也是非遗失性半导体存储器。无论哪一种 EPROM,能被擦除和编程的次数都是有限的。

5.3 常用半导体存储器芯片

5.3.1 静态 RAM 存储器(SRAM)

1) 静态 RAM 的结构和特性

常用的静态 RAM 电路有 6116,6264,62256 等。它们的引脚排列如图 5.5 所示。

$A_0 \sim A_i$:地址输入线,$i=10(6116),12(6264),14(62256)$;

$O_0 \sim O_7$:双向三态数据线,有时用 $D_0 \sim D_7$ 表示;

$\overline{CE}$:选片信号输入线,低电平有效;

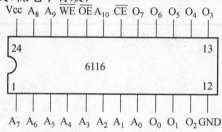

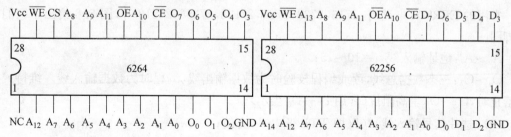

图 5.5　常用静态 RAM 电路引脚图

$\overline{OE}$：读选通信号输入线,低电平有效;

$\overline{WE}$：写选通信号输入线,低电平有效;

V_{CC}：工作电源$+5V$;

GND：线路地。

这三种 RAM 电路的主要技术特性如表 5.1 所示。

表 5.1　常用静态 RAM 主要技术特性

型　　号	6116	6264	62256
容量(KB)	2	8	32
引脚数	24	28	28
工作电压(V)	5	5	5
典型工作电流(mA)	35	40	8
典型维持电流(mA)	5	2	0.5
存取时间(ns)	由产品型号而定*		

* 例如 6264-10 为 100ns,6264-12 为 120ns,6264-15 为 150ns。

注:6264 的 26 脚为高电平有效的片选端 CS

2) 静态 RAM 的工作方式

静态 RAM 存储器有读出、写入、维持三种工作方式,这些工作方式的操作控制见表 5.2。

表 5.2　6116,6264,62256 的操作控制

信号 方式	$\overline{CE}$	$\overline{OE}$	$\overline{WE}$	$O_0 \sim O_7$
读	V_{IL}	V_{IL}	V_{IH}	数据输出
写	V_{IL}	V_{IH}	V_{IL}	数据输入
维持*	V_{IH}	任意	任意	高阻抗

* 对 CMOS 的静态 RAM 电路,$\overline{CE}$为高电平时电路处于降耗状态,此时 Vcc 电压可降至 3V 左右,内部的存储数据也不会
丢失。

5.3.2　EPROM 电路

1) EPROM 的结构和特性

常用的 EPROM 电路有:2716,2732,2764,27128,27256,27512 等,图 5.6 给出了它们的
引脚图。

$A_0 \sim A_i$：地址输入线,$i=10 \sim 15$;

$O_0 \sim O_7$：三态数据总线,读或编程校验时为数据输出线,编程时为数据输入线。维持或编
程禁止时,$O_0 \sim O_7$ 呈高阻抗(常用 $D_0 \sim D_7$ 表示);

$\overline{CE}$：选片信号输入线,"0"(即 TTL 低电平)有效;

$\overline{PGM}$：编程脉冲输入线;

$\overline{OE}$：读选通信号输入线,"0"有效;

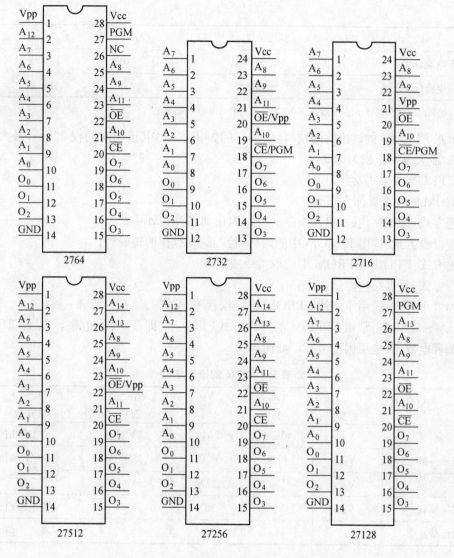

图 5.6 常用的 EPROM 电路的引脚图

V_{PP}：编程电源输入线，V_{PP} 的值因芯片型号和制造厂商而异；

V_{CC}：主电源输入线，V_{CC} 一般为 +5V；

GND：线路地。

注：2716，2732 的 $\overline{CE}$ 和 PGM 合用一个引脚，2732，27512 的 $\overline{OE}$ 和 Vpp 合用一个引脚。

常用的 EPROM 芯片的技术特性列于表 5.3 中。

表 5.3 常用的 EPROM 芯片的主要技术特性

型 号	2716	2732	2764	27128	27256	27512
容 量(KB)	2	4	8	16	32	64
引 脚 数	24	24	28	28	28	28
读出时间(ns)	350~450	200*	200*	200*	200*	170*

型　　号	2716	2732	2764	27128	27256	27512
最大工作电流(mA)		100	75	100	100	125
最大维持电流(mA)		35	35	40	40	40

* EPROM 的读出时间按型号而定,一般在 100~300ns,表中列出的为典型值。

CMOS EPROM 的读出时间快、耗电少。例如 27C256,其读出时间仅 120ns,最大工作电流 30mA,最大维持电流为 $100\mu A$。

2) EPROM 的操作方式

EPROM 的主要操作方式有:

编程方式:把程序代码(机器指令、常数)固化到 EPROM 中;

编程校验方式:读出 EPROM 中的内容,检验编程操作的正确性;

读出方式:CPU 从 EPROM 中读取指令或常数;

维持方式:数据端呈高阻;

编程禁止方式:适用于多片 EPROM 并行编程不同数据。

表 5.4~5.8 列出常用 EPROM 的操作方式(其中 V_{IL} 即 TTL 低电平,V_{IH} 即 TTL 高电平,V_{PP}编程电源,其电压因型号和厂商而异)。

表 5.4　2716 的操作方式

方式＼引脚	$\overline{CE}/PGM$ (18)	$\overline{OE}$ (20)	V_{PP} (21)	V_{CC} (24)	$O_0 \sim O_7$ (9~11)(13~17)
读	V_{IL}	V_{IL}	5V	5V	数据输出
维　持	V_{IH}	任意	5V	5V	高　阻
编　程	V_{IH}	V_{IH}	25V	5V	数据输入
编程校验	V_{IL}	V_{IL}	25V	5V	数据输出
编程禁止	V_{IL}	V_{IH}	25V	5V	高　阻

表 5.5　2732 的操作方式

方式＼引脚	$\overline{CE}$ (18)	$\overline{OE}/V_{PP}$ (20)	V_{CC} (24)	$O_0 \sim O_7$ (9~11)(13~17)
读	V_{IL}	V_{IL}	V_{CC}	数据输出
编程校验	V_{IL}	V_{IL}	V_{CC}	数据输出
维　持	V_{IH}	任意	V_{CC}	高　阻
编　程	V_{IL}	V_{PP}	V_{CC}	数据输入
编程禁止	V_{IH}	V_{CC}	V_{CC}	高　阻
禁止输出	V_{IL}	V_{IH}	V_{CC}	高　阻

表 5.6　2764A 和 27128A 的操作方式

方式 ＼ 引脚	$\overline{CE}$ (20)	$\overline{OE}$ (22)	$\overline{PGM}$ (27)	V_{PP} (1)	V_{CC} (28)	$O_0 \sim O_7$ (11～13)(15～19)
读	V_{IL}	V_{IL}	V_{IH}	V_{CC}	5V	数据输出
禁止输出	V_{IL}	V_{IH}	V_{IH}	V_{CC}	5V	高　阻
维　持	V_{IH}	任意	任意	V_{CC}	5V	高　阻
编　程	V_{IL}	V_{IH}	V_{IL}	＊＊	＊	数据输入
编程校验	V_{IL}	V_{IL}	V_{IH}	＊＊	＊	数据输出
编程禁止	V_{IH}	任意	任意	＊＊	＊	高　阻

表 5.7　27256 的操作控制

方式 ＼ 引脚	$\overline{CE}$ (20)	$\overline{OE}$ (22)	V_{PP} (1)	V_{CC} (28)	$O_0 \sim O_7$ (11～13)(15～19)
读	V_{IL}	V_{IL}	V_{CC}	5V	数据输出
禁止输出	V_{IL}	V_{IH}	V_{CC}	5V	高　阻
维　持	V_{IH}	任意	V_{CC}	5V	高　阻
编　程	V_{IL}	V_{IL}	＊	＊＊	数据输入
编程校验	V_{IH}	V_{IH}	＊	＊＊	数据输出
编程禁止	V_{IH}	V_{IH}	＊	＊＊	高　阻
选择编程校验	V_{IL}	V_{IL}	V_{CC}	＊＊	数据输出

＊ V_{PP} 的大小和型号、编程方式有关。

＊＊ V_{CC} 的大小和型号、编程方式有关。

表 5.8　27512 的操作方式

方式 ＼ 引脚	$\overline{CE}$ (20)	$\overline{OE}/V_{PP}$ (22)	V_{CC} (28)	$O_0 \sim O_7$ (11～13)(15～19)
读	V_{IL}	V_{IL}	5V	数据输出
禁止输出	V_{IL}	V_{IH}	V_{CC}	高　阻
维　持	V_{IH}	任意	V_{CC}	高　阻
编　程	V_{IL}	12.5±0.5V	6V	数据输入
编程校验	V_{IL}	V_{IL}	6V	数据输出
编程禁止	V_{IH}	12.5±0.5V	6V	高　阻

3）EPROM 编程

　　EPROM 编程就是将调试好的程序代码固化到（即写入）EPROM 中,具体的编程方法有常规的慢速编程和快速智能编程两种。限于篇幅,这里仅介绍常规的慢速编程。

　　慢速编程对所有的 EPROM 芯片都适用,编程电路如图 5.7 所示。

　　先加 V_{CC} 和 V_{PP}（各种型号 EPROM 的 V_{PP} 都有极严格的规定,一般都标在芯片上;不能超

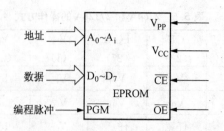

图 5.7　EPROM 慢编程示意图

过规定值,否则会毁坏芯片),再对 $\overline{CE}$,$\overline{OE}$ 加上编程操作的控制电平,然后将 EPROM 单元地址加在 $A_0 \sim A_i$ 上,写入的数据加在 $O_0 \sim O_7$ 上,在 $\overline{PGM}$ 端输入编程脉冲(宽约 50ms)。为保证编程正确,除 V_{CC},V_{PP},$\overline{CE}$,$\overline{OE}$ 等所加电平须符合编程要求外,在 $\overline{PGM}$ 有效期间地址和数据信息应维持不变。为防止芯片因 V_{PP} 电源出现的过尖脉冲而毁坏,常在 V_{PP} 端加上滤波电路。

5.4　存储器与微处理器的连接

5.4.1　主存储器的组织

1) 系统内存配置

不管是自行设计一个系统也好,还是深入了解一个系统也好,确认系统的主存储器配置方案是基本的一步。这主要是指内存容量的确定,以及内存区域的功能分配。

确定一个系统内存容量的因素有两个。首先应考虑的是计算机运行环境的需要,其中应包括系统软件,应用软件以及数据所需占用的存储量。对于专用计算机而言,这个要求是明确的,而通用机上往往由于运行程序不同,它们对内存需求有很大的差异。为了解决这个问题,从硬件结构上采取了配置基本内存和根据需要扩展内存的方法,使机器内存容量有一定的伸缩性,以适应更广范围的运行要求。

另一个制约因素是处理机的直接寻址范围。当系统的处理机选定以后,它的地址线数目就确定了,这也就规定了以该处理机为中心组织的系统内存的最大容量。在 8 位微处理机中,由于直接寻址范围只有 64KB,往往显得不够用。现在的 16 位以上处理机这个矛盾已不那么突出了。

在确定了系统的总存储容量后,就要对各地址段的功能进行合理的分配。这里特别关心的是那些对硬件连接有直接影响的地址段。

首先要考虑的是 ROM 区的设置。如前面所述,为了使系统能在加电后正常进入指定程序运行,ROM 区应设在处理机的起始地址上,比如 8086 CPU 的起始地址为 FFFF0H,由 8086 组成的系统中,ROM 区必须包括这个地址,至于这个 ROM 区域的范围大小,要根据任务来确定。

一个处理机除了起动时的初始地址外,往往还有一些特殊用途规定的固定寻址地址,比如 8086 CPU 的中断矢量地址,它被固定地存放在从 00000H 开始的地址段中。当发生某一中断时,根据中断号从某个地址中取出中断矢量。对于这类地址,可以设置成 ROM 区,使之固定地转入某一地址。但如把它设定为 RAM 区可能会更加方便,这是由于 RAM 的可读写特性,使它可以根据需要自由设定中断矢量值,从而使程序设计更加灵活。

138

RAM 区域内的各地址基本上都是由程序操作的,即它们的工作情况主要受软件控制。但是,在系统中往往有一些特殊需要的 RAM 区,它们的工作不但受软件控制,同时还要受一些特定的硬件控制,如显示缓冲存储区就是一例。

2) 字节寻址与字寻址

处理机字长不同时,对存储器的结构组织有一定的影响。

在早期 8 位微处理机中,数据线总共有 8 条,每次读写均以字节为单位,即便是一些指令需要作读写 16 位的操作,它也只是每次读写一个字节,分两次完成。鉴于这种寻址要求,只要求存储器以字节编址就可以了。

现在大量使用的 16 位、32 位微处理机,它们除了可以对一个字节寻址外,还常常要进行整字的读写。这就要求所设计的存储器结构能保证一次读写出一个整字,同时还要允许有时只读写其中的一个字节。下面以 8086 CPU 配合的存储结构为例,说明这种设计的基本思路。

在 8086 系统中,当要作一个整字存取时,并不限制是哪两个字节组合而成,只要是地址相邻的两个字节就可以了。且规定以地址较高的那个字节作为这个字的高位字节而以低地址字节作为低位字节。

在实际存储器物理结构上采用奇偶分体的办法,即偶数地址集中在一片(或几片)存储芯片上,组成低位字节存储体;奇数地址集中在另外一片(或几片)存储芯片中,组成高位字节存储体。用 $A_0 = 0$ 作低位字节存储体的选通信号,用 $\overline{BHE} = 0$ 作高位字节存储体的选通信号,其余 $A_1 \sim A_{19}$ 地址线分别送到两个存储体去。在这种分体存储器读写时,如只读写一个字节,仅需一个总线周期,根据 CPU 输出的 A_0 或 $\overline{BHE}$ 有效的情况,选低位或高位存储体中的一个字节单元。如果读写一个字,且从偶地址开始,CPU 输出的 A_0 和 $\overline{BHE}$ 都有效(为低),使同时读写高、低两个字节,也只需一个总线周期。但当读写的这个字是从奇地址开始的,这时就要分两次读写,即需要两个总线周期,第一次读写高位存储体中的一个字节($\overline{BHE}$ 有效),第二次是在地址增加 1 以后读得低位存储体中的一个字节,以形成一个字。

3) 存储器芯片的选用

根据已确定的存储器组织方案,选用恰当的存储芯片,保证在价格、功耗及复杂度允许情况下,达到应有的性能。

如前面所述,选用存储器芯片要考虑容量、功耗等多种因素。这里再简单介绍一下芯片读写周期与 CPU 提供的总线周期的关系。

前面已经介绍过 8086 CPU 正常读写是在一个总线周期内完成的,如果时钟设定为 5MHZ,那么一个总线周期为 800ns。由于地址与数据复用的缘故,实际完成读写操作的时间主要在两个时钟周期内,也即约 400ns。这样要求选用的存储器芯片的读写周期不能大于 400ns。

如果所选的存储器芯片读写时间太长,使 CPU 不能在规定的时间周期内读得正确的数据,或不能正确地把数据写入存储器,系统工作就可能产生不稳定。这种情况下就要利用 CPU 的 READY 功能,采用等待的办法,使 CPU 与存储器的工作速度同步。当然,这将降低系统的工作速率。

5.4.2 8086 系统中存储器的连接举例

设在 8086 最小方式下,系统要求 16KB 的 ROM 和 16KB 的 RAM。RAM 区的地址为

00000H～03FFFH,ROM 区的地址为 FC000H～FFFFFH。ROM 采用两片 2764(8K×8)EPROM 芯片,RAM 采用两片 6264(8K×8)SRAM 芯片。时钟频率为 4.77MHz。EPROM 和 SRAM 芯片均能满足总线周期时序的要求。

8086 最小方式系统与存储器读写操作有关的信息线有:地址总线 A_{19}～A_0;数据总线 D_{15}～D_0;控制信号 M/$\overline{IO}$,$\overline{RD}$,$\overline{WR}$ 和 $\overline{BHE}$。图 5.8 给出了 8086 最小方式系统 16KB ROM 和 16KB RAM 存储器电路图。

图中,上方的 2764 和 6264 组成偶地址存储体,它们的 8 位数据线与 CPU 低 8 位数据线相连接;下方的 2764 和 6264 组成奇地址存储体。它们的 8 位数据线接至 CPU 数据线高 8 位。

ROM 的地址译码采用三八译码器 74LS138〈2〉来实现。表 5.9 是 74LS138 译码器的真值表,译码器对 A_0～A_2 的 3 个输入端信号译码,将相应的八种组合反映在 $\overline{Y_0}$～$\overline{Y_7}$ 的 8 个输出端,即每一种组合只有一个对应输出端成为低电平。芯片的 G_1,$\overline{G_2A}$,$\overline{G_2B}$ 是 3 个门控信号,只有满足 G_1="1",$\overline{G_2A}$=$\overline{G_2B}$="0"时,译码器才开始工作,否则不管 A_0～A_2 三输入端是什么状态,全部输出端都为高电平。

表 5.9   74LS138 真值表

G_1	$\overline{G_2A}$	$\overline{G_2B}$	A_2	A_1	A_0	$\overline{Y_0}$	$\overline{Y_1}$	$\overline{Y_2}$	$\overline{Y_3}$	$\overline{Y_4}$	$\overline{Y_5}$	$\overline{Y_6}$	$\overline{Y_7}$
			0	0	0	0	1	1	1	1	1	1	1
			0	0	1	1	0	1	1	1	1	1	1
			0	1	0	1	1	0	1	1	1	1	1
			0	1	1	1	1	1	0	1	1	1	1
1	0	0	1	0	0	1	1	1	1	0	1	1	1
			1	0	1	1	1	1	1	1	0	1	1
			1	1	0	1	1	1	1	1	1	0	1
			1	1	1	1	1	1	1	1	1	1	0

当 A_{19}～A_{14} 和 M/$\overline{IO}$信号均为高电平时,也就是在地址范围为 FC000H～FFFFFH 的存储器操作期间,其译码输出端 $\overline{Y_7}$ 为低电平。直接作为 2 片 2764 的片选信号,A_0 和 $\overline{BHE}$ 不参加译码,使电路得到简化。能够这样做的理由是:对 ROM 只有读操作,不存在误写存储器问题。而读操作的地址译码即使不区分奇偶地址单元,也能保证操作正确。因 ROM 与地址总线 A_0 状态无关,所以在读操作时,无论从奇地址读,还是从偶地址读,无论是读字节,还是读字,存储器总是从偶地址开始读出一个字回送给 CPU,由 CPU 根据指令操作类型决定是接收高位字节、低位字节还是整个字。对于非对准字的读取则自动安排两个总线周期完成。

例如,设 DS=0FC00H,对于 ROM 区,CPU 执行指令"MOV AL。[0001H]"的操作过程是,译码选中 FC000H 和 FC001H 两个连续存储单元(分别位于 2764〈1〉和 2764〈2〉中);读入该字到 CPU 内部数据缓冲器(16 位),由于是奇地址的字节操作,所以取缓冲器的高 8 位数据送至 AL 寄存器,从而完成指令要求的数据传送。

RAM 地址译码由 74LS138〈1〉及 A_0,$\overline{BHE}$ 完成。当 A_{19}～A_{14} 均为低电平,M/$\overline{IO}$信号为

高电平时,也就是在地址范围为 00000H～03FFFH 的存储器操作期间,$\overline{Y_0}$ 为低电平。当 $\overline{Y_0}$ 和 A_0 均为低电平时,或门 U_1 输出低电平,用它作为偶地址 RAM 芯片的片选信号 $\overline{CE}$;当 $\overline{Y_0}$ 和 $\overline{BHE}$ 信号均为低电平时,U_2 输出低电平,用它作为奇地址 RAM 芯片的片选信号 $\overline{CE}$。两个 6264 的第二个片选信号 CS 均接高电平＋5V。控制总线中的写信号 $\overline{WR}$ 与 6264 的 $\overline{WE}$ 端连接,用作写控制;读信号 $\overline{RD}$ 与 2764,6264 的 $\overline{OE}$ 端连接,用作读控制。

图中除 2764 和 6264 以外的电路均属存储器接口电路。

下面以 DS＝0,CPU 执行"MOV [0001H],AX"指令为例,说明图 5.8 所示存储系统中,

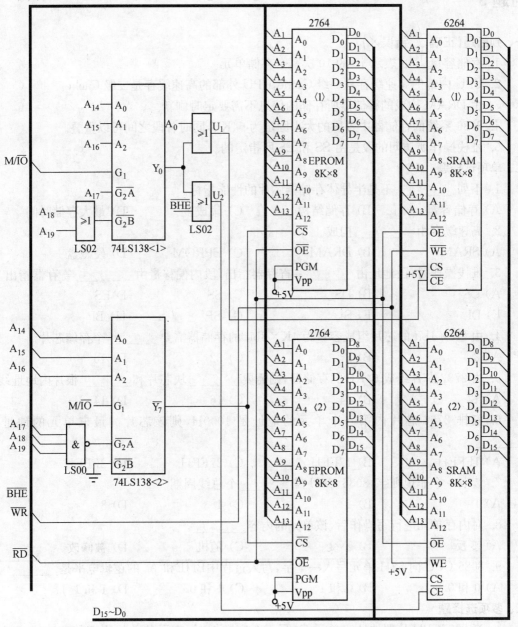

图 5.8 8086 最小方式系统 16KB ROM 和 16KB RAM 存储器电路图

141

CPU 对 RAM 的访问过程。

因为是写一个非对准字,CPU 自动启动两个存储器写总线周期完成此操作。第一个周期输出地址 00001H,对应信号 $\overline{BHE}A0=01$,译码选中 6264⟨2⟩中的 1 号单元,并在该周期的第三个 T 状态将数据线高 8 位上的 AL 内容写到选中的 RAM 奇地址单元上;第二个周期输出地址 00002H,对应 $\overline{BHE}A0=10$,译码选中 6264⟨1⟩的 2 号单元,并在该周期的第三个 T 状态将数据线低 8 位上的 AH 内容写到选中的 RAM 偶地址单元中。

习题 5

一、判断题(正确√,错误×)

1. 存储容量 1GB 表示 10 的 10 次幂个存储单元。　　　　　　　　( )
2. CPU 内部的高速缓存是一级 Cache,CPU 外部的高速缓存是二级 Cache。( )
3. 由 DRAM 构成的存储器所存储的信息不需要定时刷新。　　　　　( )
4. 8086 系统的存储器中各段的大小固定为 64KB,同时各段之间可以重叠。( )
5. 堆栈操作所访问的段是由 SS 和 ES 所指定的。　　　　　　　　( )

二、单项选择题

1. 下列 _____ 不是半导体存储器芯片的性能指标。

A) 存储容量　　　　B) 存储结构　　　　C) 集成度　　　　D) 最大存储时间

2. 高速缓存由 _____ 构成。

A) SRAM　　　　B) DRAM　　　　C) EPROM　　　　D) 硬磁盘

3. 堆栈操作时,段地址由 _____ 寄存器指出,段内偏移量由 _____ 寄存器指出。

A) CS　　　　B) DS　　　　C) SS　　　　D)ES

E) DI　　　　F) SI　　　　G) SP　　　　H) BP

4. 由 2K×1bit 的芯片组成容量为 4K×8bit 的存储器需要 _____ 个存储芯片。

A) 2　　　　B) 8　　　　C) 32　　　　D) 16

5. 由 2732 芯片组成 64KB 的存储器,则需要 _____ 块芯片和 _____ 根片内地址线。

A) 12　　　　B) 24　　　　C) 16　　　　D) 14

6. 安排 2764 芯片内第一个单元的地址是 1000H,则该芯片的最末单元的地址是 _____。

A) 1FFFH　　　　B) 17FFH　　　　C) 27FFH　　　　D) 2FFFH

7. 读取一个非规则字,8086 CPU 需 _____ 个总线周期。

A) 1　　　　B) 2　　　　C) 4　　　　D) 8

8. 对内存单元进行写操作后,该单元的内容 _____。

A) 变反　　　　B) 不变　　　　C) 随机　　　　D) 被修改

9. 8086 CPU 向 52H 单元写入一个字,写入过程中 $\overline{BHE}$ 和 A_0 的逻辑电平是 _____。

A) 0 和 0　　　　B) 0 和 1　　　　C) 1 和 0　　　　D) 1 和 1

三、多项选择题

1. 当 8086CPU 从偶地址字单元读/写一个字数据时,需要的总线周期数和选通信号是 _____。

A) 1个总线周期　　　B) 2个总线周期　　　C) $A_0=0$　　　　D) BHE=0

E) $A_0=0 \lor BHE=0$　F) $A_0=0 \land BHE=0$

2. 外存储器包括_____。

A) 软磁盘　　　　　B) 磁带　　　　　C) SRAM　　　　D) BIOS

E) 硬磁盘　　　　　F) 光盘

3. 读写存储器操作数时数据所在的段可由_____寄存器指出。

A) CS　　　　　　B) DS　　　　　　C) ES　　　　　D) SS

4. 若当前 DS 的内容为 2000H,则偏移量为 1000H 单元的地址可表示为_____。

A) 2000H.1000H　　B) 21000H　　　　C) 2000H:1000H D) 3000H

四、填空题

1. 在分层次的存储系统中,存取速度最快、靠 CPU 最近且打交道最多的是_____存储器,它是由_____类型的芯片构成,而主存储器则是由_____类型的芯片构成。

2. 逻辑地址为 2000H:1234H 的存储单元的物理地址是_____。

3. 取指令时,段地址由_____寄存器提供,偏移地址由_____寄存器提供。

4. 8086 CPU 写入一个规则字,数据线的高 8 位写入_____存储体,低 8 位写入_____存储体。

5. 8088 可直接寻址的存储空间为_____KB,地址编码从_____H 到_____H。

6. 将存储器与系统相连的译码片选方式有_____法和_____法。

7. 若存储空间的首地址为 1000H,存储容量为 1K×8,2K×8,4K×8H 和 8K×8 的存储器所对应的末地址分别为_____、_____、_____和_____。

8. 对 6116 进行读操作,6116 引脚 CE=_____,$\overline{WE}$=_____,$\overline{OE}$=_____。

五、应用题

试用 4K×8 位的 EPROM2732 和 2K×8 位的静态 RAM6116 以及 LS138 译码器,构成一个 8KB 的 ROM、4KB 的 RAM 存储器系统(8086 工作于最小模式),ROM 地址范围为:FE000H~FFFFFH,RAM 地址范围为:00000H~00FFFH。

六、简答题

1. 静态存储器和动态存储器的最大区别是什么? 它们各有什么优缺点?

2. 以图 5.8 所示的存储器系统为例,设 DS=0000H,试述 CPU 执行

　　　　MOV　AX,[2000H]

　　　　MOV　BX,[2001H]

两条指令的操作过程。

6 输入和输出

本章介绍外设接口功能和一般结构以及 I/O 端口的编址方式,主机和外设之间的数据传送方式,8086 CPU 的 I/O 特点,8237 DMA 控制器芯片的功能、外部引脚、内部寄存器、编程和时序。

输入和输出设备统称外部设备,它是计算机系统的重要组成部分。程序、原始数据和各种现场采集到的信息,都要通过输入设备及其接口电路送入计算机。程序运行结果、计算结果或各种控制信号需要通过输出设备接口电路输出到输出设备,以便显示、打印和实现各种控制动作。常用的输入设备有键盘、触模式屏幕(常用鼠标器在屏幕上有限个选项中确定所需信息的位置)、模数转换器、卡片输入机等。常用的输出设备有显示器、各种行打印机和数模转换器等。微机系统中常用的软磁盘和硬磁盘也可称为外部设备。

外设的品种繁多,有机械式的、电子式的、光电式的,以及机电式的等等;处理的信息有数字量、模拟量(电压信号或电流信号);处理信息的速度有的很快,有的很慢,可以是输入每个字符的速度为秒级的手动键盘输入,也可以是 1Mb/S 的磁盘输入;而且各种外设在电气特性、处理信息的格式等方面也不尽相同。因此,为了保证 CPU 与各种外设之间正确无误地传送信息,CPU 与外设之间必须通过接口电路来传送信息,而且不同的外设一般应该有不同的接口电路。

6.1 概述

6.1.1 外设接口的一般结构

CPU 通过一个外设接口与外设之间传送的信息种类通常包括数据信息、状态信息和控制信息。因此,一个外设接口通常含有数据端口、状态端口和控制端口,且各个端口有各自的地址。CPU 与外设接口数据端口之间传送的是数据信息,是双向的;CPU 与外设接口状态端口之间传送的是状态信息,对于状态信息,CPU 只能读不能写;CPU 与外设接口控制端口之间传送的是控制信息,对于控制信息,CPU 只能写不能读。CPU 与外设接口各端口之间传送的所有信息都是通过微机系统数据总线传送的。而外设接口数据端口与外设之间传送的数据信息是通过外设数据线传送的,或输入或输出,即外设接口从外设(输入设备)输入数据或外设接口输出数据到外设(输出设备);而外设接口与外设之间传送的状态信息和控制信息是通过外设的信号联络线传送的。

CPU 对外设的访问实质上是对外设接口相应端口的访问。一个简单的外设接口如图6.1所示。

所传送的信息叙述如下:

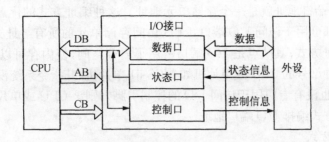

图 6.1 一个简单的外设接口

数据信息:按一次传送数据的位数分为并行传送和串行传送两种方式。并行传送即一次传送数据的位数是多位,通常是 8 位或 16 位;串行传送即一次传送数据的位数是 1 位,数据逐位顺序传送。

状态信息:外设或 I/O 接口表明当前的工作状态,如输入设备输入的数据是否准备就绪(READY),输出设备是否能接收数据(BUSY),I/O 接口电路状态寄存器的信息等。

控制信息:CPU 向外设发出的控制信号或 CPU 写到可编程外设接口电路芯片的控制字等。

6.1.2 外设接口的功能

就外设接口本身而言,可以是软件接口也可以是硬件接口或软件硬件的结合,硬件接口可以是简易的接口电路或可编程的接口电路芯片(后者属软件硬件的结合)。可根据不同的外设,对接口电路加以选择,使接口电路具有相应的功能。通常一个外设接口应根据外设特点具有如下几个方面的功能:

① 转换信息格式,如串并行数据转换;

② 提供与外设的联络信号,如数据缓冲器"满"或"空",数据选通信号,应答信号等;

③ 对传输的数据能缓冲或锁存,以协调 CPU 与外设之间传送数据速度上的差异,使两者之间的数据传送取得同步,并使微机系统中各外设能分时复用微机系统数据总线;

④ 有片选和片内端口地址选择,以便 CPU 能同指定外设的指定端口进行信息传送;

⑤ 实现电平和正负逻辑转换,使 CPU 与外设在电气特性上相匹配;

⑥ 进行中断管理,如向 CPU 转发申请中断,进行中断优先级排队,允许/禁止中断等;

⑦ 接收 CPU 写来的控制字,向 CPU 提供状态信息;

⑧ 提高时序控制功能,以满足各种外设在时序控制方面的要求。

6.1.3 I/O 端口的编址方式和寻址方式

在微机系统中,CPU 对外设的访问是通过 CPU 对外设接口的端口进行的,因此每一个外设接口的每一个端口同每个存储单元一样,都应分配一个地址。也就是说,在一个微机系统中既有存储单元地址又有 I/O 端口地址。根据两者地址的不同编排,I/O 端口的编址方式有统一编址方式和独立编址方式两种。I/O 端口的编址方式不同,CPU 对 I/O 端口访问的寻址方式也不同。

1) 统一编址方式及其对应的寻址方式

所谓统一编址方式是指把 I/O 端口和存储单元统一编址,即把 I/O 端口看成是存储器的一部分，一个 I/O 端口地址就是一个存储单元地址。这种编址方式的优点是，CPU 访问存储单元的所有指令都可用于访问 I/O 端口，CPU 访问存储单元的所有寻址方式也就是 CPU 访问 I/O 端口的寻址方式；其缺点是 I/O 端口占用了内存空间，使内存可以占用的实际内存空间缩小。如果一种型号的 CPU 或单片机如 MCS-51 单片机，其指令系统没有独立的 I/O 指令（与其对应，CPU 也没有专门用于访问 I/O 的控制引脚），则该 CPU 或单片机组成的微机系统只能用统一编址方式编排 I/O 端口地址。

2）独立编址方式

所谓独立编址方式是指把 I/O 端口和存储单元各自编址，即使地址编号相同也无妨。这种编址方式的优点是，I/O 端口不占用内存空间，I/O 指令仅需两个字节，执行速度快，在阅读程序时只要是 I/O 指令，一目了然是 CPU 访问 I/O 端口；其缺点是，要求 CPU 指令系统有独立 I/O 指令，CPU 访问 I/O 端口的寻址方式少。如 8086 CPU 微机系统若用独立编址方式，则访问 I/O 端口只能有直接寻址和 DX 寄存器间接寻址两种寻址方式。值得指出的是，一个微机系统的 I/O 端口若采用独立编址方式，则该微机系统的 CPU 必须提供控制信号以区别是寻址内存还是外设端口，且指令系统必须有独立 I/O 指令。例如 8086 CPU 提供的 M/$\overline{\text{IO}}$ 控制信号为高电平时，表示访问存储器；在执行 I/O 指令时，提供的 M/$\overline{\text{IO}}$ 控制信号为低电平时，表示访问 I/O 端口。

6.2 输入/输出数据传送方式

微型计算机中，主机（CPU＋内存）和外设之间数据传送的方式通常有三种，即程序控制传送方式、中断传送方式和 DMA（直接存储器存取）方式。

6.2.1 程序控制传送方式

程序控制传送方式是由程序来控制 CPU 和外设之间的数据传送。程序控制传送方式又可分为无条件传送和查询传送两种方式。

1）无条件传送方式

又称"同步传送方式"。在传送数据时，总是假设外设已做好了传送数据的准备，因而 CPU 直接与外设传送数据而不必预先查询外设的状态。这种传送方式主要用于外部控制过程的各种动作时间是固定的，且是已知的场合。

无条件传送是最简便的传送方式，它所需的硬件和软件都很少，但这种方式必须在已知且确信外设已准备就绪的情况下才能应用，否则就会出错。又由于适合于这种传送方式的外设很少，故较少使用。无条件传送方式的接口电路如图 6.2 所示。

在输入时，认为来自外设的数据已送到三态缓冲器，于是 CPU 对指定的端口地址执行 IN 指令。在 IN 指令的输入总线周期，地址译码器的输出信号和 M/$\overline{\text{IO}}$，$\overline{\text{RD}}$ 信号共同作用，产生三态缓冲器的允许传送信号（EN 为低电平有效），把外设送来的数据经数据总线输入 CPU。

在输出时，认为外设已准备就绪，并确认锁存器是"空的"（上次 CPU 输出至锁存器的数据已被外设取走或处理完）。当 CPU 对指定的端口地址执行输出指令时，地址译码器的输出信号和 M/$\overline{\text{IO}}$，$\overline{\text{WR}}$ 共同作用，选通锁存器，把数据总线上的数据暂存在锁存器中，由锁存器把数据输出至外设。

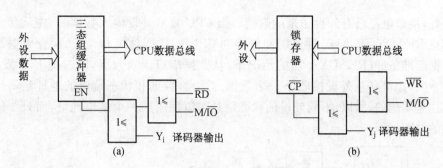

图 6.2　无条件传送方式

(a) 无条件传送的输入方式；(b) 无条件传送的输出方式

无条件传送的输入例子如图 6.3 所示。其中 74LS244 是一个不可编程的输入接口芯片,它有两个低电平有效的片选端 $\overline{CE1}$ 和 $\overline{CE2}$,8 个输入端 $D_7 \sim D_0$,8 个输出端 $Q_7 \sim Q_0$,两个片选端信号控制可作为两个 4 位的缓冲器使用,也可作为一个 8 位的缓冲器使用,其内部结构实质上是 8 个带"允许输出"的三态器件。输入设备为按键开关。

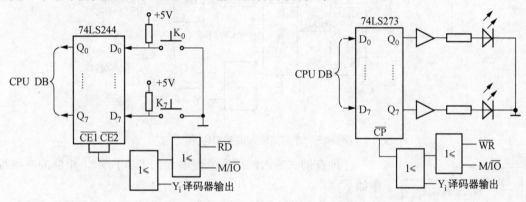

图 6.3　74LS244 输入接口电路　　　　　图 6.4　74LS273 输出接口电路

无条件传送的输出例子如图 6.4 所示。其中 74LS273 是一个不可编程的输出接口芯片,当锁存控制端 $\overline{CP}$ 具有低电平有效信号时,$D_7 \sim D_0$ 上的信号才会被锁在 74LS273 内,并在 $Q_7 \sim Q_0$ 输出端上输出;当 $\overline{CP}$ 端为高电平时,原被锁存的信号不会因 $D_7 \sim D_0$ 上信号的变化而改变,其内部结构是一个 8 位的 D 锁存器。输出外设为发光二极管。图 6.4 中,驱动器提供发光二极管点亮所需的足够大的电流。

2) 查询传送方式

又称"异步传送方式"。如果 CPU 与外设工作不同步,那么 CPU 在执行输入/输出操作时,很难保证外设已为数据传送做好了准备。这样为保证数据传送的正确进行,提出了查询传送方式。当采用查询方式进行数据传送前,CPU 首先要测试外设的状态,只有在状态信息满足条件时,才能进行数据传送。否则,CPU 只能循环等待或转入其他程序段。实现查询传送,接口电路中除了有数据端口以外,还必须有状态端口。

(1) 查询式输入

实现查询式输入的接口电路如图 6.5 所示。当输入设备数据准备好,就发出低电平有效的选通信号STB,该信号有两作用:ⓐ 作为 8 位锁存器的控制信号,当 $\overline{STB}$ 为低电平有效信号时,输入设备的数据被送入锁存器;ⓑ $\overline{STB}$ 信号使 D 触发器的输出端 Q 变成高电平,表示外

147

设已准备好,接口电路已有外设送来的数据。当 CPU 要从外设输入数据时,先从状态端口读入状态信息 READY(READY 通过缓冲器接到 CPU 的数据总线 D_0 上),检查数据是否准备好。在数据已准备好(READY=1)的情况下,从数据端口读入数据,同时把 D 触发器清"0"(READY=0),以准备从外设接收下一个数据。注意,数据和状态端口的地址是不同的。状态信息往往是 1 位的,所以,不同外设的状态信息可以使用同一个端口地址,而只要使用数据总线不同的位即可。

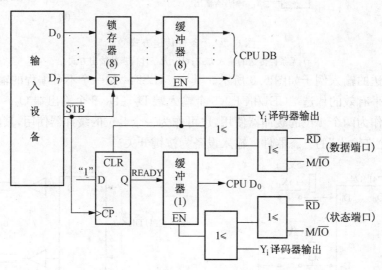

图 6.5　查询式输入的接口电路

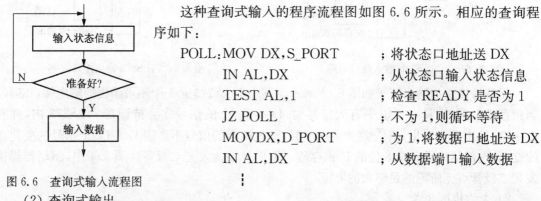

这种查询式输入的程序流程图如图 6.6 所示。相应的查询程序如下:

```
POLL:MOV DX,S_PORT      ;将状态口地址送 DX
     IN AL,DX           ;从状态口输入状态信息
     TEST AL,1          ;检查 READY 是否为 1
     JZ POLL            ;不为 1,则循环等待
     MOVDX,D_PORT       ;为 1,将数据口地址送 DX
     IN AL,DX           ;从数据端口输入数据
            ⋮
```

图 6.6　查询式输入流程图

(2) 查询式输出

当 CPU 将数据输出到外部设备时,由于 CPU 执行速度很快,如果外设不能及时将数据取走,CPU 就不能再向外设输出数据,否则,数据就会丢失。因此,外设取走一个数据就要发出一个状态信息,告诉 CPU 数据已被取走,可以输出下一个数据。查询式输出的接口电路如图 6.7 所示。

当 CPU 执行一条输出指令,将数据输出到锁存器(8)锁存,同时会使 D 触发器的 Q 端输出高电平,它一方面通知外设,输出缓冲器"满"(OBF=1),可以取走数据;另一方面在数据被输出设备取走之前,Q 端一直为"1",告诉 CPU(CPU 通过状态端口而知道)外设"BUSY",阻止 CPU 输出新的数据。当输出设备把 CPU 送出的数据取走后,发出一个回答信号 $\overline{ACK}$,使 D 触发器 Q 端复位,也使得状态缓冲器(1)的输入为 0。当 CPU 从状态端口读入这个状态信

148

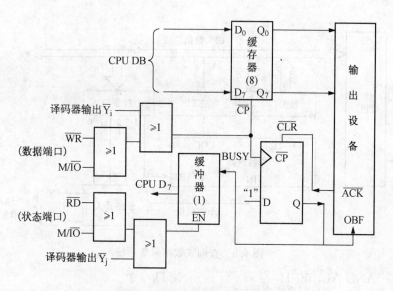

图 6.7 查询式输出接口电路

息(D_7)后,知道外设的数据输出端口已"空",外设已将前一个数据取走了,CPU 可以输出下一个数据。

查询式输出的程序流程如图 6.8 所示。相应的查询程序如下:

POLL：MOV DX,S_PORT
        IN AL, DX   ；从状态口输入状态信息
        TEST AL,80H   ；检查 BUSY 是否为 1
        JNZ POLL   ；为 1 外设忙,循环等待
        MOV AL,STORE   ；否则从存储器中取数据
        MOV DX,D_PORT
        OUT DX,AL   ；将数据从数据口输出
        ⋮

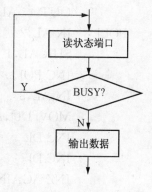

图 6.8 查询式输出流程图

一个查询传送的例子如图 6.9 所示。这是一个采用模/数转换器(A/D 转换器)对 8 个模拟量 $IN_0 \sim IN_7$ 轮流采样一遍的数据采集系统。8 个输入模拟量经过多路开关选择后送入 A/D 转换器,多路开关由控制端口(端口地址为 04H)输出的 3 位二进制码(对应于 $D_2D_1D_0$ 位)控制,当 $D_2D_1D_0$ =000 时选通 IN_0 输入 A/D 转换器,……$D_2D_1D_0$ =111 时选通 IN_7 输入 A/D 转换器,每次只送出一路模拟量到 A/D 转换器。同时,由控制端口的 D_4 位控制 A/D 转换器的启动(D_4 =1)与停止(D_4 =0)。当 A/D 转换器被启动转换后,EOC 端输出立即变低,直至 A/D 转换器完成转换后,EOC 端输出高电平有效信号,经过状态端口(端口内地址为 02H)输入到 CPU 的数据总线 D_0。经 A/D 转换后的数据由数据端口(端口地址为 03H)送至 CPU 的数据总线。该数据采集系统中,采用了 3 个端口:数据口、控制口和状态口。

相应的数据采集程序如下:
START：MOV DL,0F8H   ；设置启动 A/D 转换的信号
        MOV DI,0FFSET DSTOR   ；输入数据缓冲区的地址偏移量给 DI
AGAIN：MOV AL,DL

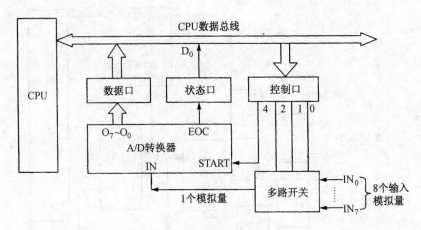

图 6.9 查询式数据采集系统

```
            AND AL,0EFH          ; 使 D_4 = 0
            OUT 4,AL             ; 停止 A/D 转换
            CALL DELAY           ; 等待停止 A/D 操作的完成
            MOV AL,DL
            OUT 4,AL             ; 启动 A/D,且选择一个模拟量
    POLL:   IN AL,2              ; 输入状态信息
            SHR AL,1
            JNC POLL             ; A/D 转换未结束,程序循环等待
            IN AL,3              ; 否则,读入转换结果
            MOV[DI],AL           ; 存至数据缓冲区
            INC DL               ; 指向下一个模拟量
            INC DI
            JNZ AGAIN            ; 8 个模拟量未输入完,继续;
               ⋮
               ⋮                 ; 已输入完,执行别的程序段
```

6.2.2 中断传送方式

在上述的查询传送方式中,CPU 要不断地查询外设,当外设没有准备好时,CPU 要等待,而许多外设(例如键盘、打印机等)的工作速度比 CPU 要慢得多,CPU 等待将浪费掉大量时间。如果 CPU 不主动去查询外设的状态,而是让外设在准备好之后通知 CPU,那么,CPU 在没接到外设通知前,只管做自己的事情,只有在接到通知后才执行与外设的数据传送工作。这样可大大提高 CPU 的利用率,这种数据传送方式称为中断传送方式。

在中断传送方式中,通常是在程序中安排好在某一时刻启动某一台外设,然后 CPU 继续执行其程序。当外设完成数据传送的准备后,向 CPU 发出"中断请求"信号,请求 CPU 为其服务,进行数据传送。在 CPU 可以响应中断的条件下,CPU 暂停正在运行的程序,转去执行"中断服务程序",在"中断服务程序"中完成一次 CPU 与外设之间的数据传送。传送完成后立即返回,继续执行原来的程序。

采用中断传送方式时,CPU从启动外设直到外设准备就绪这段时间内一直在执行程序,而不是像查询方式那样处于循环等待状态,仅仅是在外设准备好数据传送的情况下才中止CPU执行的程序,这在一定程度上实现了CPU和外设的并行工作。若某一时刻有多台外设同时发出中断请求信号,CPU可以根据预先安排好的优先顺序,分轻重缓急处理多台外设的数据传送,这样也可以实现多个外设的并行工作。

中断传送方式的接口电路如图6.10所示。这是一个输入接口电路。当输入设备准备好一个数据后,发出选通信号$\overline{STB}$,使输入设备的8位数据送入锁存器U_1;同时使中断请求触发器U_2置"1",若系统允许该设备发出中断请示,则中断屏蔽触发器U_3已置"1",从而通过与门U_5向CPU发出中断请求信号INTR。若无其他设备的中断请求,在CPU中断的情况下,则在现行指令结束后,CPU响应该设备的中断请求,执行中断响应总线周期,发出中断响应信号$\overline{INTA}$,提出中断请求的外设则把一个字节的中断类型码送上数据总线,然后CPU根据该中断类型码转移到中断服务程序入口地址去执行相应的中断服务程序,读入数据(通过IN指令,打开三态缓冲器U_4),同时复位中断请求触发器U_2,中断服务完成后,再返回到程序断点处去执行被中断的程序。

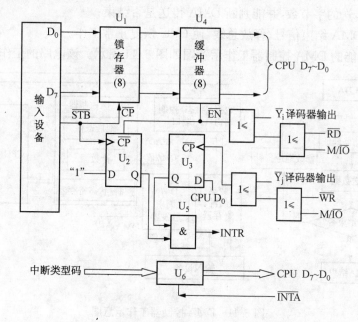

图6.10 中断接口电路

6.2.3 DMA方式

采用中断方式传送数据,可以大大提高CPU的利用率,适合于慢速的外设与CPU之间传送数据。但是中断传送仍是由CPU通过执行程序来完成数据传送的,每传送一个字节(或一个字)就得把主程序停下来,转而去执行中断服务程序,在执行中断服务程序前要作好现场保护,执行完中断服务程序后,还得恢复现场,数据都必须经过CPU的累加器才能输入或输出。当一个高速的外设与内存之间成批交换数据时,例如磁盘与内存之间交换信息,通过CPU转送数据,无论采用程序控制方式还是中断方式都显得速度太慢。为此提出了在外设和内存之间直接传送数据的方式,即 DMA 传送方式。这种传送方式的基本思想是在外设的内存之间开辟直接的数据交换通道而不通过 CPU。CPU 不干预传送过程,一个传送过程由硬件来完成而不需要软件介入,这样数据传送速率可以达到很高,其上限就取决于存储器的工作速度。在 DMA 传送方式中,对这一数据传送过程进行控制的硬件称为 DMA 控制器。通常系统的地址总线、数据总线以及一些控制信号线(例如 M/$\overline{\text{IO}}$,$\overline{\text{RD}}$,$\overline{\text{WR}}$等)是由 CPU 控制管理的。在 DMA 方式时,要求 CPU 让出这些总线(即 CPU 连到这些总线上的三态门处于高阻状态),而由 DMA 控制器控制和管理。

在 DMA 操作中,DMA 控制器是控制存储器和外设之间高速传送数据的硬件电路,是一种完成直接数据传送的专用处理器。DMA 控制器必须具有以下功能:

① 能接收外设的 DMA 请求信号 DREQ,并能向外设发出 DMA 响应信号 DACK;

② 能向 CPU 发出总线请求信号(HOLD),当 CPU 发出总线响应信号(HLDA)后,能接管对总线的控制,进入 DMA 方式;

③ 能发出地址信息,对存储器寻址并修改地址指针;

④ 能发出读、写等控制信号,包括存储器读/写信号和 I/O 读/写信号;

⑤ 能决定传送的字节数,并能判断 DMA 传送是否结束;

⑥ 能发出 DMA 结束信号,释放总线,使 CPU 恢复正常工作。

具有上述功能的 DMA 控制器工作示意图如图 6.11 所示。该电路的工作过程如下:

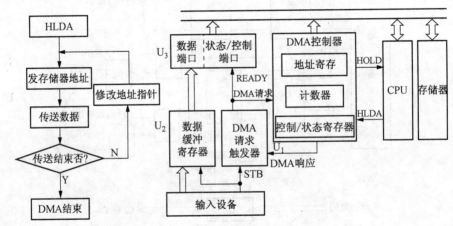

图 6.11　DMA 控制器工作示意图

当外设把数据准备好以后,发出一个选通脉冲 STB,将输入数据送入"数据缓冲寄存器"U_2,并使"DMA 请求触发器"U_1 置"1"。DMA 请求触发器向状态控制端口发出准备就绪信号 READY,同时向 DMA 控制器发出 DMA 请求信号,然后,DMA 控制器向 CPU 发出 HOLD(总线请求)信号,CPU 在现行总线周期结束后给予响应,发出 HLDA 信号,同时 CPU 把地址总线、数据总线及一些控制信号线置为高阻状态,让出这些总线,DMA 控制器接到该信号后接管总线,发出 DMA 响应和地址信息,并发出存储器写命令,把输入数据写到内存,然后修改地址指针,修改计数器,检查传送是否结束,若未结束,则循环传送直到整个数据块传送完。当整个数据传送完后,DMA 控制器撤除总线请求信号 HOLD,在下一个 T 周期的上升沿,HLDA 变为无效。

随着大规模集成电路技术的发展,DMA 传送已不局限于存储器与外设之间的信息交换,而可以扩展为在存储器的两个区域之间,或两种高速的外设之间进行 DMA 传送。

6.3　8086 CPU 的输入/输出

8086 的 I/O 端口采用独立编址时,由专门设置的 IN 和 OUT 指令最多可访问 64K 个 8 位端口或 32K 个 16 位端口。任何两个相邻的 8 位端口可以组合成一个 16 位的端口。对于偶数地址的 16 位端口的访问,只需一个总线周期,而对于奇数地址的 16 位端口的访问需要两个总线周期才能完成。

8086 CPU 和 I/O 接口电路之间的数据通路是分时复用的地址/数据总线。采用 I/O 独立编址方式时,8086 CPU 若用 DX 寄存器间接寻址,需用地址线 $A_{15} \sim A_0$ 来寻址端口;若用直接寻址,需用地址线 $A_7 \sim A_0$ 来寻址端口。其他控制信号在最小模式时有:ALE、$\overline{BHE}$、$M/\overline{IO}$、$\overline{RD}$、$\overline{WR}$、$DT/\overline{R}$ 和 $\overline{DEN}$。CPU 在执行访问 I/O 端口的指令(IN 和 OUT)时,从硬件上会产生有效的 $\overline{RD}$ 或 $\overline{WR}$ 信号,同时使 $M/\overline{IO}$ 处于低电平,通过外部逻辑电路的组合,产生对 I/O 端口的读或写信号。输入输出的控制信号由 CPU 直接提供。CPU 工作在最大模式时,输入输出的某些控制信号则由 CPU 的状态线 $\overline{S_0}$、$\overline{S_1}$、$\overline{S_2}$,经过总线控制器芯片 8288 译码产生(参见第二章)。

由于 8086 CPU 与外设交换数据可以字或字节进行,当以字节进行时,偶地址端口的字节数据在低 8 位数据 $D_7 \sim D_0$ 上传送,奇地址端口的字节数据在高 8 位数据线 $D_{15} \sim D_8$ 上传送,故在安排外设的端口地址时,若外设的数据线只有 8 根,应使同一台外设的所有端口地址都是偶地址或都是奇地址,这样,同一台外设的数据传送都是在数据总线的低 8 位或高 8 位上进行。正是由于这个原因,地址线 A_0 不能用作寻址同一台外设接口的不同端口的地址位。

图 6.12 是 8086 CPU 最小模式系统下的一个 8 位输出接口电路,端口地址为 8000H(8000H～FFF0H 中所有能被 16 整除的地址)。电路的连接使得 I/O 端口地址具有偶地址,数据线 $D_7 \sim D_0$ 连接到端口的输出锁存器上,8086 CPU 通过数据总线 $D_7 \sim D_0$ 把数据送往输出端口。

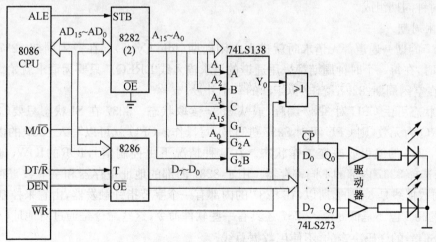

图 6.12　8086 CPU 最小模式系统下的 8 位输出接口电路

153

6.4 DMA 控制器 8237

8237 是 Intel 公司生产的高性能可编程的 DMA 控制器,适合于与 Intel 公司的各种微处理机连接。

8237 工作时钟为 3MHz;8237-4 为 4MHz;8237-5 为 5MHz。在使用上它们基本上没差别,为了书写方便,这里只讲 8237,读者可以理解为它的各种版本。

6.4.1 主要技术特性

① 有 4 个完全独立的 DMA 通道,它们可以分别编程控制 4 个不同的 DMA 操作对象。

② 能分别允许或禁止各通道的 DMA 请求。

③ 每一个通道的 DMA 请求有不同的优先权,优先权可以是固定的,也可以是旋转的(由命令寄存器的 D_4 位设定)。

④ 可以在存储器与外设之间进行数据传送,也能进行存储器到存储器之间的数据传输。

⑤ 存储器的寻址范围为 64KB,能在每传送一个字节后地址自动加 1 或减 1。

⑥ 对于时钟为 5MHz 的 8237-5,其传输速率高达 1.6MB/s。

⑦ 可以用级联的方法无限地扩展 DMA 通道数。

⑧ 具有控制 DMA 结束传送的输入信号 $\overline{EOP}$ 引脚,允许外界用此输入信号结束 DMA 传送。

⑨ DREQ 和 DACK 信号的有效极性可以用软件分别设置。

⑩ 8237 的 DMA 传送方式可以用软件设置为单字节传送方式、成组传送方式、请求成组传送方式和级连方式。

6.4.2 8237 的工作周期

8237 在设计时规定它有两种主要的工作周期,即空闲周期和有效周期。每一个周期又是由若干个时钟周期组成。

1) 空闲周期

当 8237 的任一通道都无请求时就进入空闲周期(Idle Cycle)。在空闲周期 8237 始终执行 SI 状态时,在每一个时钟周期都采用通道的请求输入线 DREQ。只要无请求就始终停留在 SI 状态。在空闲周期,8237 就作为 CPU 的一个外设。

在 SI 状态可由 CPU 对 8237 编程,或从 8237 读取状态。8237 在 SI 状态只要 $\overline{CS}$ 信号有效并且 HRQ 为无效,则 CPU 可对 8237 进行读/写操作。CPU 就可以写入 8237 的内部寄存器,实现对 8237 的编程或改变工作状态。在这种情况下由控制信号 $\overline{IOR}$ 的 $\overline{IOW}$、地址信号 $A_3 \sim A_0$ 来选择 8237 内部的不同寄存器。由于 8237 内部的地址寄存器和字节数寄存器都是 16 位的,而数据线是 8 位的,所以,在 8237 的内部有一个字节指针触发器,由它来控制写入 16 位寄存器的高 8 位还是低 8 位。8237 还具有一些软件命令,这些命令是通过对地址($A_3 \sim A_0$)和 $\overline{IOW}$、$\overline{CS}$ 信号的译码决定的,不使用数据总线。

2) 有效周期

当 8237 在 SI 状态采样到外设有请求,就脱离 SI 而进入 S_0 状态,S_0 状态是 DMA 服务的

154

第一个状态,在这个状态 8237 已接收了外设的请求,向 CPU 发出了 DMA 请示信号 HRQ,但尚未收到 CPU 的 DMA 响应信号 HLDA。当接收到 HLDA 就使 8237 进入工作状态,开始 DMA 传送,8237 就作为系统总线的主控设备。工作状态是由 S_1,S_2,S_3,S_4 组成以完成数据传送,若外设的数据传送速度较慢,不能在 S_4 之前完成,则可由 Ready 线在 S_3 或 S_2 与 S_4 之间插入 S_w 状态。

在存储器与存储器之间的传送,需要完成从存储器读和存储器写的操作,所以每一次传送需要 8 个时钟周期,在前 4 个周期 $S_{11},S_{12},S_{13},S_{14}$ 完成从存储器读,另外 4 个周期 $S_{21},S_{22},S_{23},S_{24}$ 完成存储器写。

6.4.3 8237 引脚

图 6.13 是 8237 的引脚图,它采用双列直插式封装。

1) 与 DMA 有效周期有关的引脚

CLK:时钟输入信号

时钟输入信号用以控制 8237 内部的逻辑操作和数据传送速率。这个信号的频率要按照规定给出,如 8237-5 的最高时钟频率不超过 5MHz。

READY:就绪输入信号

这是外设输给 8237 的高电平有效的信号。当 8237 进入 DMA 有效周期后,每传送 1 个字节的数据需用 $S_1 \sim S_4$ 4 个工作状态。与 CPU 的 READY 引脚一样,若慢速的存储器或外设不能在规定的 4 个工作状态中完成读写工作,则在 S_3 状态结束前向 8237 发出 READY 为低,8237 在 S_3 结束时采样到 READY 为低电平,则插入 S_w,接着,在插入 S_w 结束时再采样 READY,直至采样到 READY 为高电平,才进入 S_4,否则继续插入 S_w。

$DREQ_0 \sim DREQ_3$,$DACK_0 \sim DACK_3$:DMA 请求及响应信号。

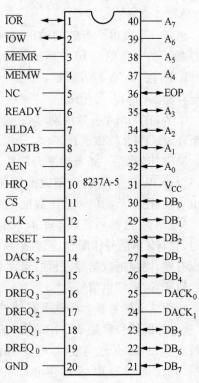

图 6.13 8237A 引脚图

DMA 请求信号是由外设输入的信号,它要求进行一次 DMA 传送。这个输入信号的有效极性是可编程的,在芯片总清除后,它以高电平为有效。DACK 则是 8237 控制器对外设 DMA 请求的响应信号,信号有效的极性也是可以编程的,芯片总清后,以低电平为有效。这是一对应答信号,DREQ 必须保持到 DACK 有效值出现后才能撤除。

4 个通道的 DMA 请求可以通过编程安排不同的优先级,在固定方式下,$DREQ_0$ 具有最高优先级,而 $DREQ_3$ 优先级最低。

HRQ,HLDA:保持请求和响应信号

这是 8237 与 CPU 联系的一对应答信号。当 8237 接到外设的 DREQ 信号时,如果芯片没有对它屏蔽,就会向 CPU 发出 HRQ 信号,CPU 采样到该信号有效后,发出 HLDA 应答信号,当 HLDA 有效时,表明 CPU 已经让出了总线。

$A_0 \sim A_7$:低位地址

155

三态,从 8237 输出,在 DMA 有效周期中,由它输出要访问的存储单元的低 8 位地址。$DB_0 \sim DB_7$:数据总线在 DMA 有效周期中,作为高 8 位地址与数据的复用线,类似 8086 CPU 的情况,需要先把 8237 在 S_1 期间输出的存储单元高 8 位地址锁存起来,作为对存储器寻址的高 8 位地址,然后这组线才能传送数据。

ADSTB:地址选通信号

是个高电平有效的输出信号,它只是当 $DB_0 \sim DB_7$ 上出现地址的那段时间内(S_1 期间)有效。在这个信号的作用下,将 8237 在 S_1 期间通过 $DB_0 \sim DB_7$ 输出的存储单元高 8 位地址信号 $A_8 \sim A_{15}$ 锁存到外部地址锁存器中。

AEN:地址使能信号

也是一个高电平有效的输出信号。其有效时间长到足够一个 DMA 周期,这段时间中使 8237 输出的内存单元 16 位地址都能保持有效地送到地址总线上。

$\overline{IOR}$:在 DMA 有效周期,这是一条输出控制信号,与 $\overline{MEMW}$ 相配合,控制数据由外设传送至存储器(DMA 写传送)。

$\overline{IOW}$:在 DMA 有效周期时,它是一条输出控制信号,与 $\overline{MEMR}$ 相配合把数据从存储器传送至外设(DMA 读传送)。

$\overline{MEMR}$:这是一条低电平有效的三态输出信号,只用于 DMA 有效周期。在 DMA 读传送时,它与 $\overline{IOW}$ 信号相配合,把数据从存储器传送至外设;在存储器到存储器传送时,$\overline{MEMR}$ 信号也有效,控制从源单元读出数据。

$\overline{MEMW}$:这是一条低电平有效的三态输出信号,只用于 DMA 有效周期。在 DMA 写传送时,它与 $\overline{IOR}$ 信号相配合,把数据从外设写入存储器;在存储器到存储器传送时,$\overline{MEMW}$ 信号也有效,控制把数据写入目的单元。

$\overline{EOP}$:过程结束信号

过程结束信号是个低电平有效的双向信号。8237 允许用一个外部信号来终止 DMA 传送,这个外部信号就是从 $\overline{EOP}$ 端输入的一个低电平信号。当任何一个通道现行字节数寄存器计数到 0,DMA 传送完成时,8237 都将从 $\overline{EOP}$ 端输出一个负脉冲信号。不管是接收外部 $\overline{EOP}$ 还是内部产生的 EOP,都将终止 DMA 操作,并清除请求。如果在给模式寄存器编程时设置了自动预置功能,这时就将把基本寄存器的内容(包括基地址和基字节数)自动写入该通道现行寄存器中。$\overline{EOP}$ 引脚应该通过一个上拉电阻接至电源以防止干扰引起的读操作。

2) 与空闲周期有关的引脚

RESET:复位信号输入

通常与系统的复位信号连在一起,一通电自行复位。它把命令、状态、请求和临时寄存器都清零了,还清零字指针触发器和置位屏蔽寄存器。复位后,8237 处于空闲周期。

$\overline{CS}$:片选信号

输入为低电平时,允许 CPU 对 8237 进行读写。与其他接口电路一样,它也从地址译码器输出得到。

$A_0 \sim A_3$:地址线输入

用来选择 8237 内部有关寄存器的地址。由于它是 4 位地址,片内的寻址范围是 16 个。

$DB_0 \sim DB_7$:这是 8 条双向三态数据总线,与系统的数据总线相连。在空闲周期,CPU 可以用 IN 指令,从数据总线上读取 8237 的现行地址寄存器、现行字节数寄存器、状态寄存器和临时寄存器的内容,以了解 8237 的工作情况。CPU 可以用 OUT 指令通过这些线对各个寄存器编程。

$\overline{IOR}$:在空闲周期,是一条输入控制信号,CPU 利用这个信号读取 8237 内部寄存器的状态。

$\overline{IOW}$:在空闲周期,是一条输入控制信号,CPU 利用这个信号对 8237 内部寄存器编程。

由上可见,引脚中 $A_0 \sim A_3$,$DB_0 \sim DB_7$ 以及 $\overline{IOR}$,$\overline{IOW}$ 是两种状态下都有用的信号,所以它们都是双向信号。

6.4.4   8237 的工作模式

8237 在 DMA 传送时有四种工作模式。

1) 单字节传送模式

这种模式是只传送一个字节。数据传送后现行字节数寄存器减量,地址要相应修改(增量或减量取决于对模式寄存器的编程)。然后 HRQ 变为无效,8237 释放系统总线。若传送使字节数减为 0,$\overline{EOP}$ 端输出负脉冲或者从 $\overline{EOP}$ 输入低电平终结 DMA 传送,可重新初始化。

对于这种方式,DREQ 信号必须保持有效,直至 DACK 信号变为有效。但是若 DREQ 有效的时间覆盖了单字节传送所需的时间,则 8237 在传送完一个字节后,先释放总线,然后再产生下一个 DREQ,完成下一个字节的传送。这种方式在两次 DMA 传送之间,CPU 至少执行一个总线周期。

2) 块传送方式

在这种传送方式下,8237 由 DREQ 启动就连续地传送数据,直至现行字节数计数器减到零或者由外部输入有效的 $\overline{EOP}$ 信号来终结 DMA 传送。

在这种方式下,DREQ 信号只需要维持到 DACK 有效。在数据块传送完了或是终结操作,可重新初始化。

3) 请求传送方式

在这种工作方式下,8237 可以进行连续的数据传送。当出现以下三种情况之一时停止传送。

① 字节数计数器减到 0;

② 由外界送来一个有效的 $\overline{EOP}$ 信号;

③ 外界的 DREQ 信号变为无效(外设的数据已传送完毕)。

在第三种情况下,8237 释放总线,CPU 可以继续操作。而 8237 的现行地址寄存器和现行字节数寄存器的中间值可以保持不变。只要外设准备好了要传送的新的数据,又 DREQ 再次有效就可以使传送继续下去。

4) 级连方式

这种方式用于通过级连以扩展通道。第二级 HRQ 的 HLDA 信号连到第一级的 DREQ 和 DACK 上,如图 6.14 所示。

第二级各个片子的优先权等级与所连的第一级的通道相对应。第二级的 HRQ 请求信号通过第一级向 CPU 转发 HRQ 请求信号,CPU 对第一级的 HLDA 信号再通过第一级转发给第二级对应的 HLDA。此外,第一级用于级连的通道不再向外输出任何信号,即不能去作 DMA 控制器了。但第一级未与第二级级连的通道仍可作为单独的 DMA 控制器。

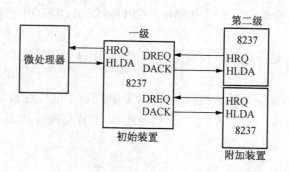

图 6.14　8237 的级连

在前三种工作方式下,DMA 传送有三种类型:DMA 读、写和校验。

DMA 读传送是把数据由存储器传送至外设,操作时由$\overline{\text{MEMR}}$有效从存储器读出数据,由$\overline{\text{IOW}}$有效把数据传送给外设。

DMA 写传送是把由外设输入的数据写至存储器中。操作时由$\overline{\text{IOR}}$信号有效从外设输入数据,由$\overline{\text{MEMW}}$有效把数据写入内存。

校验操作是一种空操作,8237 本身并不进行任何校验,而只是像 DMA 读或 DMA 写传送一样地产生时序,产生地址信号,但是存储器和 I/O 读/写控制线保持无效,所以并不进行传送。而外设可以利用这样的时序进行校验。

存储器到存储器传送。8237 可以在这种方式下编程。这种编程必须给请求寄存器编程为 0 的通道软件请求。这时就要用到两个通道,通道 0 的地址寄存器编程为源区地址;通道 1 的地址寄存器编程为目的区地址,字节数寄存器编程为传送的字节数。传送由设置一个通道 0 的软件 DREQ 启动,8237 按正常方式向 CPU 发出 DMA 请求信号 HRQ,待 CPU 用 HLDA 信号响应后传送就可以开始,每传送一个字节要用 8 个时钟周期,4 个时钟周期以通道 0 为地址从源区读数据送入 8237 的临时寄存器;另 4 个时钟周期以通道 1 为地址把临时寄存器中的数据写入目的区。每传送一个字节,源地址和目的地址都要修改(可增量也可以减量修改),字节数减量。传送一直进行到通道 1 的现行字节数寄存器减到零,在$\overline{\text{EOP}}$端输出一个脉冲,结束 DMA 传送。

在存储器到存储器的传送中,也允许外部送来一个$\overline{\text{EOP}}$信号停止 DMA 传送。这种方式可用于数据块搜索,当发现匹配时,发出$\overline{\text{EOP}}$信号停止传送。

6.4.5　8237 的寄存器组和编程

1) 现行地址寄存器

每一个通道有一个 16 位的现行地址寄存器。在这个寄存器中保持用于 DMA 传送存储单元的地址值,在每次传送后这个寄存器的值自动增量或减量。在传送过程中地址的中间值就保存在这个寄存器中。这个寄存器的值在 SI 状态可由 CPU 写入或读出(分两次连续操作)。若编程为自动预置,则在每次$\overline{\text{EOP}}$后,初始化为它的初始值(即保存在基地址寄存器中的值)。

2) 现行字节数寄存器

每个通道有一个 16 位的现行字节数寄存器,它保持着要传送的字节数,在每次传送后此寄存器减量。在传送过程中字节数的中间值保存在这个寄存器中。当这个寄存器的值减为零时,$\overline{EOP}$端输出为负脉冲。这个寄存器的值在 SI 状态可由 CPU 读出和写入。在自动预置情况下,当 $\overline{EOP}$ 产生时,它的值可由基字节数寄存器中的值自动写入。

3) 基地址和基字节数寄存器

每一个通道有一对 16 位的基地址和基字节数寄存器,它们存放着与现行寄存器相联系的初始值。在自动预置情况下,这两个寄存器中的值,在 $\overline{EOP}$ 产生时自动写入到相应的现行寄存器中。在 SI 状态,基寄存器与它们相应的现行寄存器是同时由 CPU 写入的。这些寄存器的内容 CPU 不能读出。

4) 命令寄存器

这是一个 8 位寄存器,用以控制 8237 的工作。命令字的格式如图 6.15 所示。

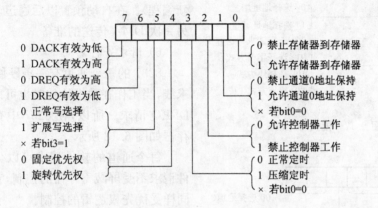

图 6.15　8237 命令字的格式

D_0 位用来规定是否工作在存储器到存储器传送方式。

D_4 位用来选择是固定优先权还是优先权旋转。8237 有两种优先权方式可供选择,一种是固定优先权,在这种方式下通道的优先权是固定的,通道 0 的优先权最高,通道 3 的优先权最低;在优先权旋转时通道的优先权也作相应的旋转,如图 6.16 所示。

命令寄存器可由 CPU 写入进行编程,复位信号使其清零。

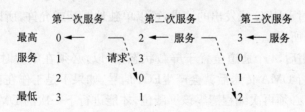

图 6.16　优先权旋转的情况

5) 模式寄存器

每一个通道有一个 6 位的模式寄存器以规定通道的工作模式,如图 6.17 所示。

在编程时用最低两位来选择写入哪个通道的模式寄存器。

两位(D_7,D_6)规定了四种工作模式的某一种,D_3,D_2 两位规定是 DMA 读还是 DMA 写或是校验操作。

159

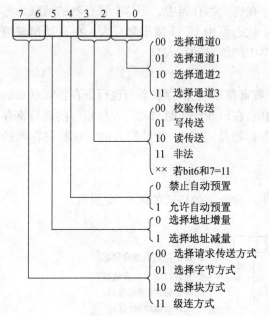

图 6.17　模式寄存器

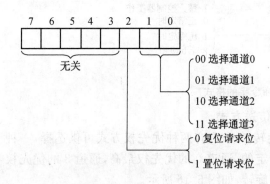

图 6.18　请求寄存器

D_5　这一位用于规定地址是增量修改还是减量修改。

D_4　这一位规定是否允许预置。若工作在自动预置方式,则每当产生 $\overline{EOP}$ 信号时(不论是由内部产生或是由外界产生)都用基地址寄存器和基字节数寄存器的内容,使相应的现行寄存器恢复初始值。而现行寄存器和基寄存器的内容,是由 CPU 编程时同时写入的,但在 DMA 传送过程中,现行寄存器的内容是不断修改的,而基寄存器的内容维持不变(除非重新编程)。在自动预置以后通道就作好了进行另一次 DMA 传送的准备。

6) 请求寄存器

8237 的每个通道有一条硬件的 DREQ 请求线,当工作在数据块传时也可以由软件发出 DREQ 请求。所以,在 8237 中有一个请求寄存器如图 6.18 所示。

每个通道的软件请求可以分别设置。软件请求不受屏蔽寄存器的控制,它们的优先权同样受优先权逻辑的控制。

软件请求的位由内部输出或外部输入的 $\overline{EOP}$ 有效信号复位。Reset 信号使整个寄存器清除。

只有在数据块传送方式,才允许使用软件请求,若用于存储器到存储器传送,则 0 通道必须用软件请求,以启动传送过程。

7) 屏蔽寄存器

每个通道外设通过 DREQ 线发出的请求,可以单独地屏蔽或允许,所以在 8237 中有一个屏蔽寄存器如图 6.19 所示。

在 Reset 信号作用后,4 个通道全置于屏蔽状态,所以,必须在编程时根据需要复位屏蔽位。当某一个通道进行 DMA 传送后就会产生 $\overline{EOP}$ 信号,如果不是工作在自动预置方式,则这一通道的屏蔽位置位,必须再次编程清零该屏蔽位,才能进行下一次的 DMA 传送。也可以用图 6.19(b) 所示的格式,在一个命令字中对 4 个通道的屏蔽情况进行编程。但两种格式片内地址是不同的。

8) 状态寄存器

8237 中有一个可供 CPU 读取的状态寄存器,如图 6.20 所示。

状态寄存器中的低 4 位,反映了在读命令这个瞬间每个通道的字节数是否已减到零。高 4 位反映每个通道的请求情况。Reset 信号使状态寄存器复位。

160

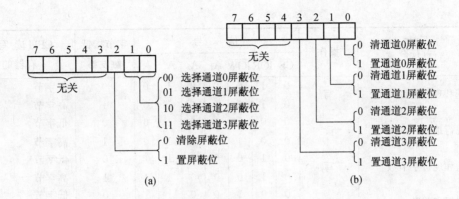

(a)

(b)

图 6.19　屏蔽寄存器

(a) 写 1 个通道屏蔽字；(b) 写 4 个通道屏蔽字

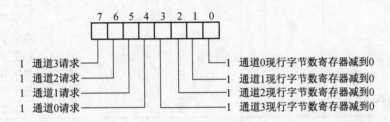

图 6.20　状态寄存器

9) 临时寄存器

在存储器到存储器的传送方式下，临时寄存器保存从源单元读出的数据，又由它写入至目的单元。在传送完成时，它保留传送的最后一个字节，此字节可由 CPU 读出。Reset 信号使其复位。

如上所述，8237 内部寄存器可以分成两大类，一类是通道寄存器，即每个通道都有的现行地址寄存器、现行字节数寄存器和基地址及基字节数寄存器；另一类是控制和状态寄存器。这些寄存器是由最低 4 位地址 $A_3 \sim A_0$ 以及读写命令来区分的。通道寄存器的寻址如表 6.1 所示。

控制和状态寄存器的寻址如表 6.2 所示。

表 6.1　通道寄存器的寻址

通道	寄存器	操作	信　　号						字节指针触发器	CPU 读/写的寄存器的值
			$\overline{CS}$	$\overline{IOR}$	$\overline{IOW}$	A_3	A_2	A_1	A_0	
0	基和现行地址	写	0	1	0	0	0	0	0	0	低字节
			0	1	0	0	0	0	0	1	高字节
	现行地址	读	0	0	1	0	0	0	0	0	低字节
			0	0	1	0	0	0	0	1	高字节
	基和现行字节数	写	0	1	0	0	0	0	1	0	低字节
			0	1	0	0	0	0	1	1	高字节
	现行字节数	读	0	0	1	0	0	0	1	0	低字节
			0	0	1	0	0	0	1	1	高字节

161

通道	寄存器	操作	$\overline{CS}$	$\overline{IOR}$	$\overline{IOW}$	A₃	A₂	A₁	A₀	字节指针触发器	CPU 读/写的寄存器的值
1	基和现行地址	写	0	1	0	0	0	1	0	0	低字节
			0	1	0	0	0	1	0	1	高字节
	现行地址	读	0	0	1	0	0	1	0	0	低字节
			0	0	1	0	0	1	0	1	高字节
	基和现行字节数	写	0	1	0	0	0	1	1	0	低字节
			0	1	0	0	0	1	1	1	高字节
	现行字节数	读	0	0	1	0	0	1	1	0	低字节
			0	0	1	0	0	1	1	1	高字节
2	基和现行地址	写	0	1	0	0	1	0	0	0	低字节
			0	1	0	0	1	0	0	1	高字节
	现行地址	读	0	0	1	0	1	0	0	0	低字节
			0	0	1	0	1	0	0	1	高字节
	基和现行字节数	写	0	1	0	0	1	0	1	0	低字节
			0	1	0	0	1	0	1	1	高字节
	现行字节数	读	0	0	1	0	1	0	1	0	低字节
			0	0	1	0	1	0	1	1	高字节
3	基和现行地址	写	0	1	0	0	1	1	0	0	低字节
			0	1	0	0	1	1	0	1	高字节
	现行地址	读	0	0	1	0	1	1	0	0	低字节
			0	0	1	0	1	1	0	1	高字节
	基和现行字节数	写	0	1	0	0	1	1	1	0	低字节
			0	1	0	0	1	1	1	1	高字节
	现行字节数	读	0	0	1	0	1	1	1	0	低字节
			0	0	1	0	1	1	1	1	高字节

表 6.2 控制和状态寄存器寻址

寄存器	操作	$\overline{CS}$	$\overline{IOR}$	$\overline{IOW}$	A₃	A₂	A₁	A₀
命令	写	0	1	0	1	0	0	0
模式	写	0	1	0	1	0	1	1
请求	写	0	1	0	1	0	0	1
屏蔽	写1个通道屏蔽字	0	1	0	1	0	1	0
屏蔽	写4个通道屏蔽字	0	1	0	1	1	1	1
临时	读	0	0	1	1	1	0	1
状态	读	0	0	1	1	0	0	0

10）软件命令

8237 在编程状态还有两种软件命令。软件命令由指定的地址信息和 $\overline{IOW}$ 组成且与数据总线上的信息无关。这两种软件命令是：

（1）清除字节指针触发器

8237 内部的字节指针触发器用以控制写入或读出 16 位寄存器的高字节还是低字节，如表 6.1 中所示。若字节指针触发器为零，则操作的为低字节；若字节指针触发器为"1"，操作的为高字节。在复位以后，此触发器被清零，每当对 16 位寄存器进行一次操作，则此触发器改变状态。我们也可以用字节指针触发器清除命令使它清零，地址和控制信号如表 6.3 中所示。

表 6.3　软件命令指定的地址和控制信号

信　　号						操　　作
A_3	A_2	A_1	A_0	$\overline{IOR}$	$\overline{IOW}$	
1	1	0	0	1	0	字节指针触发器清除命令
1	1	0	1	1	0	主清除命令
1	1	1	0	1	0	清屏蔽寄存器

（2）主清除命令

这个命令与硬件的 Reset 信号有相同的功能，它使命令、状态、请求、临时寄存器以及字节指针触发器清零；使屏蔽寄存器置为全"1"（即屏蔽状态），使 8237 进入空闲周期，以便进行编程。地址和控制信号如表 6.3 所示。

（3）清屏蔽寄存器命令

执行这个命令将清除所有通道的屏蔽寄存器。地址和控制信号如表 6.3 所示。

11) 8237 的编程步骤

① 输出主清除命令；

② 写入基与现行地址寄存器；

③ 写入基与现行字节数寄存器；

④ 写入模式寄存器；

⑤ 写入屏蔽寄存器；

⑥ 写入命令寄存器；

⑦ 写入请求寄存器。若有软件请求，就写入至指定通道，就可以开始 DMA 传送的过程。若无软件请求，则在完成了①～⑥的编程后，由通道的 DREQ 启动 DMA 传送过程。

6.4.6　8237 的工作时序

1) 概述

8237 控制器有两大类操作周期，即空闲周期和有效（DMA）周期。所谓空闲周期是指 8237 在复位后还没有编程，或者已经编程但还没接到 DMA 请求时的情况。这个周期中，CPU 可对 8237 进行编程和读/写操作。有效（DMA）周期指当 DMA 控制器接到 CPU 的 HLDA 响应信号后，8237 进行 DMA 传送操作的过程。每个周期总是由若干个状态组成。每个状态都占一个时钟周期的时间，但由于每个状态中它们完成的任务各不相同，所以又把它们叫做 SI, S_0, S_1, S_2, S_3, S_4 和 S_w 七种不同的状态。在空闲周期中只执行一种空闲状态 SI。此种状态下，每个时钟周期都检查 DREQ 状态，以确定是否有通道请求 DMA 服务。同时，也对 $\overline{CS}$ 端采样，判断 CPU 是否要对 8237 进行读写操作。如 $\overline{CS}$ 为低电平，且无 DREQ 请求信号，就使芯片进入编程工作状态。

　　2) 正常 DMA 读写操作

　　图 6.21 是 8237 的时序图。下面按图上所标注的各状态,逐个说明每个时钟周期的作用。

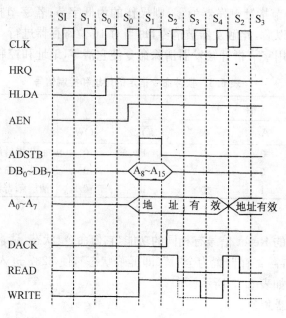

图 6.21　8237 时序图

　　当 8237 编程后,在接到外设的 DREQ 请求后,就向 CPU 发出总线保持请求 HRQ,并使芯片进入 S_0 状态。S_0 是个等待状态,这期间 8237 等待 CPU 发出 HLDA 的响应。

　　在接到 CPU 送来的 HLDA 信号后,8237 接管 CPU 让出的总线,作为系统总线控制器进入有效周期 S_1 状态。一个完整的传送周期应包括 $S_1 \sim S_4$ 4 个工作状态。与 CPU 一样,如果慢速存储器或外设不能在规定的 4 个状态中完成读写工作,可以利用 READY 端控制,在 S_3 或 S_2 与 S_4 之间插入 S_W 状态,以求速度匹配。

　　S_1 状态中,从 $A_0 \sim A_7$ 送出要访问的存储单元低 8 位地址直至 S_4 结束,从 $DB_0 \sim DB_7$ 送出要访问的存储单元高 8 位地址 $A_8 \sim A_{15}$。同时 ADSTB 有效,其下降沿将高 8 位地址锁存至外部的地址锁存器中。8237 还使 AEN 有效,将地址信号接入系统总线,形成了要访问的存储单元的 16 位地址。在块方式传送数据时,存储器的字节地址都是相邻的,即它们的地址中高 8 位地址(需锁存的那一部分)在大部分情况下是不变的。所以当地址变化没有更改高位地址数值时,S_1 就可以省略,这时只要 S_2,S_3 和 S_4 3 个状态就可以了。

　　S_2 状态开始时,开始数据传送。首先向外设送出 DACK,通知外设可以开始数据传送。接着根据操作要求,送出读写控制信号。如 DMA 读操作,就送出 $\overline{\text{MEMR}}$ 控制存储器输出数据,如是 DMA 写操作就送 $\overline{\text{IOR}}$ 到外设,使外设送出数据。

　　S_3 状态时,8237 送出写入数据相关的控制信号。DMA 读操作时就给外设送 $\overline{\text{IOW}}$,而 DMA 写操作则给存储器送 $\overline{\text{MEMW}}$。

　　S_3 状态结束时,在下降沿 8237 检测 READY 信号。如果 READY 端为低电平,即慢速的外设(或存储器)不能在规定的 4 个状态完成读/写工作,接着就插入 S_W 状态。在 S_W 状态

164

8237 在 S_3 中送出的各种信号都维持不变,即让外设和存储器有更多的时间读写数据。图 6.22 是产生 S_W 的时序图。如果在 S_3 或 S_W 下降沿处检测得到 READY 信号为高电平,就进入 S_4 状态。

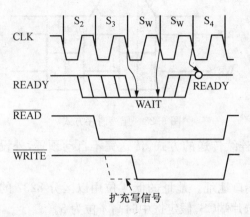

图 6.22 S_W 时序

S_4 状态中结束本次一个字节数据传送。如果 DMA 传送结束,就进入 SI 状态,如果后面还有字节要传送,则进入下一个 $S_1 \sim S_4$ 传送周期。

储器间的传送时序,每传送一个要用 8 个状态。前 4 个状态 S_{11},S_{12},S_{13},S_{14} 用于从源区读出数据,从 S_{11} 状态开始,通道 0 现行地址的高 8 位通过 $DB_0 \sim DB_7$ 输出,由 ADSTB 锁存至外部锁存器中,地址的低 8 位由 $A_0 \sim A_7$ 输出,自 S_{12} 周期开始使 $\overline{MEMR}$ 信号有效,在 S_{14} 周期的时钟上长升沿把从源区读出的数据,通过 $DB_0 \sim DB_7$ 送至 8237 的临时寄存器中;接着的 4 个状态 S_{21},S_{22},S_{23},S_{24} 用于把数据写入至目的区。先在 S_{21} 周期把通道 1 地址的高 8 位通过 $DB_0 \sim DB_7$ 输出,由 ADSTB 锁存至外部锁存器,地址的低 8 位由 $A_0 \sim A_7$ 输出,使 $\overline{MEMW}$ 信号有效,同时把在 8237 的临时寄存器中的数据由 $DB_0 \sim DB_7$ 输出,由 $\overline{MEMW}$ 信号把它写入至目的区,待整个数据块传送完了发出 $\overline{EOP}$ 信号,结束 DMA 传送。在整个传送过程中 $\overline{IOR}$ 和 $\overline{IOW}$ 都不起作用。

3) 扩展写与压缩时序

这是在命令寄存器中由 D_5 和 D_3 控制的两种特殊时序。所谓扩展写是当 8237 输出写信号($\overline{IOW}$ 或 $\overline{MEMW}$)时,使其有效的时间提前。图 6.21 中已经表示了这种情况,正常在 S_3 才送出的有效写控制信号,提前到 S_2 就变得有效。这可以使得写入的设备有更多的写入时间。当 $D_5 = 1$ 时,就选择了扩展写方法。图 6.23 是压缩定时的时序。这是当命令寄存器 $D_3 = 1$ 时采用的定时方式。

我们知道 $S_1 \sim S_4$ 4 个状态中,S_1 是为了锁存高 8 位地址用的,而 S_3 则是一个延长周期,给读写以充足的时间,在追求更高传输速度,且器件的读写速度又可跟得上的情况下,就可以把 S_1 和 S_3 两个状态省去,形成了图中所示的时间压缩一半的时序。当然,如果是一次 DMA 中的第一个字节传送,或在传送中必须改变高位字节地址数值时,S_1 还是不能省略的。

6.4.7 编程举例

若要利用通道 0,由外设(磁盘)输入 16K 字节的一个数据块,传送至内存 8000H 开始的

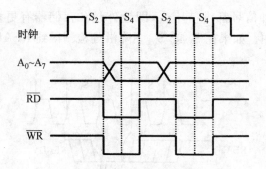

图 6.23 压缩时序方式

区域(增量传送),采用块连续传送的方式,传送完不自动预置,外设的 DREQ 和 DACK 都为高电平有效。

要编程首先要确定端口地址。地址的低 4 位用以区分 8237 的内部寄存器,高 4 位地址 $A_7 \sim A_4$ 经译码后,连至选片端$\overline{CS}$,假定选中时高 4 位为 5。

(1) 模式控制字

(2) 屏蔽字

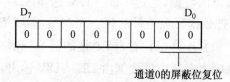

(3) 命令字

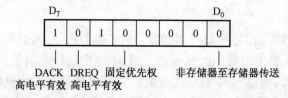

初始化程序如下:

```
OUT   5DH, AL        ;输出主清除命令
MOV   AL, 00H
OUT   50H, AL        ;输出基和现行地址的低 8 位
MOV   AL, 80H
OUT   50H, AL        ;输出基和现行地址的高 8 位
MOV   AL, 00H
OUT   51H, AL
MOV   AL, 40H
```

166

```
OUT   51H，AL              ；给基和现行字节数赋值
MOV   AL，84H
OUT   5BH，AL              ；输出模式字
MOV   AL，00H
OUT   5AH，AL              ；输出 0 通道屏蔽字
MOV   AL，0A0H
OUT   58H，AL              ；输出命令字
```

习题 6

一、单项选择题

1. 在给接口编址的过程中,如果有 5 根没有参加译码,则可能产生_____个重叠地址。

A) 5   B) 5 的 2 次幂   C) 2 的 5 次幂   D) 10

2. 8086CPU 工作在总线请求方式时,会让出_____。

A) 地址总线   B) 数据总线   C) 地址和数据总线   D) 地址、数据和控制总线

3. 8086CPU 在执行 IN AL,DX 指令时,DX 寄存器的内容输出到_____上。

A) 地址总线   B) 数据总线   C) 存储器   D) 寄存器

二、多项选择题

1. 外部设备的端口包括_____。

A) 数据端口   B) 状态端口   C) 控制端口   D) 写保护口

2. CPU 在数据线上传输的信息可能是_____。

A) 数据   B) 状态   C) 命令   D) 模拟量

三、填空题

1. 对 I/O 端口的编址一般有_____方式和_____方式。PC 机采用的是_____方式。

2. 在 PC 系列微机中,I/O 指令采用直接寻址方式的 I/O 端口有_____个。采用 DX 间接寻址方式可寻址的 I/O 端口有_____个。

3. 一个_____称为一个端口,8086 共有_____个端口。

4. 接口的基本功能是_____和_____。

5. 数据的输入/输出指的是 CPU 与_____进行数据交换。

6. 数据输入/输出的 3 种方式是_____、_____和_____。

7. CPU 在执行 OUT DX,AL 指令时,_____寄存器的内容送到地址总线上,_____寄存器的内容送到数据总线上。

8. 当 CPU 执行 IN AL,DX 指令时,M/$\overline{\text{IO}}$引脚为_____电平,$\overline{\text{RD}}$为_____,$\overline{\text{WR}}$为_____。

四、应用题

1. 有一个 CRT 终端,其输入/输出数据端口地址为 01H,状态端口地址为 00H,其中 D_7 状态位为 TBE,若其为 1,则表示缓冲区为空,CPU 可向数据端口输出新的数据,D_6 状态位为 RDA,若其为 1,则表示输入数据有效,CPU 可从数据端口输入数据。

1）编程从 CRT 终端输入 100 个字符，送到 RES 开始的内存单元中。

2）编程从 BUF 开始的 100 个字节单元中的数据，送到 CRT 终端。

2. 利用 8237 通道 2，由磁盘输入 32KB 的一个数据块，传送至内存 4000H 开始的区域，采用块连续传送，不自动预置，外设的 DREQ 和 DACK 都为低电平有效，假设 8237 的地址为 60H～6FH，写出初始化程序。

3. 若时钟为 5MHZ，8237 采用压缩时序方式，试估计上题 DMA 传送 32KB 数据块在最理想情况下需要多少时间？

7 中 断 控 制

本章介绍中断的基本概念、微机系统的功能和中断处理过程,并重点介绍 8086 微机系统的中断类型和中断向量表,重点分析可编程控制器 8259A 的结构、功能、工作方式,讲述 8259A 的初始化命令字和操作命令字的格式和含义,并介绍 8259A 在微机系统中的应用。

7.1 微型计算机的中断系统

7.1.1 中断的概念

所谓中断是指在 CPU 正常执行程序的过程中,由于 CPU 内部或外部某些紧急事件发生,通知 CPU,引起 CPU 停止当前正在执行的程序,转去执行处理紧急事件的程序,待处理完紧急事件后,再返回刚才被停止执行的原程序处继续执行原程序,这一过程称为中断。上述过程中的"紧急事件"称之为中断源。在微机系统中能引起中断的紧急事件有很多,我们将其分为内部事件和外部事件。内部事件是指系统板上出现的一些事件信号,中断指令也可以看作内部事件;外部事件是某些硬件接口设备产生的一些请求 CPU 中断的事件信号。这些由硬件接口设备产生的中断信号,称之为中断请求信号。CPU 接到中断请求信号后,若决定响应该中断请求,则向外设发出表示响应中断的信号,即中断响应信号,这一过程称为中断响应。CPU 处理"紧急事件"时,原程序的暂时中断处,我们称之为断点。CPU 执行"紧急事件"处理程序的过程,称之为中断处理。所执行的处理程序,我们称之为中断服务程序。CPU 处理完"紧急事件"后返回原程序继续执行,称为中断返回。为了确保 CPU 能够正确地返回断点,在执行中断服务前要先保存断点,在微机系统中采用将断点地址(段地址 CS,偏移地址 IP)压栈的办法进行处理。

中断的过程可以简单地描述如下:中断源发生中断事件(中断请求)→CPU 响应中断(保护断点)→中断处理(执行中断服务程序)→中断返回,如图 7.1 所示。

在实际的微机中断控制系统中要完成中断处理过程,还需要考虑许多具体的复杂问题比如 CPU 如何知道有中断发生呢? 这是后面要讲到的中断源的识别问题。有多个中断源同时发生中断,CPU 又是怎样决定最先响应哪一个中断呢? CPU 中断后,又是怎样找到应该执行的中断处理程序的呢? 你将在后面讲到的"中断优先级""中断向量表"的内容中得到回答。

CPU 在每条指令的最后一个时钟周期都去检测是否有中断请求;有中断请求时,CPU 总是执行完当前指令后响应优先级最

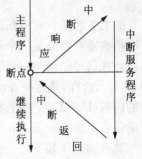

图 7.1 中断过程示意图

高的中断,也就是说 CPU 当前执行的指令不会被中断,保护断点实质上保存的是当前指令的下一条指令的地址。断点是 CPU 完成中断处理后的返回处。

7.1.2 中断源的识别与中断源优先级

在实际的微机系统中,常常具有多个中断源。那么,就有可能出现多个中断源同时请求中断的情况,或出现在一个中断尚未被处理完时又有了一个新的中断请求的情况。系统中的 CPU 每次只能响应一个中断源的请求。响应哪一个中断请求好呢? 为了解决这个问题,我们采用了将中断源进行优先级排队的方法,也就是说按照中断源工作性质的轻重缓急,事先给它们规定各自中断优先级。当有多个中断源同时有中断发生时,CPU 就要识别出是哪些中断源并且同时要辨别比较它们的优先级别,首先响应优先级别最高的中断源的请求。另外,当 CPU 正在处理中断时,也要能响应更高级的中断请求,而屏蔽掉同级或较低级的中断请求。

一般来说,多级中断的每条中断线(如 8086 的 INTR 和 NMI)具有固定的、由系统设计者规定的优先级,比如 NMI(非屏蔽中断)的优先级高于 INTR(可屏蔽中断)的优先级。而每一条中断线下又有一些不同的中断源,比如 INTR 中断请求线下可能有 8 个中断源,这 8 个中断源中任何一个发生中断时,其中断请求都是通过 INTR 一条中断请求线发送给 CPU 的;当有多个中断源发生中断请求时,CPU 是怎样识别中断源并判别它的优先级的呢? 下面我们介绍三种方法:软件查询方式,简单硬件查询方式和专用硬件方式。

1) 软件查询方式

软件查询方式或叫程序查询方式,是指当 CPU 响应中断后,在简单硬件接口电路的支持下通过查询程序以确定哪些外设申请中断,查询的顺序就是优先级由高到低的次序,最先被查询的优先级别最高。查询方式的接口电路如图 7.2 所示。

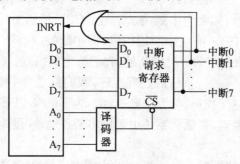

图 7.2 软件查询方式中断接口示意图

图 7.2 表明所有中断源的中断请求信号通过中断请求寄存器的输入端($D'_0 \sim D'_7$)接入。系统给该寄存器分配一个端口地址。当 CPU 要检测有没有中断请求时,就使中断请求寄存器的片选信号 $\overline{CS}$ 有效,所有中断源的中断请求信号相应"或"后,作为中断请求信号 INTR 送给 CPU。这样,任意一外设有中断请求,CPU 都可以接收到。当 CPU 响应中断后,读入寄存器的内容($D_0 \sim D_7$),进行逐位查询,查到哪个外设有中断请求,就转到相应的中断服务程序。查询程序流程图如图 7.3 所示。

其查询程序如下:

```
XOR   AL,AL            ;CF=0
MOV   DX,XXXXH         ;中断请求寄存器的地址送入 DX
```

170

```
IN   AL ,DX                ；读入中断请求寄存器状态
RCR AL,1
JC  SERV0                  ；若中断源 0 有请求,转 0 号中断服务程序
RCR  AL,1
JC  SERV1                  ；若中断源 1 有请求,转 1 号中断服务程序
RCR  AL,1
JC  SERV2
RCR  AL,1
JC  SERV3
     ⋮
```

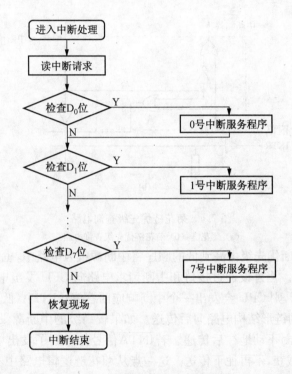

图 7.3 软件查询方式的流程图

软件查询方式的优点:硬件简单,程序层次分明,只要改变程序中的查询次序即可改变外设的中断优先级,而不必改变硬件连接。

软件查询方式的主要缺点是:当中断源较多时从 CPU 开始逐位查询到转入中断服务程序的时间较长,实时性差,同时,占用 CPU 时间,降低了 CPU 的使用效率。

2) 简单硬件查询方式——菊花链法

菊花链法是一种适用于向量中断识别法的硬件查询方式。所谓向量中断,就是 CPU 响应中断源提出的中断请求后,要求中断源提供一个中断向量—中断服务的入口地址,或者提供一个与中断服务程序入口地址有关系的中断类型码,CPU 根据中断向量或中断类型码而转到中断服务程序中去,这样实现的中断称为向量中断或叫矢量中断。菊花链法的原理图如图7.4所示。

从图 7.4 可以看出:菊花链方法首先确定中断源的优先级,设备 1 最高,设备 2 次之,设

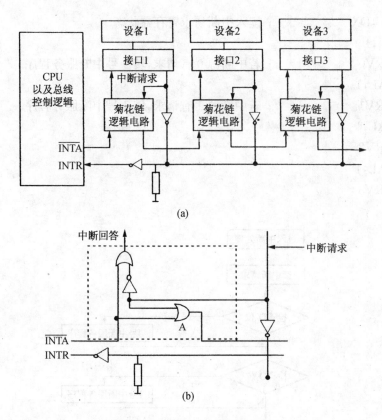

图 7.4 菊花链优先级查询电路
(a) 菊花链;(b) 菊花链优先级查询电路

备3最低。然后,按中断优先级由高到低的顺序将中断源链入电路中,也就是说让优先级最高的设备1离CPU最近。当外设通过接口和中断请求电路向CPU发出中断请求信号(INTR)时,CPU如果允许中断,则CPU会发出一个中断响应回答信号$\overline{INTA}$(低电平),此响应信号就通过所有中断源形成的链形结构电路向后传送。如果较高级的中断源没有中断请求信号,那么$\overline{INTA}$信号就会被原封不动地往后传递。若$\overline{INTA}$信号传送到了发出中断请求信号的中断源,则该$\overline{INTA}$信号被截获,不再往下传送。这一点从菊花链逻辑电路中不难看出。如果某一外设发生中断请求信号,那么本级的逻辑电路就对后面的中断逻辑电路实行阻塞(或门A输出为1),因而$\overline{INTA}$信号到达后不再向后传递。提出中断请求的中断源截获了$\overline{INTA}$中断响应信号后,撤消中断请求信号,通过接口电路经数据总线向CPU发送它的中断类型码,CPU由此而找到相应的中断处理子程序的入口地址,转而去执行中断服务程序。

菊花链式的主要优点是:中断响应速度快。

菊花链式的主要缺点是:各中断源优先级因硬件连接固定而不易修改。

3) 专用硬件方式

专用硬件方式是目前微机系统中解决中断优先级管理的典型方法。它利用中断优先级控制器接受并判别中断源的优先级。一个中断优先级控制器由中断请求寄存器、优先级管理逻辑电路、当前中断服务寄存器、中断屏蔽寄存器、中断类型寄存器等五部分组成。图7.5给出了中断控制器的结构框图及其在系统中的连接方法。从图中可以看出:CPU的INTR信号和$\overline{INTA}$信号与控制器连接。

172

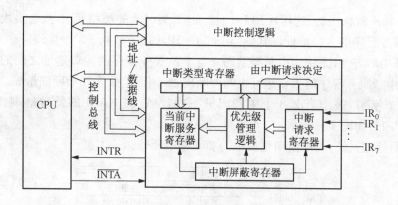

图7.5　中断优先级控制器结构图

专用硬件方式的整个中断的响应和处理过程是这样的：

① 外部设备的输入/输出接口送来的中断请求（通过 IR_0, IR_1, … IR_7）可以并行地送到中断请求锁存器。

② 中断优先级管理逻辑从中断请求寄存器得到并行输入的中断请求信号，分析各中断请求信号的优先级，从中选出优先级最高的中断请求，将其序号用二进制数表示（编码），送入中断类型寄存器的低3位（比如当前优先级最高的中断请求是 IR_4，则中断类型寄存器低3位为"100"）。

③ 再由中断类型寄存器将当前中断服务寄存器置于相应位置"1"，记住当前响应的中断优先级。

④ 中断控制逻辑向 CPU 发一个中断请求信号。

⑤ 如果 CPU 允许中断（IF＝1），则 CPU 响应中断，发回两个 $\overline{\text{INTA}}$ 信号，中断控制逻辑接到两个 $\overline{\text{INTA}}$ 信号后，便将中断类型寄存器内容（中断类型码）发送给 CPU，告知 CPU 是哪一级中断源申请中断。

⑥ CPU 根据中断类型码找到相应的中断服务程序的入口地址，从而开始一个中断处理过程。

⑦ 中断处理结束引起当前中断服务寄存器相应位清"0"。在整个过程中，所有较低级的中断请求全部被封锁，直到通过程序中的指令或者中断处理结束后，中断级别较低的中断请求才能得到响应。

实际的微机系统中的中断控制器是可编程的，使用起来非常方便，本章以 8259A 为例重点介绍。

7.1.3　中断向量表

8086 的中断系统可以管理 256 种中断。系统为每一种中断分配一个代号，称其为中断类型码 n（0～256）。同时系统也为每一种中断的中断服务主程序的入口地址分配了一个地址（或存放的地址），并且在每个中断的中断类型码 n 与该中断的中断服务程序入口地址之间建立一种相对应的关系。中断服务主程序的入口地址是 32 位的，每个入口地址占 4 个连续的字节（存储单元），两个高字节单元存放段基地址 CS，两个低字节单元存放偏移地址 IP。这 4 个连续的存储单元的地址是与中断类型码相对应的，其对应关系是 4 个连续的存储单元的地址

为 $4n, 4n+1, 4n+2, 4n+3$。这样,CPU 一旦知道了某中断的类型码 n,就会很快地计算出要执行的中断服务程序的入口地址,即 $(4n, 4n+1) \to IP, (4n+2, 4n+3) \to CS$。

为了管理中断方便,系统为中断类型码 n 与中断服务程序的入口地址之间的关系建立了一张表,由于中断服务程序的入口地址也叫中断向量,因而这张表叫中断向量表。中断向量表大小为 1024 个字节,表中有 256 个中断向量,它的位置在 RAM 的低地址端口,其地址为 00000H-003FFH,如图 7.6 所示。

8086 中断管理系统,将中断向量表中的 256 种中断分为三大类:

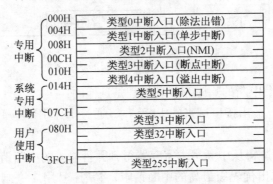

图 7.6　8086 的中断向量结构

① 专用中断:它们对应于中断类型 0 至中断类型 4,共 5 个中断,每种类型都有明确的定义和处理功能,是系统定义的用户,不能修改;

② 系统使用中断:它们对应的中断类型为类型 5 至类型 31,共 27 个中断,是 Intel 公司为软、硬件开发保留的中断,用户不能修改;

③ 可供用户使用中断:它们对应的中断类型 32 至类型 255,共 224 个中断,可供用户使用,可由用户定义为软中断,由 INT n 指令引入,也可以是通过 CPU 的 INTR 管脚引入的外部中断。

对于 IBM-PC 机,其中断向量如表 7.1 所示。中断类型 8-1FH 划分给 ROM BIOS 程序用,中断类型 20-F0H 划分给 BASIC 和 DOS 用,其中 60-67H 为用户使用的软件中断。

表 7.1　IBM-PC 机中断向量

地　　址	类型码	中断名称
0～3H	0H	除以零
4～7H	1H	单步
8～BH	2H	非屏蔽中断
C～FH	3H	断点
10～13H	4H	溢出
14～17H	5H	打印屏幕
18～1BH	6H	保留
1D～1FH	7H	保留
20～23H	8H	定时器

地　　址	类型码	中断名称
24～27H	9H	键盘
28～2BH	AH	保留
2C～2FH	BH	通讯口 2
30～33H	CH	通讯口 1
34～37H	DH	硬盘
38～3BH	EH	软盘
3C～3FH	FH	打印机
40～43H	10H	视频显示 I/O 调用
44～47H	11H	装置检查调用
47～4BH	12H	存储器容量检查调用
4C～4FH	13H	软盘/硬盘 I/O 调用
50～53H	14H	通讯 I/O 调用
54～57H	15H	盒式磁带 I/O 调用
58～5BH	16H	键盘 I/O 调用
5C～5FH	17H	打印机 I/O 调用
60～63H	18H	常驻 BASIC 入口
64～67H	19H	引导程序入口
68～6BH	1AH	时间调用
6C～6FH	1BH	键盘 CTRL-BREAK 控制
70～73H	1CH	定时器报时
74～77H	1DH	显示器参数表
78～7BH	1EH	软盘参数表
7C～7FH	1FH	字符点阵结构参数表
80～83H	20H	程序结束，返回 DOS
84～87H	21H	系统功能调用
88～8BH	22H	结束地址
8C～8FH	23H	CTRL-BREAK 退出地址
90～93H	24H	标准错误出口地址
94～97H	25H	绝对磁盘读
98～9BH	26H	绝对磁盘写
9C～9FH	27H	程序结束、驻留内存
A0～FFH	28～3FH	为 DOS 保留

地 址	类型码	中断名称
100～17FH	40～5FH	保留
180～19FH	60～67H	为用户软中断保留
1A0～1FFH	68～7FH	不用
200～217H	80～85H	BASIC 使用
218～3C3H	86～F0H	BASIC 运行时,用于解释
3C4～3FFH	F1～FFH	未用

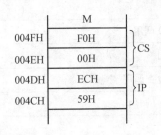

图 7.7　中断向量表局部

例 7.1　有一中断类型码为 13H 的中断向量,它的中断服务程序的入口地址存放在 004CH～004FH 开始的 4 个存储单元中,如图 7.7 所示。在 004CH,004DH,004EH,004FH 这 4 个单元中的值分别为 59H,ECH,00H,F0H,那么,中断服务程序的入口地址为多少?

解　中断服务程序的入口地址为 F000H:EC59H。

7.1.4　8086 的中断类型

8086 微机系统管理的 256 种中断按类型来分可以分为两大类:一类是外部中断,另一类是内部中断。

1) 内部中断

内部中断分为两种:内部硬件中断和内部软件中断。在系统运行程序时,硬件出错(如内存奇偶校验错)或某些特殊事件发生(如除数为零,运算溢出、单步执行或断点设置等)引起的中断,称为内部硬件中断;CPU 执行软件中断指令 INT n 引起的中断,称为内部软件中断。

(1) 内部硬件中断

在微机系统中属于内部硬件中断的有下列几种类型:

① 0 型中断:在除法过程中,也就是说 CPU 在执行 DIV 或 IDIV 除法指令时,若除数为"0"或商溢出,则会立即产生中断。在中断向量表中,该中断被定义为 0 型中断,即中断类型号为 00H。0 型中断也可称为除法出错中断。

② 1 型中断:当标志寄存器的 TF=1 时,CPU 每执行一条指令,则引起一次中断。在中断向量表中,该中断被定义为 1 型中断,即中断类型号为 01H。1 型中断也可称为单步中断。

③ 3 型中断:是由单字节中断指令(INT)引起的中断。这条中断指令的目的代码可以嵌入任意一条指令的操作码前,用来设置断点。在断点处,CPU 停止程序的正常执行。在中断向量表中,该中断被定义为 3 型中断,即中断类型号为 03H。3 型中断也可称为断点中断。

④ 4 型中断:在算术指令之后加写一条 INTO 指令,若上一条算术指令执行的结果,使溢出标志位 OF 置 1,那么执行 INTO 指令,便产生溢出中断。在中断向量表中,该中断被定义为 4 型中断,即中断类型号为 04H。4 型中断也可称为运算溢出中断。

(2)内部软件中断

内部软件中断是指由中断指令 INT n 引起的中断。执行一条 INT n 指令后会立即产生中断,指令中的 n 就是中断类型码。

(3) 内部中断处理过程

第一步:标志寄存器内容(FR)入栈。

$$(SP) \leftarrow (SP) - 2$$

$$((SP)+1,(SP)) \leftarrow (FR);$$

第二步:清除标志 IF 和 TF,以禁止可屏蔽中断和单步中断。

$$IF \leftarrow 0; TF \leftarrow 0;$$

第三步:断点地址压栈,即断点的段地址和偏移地址入栈保存起来,以便返回。

$$(SP) \leftarrow (SP) - 2$$

$$((SP)+1,(SP)) \leftarrow (CS);$$

$$(SP) \leftarrow (SP) - 2$$

$$((SP)+1,(SP)) \leftarrow (IP);$$

第四步:根据中断类型码 n 计算出中断向量(服务程序的入口地址)。

$$(IP) \leftarrow (4 * n)$$

$$(CS) \leftarrow (4 * n + 2)$$

第五步:以当前的 CS 值作为段地址,IP 作为偏移地址,转入响应的中断服务程序去执行。这主要包括保护现场、中断服务和恢复现场等操作。

第六步:中断返回。执行中断返回指令 IRET,将程序返回断点处继续执行。

$$(IP) \leftarrow ((SP)+1,(SP));$$

$$(SP) \leftarrow (SP) + 2$$

$$(CS) \leftarrow ((SP)+1,(SP));$$

$$(SP) \leftarrow (SP) + 2$$

$$(FR) \leftarrow ((SP)+1,(SP))$$

$$(SP) \leftarrow (SP) + 2$$

(4) 内部中断的特点

8086 系统内部中断都不需要 CPU 发出中断响应信号 $\overline{INTA}$,也不需要执行中断响应周期。内部中断的中断类型号是由指令指定或是预先规定好的。除单步中断可由软件禁止,且中断优先级最低外,其余内部中断都不可用软件禁止,且中断优先级都比外部中断高。

2) 外部中断

外部中断是由外部硬件中断源引起的中断。因而外部中断也可叫硬件中断。8086CPU 共有外部中断请求线:NMI(非屏蔽中断线)和 INTR(可屏蔽中断线)。因而外部中断也分为两种:一种是可屏蔽中断,另一种是非屏蔽中断。

(1) 可屏蔽中断

由 CUP 的 INTR 线上的中断请求信号引起的中断,称为可屏蔽中断。顾名思义,可屏蔽中断是可以被屏蔽的,也就是说当 INTR 线上有中断请求时,CPU 可以响应中断,也可以不响应中断,将其屏蔽掉。因而 CPU 响应可屏蔽中断是有条件的。

① 响应可屏蔽中断的条件:

• CPU 必须处于开中断状态,即标志寄存器的中断允许标志位 IF=1。若 IF=0,则

CPU 不响应中断，即关中断。IF 的状态可以用指令设置，若执行开中断指令 STI，则 IF=1；若执行关中断指令 CLI，则 IF=0。

- CPU 现行指令执行结束。

- 没有其他优先级高的中断请求，即没有内部中断，没有非屏蔽中断，没有总线请求。

值得一提的是 INTR 中断请求信号是电平触发的，高电平有效。因此，外部硬件必须保持电平有效一直到被检测到。如果没有维持该电平，CPU 则可能不会识别有中断请求，出于这个原因，外部设备的中断请求信号的输入是锁存的；另外在中断服务程序执行完之前必须清除 INTR 信号，否则可能会两次响应同一个中断。

② 可屏蔽中断的响应过程：外部接口设备产生中断请求，PC 机响应中断，并转入服务程序的执行过程如图 7.8 所示，其时序如图 7.9 所示。

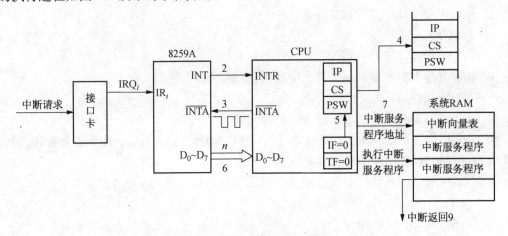

图 7.8　硬中断执行过程

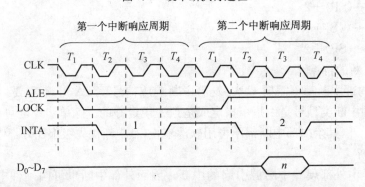

图 7.9　8086 中断响应时序

- 接口设备通过中断请求线 IRQ₀-IRQ₇ 中的一条，输入中断请求信号 IRQ_i（$i=0,1,2,3,\cdots,7$），该信号将中断控制器 8259A 内部中断请求触发器 IRR 相应位置位。

- 中断控制器 8259A 收到 IRQ_i 信号后，将其与同时申请中断的信号，或者正挂起的中断通过内部中断优先级分析器，分析比较优先级，如果该中断请求是唯一的，或优先级为最高，则由中断控制器 8259A 的 INT 脚向 CPU（8086）发出中断请求信号 INTR。

- 若满足可屏蔽中断响应条件，CPU（8086）响应中断，进入中断响应周期，如图 7.9 所示的连续发出两个中断响应信号$\overline{INTA}$。第一个$\overline{INTA}$信号表示 CPU 响应中断,将中断控制器 8259A 的现行服务寄存器 ISR 相应位置位,表示正在为响应的那一级服务,同时中断控制器 8259A 的中断请求触发器 IRR 相应位复位,为本级再次中断请求做好准备;第二个$\overline{INTA}$信号 则要求 8259A 输入 8 位的中断类型码 n(8 位中断类型寄存器的内容)。

- CPU 屏蔽中断,保护断点。将标志寄存器和 CS 及 IP 值压入堆栈。
- CPU 将标志寄存器 IF 位(中断允许标志位)和 TF 位(陷阱标志位)清零。
- CPU(8086)收到 8 位中断类型码 n 后,将其乘 4 作为中断向量的地址,然后,由取得的 中断向量得到 IP 及 CS 的值,($4n$)送入 IP,($4n+2$)送入 CS。以 CS 值为段值,IP 为偏移值, 转入中断服务程序。
- 执行中断处理程序。其操作与内部中断一样。
- 中断处理完后执行中断返回指令 IRET,返回断点。其操作与内部中断一样。

(2) 非屏蔽中断

非屏蔽中断(NMI)是由外部硬件引起的另一类硬件中断,它与可屏蔽中断有所不同,正 如其名,它不能被中断允许(IF)标志屏蔽;它的中断请求信号是由非屏蔽中断线置 1(上升沿 触发),输入给 CPU,中断请求自动锁存到 CPU 内。

CPU(8086)要求非屏蔽中断输入线 NMI 上的中断请示脉冲的有效宽度必须大于两个时 钟周期,也就是说 NMI 输入从 0 跳变到 1,则使 CPU(8086)内部的 NMI 触发器置 1 并锁存到 CPU 内。如果锁存时间大于两个时钟周期,那么它被识别。在没有高优先级中断服务时,只 要 NMI 中断请求信号有效,CPU 在当前指令执行结束后,立即响应不可屏蔽中断请求。

NMI(非屏蔽中断)有一个专用的中断类型码——中断类型 2,这是 CPU 内部芯片设置 的。所以,NMI 中断不需要执行中断响应周期去读取中断类型码和形成中断服务程序入口地 址,中断本身就为 CPU 提供了中断类型码,CPU 自动从中断向量中(类型 2 的向量处)取值。 NMI 中断的其他过程同可屏蔽中断一致。

NMI 中断一般用来处理非常紧急的事件,比如掉电,或存储器读错误等。

3) 8086 中断优先级的划分

8086 微机中各类中断的优先级如表 7.2 所示。优先级最高的是内部中断(单步中断除 外),其次是非屏蔽中断和可屏蔽中断,优先级最低的是单步中断。8086 CPU 对中断源进行 检测和识别时,按照表 7.2 所示的优先级由高到低的顺序进行。

表 7.2　8086 的中断优先级

中　断　源	优　先　级
除法出错	高
INT, INTO, INT n	
NMI	
INTR	
单步中断	低

7.2　可编程中断控制器 8259A

Intel8259A 是一个采用 NMOS 工艺制造,使用单一 5V 电源且具有 28 个引脚的双列直插式芯片,用于管理可屏蔽中断 INTR 的中断请求。8259A 是可编程的中断控制器。所谓"可编程的"就是说该芯片可以由 CPU 通过程序写入不同的数据控制字或命令字的方式控制其处于某种工作方式。8259A 的主要功能如下:

① 一片 8259A 可以接受 8 级可屏蔽中断请求,通过 9 片 8259A 级联可扩展至 64 级可屏蔽中断优先级控制;

② 对每一级中断都可以通过程序来屏蔽或允许;

③ 在中断响应周期,8259A 可为 CPU 提供相应的中断类型码;

④ 具有多种工作方式,并可通过编程加以选择。

7.2.1 8259A 的内部结构及逻辑功能

图 7.10 所示是 8259A 内部结构框图,它由数据总线缓冲器、读/写逻辑、级联缓冲/比较器、中断服务寄存器、优先级裁决器、中断请求寄存器、控制逻辑、中断屏蔽寄存器等 8 个功能部分组成。下面我们进一步分析一下各部分的功能。

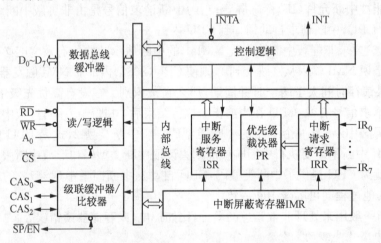

图 7.10 8259A 内部结构框图

(1) 中断请求寄存器 IRR

中断请求寄存器 IRR 是一个具有锁存功能的 8 位寄存器。中断请求输入信号端 $IR_7 \sim IR_0$ 分别与 IRR 寄存器的 $D_7 \sim D_0$($IR_0 \sim IR_7$)位相对应。当 IR_i($i=0 \sim 7$)端有中断请求时,IRR 的相应位被置"1",例如 IR_5 有中断请求,则 IRR 中的 D_5 被置"1",如图 7.11 所示。

8259A 通过 IRR 中断请求寄存器可同时接收外部输入的 8 个中断请求信号。外部中断请求输入 IRR 的方式有两种,即边沿触发和电平触发方式。IRR 的内容可用操作命令字 OCW_3 读出。

(2) 中断屏蔽寄存器 IMR

IMR 是一个 8 位寄存器,它的每一位 $D_7 \sim D_0$($IM_0 \sim IM_7$)和中断请求信号、外部中断请求输入端 $IR_0 \sim IR_7$ 相对应。当用软件将 IMR 中的某一位 D_i($i=0 \sim 7$)置"0"时,表示对应的 IR_i 端的中断被允许;反之,置 D_i 为"1"时,表示 IR_i 端的中断被禁止。图 7.12 所示的是中断屏蔽寄存器 IMR 的各位置位情况,表示屏蔽 IR_4 和 IR_2 的中断,其他中断被允许。

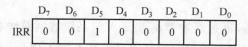

图 7.11

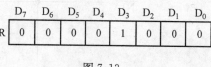

图 7.12

（3）优先权判别器（裁决器）PR

优先权判别器也可以称为优先级分析器。它主要负责分析、比较中断请求寄存器 IRR 送来的中断请求信号的优先级，并选出优先级最高的中断申请 IR_i。若允许多重中断，则将新选出的中断请求信号 IR_i 的中断优先级和正在被服务的中断优先级进行比较，选出优先级最高的中断。PR 通过控制电路向 CPU 发出中断请求信号 INT，在获得第一个中断响应信号 $\overline{INTA}$ 时，将 ISR 寄存器中相应位置"1"，表示 CPU 正在响应该中断请求。

（4）中断服务寄存器 ISR

中断服务寄存器 ISR 是一个 8 位寄存器，寄存器中的每一位分别与 8 级中断 IR_7-IR_0 相对应，用来记录正在处理中的中断优先级。当某一级中断被响应（当时它的优先级最高），在第一个中断响应信号

	D_7	D_6	D_5	D_4	D_3	D_2	D_1	D_0
ISR	0	0	0	0	1	0	0	0

图 7.13

$\overline{INTA}$ 到来时，ISR 中响应位置"1"。图 7.13 的 ISR 状态说明，当前 CPU 响应的中断为 IR_3 请求的中断。

当允许多重中断时，ISR 中还包括中断服务过程中被其他中断打断了的中断级，因而 ISR 中可有多位同时被置"1"。ISR 中的内容可用操作命令 OCW_3 读出。

（5）控制逻辑

控制逻辑是 8259A 全部功能的控制核心，它控制 8259A 芯片的内部工作过程，包括 7 个 8 位寄存器和有关的控制线路。其中，7 个寄存器都是可编程的，按其功能分为两组，第一组 4 个寄存器为初始化命令字寄存器，分别存放初始化命令字 ICW_1～ICW_4；第二组 3 个寄存器，为操作命令字寄存器，分别存放操作命令字 OCW_1～OCW_3。它的主要功能是对芯片内部工作实施控制，使芯片各部分按编程的规定有条不紊地工作。

（6）读/写控制电路

读/写控制电路接收来自 CPU 的读写命令，由输入的片选信号 $\overline{CS}$、读信号 $\overline{RD}$、写信号 $\overline{WR}$ 和地址线 A_0 共同控制，完成规定的操作。$\overline{CS}$，$\overline{RD}$，$\overline{WR}$ 和 A_0 4 个信号对 8259A 的读写操作控制如表 7.3 所示。

表 7.3 8259A 读写功能

$\overline{CS}$	$\overline{RD}$	$\overline{WR}$	A_0	读/写操作	说　明
0	1	0	0	CPU 写 ICW_1	命令字的 $D_4=1$
0	1	0	1	CPU 写 ICW_2 ICW_3 ICW_4 OCW_1	按一定顺序区分
0	1	0	0	CPU 写 OCW_2	命令字的 $D_4=0$，$D_3=0$
0	1	0	0	CPU 写 OCW_3	命令字的 $D_4=0$，$D_3=1$
0	0	1	0	CPU 读 IRR ISR	由写入 OCW_3 的内容决定
0	0	1	1	CPU 读 IMR	
1	X	X	X	高阻态	
X	1	1	X	高阻态	

（7）数据总线缓冲器

数据总线缓冲器是一个 8 位双向三态缓冲器,通过缓冲器将 8259A 与系统数据总线相连,是 8259A 与系统数据总线的接口。CPU 对 8259A 的控制字是通过它写入的;CPU 通过它读入 8259A 的状态信息;在中断响应周期,8259A 也是通过它送出中断类型码。

（8）级联缓冲器/比较器

级联缓冲器/比较器主要用于多片 8259A 级联和数据缓冲方式。在级联方式时,级联缓冲器/比较器用来存放和比较从片识别码。多片 8259A 级联时,总是连成主从结构,一片为主片,其他为从片,最多可有 8 个从片,共管理 64 级硬件中断;其连接方法如图 7.14 所示。主片的级联信号 $CAS_2 \sim CAS_0$ 作为输出连接到每个从片的 $CAS_2 \sim CAS_0$ 端送出从片识别码,作为从片的片选信号。SP/EN 作为主从方式的设定引脚,主片 8259A 的 SP/EN 引脚接+5V;从片 8259A 的 SP/EN 引脚接低电平,在缓冲工作方式时,起到控制数据缓冲的作用。

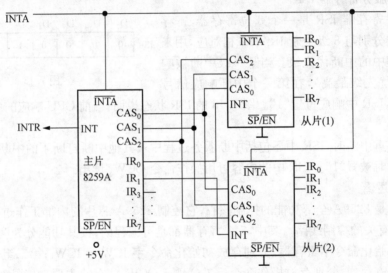

图 7.14 8259A 级联方法

7.2.2 8259A 的外部引脚信号

8259A 引脚如图 7.15 所示。各引脚功能说明如下:

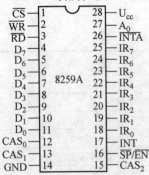

图 7.15 8259A 引脚分布图

$\overline{CS}$:片选输入信号,低电平有效。通过地址译码逻辑接受地址总线控制。

$\overline{WR}$:写控制输入信号,低电平有效。与系统总路线上的 $\overline{IOW}$ 信号相连接,有效时允许 CPU 将初始化命令字 ICW 和操作命令字 OCW 写入 8259A。

$\overline{RD}$:读控制输入信号,低电平有效。同系统总线上的 $\overline{IOR}$ 信号相连。有效时,允许 CPU 读出 8259A 的内部寄存器 IRR,ISR 和 IMR 的内容。

$D_7 \sim D_0$:双向三态数据线,直接与系统数据总线相连。在较大系统中须经总线驱动器与系统总线相连,实现 8259A 与

CPU 的数据交换。

$CAS_0 \sim CAS_2$：双向级联信号。当 8259A 级联时，作为主片 8259A，$CAS_0 \sim CAS_2$ 为输出线，输出从片识别码；作为从片 8259A 的 $CAS_0 \sim CAS_2$ 为输入线，接收主片发来的从片识别码。

$\overline{SP}/\overline{EN}$：主从片/缓冲允许双向信号，低电平有效。这个引脚有两种功能：当工作在缓冲方式时，它是输出信号（即 EN 功能），用作允许缓冲器接收和发送的控制信号；当工作在非缓冲方式时，它是输入信号。$\overline{SP}/\overline{EN}=1$ 表示 8259A 为主片，$\overline{SP}/\overline{EN}=0$ 表示 8259A 为从片。

INT：中断请求信号输出线，高电平有效，向 CPU 发中断请求。若是主片，则与 CPU 的 INTR 端相连；若是从片，则连接到主片相应的 IR_i 端。

$IR_0 \sim IR_7$：外部中断请求输入信号。

$\overline{INTA}$：中断响应输入信号，低电平有效，接收 CPU 送来的中断响应信号。

A_0：端口地址选择输入信号。8259A 有若干个内部寄存器，被安排在两个端口中，端口地址一个为偶地址，一个为奇地址，由 A_0 端输入电平决定访问那个端口。

7.2.3 8259A 的工作方式

8259A 有多种工作方式，如设置优先级方式、中断屏蔽方式、中断结束方式等。这些方式都可以用编程的方法来设置，而且使用十分灵活。因为可设置的工作方式多，使初学者感到难理解，使用这些方式不太容易。为此，我们将从不同的角度对 8259A 的工作方式进行分类讲述。

1）设置优先级的方式

8259A 对中断优先的设置方式有以下四种。其中全嵌套方式和特殊全嵌套方式均为固定优先级。优先级自动循环方式和优先级特殊循环方式为等优先级方式。

（1）全嵌套方式

在全嵌套工作方式下，中断优先级是固定的，始终是 IR_0 的优先级最高，IR_7 的优先级最低。当一个中断被响应后，只有比它优先级高的中断才能中断它。全自动屏蔽同级和较低级的中断请求，开放高级的中断请求。

全嵌套方式是 8259A 最常用和最基本的一种工作方式。如果对 8259A 进行初始化后没有设置其他优先级方式，那么，8259A 就按全嵌套方式工作，即自动设置为全嵌套方式。也可以用初始化命令字 ICW_4（SFNM=0）将 8259A 设置为全嵌套方式。

全嵌套方式中可有两种中断结束方式：普通 EOI 结束方式和行动 EOI 方式。

全嵌套的工作情况如下：

当一个中断请求被 CPU 响应时，8259A 将相应的中断源的中断类型码送上数据线，供 CPU 读取，同时将当前的中断服务寄存器 ISR 中的对应位 IS_i 置"1"，然后进入中断服务程序。除了自动结束方式（详见中断结束方式）外，其他情况下，IS_i 一直保持为"1"，直到 CPU 发出中断结束命令 EOI 为止。当有新的中断请求输入时，优先级判别器将新的中断请求的优先级与当前正在服务的中断的优先级进行比较，若是新来的中断请求优先级高，则实行中断嵌套，即暂停当前正在处理的中断服务程序，将 ISR 寄存器中与新的中断请求相对应的位置"1"。

可见实现中断嵌套时 ISR 中的置"1"位数将随嵌套深度而增加，当实现 8 位嵌套时，则 ISR 寄存器中的内容为 0FFH。

（2）特殊全嵌套方式

特殊全嵌套方式与全嵌套方式相比,优先级也是固定的,"特殊"之处在于开放同级中断请求。因而,只屏蔽掉低级的中断请求。

特殊全嵌套方式一般用在多片 8259A 级联系统中的主片。通过编程让主片工作在特殊全嵌套方式,而从片仍处于其他优先级方式。这样,当来自某一从片的中断请求正在处理时,一方面和全嵌套方式一样,对来自优先级较高的主片其他引脚上的中断请求进行开放;另一方面,对来自同一从片的较高优先级的中断请求也会开放。但在从片内部看,新来的中断请求一定比正在处理的优先级别高,但在主片引脚上反映出来的是与当前正在处理的中断请求处于同一个优先级。

特殊全嵌套方式由 ICW$_4$ 的 D$_4$ 位 SFNM＝1 设定。

（3）优先级自动循环方式

优先级自动循环方式实质上是等优先权方式。初始优先级队列,优先级从高到低的顺序规定为 IR$_0$,IR$_1$,IR$_2$,…,IR$_7$。但优先级队列是变化的,当多个中断同时申请中断时,优先级高的先受到响应和服务;某一个中断受到中断服务后,它的优先级自动降为最低。其他中断源的优先级也随之按顺序循环地改变。

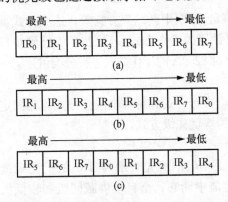

图 7.16 自动循环方式队列

例 7.2 初始优先级队列如图 7.16(a)所示。如果 IR$_0$ 有中断请求,CPU 响应中断,IR$_0$ 的优先级自动降为最低,其优先级队列如图 7.16(b)所示。此时,IR$_4$ 的中断请求被响应,中断处理结束后,IR$_4$ 的优先级自动降为最低,紧挨着它后面的 IR$_5$ 的优先级升为最高,其他中断源按该顺序递升一级。其优先级队列如图 7.16(c)所示。

借助"循环队列"的概念,使图 7.16 中的 3 个队列首尾相接,则可转化成图 7.17,这样会更直观些。优先级次序由高到低按顺时针循环排列,当最高优先级的中断被响应后,其优先级自动变为最低,其他中断优先级的高低也按顺时针次序自动循环。

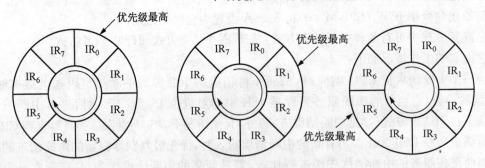

图 7.17 自动循环方式示意图

由自动循环方式可知,该方式适用于系统中多个中断源的优先级相等的情况。优先级自动循环方式可通过操作命令字 OCW$_2$ 来设置。

（4）优先级特殊循环方式

184

优先级特殊循环方式与优先级自动循环方式相比，"特殊"之处在于初始优先级队列的最低优先级是由编程指定的。可以用编程的方法设定 $IR_0 \sim IR_7$ 中的任意一个为最低级，从而最高优先级也由此而定。换句话说就是初始化状态时最低中断优先级不是 IR_7，而是由程序设定的。优先级特殊循环方式也是由 8259A 的操作命令 OCW_2 来设定。

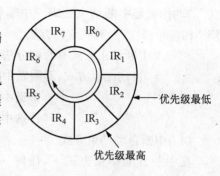

图 7.18　优先级特殊循环方式

例 7.3　如图 7.18 所示，设定 IR_2 为最低级，则 IR_3 就为最高级，其他优先级按此顺序循环。

2）屏蔽中断源的方式

按照对中断源的屏蔽方式来分，8259A 有以下两种工作方式。

（1）普通屏蔽方式

在普通屏蔽方式下 CPU 通过向 8259A 的中断屏蔽寄存器 IMR 中写入屏蔽字来设置要屏蔽的中断源。当屏蔽字中某一位或多位为"1"时，则与这些位相对应的中断源就被屏蔽。其他允许中断的中断源相应位置"0"。

例 7.4　CPU 设定屏蔽字为 01011000，如图 7.19，则有屏蔽 IR_3，IR_4 和 IR_6 等 3 个中断源。

	D_7	D_6	D_5	D_4	D_3	D_2	D_1	D_0
IMR	0	1	0	1	1	0	0	0

图 7.19　中断屏蔽寄存器 IMR

值得一提的是，一般在满足某些屏蔽目的后就应及时撤消，或者改变屏蔽对象。

普通屏蔽方式是通过设置 OCW_1 来设定的。

（2）特殊屏蔽方式

特殊屏蔽方式的"特殊"之处在于执行高级中断服务程序过程中，开放较低级的中断，即屏蔽掉较高级的中断，转而去响应较低级的中断请求。

在较大的中断系统中，中断嵌套的情况都是按事先安排好的优先级顺序嵌套，只能允许优先级高的中断请求中断优先级较低的中断，这样，如果优先级较高的中断源多或中断后服务处理的时间很长，则优先级低的中断请求可能要等很长时间也得不到响应。为了解决上述情况，让低优先级的中断也能得到响应，临时改变一下中断优先级的响应次序。在这种情况下，采用特殊屏蔽方式。

特殊屏蔽方式用 OCW_3 的 ESMM＝1 和 SMM＝1 来设置，而用 ESMM＝1 和 SMM＝0 来清除。

在特殊屏蔽方式下，使用普通屏蔽字 OCW_1 对当前较高优先级中断进行屏蔽，允许较低优先级的中断得到响应，当低级中断服务程序执行完毕，返回断点之前，要做两件事：

① 用 OCW_1 屏蔽命令解除对较高级中断源的屏蔽；

② 撤消特殊屏蔽方式。

3）中断结束方式

在讲中断结束方式之前，先介绍一下中断结束处理。

当一个中断得到响应后，8259A 就使当前中断服务寄存器 ISR 的相应位置"1"，表示正在为某一级的中断服务，同时也为中断优先级判别器 PR 提供判别依据。当中断服务程序结束时，应将 ISR 中的响应位置"0"（复位），否则中断控制功能就会失常。这个使 ISR 相应位清

"0"的动作就是中断结束处理。中断处理结束方式主要指的是,在中断处理过程中,何时将ISR相应位清"0"及其实现的方法。

8259A中断结束方式有两种分法,可分为两大类也可直接分为三种。

两大类 $\begin{cases} \text{自动结束方式:不需发中断结束命令(OCW}_2\text{)} \\ \text{非自动结束方式} \begin{cases} \text{普通中断结束方式:需发普通 EOI 命令} \\ \text{特殊中断结束方式:需发特殊 EOI 命令} \end{cases} \end{cases}$

(1) 中断自动结束方式

在中断自动结束方式下,任何一级中断被响应后,在第一个中断响应信号 $\overline{\text{INTA}}$ 送到8259A后,ISR寄存器中对应位被置"1",而在第二个中断响应信号 $\overline{\text{INTA}}$ 送到8259A后,8259A就自动将ISR寄存器中的相应位清"0"。此刻,该中断服务程序本身可能还在进行,但对82859A来说它对本次中断的控制已经结束,因为在ISR寄存器中已没有对应的标志。若有低级中断请求时,就可以打断高级中断,而产生多重嵌套,而且嵌套的深度也无法控制,因而,这种方式只能用在系统中只有一片8259A,并且多个中断不会嵌套的情况。

中断自动结束方式用初始化命令字ICW4的AEOI=1来设置。

(2) 普通中断结束方式

普通中断结束方式也称普通EOI结束方式,是指在中断服务结束返回之前,CPU用输出指令向8259A发一个中断结束命令,8259A接到该命令后立即将ISR寄存器中优先级最高的置"1"位清"0",以这种方式结束当前正在处理的中断。

普通中断结束方式适用于全嵌套工作方式。设置8259A的操作命令OCW$_2$实现(EOI=1,SL=0,R=0)。

(3) 特殊中断结束方式

特殊中断结束方式,是指在中断服务程序结束返回前,CPU用输出命令向8259A发一个特殊中断结束命令字,8259A接到该命令字后,立即将特殊EOI结束命令字指定的ISR中的某一位清"0",从而结束中断。

特殊EOI结束命令是通过设置操作命令字OCW$_2$实现的(EOI=1,SL=1,ISR中清0位,由L_2,L_1,L_0确定)。

应该附加说明的是,在级联方式下,一般采用非自动结束方式;不管用非自动结束方式(普通EOI结束方式,特殊EOI结束方式)中的哪一种中断结束方式,在一个中断处理结束时,都必须发2次中断结束命令,一次是发给主片,另一次是发给从片。

4) 中断请求的引入方式

中断请求信号引入方式,就是外部中断请求信号以什么形式输入给8259A,也就是中断触发方式。8259A的中断请求引入方式有以下三种:

(1) 边沿触发方式

边沿触发方式就是8259A将中断请求输入端(IR$_0$~IR$_7$)上出现的上升沿作为中断请求信号。该方式通过初始化命令字ICW$_1$来设置。

(2) 电平触发方式

电平触发方式是8259A将中断请求输入端(IR$_0$~IR$_7$)出现的高电平作为中断请求信号。在电平触发方式下,要注意的是当中断请求得到响应后,输入端必须及时撤消高电平。

(3) 中断查询方式

中断查询方式既是有中断特点,又有查询特点,外设的中断请求信号仍然是通过8259A的中断输入端(IR$_0$～IR$_7$)输入给8259A。中断请求既可以是边沿触发,也可以是电平触发,但8259A不使用中断请求端INT向CPU发中断请求,而且由CPU用查询方式来确定是否有中断请求,以及为哪个中断请求服务。

查询方式由操作命令字OCW$_3$来设置。查询方式实现的过程如下:

① 系统关中断;

② CPU用输出指令向8259A偶地址端口发一个中断查询命令字OCW$_3$(设置为查询方式);

③ 8259A在得到查询命令后,若有中断请求则将ISR相应位置"1",并且建立一个查询字;

④ CPU要查询时,用输入指令从8259A的偶地址端口读取8259A的查询字,以确定是否有中断源。

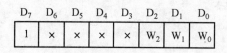

D$_7$	D$_6$	D$_5$	D$_4$	D$_3$	D$_2$	D$_1$	D$_0$
1	×	×	×	×	W$_2$	W$_1$	W$_0$

图7.20　8259A查询字格式

8259A的查询字格式如图7.20所示。其中:

D$_7$位:I=1,表示外设有中断请求。

I=0,表示外设没有中断请求。

D$_2$,D$_1$,D$_0$ 3位:W$_2$,W$_1$,W$_0$ 3位组成的代码表示当前优先级最高的中断源。其编码含义如表7.4所示。

表7.4　W$_2$,W$_1$,W$_0$ 编码表

W$_2$	W$_1$	W$_0$	中断源
0	0	0	IR$_0$
0	0	1	IR$_1$
0	1	0	IR$_2$
0	1	1	IR$_3$
1	0	0	IR$_4$
1	0	1	IR$_5$
1	1	0	IR$_6$
1	1	1	IR$_7$

7.2.4　8259A的编程

通过以上的学习已经知道,中断控制器8259A具有多种工作方式,但要想使用好8259A,就要学会对它进行正确的编程。所谓8259A的编码就是通过软件编程对其进行初始化和工作方式设定,全部编程分为两大部分,即初始化编码和操作编码。

初始化编程是出CPU向8259A写入相应的初始化命令ICW,使芯片处于一个规定的基本工作方式上。8259A共有4个初始化命令字ICW$_1$,ICW$_2$,ICW$_3$,ICW$_4$,要求ICW$_1$写入偶地址端口,其余写到奇地址端口。初始化时ICW$_1$～ICW$_4$依次写入,顺序固定不变,不可颠倒。

1) 初始命令字

(1)ICW$_1$——基本方式初始化命令字

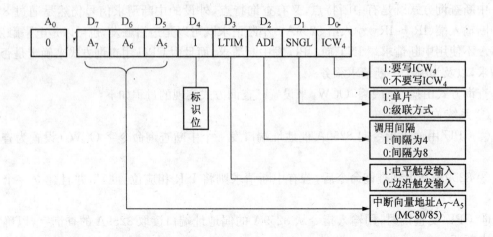

图 7.21 ICW₁ 格式

ICW₁ 格式及定义,如图 7.21 所示。

$A_0=0$:表示 ICW₁ 必须写入偶地址端口。

$D_7 \sim D_5$:在 8086/8085 系统中不用,可以为"0",也可以为"1",一般不用时填"0"。

在 8080/8085 系统中,与 ICW₂ 的 8 位一起组成中断服务程序地址;ICW₂ 的 8 位作为 $A_{15} \sim A_8$,这里的 $D_7 \sim D_5$ 作为 $A_7 \sim A_5$。

D_4:ICW₁ 的特征位。

D_3(LTIM):电平触发中断位。为"1"表示中断请求为电平触发方式,否则为边沿触发方式。

D_2(ADI):地址间隔位。在 8086/8088 系统中不起作用,可以为"0"也可以为"1",一般不用时填"0"。

D_1(SNGL):单片方式位。$D_0=1$,表示系统中只有一片 8259A;$D_0=0$,表示系统中有多片 8259A。

D_0(IC₄):写 ICW₄ 位,$D_0=1$,表示初始化最后要写初始化命令字 ICW₄,否则初始化时不写入 ICW₄。

例 7.5 一微机系统中,使用单片 8259A($D_1=1$),中断请求信号为上升触发($D_3=0$),初始化过程需要 ICW₄。请写出 ICW₁。

解 8259A 的 ICW₁ 应设定为:

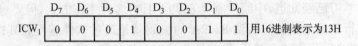

图 7.22 例 7.5 ICW₁ 的设定

(2) ICW₂——中断类型码初始化命令字

ICW₂ 格式及定义如图 7.23 所示。

在 MC80/85 模式下,为中断向量地址的 $A_{15} \sim A_8$。

在 MC86/88 模式下,$D_7 \sim D_3$:中断类型码的高 5 位;$D_2 \sim D_0$:中断类型码的低 3 位,分别

对应 8 个中断源的中断请求信号 $IR_0 \sim IR_7$ 的编号。

初始化时，ICW_2 接着 ICW_1 写入，但必须写入奇地址端口（$A_0 = 1$）。

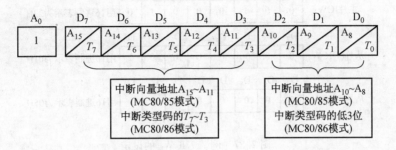

图 7.23 ICW_2 的格式

例 7.6 某微机系统中的 8 个可屏蔽中断 $IR_0 \sim IR_7$ 的类型号为 08H～0FH，$A_0 = 1$，CPU 响应的中断是 IR_0。那么初始化时 ICW_2 的高 5 位为 00001，那么低 3 位取"000"，如图 7.24 所示。

	D_7	D_6	D_5	D_4	D_3	D_2	D_1	D_0	
ICW_2	0	0	0	0	1	0	0	0	用16进制表示为08H

图 7.24 例 7.6 ICW_2 的设定

（3）ICW_3——主片/从片初始化命令字

ICW_3 是标志主片/从片的初始化命令字，必须写到 8259A 的奇地址端口中。

只有当系统中有多片 8259A 级联时，才需要设置 ICW_3。主片和从片的 ICW_3 格式各不相同，需要分别设置。

① 主片 ICW_3 的格式定义如图 7.25 所示。

$D_7 \sim D_0$：对应了 $IR_7 \sim IR_0$ 引脚上连接从片的情况。如果 IR_i 上有从片 INT 端接入，则 $D_i = 1$；如果 IR 上没有从片 INT 端接入，则 $D_i = 0$（$i = 0 - 7$）。

② 从片的 ICW_3 格式定义如图 7.26 所示。

$D_7 \sim D_3$：未用，可为"0"，也可为"1"，但为了和以后的产品兼容，设置为"0"。$D_2 \sim D_0$：是从片的标识码，与从片 INT 端所连接的主片的中断请求输入端 IR_i 的序号 i 相对应。

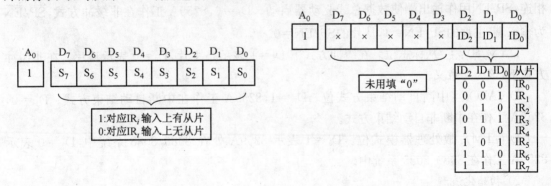

图 7.25 主片 ICW_3 的格式　　　　　　图 7.26 从片 ICW_3 的格式

例7.7　主片 8259A 的 IR_1 和 IR_5 上接有从片,那么主片和从片的 ICW_3 如图 7.27 所示。

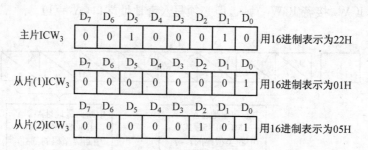

图 7.27　例 7.7 ICW_3 的设定

（4）ICW_4——方式控制初始化命令字

ICW_4 是 8259A 的方式控制初始化命令字,要求必须写入奇地址端口,只有在 ICW_1 的 D_0 位为 1 时,才有需要设置 ICW_4。ICW_4 的格式如图 7.28 所示。

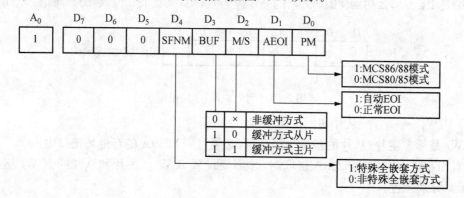

图 7.28　ICW_4 的格式

$D_7 \sim D_5$:无意义,为"0"。

D_4(SFNM):特殊全嵌套方式位,与级联模式配套使用。$D_4 = 1$ 表示 8259A 为特殊全嵌套方式,而且只用于主 8259A,否则 $D_4 = 0$。

D_3(BUF):缓冲方式位。$D_3 = 1$,8259A 工作在缓冲方式,通过总路线驱动器和数据总线相连,$\overline{SP}/\overline{EN}$ 用作输出端使数据总线驱动器启动。$D_3 = 0$,8259A 工作在非缓冲方式,$\overline{SP}/\overline{EN}$ 为输入端,主片的 $\overline{SP}/\overline{EN} = 1$,从片的 $\overline{SP}/\overline{EN} = 0$。

D_2(M/S):主/从标志位。在缓冲方式下 $D_2 = 1$ 表示是主片,$D_2 = 0$ 表示从片。在非缓冲方式下,该为无意义。

D_1(AEOI):中断自动结束方式位。$D_1 = 1$,8259A 工作在中断自动结束方式。$D_1 = 0$, 8259A 工作在中断非自动结束方式。

D_0(μPM):微处理器模式位。$D_0 = 1$ 表示 8259A 处在 8086/8088 系统中,$D_0 = 0$ 表示 8259A 工作在 8080/8085 系统中。

2) 初始化流程

上面我们学习了对 8259A 进行初始化的 4 个 ICW 初始化命令字及其格式含义,那么如何利用 ICW 初始化命令对 8259A 进行初始化呢? 初始化流程如图 7.29 所示。

对于初始化流程应注意以下几点：

① 对系统中的每一片 8259A 都要按此流程进行初始化，$ICW_1 \sim ICW_4$ 的写入次序是固定不变的。

② 对于每片 8259A，ICW_1 和 ICW_2 是必须设置的。ICW_3 和 ICW_4 是选择设置的。只有在级联方式下才需要设置 ICW_3（主片，从片分别设置）；只有在 ICW_1 的 $D_0 = 1$ 时才需设置 ICW_4。

③ ICW_1 写入偶地址端口，ICW_2，ICW_3，ICW_4 写入奇地址端口。

下面我们总结一下初始化的编程主要完成的任务：

① 设定中断请求信号的有效形式是高电平还是上升沿有效。

② 设置 8259A 是单片还是多片级联工作方式。

③ 设定 8259A 管理的中断类型码基值，即 0 级中断 IR_0 所对应的中断类型号。

④ 设定各级中断的优先级排序规则。

⑤ 设定总线连接方式。

⑥ 设定中断的结束处理方式。

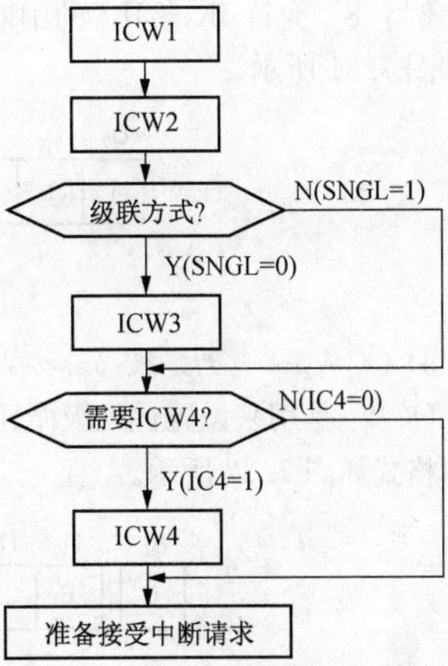

图 7.29　8259A 初始化流程图

3）操作命令字 OCW

在对 8259A 初始化编程后，8259A 就进入了工作状态，可以接受中断请求信号了。这时若不再写入任何操作命令字 OCW，8259A 便处于全嵌套工作方式。中断源 IR_0 的优先级定为最高级，IR_7 为最低级。若要改变 8259A 的中断控制方式，或为了屏蔽某些中断，读出 8259A 内部某些寄存器的状态信息等，则必须写入操作命令字。

8259A 有 3 个操作字 OCW_1，OCW_2，OCW_3，这 3 个操作命令字都是在 8259A 初始化后，在应用程序中设置的，编程时次序上没有严格要求，而且可以根据需要多次设置，但各操作命令字的端口地址有严格的规定：OCW_1 必须写入奇地址端口，OCW_2 和 OCW_3 必须写入偶地址端口。

4）OCW_1——中断屏蔽操作命令字

OCW_1 命令字的作用是用来设置或清除对中断源的屏蔽。其格式如图 7.30 所示。

$A_0 = 1$：表示 OCW_1 必须写入奇地址端口。

$M_i(i = 0 \sim 7) = 1$，表示该位对应的中断请求 IR_i 被屏蔽；

$M_i(i = 0 \sim 7) = 0$，表示该位对应的中断请求 IR_i 被允许。

图 7.30　OCW_1 的格式

例 7.8　允许 $IR_0 \sim IR_3$ 的中断请求输入,屏蔽 $IR_7 \sim IR_4$ 的中断请求。那么 OCW_1 的设定如图 7.31 所示。

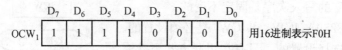

图 7.31　例 7.8OCW_1 的设定

5) OCW_2——优先级循环方式和中断结束方式操作命令字

OCW_2 是用来设置优先级循环方式和中断结束方式的操作命令字,要求写入偶地址端口,具体格式如图 7.32 所示。

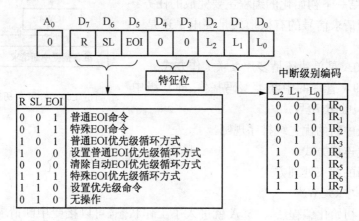

图 7.32　OCW_2 的格式

A_0:$A_0 = 0$,表示 OCW_2 应写入偶地址端口。

$D_2 D_1 D_0 (L_2 L_1 L_0)$:当 $D_6(SL) = 1$ 时这 3 位才有效,$L_2 \sim L_0$ 有两个用处:

① 当 OCW_2 设置为特殊的 EOI 结束命令时,由 $L_2 \sim L_0$ 3 位指出要清除 ISR 寄存器中的哪一位。

② 当 OCW_2 设置为特殊优先级循环方式时,由 $L_2 \sim L_0$ 指出循环开始时的哪个中断源的优先级最低。

$D_3 D_4$:OCW_2 的特征位。

$D_5(EOI)$:非自动中断结束命令位,用于所有需要使用中断结束命令的情况。

EOI = 1:中断结束命令,即使 ISR 中的相应位清"0"。

$D_6(SL)$:$L_2 L_1 L_0$ 的有效位,$D_6 = 1$,$L_2 \sim L_0$ 有效;$D_6 = 0$,$L_2 \sim L_0$ 无效。

$D_7(R)$:优先级循环方式位。$D_7 = 1$,设置优先级循环方式;$D_7 = 0$,为非循环方式。

$D_7 D_6 D_5 (R\ SL\ EOI)$:3 位组合命令功能来决定 8259A 优先级循环方式和中断结束方式,如表 7.5 所示。

表 7.5 R,SL,EOI 的组合功能

R,SL,EOI	$L_2L_1L_0$	命令字名称	作　用
001	无意义	普通 EOI 命令,固定优先级	中断处理结束时,CPU 向 8259A 发出 EOI 中断结束命令,8259A 将中断服务寄存器 ISR 中当前优先级最高的置"1"位清"0",并设置固定优先级
011	有意义	特殊 EOI 命令,固定优先级	中断处理结束时,CPU 向 8259A 发出 EOI 中断结束命令,8259A 将中断服务寄存器 ISR 中由 $L_2L_1L_0$ 指定的中断级别的相应位清"0",并设置固定优先级
101	无意义	普通 EOI 命令,循环优先级	中断处理结束时,8259A 将中断服务寄存器 ISR 中当前优先级最高的置"1"位清"0",并使其优先级为最低级,最高优先级赋给它的下一级
100	无意义	设置优先级循环方式	设置优先级循环方式
000	无意义	固定优先级	设置固定优先级
111	有意义	特殊 EOI 命令,优先级循环方式	中断处理结束时,将 $L_2L_1L_0$ 指定的 ISR 中的对应位清"0",并将 $L_2L_1L_0$ 指定的优先级较为最低中断优先级
110	有意义	设置特殊优先级循环方式	由 $L_2L_1L_0$ 指定一个最低优先级,设置特殊优先级循环方式
010	无意义	无操作	无意义

例 7.9　若使 8086 系统中 8259A 的优先级顺序为 IR_4,IR_5,IR_6,IR_7,IR_0,IR_1,IR_2,IR_3,试写出一段程序实现该优先顺序。设 8259A 的端口偶地址为 20H。

先来分析一下题意,若系统中的优先级按一定的顺序则需设定 8259A 为优先级循环方式,那么用 OCW_2 的 $R(D_7)=1$ 指定;从题中规定的优先级顺序可以看出 IR_4 的优先级为最高级,则需要 $L_2L_1L_0$ 指定 IR_3 为最低优先级,那么要设施 $SL(D_6)=1$,$L_2L_1L_0(D_2D_1D_0)=011$。

解　OCW_2 的设定如下:

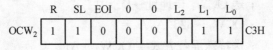

图 7.33　例 7.9 OCW_2 的设定

8259A 的操作编程如下:

```
    MOV   AL,0C3H;
    OUT   20H, AL
```

6) OCW_3——特殊屏蔽设置和查询读出操作命令字

OCW_3 有 3 个功能:设置和撤消特殊屏蔽方式;设置中断查询方式;读 8259A 内部寄存

器。OCW$_3$ 必须被写入 8259A 的偶地址端口,具体格式如图 7.34 所示。

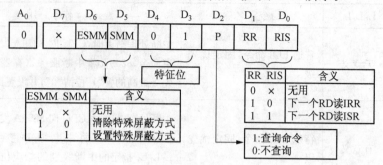

图 7.34 OCW$_3$ 的格式

D$_0$(RIS):IRR/ISR 位,D$_0$ 受 D$_1$ 位的控制。当 D$_1$=0 时,D$_0$ 无意义;当 D$_1$=1 时,D$_0$=1,表示下一个读操作读 ISR 内容;当 D$_0$=0 时,表示下一个读操作读 IRR 内容。

D$_1$(RR):读出位,在非查询方式(D$_2$=0)下,D$_1$=1 表示 CPU 要读 8259A 的内部寄存器,读哪一个由 D$_0$ 位决定。

D$_2$(P):查询方式位。D$_2$=1,设置 8259A 为中断查询方式;D$_2$=0,为非查询方式。

D$_4$D$_3$:OCW$_3$ 的特征位。

D$_5$(SMM):特殊屏蔽方式位,该位受 D$_6$ 位控制。当 D$_6$=0 时,D$_5$ 位无用;当 D$_6$=1 时,D$_5$=1,设置特殊屏蔽方式;当 D$_5$=0 时,清除特殊屏蔽方式,恢复普通屏蔽方式。

D$_6$(ESMM):允许特殊屏蔽模式位。D$_6$=1,允许特殊屏蔽方式,但是否设置特殊屏蔽方式由 D$_5$ 位决定。

D$_7$(0):无意义,可填"0"。

例 7.10 假设某系统正在为 IR$_4$ 中断服务,在服务过程中希望允许比它低的中断得到响应,因此可用特殊屏蔽命令将 IR$_4$ 中断暂时屏蔽,而响应较低级中断;当为较低中断服务完后,再清除对 IR$_4$ 中断的屏蔽,最后完成对它的服务。请写出完成上述任务的程序。

解 设 PORT$_1$ 为 OCW$_1$ 的端口地址,其 A$_0$=1;PORT$_2$ 为 OCW$_3$ 的端口地址,其 A$_0$=0。

```
      ⋮              ;为 IR₄ 中断服务的程序
      ⋮              ;屏蔽除准备允许响应的低级中断外的所有其他低级中断
CLI                  ;关中断
MOV AL,10H           ;送屏蔽 IR₄ 的 OCW₁ 命令字
MOV DX,PORT₁         ;送 OCW₁ 口地址→DX 中
OUT DX,AL            ;OCW₁→8259A,A₀=1
MOV AL,68H           ;送特殊屏蔽方式字 OCW₃→AL
MOV DX,PORT₂         ;送 OCW₃ 口地址→DX 中
OUT DX,AL            ;OCW₃→8259,A₀=0
STI                  ;开中断

CLI                  ;复位特殊屏蔽而关中断
MOV AL,48H           ;OCW₃→AL
MOV DX,PORT₂         ;OCW₃ 口地址→DX 中
```

194

```
OUT DX,AL              ; OCW₃→8259,A₀＝0
MOV AL,0               ; 解除对 IR₄ 屏蔽
MOV DX,PORT₁           ; OCW₁ 口地址→DX 中
OUT DX,AL              ; OCW₁→8259
STI                    ; 开中断
                       ; 包含 EOI 的中断结束命令
IRET                   ; 中断结束返回
```

上面的例子表示了在较高级中断服务过程中,又穿插了对较低中断的服务,因此利用特殊屏蔽命令字 OCW₃ 可使中断不受优先级限制,而人为地为某一较低优先级中断服务。

7.3 8259A 在微机系统中的应用

7.3.1 IBM PC/XT 机的中断控制

IBM PC/XT 机的可屏蔽中断是由一片 8259A 中断控制器管理的,提供 8 个中断输入,IR_0 优先级最高,IR_7 最低。IR_0 和 IR_1 被系统板占用,$IR_2 \sim IR_7$ 引到系统总线改名为 $IRQ_2 \sim IRQ_7$,8259A 的地址为 20H~21H,中断类型号为 08H~0FH。各中断源的中断类型码、向量地址及其在基本输入输出程序(BIOS)中的过程名、首地址列于表 7.6。

表 7.6 XT 机 8 级外中断向量一览表

中断类型码	向量地址	中断源	BIOS 中中断服务程序过程名
08H	20~23H	时钟	TIMER-INT(F000:FFA5H)
09H	24~27H	键盘	KB-INT(F000:E987H)
0AH	28~2BH	保留	D₁₁(F000:FF23H)
0BH	2C~2FH	串行口 2	D₁₁(F000:FF23H)
0CH	30~33H	串行口 1	D₁₁(F000:FF23H)
0DH	34~37H	硬盘	HD-INT(C800:0760H)
0EH	38~3BH	软盘	DISK-INT(F000:EF57H)
0FH	3C~3FH	打印机	D₁₁(F000:FF23H)

表中日时钟、键盘、硬盘和软盘 4 个中断源的中断服务程序都设在 BIOS 中,其余的中断源的服务程序在 BIOS 中都以临时服务程序 D_{11} 代替。其硬件连接如图 7.35 所示。

系统在初始化时,BIOS 对 8259A 的初始化编程,规定 8259A 工作在全嵌套方式下,中断请求信号采用上升沿触发、缓冲器触发方式,中断结束采用 EOI 命令方式。其初始化程序如下:

```
MOV AL,13H             ; ICW₁→AL,单片 8259,边沿触发,需要 ICW₄
OUT 20H,AL             ; ICW₁→ICW₁ 口地址
MOV AL,08H             ; ICW₂→AL,送中断向量地址
OUT 21H,AL             ; ICW₂→ICW₂ 口地址
MOV AL,09H             ; ICW₄→AL,8088 模式,缓冲方式,普通嵌套方式
```

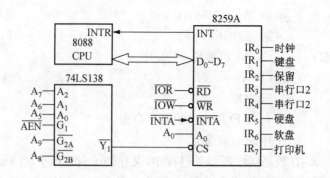

图 7.35　PC/XT 机中 8259A 的硬件连接

```
OUT 21H,AL              ; ICW_4→ICW_4 口地址
MOV AL,0FFH             ; OCW_1→AL,屏载所有中断
OUT 21H,AL              ; OCW_1→OCW_1 口地址
```

7.3.2　用户中断服务程序

在前面的内容学习中我们知道:当 CPU 响应中断时,便从中断向量表中取中断向量,根据中断向量转去执行中断服务程序。因此,当你自己编写中断服务程序时,首先你要学会将中断服务程序的入口地址填写到系统的中断向量表中。其次要学会编写中断服务程序。还有一点就是你要知道中断向量表中哪些中断类型码是用户可以用的。

1) 填写中断服务程序的入口地址

由于 DOS 在装入并执行用户程序时,首先建立了一个程序段前缀 PSP(Program Segment Prefi)。PSP 包含有用户程序的一些信息和程序返回 DOS 的有关指令,因此在执行用户中断服务程序前,也应将其段地址及偏移地址入栈,其段地址存于 DS 中,偏移值为 0,这样用户程序的执行,就像执行 DOS 的外部命令文件一样,当程序正确执行,直到程序末尾遇到 RET 指令,便正确地返回 DOS。如果不用堆栈操作,在程序末尾用 DOS 功能调用:

```
MOV AH,4CH
INT 21H
```

也可正确返回 DOS。

例 7.11　我们定义了中断类型码为 60H 的中断,其中断服务程序名为 INTR。可以用下面的程序填写中断向量表,以便实现所定义的 60H 中断。请编写程序,将中断向量地址[DI],[DI+1],[DI+2],[DI+3]装入中断服务程序 INTR 的入口地址。

```
解  STACK        SEGMENT PARA STACK'STACK'
                  ⋮
    STACK        ENDS
    DATA         SEGMENT PARA PUBLIC'DATA'
                  ⋮
    DATA         ENDS
    CODE         SEGMENT PARA PUBLIC'CODE'
    START        PROC FAR
```

196

```
                ASSUME CS:CODE
                PUSH DS
                SUB AX,AX
                PUSH AX
                MOV AX,DATA
                MOV DS,AX
                ASSUME DS:DATA
                CLI
                MOV AX,0                    ;向量表段地址为 0
                MOV ES,AX
                MOV DI,4 * 60H              ;60 型中断向量地址→DI
                MOV AX,OFFSET INTR          ;服务程序偏移地址→
AX
                CLD                         ;地址递增
                STOSW                       ;AX→[DI][DI+1]
                MOV AX,SEG INTR             ;服务程序段地址→AX
                STOSW                       ;AX →[DI+2][DI+3]
                ⋮
```

也可用 DOS 功能调用。当 AH 中装入 25H 功能码,并执行 21 型软中断时,这个 DOS 功能调用将把中断服务程序的段地址(由 DS 传送)及偏移地址(由 DX 传送)装入中断向量表中。其程序如下:

```
STACK           SEGMENT PARA STACK'STACK'
                ⋮
STACK           ENDS
DATA            SEGMENT PARA PUBLIC'DATA'
                ⋮
DATA            ENDS
CODE            SEGMENT PARA PUBLIC'CODE'
START           PROC FAR
                ASSUME CS:CODE
                PUSH DS
                SUB AX,AX
                PUSH AX
                MOV AX,DATA
                MOV DS,AX
                ASSUME DS:DATA
                CLI
                PUSH DS
                MOV AX,SEG INTR
```

```
        MOV DS,AX
        MOV DX,OFFSET INTR
        MOV AH,25H                          ；功能码 25H→AH
        MOV AL,60H                          ；类型码 60H→AL
        INT 21H                             ；调用 21H 中断
        POP DS
        STI
         ⋮
```

2）用户中断服务程序

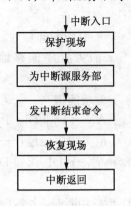

图 7.36　中断服务程序结构

中断服务程序是专为某一个中断源服务而编写的程序,和写"子过程"差不多。但由于在中断服务程序执行过程中,会改变一些寄存器的内容,这样,中断结束后,返回主程序时,就会出现错误。因而,中断服务程序的开始部分应该保存在中断服务过程中要改变的所有寄存器的内容,也就是我们经常说的保护现场。在中断服务结束时,返回主程序之前要恢复中断前各寄存器的内容,也就是我们经常说的恢复现场。中断服务程序的一般结构如图 7.36 所示。

7.3.3　80X86 系统的中断控制

IBM PC/AT 机是 1985 年推出的,采用 80286CPU,是 16 位的个人计算机,它的中断控制器由两片 8259A 级联构成,可管理 15 级中断请求,具体电路见图 7.37。如图所示,主片的 IR_2 与从片级联,主片工作在特殊全嵌套,从片工作在全嵌套的优先级方式下,两个中断控制器的中断优先级排列顺序是这样的:优先级最高的是主片的 $IR_0 \sim IR_1$,其次是从片上的 $IR_0 \sim IR_7$,最后是主片的 $IR_3 \sim IR_7$,15 级中断请求均来自 I/O 设备,如表 7.7 所示。

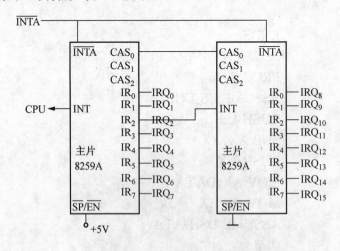

图 7.37　PC/AT 机中的 8259A 的硬件连接

198

表 7.7　IBM PC/AT 机 I/O 设备中断优先级分配表

中断优先级			功　能
主片		IRQ₀	定时器通道 0
		IRQ₁	键盘中断
	从片		
		IRQ₈	日历实时时钟中断
		IRQ₉	INT 0AH
		IRQ₁₀	保留
	IRQ₂	IRQ₁₁	保留
		IRQ₁₂	保留
		IRQ₁₃	协处理器中断
		IRQ₁₄	硬盘控制器
		IRQ₁₅	保留
	IRQ₃		串行口 2
	IRQ₄		串行口 1
	IRQ₅		并行口 2
	IRQ₆		软盘控制器
	IRQ₇		并行口 1

习题 7

一、判断题(正确√,错误×)

1. 内部中断的优先权总是高于外部中断。　　　　　　　　　　　　　　　　　　(　)

2. 两片 8259A 级连后可管理 16 级中断。　　　　　　　　　　　　　　　　　(　)

3. 8259A 所管理的中断源中,优先级低的中断源不可能中断优先级高的中断服务子程
序。　　　　　　　　　　　　　　　　　　　　　　　　　　　　　　　　　　　(　)

4. 若 8259A 中断屏蔽字 OCW1 为 00H,则 8259A 所管理的 8 级中断全被屏蔽。(　)

5. 只要 8259A 所管理的中断源没有被屏蔽,则任何中断源的中断请求都能得到 CPU 的
响应和服务。　　　　　　　　　　　　　　　　　　　　　　　　　　　　　　(　)

6. 在 8259A 特殊完全嵌套方式中,同级的中断可实现嵌套。　　　　　　　　(　)

二、单项选择题

1. CPU 响应 INTR 引脚上来的中断请求的条件之一是_____。

A) IF=0　　　　　B) IF=1　　　　　C) TF=0　　　　　D) TF=1

2. 断点中断的中断类型码是_____。

A) 1　　　　　　B) 2　　　　　　C) 3　　　　　　D) 4

3. 在 PC/XT 机中键盘的中断类型码是 09H,则键盘中断矢量存储在_____。

A) 36H~39H　　B) 24H~27H　　C) 18H~21H　　D) 18H~1BH

4. 3 片 8259A 级联起来,可管理_____级中断。

A) 24　　　　　B) 23　　　　　C) 22　　　　　D) 20

E) 16   F) 15

5. 若 8259A 工作在优先级自动循环方式,则 IRQ$_4$ 的中断请求被响应并且服务完毕后,优先权最高的中断源是_____。

A) IRQ$_3$ B) IRQ$_5$ C) IRQ$_0$ D) IRQ$_4$

6. PC/XT 机中若对从片 8259A 写入的 ICW$_2$ 是 70H,则该 8259A 芯片的 IRQ$_6$ 的中断类型码是_____。

7. PC/XT 机中若对从片 8259A 写入的 ICW$_2$ 是 70H,则该 8259A 芯片的 IRQ$_5$ 的中断矢量存储的地址是_____。

A) 75H   B) 280H   C) 300H   D) 1D4H

8. 当向 8259A 写入的操作命令字 OCW2 为 01100100 时,将结束_____的中断服务。

A) IRQ$_0$ B) IRQ$_1$ C) IRQ$_2$ D) IRQ$_3$

E) IRQ$_4$ F) IRQ$_5$ G) IRQ$_6$ H) IRQ$_7$

三、多项选择题

1. PC/XT 机对 I/O 端口的寻址方式有_____。

A) 端口直接寻址 B) 寄存器寻址   C) 基址寻址   D) 变址寻址

E) 寄存器相对寻址F) DX 间接寻址

2. PC 机在和 I/O 端口输入输出数据时,I/O 数据须经_____传送。

A) AL   B) BL   C) CL   D) DL

E) AX   F) BX   G) CX   H) DX

3. 在 PC 机工作过程中,8259A 所管理的中断源优先级将发生变化的工作方式有_____。

A) 全嵌套工作方式   B) 特殊全嵌套方式

C) 优先级自动循环方式   D) 优先级特殊循环方式

4. 写入 8259A 的 ICW$_1$ 为 13H,则该 8259A 芯片的工作方式是_____。

A) 上升沿触发中断请求   B) 仅高电平请求中断

C) 多片主从方式   D) 单片方式

E) 初始化写入 ICW$_4$ F) 初始化不写入 ICW$_4$

5. 写入 8259A 的 ICW$_4$ 为 09H,则该 8259A 芯片的工作方式是_____。

A) 全嵌套   B) 采用 8086 CPU   C) 多片主从方式   D) 缓冲方式

E) 自动结束中断 F) 优先级自动循环

6. 写入 PC/XT 机 8259A 芯片的操作命令字 OCW$_1$ 是 36H,则被屏蔽的中断源是_____。

A) IR$_0$ B) IR$_1$ C) IR$_2$ D) IR$_3$

E) IR$_4$ F) IR$_5$ G) IR$_6$ H) IR$_7$

四、填空题

1. 中断矢量就是中断服务子程序的_____,在内存中占有_____个字存储单元,其中低地址字存储单元存放的是_____,高地址字存储单元存放的是_____。

2. 中断返回指令是_____,该指令将堆栈中保存的断点弹出后依次装入_____寄存器和 CS 寄存器中,将堆栈中保存的标志装入_____中。

3. CPU 响应 8259A 中断,在_____引脚上输出_____个负脉冲,在第_____个负脉冲期间读入中断类型码。

4. PC 机中当 8259A 工作在_____方式和_____方式时,在中断返回前必须向_____H 端口写入一条中断结束指令。

5. PC/XT 机的中断矢量表放在从_____地址单元到_____地址单元,总共有_____个字节。

6. CPU 响应中断后将_____寄存器入栈保存,然后自动将_____标志和_____标志复位。若要实现中断嵌套,必须在中断服务子程序中执行一条_____指令。

7. PC/XT 机的 CPU 在某个中断服务子程序中执行了如下的指令:

       ⋮
    STI
    MOV AL,68H
    OUT 21H,AL
       ⋮

以后,CPU 可以接受并响应_____中断请求。

五、简答题

说明 AEOI 和 EOI 的区别,一般 EOI 和特殊 EOI 的区别,你认为它们各适合在什么情况下使用?

8 并行输入/输出接口芯片

本章主要介绍可编程并行接口芯片 8255 的内部结构、引脚功能、工作方式、状态字、初始化编程和应用，以及不可编程的并行接口芯片 8212 工作模式等。

8.1 可编程并行接口芯片 8255A

所谓接口是指计算机中两个不同部件或设备之间的电路和相关软件。在第 5 章和第 6 章中，我们已接触了一部分接口技术，但是微机系统中最复杂的接口是 CPU 与输入/输出设备之间的接口。输入/输出设备门类繁多，性能各异，且大多不能与 CPU 的工作特性相匹配，CPU 不能直接与外设之间传送信息，必须通过接口电路中转。一般在接口电路中应有下述电路单元：ⓐ 输入/输出数据锁存器和缓冲器，用以延长 CPU 与外设之间传送的数据存在时间，解决 CPU 与外设之间传送数据速度不匹配的矛盾，以及起隔离和缓冲的作用；ⓑ 控制命令寄存器，用以存放 CPU 对接口电路的各种控制命令，由接口电路中相应的控制电路解释和执行命令，完成 CPU 对接口电路的各种控制功能；ⓒ 状态寄存器，用以存放外设以及接口电路内部当前的状态信息，以备 CPU 随时查用；ⓓ 地址译码器，用以片选选中时，选择接口电路内部的不同端口；ⓔ 读写控制逻辑，用以完成 CPU 的读写操作；ⓕ 中断控制逻辑，用以实现 CPU 与外设之间可用中断方式传送数据。

随着大规模集成电路技术的发展，生产了许多通用的可编程接口芯片。按照一次传送数据的位数来分可分为并行接口和串行接口两大类。并行接口芯片和外设之间一次传送数据的位数是多位，串行接口芯片和外设之间一次传送数据的位数是 1 位，但无论是并行接口芯片还是串行接口芯片，它们和 CPU 之间都是以并行方式传送数据的。

Intel 8255A 是一种通用的可编程并行 I/O 接口芯片，采用单一 +5V 电源供电，输入输出电平与 TTL 完全兼容，和 Intel 系列微处理器互连非常方便，它可用程序来改变功能，通用性强，使用灵活，是应用最广的并行 I/O 接口芯片。

8.1.1 8255A 的内部结构

8255A 的内部结构框图如图 8.1 所示，由以下几个部分组成。

1) 数据总线缓冲器

这是一个双向三态的 8 位数据缓冲器，它是 8255A 与微机系统数据总线的接口。输入输出的数据、CPU 输出的控制字以及 CPU 输入的状态信息都是通过这个缓冲器传送的。

2) 三个端口 A，B 和 C

8255A 有 3 个与外设相连的端口，它们是 A 口、B 口和 C 口。

A 口中包含一个 8 位数据输出锁存器和缓冲器，一个 8 位数据输入锁存器。

B口中包含一个8位数据输入/输出锁存器和缓冲器,一个8位数据输入缓冲器。

C口中包含一个8位数据输出锁存器及缓冲器,一个8位数据输入缓冲器(输入没有锁存器)。

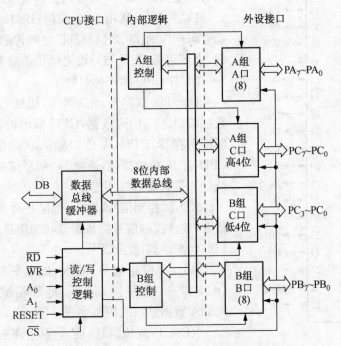

图 8.1   8255A 内部结构框图

通常端口 A 和 B 作为彼此独立工作的输入输出数据端口,而端口 C 一般作为与外设的信号联络和状态信息的端口。在方式字控制下,端口 C 可以分成两个 4 位端口,每个端口包含一个 4 位锁存器,分别与 A 口和 B 口配合使用,作为与外设之间的联络信号和存放接口电路当前的状态信息。

3) A 组和 B 组控制电路

这是两组根据 CPU 输出的控制字控制 8255A 工作方式的电路,。它们对于 CPU 而言,共用一个端口地址相同的控制字寄存器,接收 CPU 输出的一字节方式控制字或对 C 口按位置位/复位命令字。方式控制字的高 5 位($D_7 \sim D_3$)决定 A 组工作方式,低 3 位($D_2 \sim D_0$)决定 B 组工作方式。对 C 口按位置位/复位命令字可对 C 口的每一位实现置位或复位。

A 组控制电路控制 A 口和 C 口上半部,B 组控制电路控制 B 口和 C 口下半部。

4) 读/写控制逻辑

由它来控制把 CPU 输出的控制字或输出的数据送至相应端口,也由它来控制把状态信息或输入数据通过相应的端口送至 CPU。

8.1.2   8255A 的引脚功能

8255A 的引脚分布如图 8.2 所示。

1) 与外设相连的引脚

$PA_7 \sim PA_0$:A 口数据线,通常与各外设数据线相连,可输入或输出,也可双向,由方式控

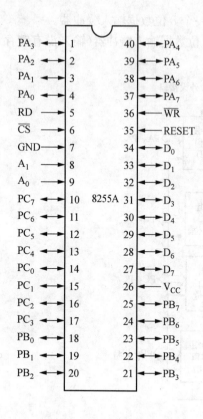

图 8.2 8255A 引脚

制字确定。

PB_7～PB_0：B 口数据线，通常和外设数据线相连，可输入或输出，无双向，由方式控制字确定。

PC_7～PC_0：其用途与 A 口、B 口的工作方式有关，通常可作为 A 口、B 口与外设之间传送数据的信号联络线，也可用于 CPU 与外设之间传送数据。

2）与 CPU 相连的引脚

D_7～D_0：双向三态数据线，通过它，CPU 与 8255A 数据端口之间传送数据，CPU 输出控制字到 8255A 控制字寄存器，CPU 从 C 口输入状态信息。由于 8086 CPU 有 16 根数据线，通常 D_7～D_0 与 8086 CPU 微机系统低 8 位数据总线相连。

$\overline{RD}$：读控制信号，输入，低电平有效。CPU 通过 IN 指令，发读控制信号将数据或状态信息从 8255A 数据端口或状态端口读至 CPU。

$\overline{WR}$：写控制信号，输入，低电平有效。CPU 通过 OUT 指令，发写控制信号将数据或控制字输出到 8255A 数据端口或控制字寄存器。

RESET：复位信号，输入，高电平有效。复位后，清除 8255A 控制字寄存器的内容，并将端口 A，B，C 置成输入方式。通常连到微机系统复位上。

$\overline{CS}$：片选信号，低电平有效。当 $\overline{CS}$ 有效时，CPU 才能对 8255A 进行读/写操作，否则 8255A 数据线 D_7～D_0 为高阻状态。

A_1，A_0：片内端口寻址，输入。8255A 中共有 4 个端口，即 A 口、B 口、C 口和控制字寄存器，在 $\overline{CS}$ 有效时由 A_1、A_0 来加以选择。$A_1A_0=00$ 选中 A 口，$A_1A_0=01$ 选中 B 口，$A_1A_0=10$ 选中 C 口，$A_1A_0=11$ 选中控制字寄存器。通常 A_1、A_0 分别连到 8086 CPU 微机系统地址总线的 A_2，A_1。A_1，A_0 和 $\overline{RD}$，$\overline{WR}$ 及 $\overline{CS}$ 组合所实现的各种功能如表 8.1 所示。

表 8.1　8255A 的读写操作及端口选择

$\overline{CS}$	A_1	A_0	$\overline{RD}$	$\overline{WR}$	操　作
					输入操作（读）
0	0	0	0	1	端口 A → 数据总线
0	0	1	0	1	端口 B → 数据总线
0	1	0	0	1	端口 C → 数据总线
					输出操作（写）
0	0	0	1	0	数据总线 → 端口 A
0	0	1	1	0	数据总线 → 端口 B
0	1	0	1	0	数据总线 → 端口 C
0	1	1	1	0	数据总线 → 控制字寄存器

	$\overline{\text{CS}}$	A_1	A_0	$\overline{\text{RD}}$	$\overline{\text{WR}}$	操　作
						断开功能
	1	×	×	×	×	数据总线为三态
	0	1	1	0	1	非法状态（控制口不能读）
	0	×	×	1	1	数据总线为三态

8.1.3　8255A 的工作方式

8255A 有三种工作方式，即方式 0、方式 1 和方式 2。端口 A 有方式 0、1 和 2，而端口 B 只能有方式 0 和 1。下面分别加以介绍。

1）方式 0——基本输入输出方式

这种方式的基本功能是：没有规定固定的用于 8255A 与外设之间传送数据时应答式的联络信号线；当 A 口和 B 口都工作在方式 0 时，8255A 包含 A 口，B 口两个 8 位数据口以及 C 口上半部、C 口下半部两个 4 位数据口，且任一个端口可以作为输入口或输出口；输出是锁存的，输入只有缓冲而无锁存功能；CPU 可以采用无条件传送方式或查询方式与 8255A 之间传送数据，但不能采用中断方式传送；当采用查询方式传送数据时，用户可指定 C 口的某几根线作为 A 口和 B 口与外设之间传送数据时的信号联络线，此时 CPU 可随时查询自定义的输入或输出信号联络线的状态。

2）方式 1——选通输入输出方式

这种方式的基本功能是：A 口和 B 口可工作在方式 1 作为数据输入口或输出口，且数据的输入输出都具有锁存功能，但同时规定 C 口的某些位用来作为信号联络线，各信号联络线之间有固定的时序关系，用户对这些引脚不能再指定作其他用途，此时 8255A 输出信号联络线的状态可作为状态信息供 CPU 随时查询，但 CPU 检测不到输入信号联络线的状态。C 口未被规定信号联络线的剩余位可作为数据输入或输出用。这种方式通常用于查询方式或中断方式传送数据。

（1）方式 1 输入

A 口、B 口工作在方式 1 输入时，C 口信号联络线的定义如图 8.3 所示。其信号联络作用如下：

① $\overline{\text{STB}}$：选通输入，低电平有效。由外设提供，当其有效时，就将输入设备送来的数据通过 $PA_7 \sim PA_0$ 或 $PB_7 \sim PB_0$ 送入 A 口或 B 口的输入锁存器中。

② IBF：输入缓冲器满，高电平有效。这是 8255A 提供给外设的状态信号。当输入设备查询到 IBF 不满即 IBF 为低电平时，输入设备才能送来新的数据，即输入设备发 $\overline{\text{STB}}$ 信号有效；当 $\overline{\text{STB}}$ 信号有效后，IBF 就被置成高电平，表示输入设备已将数据输入到 A 口或 B 口输入锁存器中，直至 CPU 把数据读走后，即 $\overline{\text{RD}}$ 信号的上升沿使 IBF 变为低电平。

③ INTR：中断请求，高电平有效，输出。该信号可接到 8259A 可编程中断控制器的某一根中断请求输入线上，通过 8259A 向 8086 CPU 提出中断申请，以便 CPU 采用中断方式从 A 口或 B 口读取数据。只有当 $\overline{\text{STB}}$，IBF 和 INTE 都为高电平时，INTR 信号才被置成高电平，而 $\overline{\text{RD}}$ 信号的下降沿使其复位。

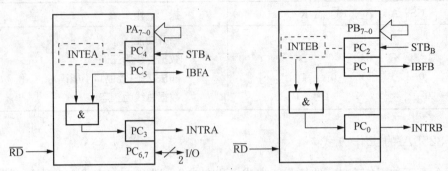

图 8.3　8255A 工作在方式 1 输入时的引脚定义

④ $INTE_A$:端口 A 中断允许。可由用户给 8255A 控制字寄存器送 PC_4 的置位/复位字来实现允许中断/禁止中断。

⑤ $INTE_B$:端口 B 中断允许。可由用户给 8255A 控制字寄存器送 PC_2 的置位/复位字来实现允许中断/禁止中断。

PC_7,PC_6 可用作一般的 I/O 线,由方式控制字的 D_3 位设置为输入或输出。

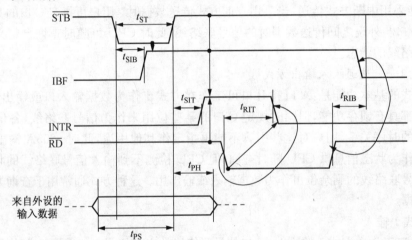

符　号	参　　数	8255A		单　位
		MIN	MAX	
t_{ST}	$\overline{STB}$脉冲宽度	500		ns
t_{SIB}	$\overline{STB}$=0 到 IBF=1		300	ns
t_{SIT}	$\overline{STB}$=1 到 INTR=1		300	ns
t_{RIB}	$\overline{RD}$=1 到 IBF=0		300	ns
t_{RIT}	$\overline{RD}$=0 到 INTR=0		400	ns
t_{PS}	数据提前 STB 无效的时间	0		ns
t_{PH}	数据保持时间	180		ns

图 8.4　方式 1 的输入时序

方式 1 输入的过程如下：

当输入设备准备好数据并检测到 IBF 为低电平后，将数据送至 $PA_7 \sim PA_0$ 或 $PB_7 \sim PB_0$ 的同时，发 $\overline{STB}$ 有效，8255A 将 $PA_7 \sim PA_0$ 或 $PB_7 \sim PB_0$ 上的数据输入到 A 口或 B 口数据输入锁存器中，则 8255A 向输入设备发出 IBF 有效，通知输入设备暂缓送数，等待 CPU 读取数据。此时有两种方式通知 CPU 取数：第一种方式是用中断方式，当允许 8255A 端口 A 或端口 B 中断，即给 $INTE_A$ 或 $INTE_B$ 置 1 时，输入设备发出的 $\overline{STB}$ 选通信号的上升沿使 $INTR_A$ 或 $INTR_B$ 有效，通过 8259A 向 CPU 申请中断，进行中断管理。当 CPU 响应中断后，执行 IN 指令，将 A 口或 B 口数据输入锁存器中的数据取走。同时，$\overline{RD}$ 信号的下降沿复位 $INTR_A$ 或 $INTR_B$，$\overline{RD}$ 信号的上升沿则使 IBF 复位。输入设备检测到 IBF 为低电平后，开始传送下一个数据，如此循环。第二种方式是软件查询方式，当 CPU 查询到 IBF 有效后，即 CPU 读取 C 口的 PC_5（IBF_A）或 PC_1（IBF_B）为 1，则 CPU 可从 A 口或 B 口取走数据，否则 CPU 处于查询等待。

方式 1 输入时序如图 8.4 所示。

（2）方式 1 输出

A 口、B 口工作在方式 1 输出时，C 口信号联络线的定义如图 8.5 所示。其信号联络的作用如下：

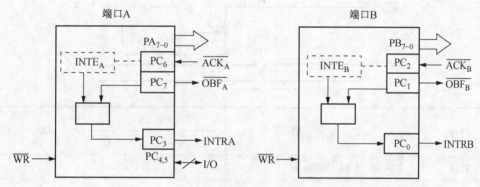

图 8.5　8255A 工作在方式 1 输出时的引脚定义

① $\overline{OBF}$：输出缓冲器满，低电平有效。这是 8255A 输出给外设的一个状态信号。当其有效时，表示 CPU 已经把数据输出到指定的端口，通知外设可以将数据取走。它由输出指令 $\overline{WR}$ 的上升沿置成有效，由 $\overline{ACK}$ 信号的下降沿使其恢复为高电平。

② $\overline{ACK}$：外设响应信号，低电平有效。当外设采样到 $\overline{OBF}$ 有效后，则置 $\overline{ACK}$ 信号有效，表示 CPU 输出给 8255A 指定端口的数据已经被外设接收。

③ INTR：中断请求，高电平有效。当外设已经接收了 CPU 输出给 8255A 指定端口的数据后，8255A 就通过置 INTR 为高电平向 CPU 发出中断请求，请求 CPU 继续输出数据。只有当 $\overline{OBF}$、$\overline{ACK}$ 和 INTE 都为高电平时，INTR 才被 8255A 置为高电平，而输出指令 $\overline{WR}$ 信号的下降沿使 INTR 复位。

④ INTEA：端口 A 中断允许信号。可由用户给 8255A 控制字寄存器送 PC_6 的置位/复位字来实现允许中断/禁止中断。

⑤ INTEB：端口 B 中断允许信号。可由用户给 8255A 控制字寄存器送 PC_2 的置位/复位字来实现允许中断/禁止中断。

PC_4，PC_5 可用作一般的 I/O 线，由方式控制字的 D_3 位设置为输入或输出。

方式 1 输出的过程如下：

CPU 可采用查询方式。当查询到 $\overline{OBF}$ 为高时或者 CPU 采用中断方式时，或 INTR 为高时，CPU 输出数据给 8255A 指定端口，输出指令 $\overline{WR}$ 信号的下降沿复位 INTR，$\overline{WR}$ 信号的上升沿将 $\overline{OBF}$ 置为低电平，通知外设 CPU 已经把数据输给 8255A 指定端口，外设采样到 $\overline{OBF}$ 为低电平后，向 8255A 发出 $\overline{ACK}$ 信号。$\overline{ACK}$ 信号的下降沿将 $\overline{OBF}$ 置为高电平，$\overline{ACK}$ 信号的上升沿表示外设已将 8255A 指定端口的数据取走，若此时 INTE 为高电平，则 INTR 被置为高电平，CPU 继续输出下一个数据。

方式 1 输出时序如图 8.6 所示。

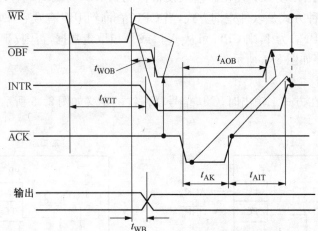

符号	参数	8255A		单位
		MIN	MAX	
T_{WOB}	$\overline{WR}=1$ 到 $\overline{OBF}=0$		650	ns
t_{WIT}	$\overline{WR}=0$ 到 INTR $=0$		850	ns
T_{AOB}	$\overline{ACK}=0$ 到 $\overline{OBF}=1$		350	ns
t_{AK}	$\overline{ACK}$ 脉冲宽度	300		ns
t_{AIT}	$\overline{ACK}=1$ 到 INTR$=1$		350	ns
t_{WB}	$\overline{WR}=1$ 到输出		350	ns

图 8.6　方式 1 输出时序

3）方式 2——双向选通输入输出方式

8255A 只允许 A 口工作于方式 2，即 A 口可分时进行输入/输出的操作，在 $PA_7 \sim PA_0$ 的 A 口数据线上，既能发送数据也能接收数据。A 口工作在方式 2 时，能用查询方式或中断方式传送数据。B 口可工作在方式 0 或方式 1。C 口在 $PC_3 \sim PC_7$ 充当 A 口输入/输出信号联络线，$PC_2 \sim PC_0$ 可充当工作在方式 1 的 B 口信号联络线或当 B 口工作在方式 0 时，$PC_2 \sim PC_0$ 仅作一般的 I/O 线。

8255A 的 A 口工作在方式 2 时，信号联络线的定义如图 8.7 所示。其作用如下：

① $INTE_1$：与 $\overline{OBF}_A$ 有关的中断允许触发器，可由用户给 8255A 控制字寄存器送 PC_6 的

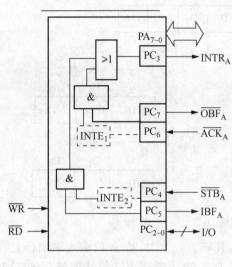

图 8.7　方式 2 的引脚定义

置位复位字来实现允许/禁止 A 口输出中断。

② $INTE_2$：与 IBF A 有关的中断允许触发器，可由用户给 8255A 控制字寄存器送 PC_4 的置位/复位字来实现允许/禁止 A 口输入中断。

③ $INTR_A$：中断请求，高电平有效。输入输出都用此信号向 CPU 申请中断。产生中断请求信号的条件为：$INTR_A = IBF_A$，$INTE_2$，$\overline{STB_A}$，$\overline{RD}$（输入中断）或 $INTR_A = \overline{OBF_A}$，$INTE_1$，$\overline{ACK_A}$，$\overline{WR}$（输出中断），其余信号联络线实质上是方式 1 输入与输出的组合，唯一不同的是按方式 1 输出时，CPU 输出的数据直接送至端口总线上，不受信号联络线的控制。而按方式 2 输出时，只有当 $\overline{ACK_A}$ 有效时，CPU 输给 8255A 端口 A 的数据才能送至 $PA_7 \sim PA_0$ 端口总线上，否则端口 A 输出缓冲器处于高阻状态。

方式 2 时序如图8.8所示。

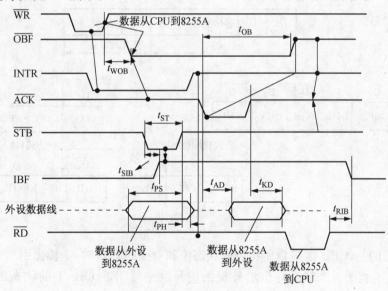

图 8.8　方式 2 时序图

8.1.4　8255A 的状态字

只有当 8255A 端口 A 和 B 都工作在方式 0 时，端口 C 或作为一个 8 位数据口或者作为两个 4 位数据口，除此之外，指定 C 口的某些线作为与 8255A 端口 A 或 B 与外设的信号联络线和指定 C 口的某些位作为供 CPU 对 C 口执行读操作的状态位。方式 1 的状态字含义如图 8.9所示，方式 2 的状态字含义如图 8.10 所示。

当 8255A 工作在方式 1 或方式 2 时，CPU 可通过对 C 口执行读操作，查询 IBF 和 $\overline{OBF}$ 状

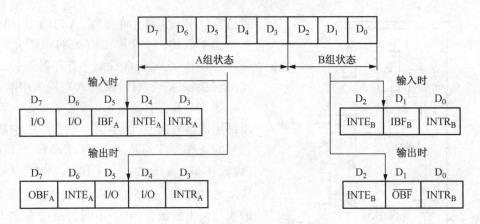

图 8.9 方式 1 的状态字

态位,实现查询方式传送数据。当 8255A 端口 A 工作在方式 2 时,若 A 口输入输出都允许中断,由于 A 口输入输出共用同一个中断请求信号线 PC_3,该中断请求线只能连接到 8259A 某一根中断申请线上,此时 8259A 只能提供同一个中断类型码,因此当 A 口工作在方式 2 采用中断方式传送数据时,CPU 响应中断后,还要查询状态位 $\overline{OBF}_A$ 和 IBF_A,以便确定是双向的输出引起的中断,还是输入引起的中断。

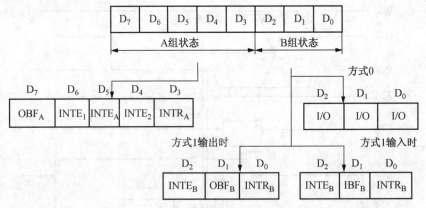

图 8.10 方式 2 的状态字

值得注意的是,CPU 读 C 口所得到的状态位和对应的 C 口输入/输出引脚上的状态有的相同,有的互不相关。8255A 输出给外设的信号联络线 IBF,$\overline{OBF}$ 上的状态以及 8255A 向 CPU 发出中断申请线上的状态与 CPU 读 C 口所得到的对应状态位是相同的,但外设发给 8255A 的信号联络线 $\overline{STB}$,$\overline{ACK}$ 上的状态与 CPU 读 C 口所得到的对应 INTE 状态位是互不相关的,即所有外设发给 8255A 的信号联络线的状态 CPU 无法读到。

8.1.5 8255A 的控制字

8255A 是一种可编程的 I/O 接口芯片,8255A 的工作方式要由控制字来设定,使用时要由 CPU 对 8255A 的控制字寄存器写入控制字,这个设置过程称为对 8255A 初始化。控制字有方式控制字和 C 口按位置位/复位控制字两种,为了让 8255A 能识别是哪种控制字,故采用 D_7 作为特征位来区别。

1) 方式控制字

方式控制字的格式如图 8.11 所示。若 $D_6D_5 = 1X$，D_4 无意义。例如，要求 8255A 的 A 口工作于方式 0 输出；B 口工作于方式 1 输入；C 口剩余 I/O 线全输出，则方式控制字为：10000110B，写到 8255A 的控制字寄存器，就实现了 8255A 上述方式的设置。

1	D_6	D_5	D_4	D_3	D_2	D_1	D_0
特 征 位	A组方式		A口	C口高4位	B组方式	B口	C口低4位
	00=方式0	01=方式1	0=输出	0=输出	0=方式0	0=输出	0=输出
	1×=方式2		1=输入	1=输入	1=方式1	1=输入	1=输入

图 8.11 8255A 方式选择控制字

2) C 口按位置位/复位控制字

该控制字是对 C 口的各位置"1"或清"0"的，其格式如图 8.12 所示。置位/复位控制字也是由 CPU 写入 8255A 控制字寄存器的，而不是写入 C 口。在 8255A 端口 A 和 B 工作在选通工作方式时或 A 口工作在双向方式时，利用 C 口的按位置位/复位功能可以对 INTE 置"1"或清"0"，以实现允许/禁止 8255A 中断请求。这一操作对于外设发给 8255A 的信号联络线 $\overline{STB}$，$\overline{ACK}$ 上的逻辑状态没有任何影响。但 C 口按位置位/复位功能对 C 口用作一般 I/O 线的数据输出线上的逻辑状态有影响，常用于方式 0 时作为外设的选通、门控、复位等控制信号。

0	D_6	D_5	D_4	D_3	D_2	D_1	D_0
特征位	不用			位选择			0=复位
				000=C口0位···111=C口7位			1=置位

图 8.12 C 口按位置位/复位控制字

8.1.6 8255A 应用举例

查询方式的打印机接口如图 8.13 所示。图中用 8255A 的 A 口作为输出打印数据口，工作于方式 0。PC_7 引脚作为打印机的数据选通信号 $\overline{STB}$，由它产生一个负脉冲，将数据线 $D_7 \sim D_0$ 上的数据送入打印机。另外分配 PC_2 引脚来接收打印机的忙状态信号。打印机在打印某字符时，忙状态信号 BUSY=1，此时，CPU 不能向 8255A 输出数据，一定要等待 BUSY 信号为低电平无效时，CPU 才能再次输出数据到 8255A。设打印字符存于缓冲区 BUFF 中，共有 400H 个字符，利用查询 BUSY 信号完成 CPU 与打印机之间数据交换的源程序如下：

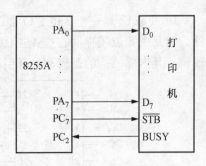

图 8.13 8255A 作为打印机接口

```
        MOV DX,PORTCNL          ;8255A 控制口口地址
        MOV AL,81H              ;8255A 方式选择控制字
        OUT DX,AL              ;A 口方式 0 输出,PC₇ 输出,PC₂ 输入
        MOV AL,0FH
        OUT DX,AL              ;PC₇ 置 1,使STB高电平
```

211

```
            MOV CX,400H              ; 打印字符个数
            MOV SI,OFFSET BUFF
POLL:       MOV DX,PORTC
            IN AL,DX
            TEST AL,04H              ; 查 BUSY = 0?
            JNZ POLL                 ; 不为 0,打印机忙,则等待
            MOV DX,PORTA             ; 否则,向 A 口送数
            MOV AL,[SI]
            OUT DX,AL
            MOV DX,PORTCNL           ; 8255A 控制口口地址
            MOV AL,0EH               ; PC_7 置 0,使 STB 为低电平
            OUT DX,AL                ; 产生一个负脉冲
            NOP
            NOP
            MOV AL,0FH               ; PC_7 置 1,使 STB 为高电平
            OUT DX,AL
            INC SI
            LOOP POLL                ;未打印完,继续
            HLT
```

8.2 用 8212 作为一个输入/输出接口

8.2.1 8212 简介

Intel 8212 是一个 8 位 I/O 接口芯片,是不可编程的,但也可用作 CPU 与外设的接口电路。它是由 8 位锁存器、三态输出缓冲器,以及控制和选择逻辑电路组成,此外还有中断请求逻辑。其内部结构的逻辑和外部引脚图如图 8.14 所示。

引脚名	
DI_1~DI_8	数据输入
DO_1~DO_8	数据输出
$\overline{DS_1}$, DS_2	片选
MD	模式
STB	选通
$\overline{INT}$	中断申请(低电平有效)
$\overline{CLR}$	清 "0"(低电平有效)

```
  ____                    ____
  DS_1 ──1           24── V_CC
  MD  ──2            23── INT
  DI_1──3            22── DI_8
  DO_1──4            21── DO_8
  DI_2──5            20── DI_7
  DO_2──6            19── DO_7
  DI_3──7            18── DI_6
  DO_3──8            17── DO_6
  DI_4──9            16── DI_5
  DO_4──10           15── DO_5
  STB ──11           14── CLR
  CND ──12           13── DS_2
```

(a)

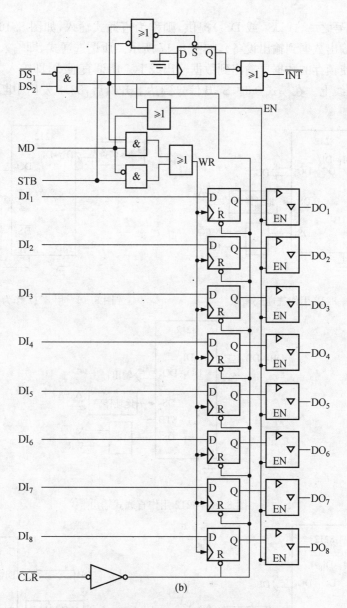

图 8.14　8212 外部引脚图和内部结构逻辑图

(a) 外部引脚图；(b) 内部结构逻辑图

8.2.2　8212 的工作模式

8212 的工作模式有模式 0 和模式 1 两种。

1) 模式 0

当 MD 接地时，8212 工作在模式 0。工作在这种模式时，在选通信号 STB 上升沿控制下，由 $DI_1 \sim DI_8$ 输入的数据送到 8 个 D 触发器中被锁存，只有在片选信号有效时，输出的三态缓冲器才被打开，锁存器中的数据才能通过打开的三态缓冲器送到数据输出线 $DO_1 \sim DO_8$ 上。这种模式，选通信号 STB 若由输入设备的选通信号提供，片选信号（$\overline{DS_1}=0 \wedge DS_2=1$）由地址译码器的输出和 $M/\overline{IO}=0$ 以及 $\overline{RD}=0$ 提供时，称为选通式输入，如图 8.15 所示。若 STB 选

213

通信号由片选信号之一(或$\overline{DS_1}$或DS_2)提供,则称为直通式输入,如图 8.16 所示。或称为直通式输出(用于输出数据到输出设备),如图 8.17 所示。所谓选通式,即输入数据先锁存,后打开三态缓冲器,使锁存的数据再输出到数据输出线上。所谓直通式,即输入数据被锁存的同时输出到数据输出线上。在模式 0 时,STB 信号到达上升沿后,8212 发出中断请求信号($\overline{INT}$为低电平)。

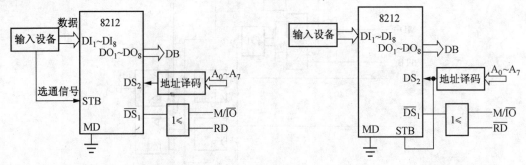

图 8.15　8212 用作选通式输入　　　　　图 8.16　用 8212 作为直通式输入

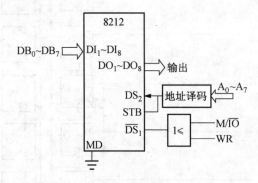

图 8.17　8212 用作直通式输出

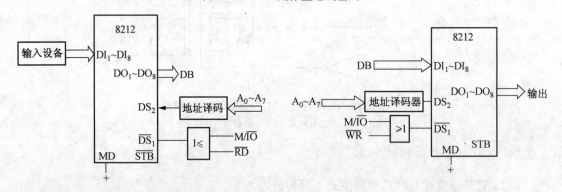

图 8.18　用 8212 作为直通式输入的接口　　　图 8.19　8212 用作输出端口

2) 模式 1

当 MD 接高电平时,8212 工作在模式 1。由于 MD 接高电平,输出三态缓冲器随时都被打开,所以模式 1 只有直通式,无选通式。这种模式只能利用片选信号作为 8 个 D 触发器的 CP 脉冲,在片选信号的作用下,输入的数据被锁存并同时送到数据输出线上。这种模式 STB 不起作用,可悬空。

214

无论是模式 0 还是模式 1,在片选信号有效时($\overline{DS_1}=0 \wedge DS_2=1$),8212 都发出中断请求信号。模式 1 直通式输入如图 8.18 所示,直通式输出如图 8.19 所示。

习题 8

一、单项选择题

1. 8255 芯片具有_____端口。
   A) 2   B) 3   C) 4   D) 5

2. 8255 的_____一般用作控制或状态信息传输。
   A) 端口 A   B) 端口 B   C) 端口 C   D) 端口 C 的上半部分

3. 对 8255 的端口 A 工作在方式 1 输入时,C 口的_____一定为空闲的。
   A) PC_4, PC_5 B) PC_5, PC_6 C) PC_6, PC_7 D) PC_2, PC_3

4. 对 8255 的 C 口 D_3 位置 1 的控制字为_____。
   A) 00000110B   B) 00000111B   C) 00000100B   D) 00000101B

5. 8255 工作在方式 1 的输出时,OBF 信号表示_____。
   A) 输入缓冲器满信号   B) 输出缓冲器满信号
   C) 输入缓冲器空信号   D) 输出缓冲器空信号

二、多项选择题

1. 8255 具有方式 1 的通道有_____。
   A) 通道 A   B) 通道 B   C) 通道 C   D) 都不是

2. 8255A 的 A 口方式 1 输出,B 口方式 1 输入时,使用 C 口的联络线_____。
   A) PC_0 B) PC_1 C) PC_2 D) PC_3
   E) PC_4 F) PC_5 G) PC_6 H) PC_7

3. 8255A 工作方式控制字的功能有_____。
   A) 选择芯片   B) 设置各端口的工作方式
   C) 设置各端口的输入/输出   D) 选择联络线

4. 8255A 的工作方式字为 10000000B,则工作在输出方式的有_____。
   A) A 口   B) B 口   C) C 口高 4 位   D) C 口低 4 位

三、应用题

1. 8255A 的 A 口与共阴级的 LED 显示器相连,若片选信号 $A_{10} \sim A_3 = 11000100$,问 8255A 的端口地址是多少? A 口应工作在什么方式? 画出 8255A,LS138,8086CPU 微机总线接口图,写出 8255A 的初始化程序。

2. 设 8255 端口 A 工作在双向方式,允许输入中断,禁止输出中断,B 口工作在方式 0 输出,C 口剩余数据线全部输入,请初始化编程。设 8255 端口地址为 60H,62H,64H,66H。

9 串行通信及接口电路

本章介绍了串行通信方式、信号的调制、EIA RS-232C 串行通信接口标准等串行通信基本知识,以及可编程串行通信接口芯片 8251A 的内部结构、外部引脚和初始化编程等。

由于并行通信是一次传送数据各位同时传送,虽然传送数据的速率快,但需要的传输线多,只适合于近距离传送。串行通信是一次传送数据仅一位,数据的各位按一定的顺序逐位顺序传送,传输线只要一条,虽然传送数据的速率慢,但在远距离通信时,可以大大节省传输线路费用,降低系统成本。

9.1 串行通信概述

9.1.1 串行通信方式

在串行通信中,由于只占用一根传输线,因此这根传输线既要传输数据信息,又要传输联络控制信息。为区分在一根传输线上传送的信息流中,哪一部分是数据信号,哪一部分是联络控制信号,就引出了串行通信的一系列约定。串行通信的信息格式有异步信息格式和同步信息格式,与此对应,串行通信就有异步通信和同步通信两种基本的通信方式。

1) 异步通信

在异步通信中,在发送方与接受方之间有两项约定,即字符格式的约定和波特率的约定。

(1) 字符格式

约定每传送一个字符总是以起始位开始,以停止位结束,构成一帧信息。格式是首先传送一位起始位(逻辑“0”,低电平),紧接着传送字符的数据编码位。可允许字符的编码在 5～8 位内选择,先传送最低位,然后依次传送更高位的数据。传送完字符编码的最高数据位后,可以传送一位奇偶校验位,按规定也可以不用奇偶校验位。奇偶校验位是“1”还是“0”,取决于是奇校验还是偶校验以及字符编码“1”的位数。若为偶校验,应使校验位和字符编码中“1”的位数和为偶数;若为奇校验,应使校验位和字符编码中“1”的位数和为奇数。最后传送一位或一位半或两位停止位(逻辑“1”,高电平)。至此,一帧信息传输结束。当下一帧的数据尚未准备好,不能马上发送下一帧的起始位时,传输线可传送不定时间长度的空闲位(并不要求是发送时钟周期的整数倍)。

若字符采用 7 位 ASCLL 编码,异步通信的数据格式如图 9.1 所示。

(2) 波特率

波特率是指单位时间内传送二进制数据的位数,以位/秒为单位。

假如数据传送速率是 120 字符/秒,而每一个字符的格式规定为 1 位起始位,7 位 ASCLL 码位,1 位奇偶校验位,1 位停止位,共 10 位二进制数码,则传送数据的波特率为

$$10 \times 120 = 1\,200 \text{ 位/秒} = 1\,200 \text{ 波特}$$

每位传送时间为

$$T_d = 1/1200 = 0.833\text{ms}$$

异步通信的传送速度在 $50 \sim 9\,600$ 波特之间,常用于计算机到 CRT 终端和字符打印机之间的通信等场合。

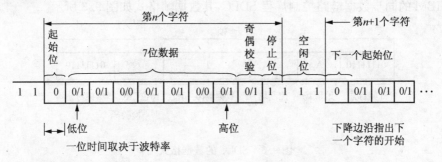

图 9.1　异步通信数据格式

2) 同步通信

在异步通信中,传送每一个字符都要用起始位和停止位作为字符开始和结束的标志,占用了时间。在大量数据传送时,为了提高速度,就去掉这些标志,采用同步传送。同步传送的速度在几十～几百千波特之间。

根据所采用的控制规程(通信双方就如何传送信息所建立的一些规定和过程称为通信控制规程),同步通信中使用的数据格式可分为面向字符型和面向比特型两种。

(1) 面向字符型的数据帧格式。

它有单同步、双同步和外同步之分,如图 9.2 所示。

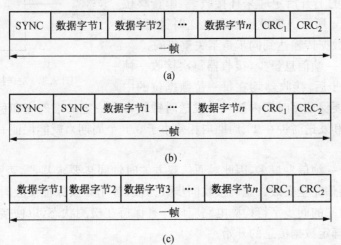

图 9.2　面向字符型同步通信数据格式

(a) 单同步信息格式;(b) 双同步信息格式;(c) 外同步信息格式

单同步是指在发送数据块之前,先发送一个同步字符 SYNC,供接收端检测到该同步字符后开始接收发送方发送的数据块;双同步是指在数据块之前,先发送两个同步字符 SYNC。同步字符表示一帧数据的开始。外同步是用一条专用控制线来传送同步字符。任何一帧信息都以 2 字节的循环冗余码作为结束。原则上讲,一个数据帧对数据块的长度没有限制。但在实际系统中,考虑到传输中可能出现差错,以及在一些网络环境下工作,数据块太长了不一定有利于线路效率的提高,所以通常还是限定它的长度。限定的方法可以是双方约定,但是更好的办法是在发送数据块前,先发送一个数据块长度信息给对方,以便接收方检测。

（2）面向比特型的数据帧格式

根据 IBM 的同步数据链路控制规程 SDLC,其数据帧格式如图 9.3 所示。

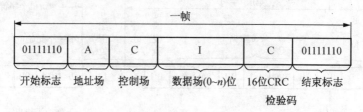

图 9.3　SDLC 的数据格式

每帧由 6 个部分组成,以一字节数据 01111110B 作为开始标志,地址场占一字节,根据需要设置一字节控制场,接着要传送的数据(位的集合)是 2 字节循环冗余校验码,最后以一字节数据 01111110B 作为帧结束标志。为了防止从地址场到循环冗余校验码字段中出现连续的 6 个"1",与标志相混淆,发送端一旦连续出现 5 个"1",则自动插入一个"0",接收端则自动将这个插入的"0"去掉,保证通信正常进行。

串行传送每一位二进制数据信息都是以数字信号波形的形式出现的。不论接收还是发送,都必须有时钟信号对传送的数据进行定位。通常,在发送侧,是在发送时钟的下降沿将数据定时串行移位输出,而在接收侧,是在接收时钟的上升沿定时采样接收线,串行移位输入数据,如图 9.4 所示。因此接收和发送时钟,对于收/发双方之间的数据传输达到同步是至关重要的。

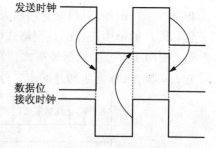

图 9.4　发送接收时序图

异步通信由于一帧信息量少,接收器每次接收一帧信息,用起始位同步后,接收器均在每一位数据位的中间采样接收线,只要保证短时间内接收和发送时钟频率有一定的准确度和稳定度(按一帧 11 位计算,接收时钟和发送时钟在 11 周期内相差小于 0.5 个周期),就能保证一帧数据信息的正确接收。

同步通信由于一帧信息量多,因此对通信双方的时钟同步要求甚严,否则两者稍有差异,累积误差会导致通信完全失败。正确接收同步数据帧,首先必须保证接收时钟和发送时钟完全一致,其次,接收端的同步字符检测电路应该一直保持在检测状态,以便接收端在检测到同步字符后,正确地确定数据信息的开始。

9.1.2　数据传送方向

通常在 A 和 B 两个站之间传送串行通信数据,有单工、半双工、全双工三种形式,如图 9.5 所示。

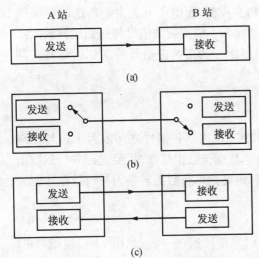

图 9.5 串行通信中数据传递方向示意图

(a) 单工示意图;(b) 半双工示意图;(c) 完全双工示意图

1) 单工

任何时刻 A,B 两站之间传送数据仅能进行一个方向的传送,即其中一个站(如 A 站)只能作为发送器,另一个站(如 B 站)只能作为接收器。

2) 半双工

能在不同时刻交替地进行双向数据传送,但两站之间仅有一根传输线,两个方向的数据传送不能同时进行。

3) 全双工

两站之间有两根传输线,在任何时刻都能在两个方向上同时进行数据传送。

9.1.3 信号的调制与解调

计算机通信传送的是数字信号,它要求传输线的频带很宽,而在远距离通信时,通常是利用电话线传送的,它不可能有这样宽的频带。所以如果用数字信号直接通信,经过传输线,信号会产生畸变。因此,在发送端需用调制器将数字信号调制成正弦波信号进行传输,在接收端需用解调器将接收的正弦波信号解调成数字信号,如图 9.6 所示。图中 MODEM 即调制器-解调器(Modulator-Demodulator),是计算机远程通信中的一种数据通信设备。

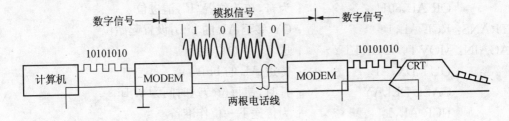

图 9.6　调制与解调示意图

正弦波的参数有 3 个:振幅、频率和相位。按照调制的参数,调制方式可分为调幅、调频和调相。移频键控(FSK)是一种低速传输时常用的调制方式,它是将数字信号"1"和"0"调制成易于鉴别的两个不同频率的正弦波信号。其原理如图 9.7 所示。

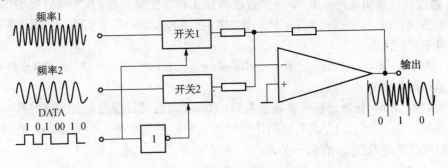

图 9.7　FSK 调制法原理

两个不同频率的正弦波信号分别由电子开关 1 和 2 控制,而电子开关由要传送的数字信号来控制。数字信号"1"控制 1 号电子开关导通,一串频率 1 的正弦波信号传送到运算放大器的输出端;数字信号"0"控制 2 号电子开关导通,一串频率 2 的正弦波信号传送到运算放大器的输出端,这样就将数字信号调制成正弦波信号。

9.1.4 串行输入/输出的实现

串行传送数据是一位一位依次顺序传送的,而在计算机内部各部件之间或者主机与距离很近的外设之间,是并行传送数据的。当由计算机传送数据至数据终端时,要先把并行的数据转换为串行数据再传送;计算机接收来自终端的数据,则要把串行数据转换为并行数据才能处理。上述转换可用软件也可用硬件实现。

1) 软件实现

CPU 输出字符到串行的电传打字机上打印,采用异步传送,一帧信息由 11 位组成,即 1 位起始位,待打印的字符用 7 位 ASCII 码表示,1 位偶校验位,2 位停止位。设输出打印的字符在 BL 寄存器中,电传打字机的速度为 110 波特,则下面的程序能实现串行输出。

```
              MOV CX,11           ; 一帧 11 位
              MOV AL,BL
              OR AL,AL            ; 检查字符本身奇偶性,清进位
              JPE TRANS           ; 为偶,直接发送
              OR AL,80H           ; 为奇,校验位置"1",清进位
TRANS: RCL AL,1                   ; CY 移至 AL 的 bit0,设置起始位
AGAIN: MOV DX,PORTTY              ; 送 TTY 端口地址
              OUT DX,AL           ; 传送 AL 的 bit0
              CALL DELAY          ; 延时,使每位传送时间为 9.1ms
              RCR AL,1            ; 为传送下一位作准备
              STC                 ; 置 CY=1,设置停止位
              LOOP AGAIN          ; 一帧信息未完则循环
```

2) 硬件实现

CPU 通过软件来实现并→串、串→并数据转换工作是完全可行的,外部只要增加简单的电平转换电路就可以了,但这耗去了 CPU 相当多的时间,大大降低了 CPU 的利用率,且传输数据的速度不可能太高。

硬件 UART(Universal Asynchronous Receiver and Transmitter),即通用异步接收/发送器。其电路框图如图 9.8 所示。

在 UART 工作时,接收器始终监视着 RXD 数据接收线,当检测到一个起始位时,就开始了一个数据帧的接收过程。UART 是用外部时钟来和接收的数据进行同步的。外部时钟的周期 TC 和数据位的周期 T_d 有以下关系:

$$T_c = T_d / K$$

其中,$K=16$ 或 64。若 $K=16$,在接收一个数据帧的开始,在每一个时钟脉冲的上升沿采样

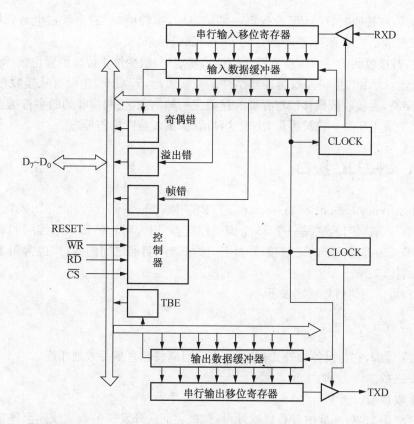

图 9.8 硬件 UART 电路框图

RXD,当发现了第一个"0"且以后间隔 8 个接收时钟周期再采样 RXD 时仍为"0",则确定它为起始位,表明采样到的第一个"0"是起始位开始,而不是干扰信号。再以后每隔 16 个时钟脉冲采样一次 RXD,作为输入数据,如图 9.9 所示。

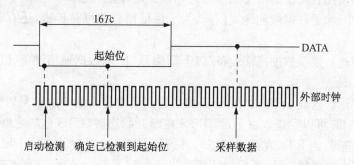

图 9.9 UART 对数据的采样

一帧信息中通常包含一个奇偶校验位,这是为了检测长距离传送中可能发生的错误。UART 在发送时,检查每个要传送的字符中"1"的个数,再根据是奇校验还是偶校验,自动在奇偶校验位上置"1"或清"0",使得字符中"1"的个数加上校验位"1"的个数,满足校验要求。在接收时,UART 按照通信双方约定的校验方式,检查每个字符的各位及奇偶校验位"1"的个数和是否满足校验方式要求,若不满足,则传送过程中发生了错误。

为了传送过程更加可靠,通常在 UART 中设立以下三种出错标志。

① 奇偶错:在接收时,UART 检查每一帧信息中,字符中"1"的个数加上奇偶校验位"1"的个数,其和应满足校验要求,若不满足则置位奇偶错标志。

② 帧错:若接收到的一帧信息不符合帧格式规定(如缺少停止位),则置位该标志。

③ 溢出错:UART 是一种双缓冲器结构。在接收时,若 CPU 还没有从接收数据缓冲器取走上一个字符,且接收数据移位寄存器又接收完一帧信息,把刚接收到的字符送至接收数据缓冲器时,就造成上一个字符被丢失,出现这种情况,则置位溢出错标志。

9.2 EIA RS-232C 接口

EIA(Electronics Industries Association),RS (Recommended Standard)-232C 是目前最常用的一种串行通信接口,它是一个 25 个脚的连接器,EIA 对它的每一个连脚的规定及对各种信号的电平规定都是标准的。该接口常用于微机与调制器之间的接口,也常用于微机与当地终端之间的接口。

最基本和最常用的信号规定如下:

9.2.1 引脚规定

保护地:1 号脚,它与设备的外壳相连,需要时可以使它直接与大地相连。

TXD:发送数据,2 号脚。

RXD:接收数据,3 号脚。

凡是符合 RS-232C 标准的计算机或外设,都把它们往外发送的数据线连至连接器的 2 号脚,接收的数据线连至连接器的 3 号脚。在两个连接器之间连线时,一方连接器的 2 脚和 3 脚分别接到另一方连接器的 3 脚和 2 脚。

信号地:7 号脚,一个设备中将所有电位参考点都连接在一起,与这个引脚相连。根据实际工作的需要,由使用者确定是否要把信号地和保护地接在一起。

在串行通信中,除了数据线和地线以外,为了保证信息的可靠传送,还有若干条联络控制信号线。

RTS:请求发送。这是数据终端设备(以下简称 DTE)向数据通信设备(以下简称 DCE)提出发送要求的请求线。

CTS:准许发送。这是 DCE 对 DTE 提出的发送请求作出的响应信号,当 CTS 在接通状态时,就是通知 DTE 可以发送数据了;当 RTS 在断开状态时,CTS 也随之断开,以备下一次应答过程的正常进行;当 RTS 在接通状态时,只有当 DCE 进入发送态时,即 DCE 已准备接收 DTE 送来的数据进行调制并且 DCE 与外部线路接通时,CTS 才处于接通状态。

DSR:数据通信设备准备就绪。它反映了本端数据通信设备当前的状态。当此线在接通状态时,表明本端 DCE 已经与信道连接上了且并没有处在通话状态或测试状态。通过此线,DCE 通知 DTE,DCE 准备就绪。DSR 也可以作为对 RTS 信号的响应,但 DSR 线优先于 CTS 线成为接通态。

DTR:数据终端准备就绪。如果该线处于接通状态,则 DTE 通知 DCE,DTE 已经作好了发送或接收数据的准备。DTE 准备发送时,本设备是主动的,可以在准备好时,将 DTR 线置为接通状态。如果 DTE 具有自动转入接收的功能,当 DTE 接到振铃指示信号 RI 后,就自动进入接收状态,同时将 DTR 线置为接通状态。

RI:振铃检测。当 DCE 检测到线路上有振铃信号时,将 RI 线接通,传送给 DTE。在 DTE 中常常把这个信号作为处理机的中断请求信号,使 DTE 进入接收状态,当振铃停止时,RI 也变成断开状态。

DCD:接收线路信号检测。这是 DCE 送给 DTE 的线路载波检测线。MODEM 在连续载波方式工作时,只要一进入工作状态,将连续不断地向对方发送一个载波信号。每一方的 MODEM 都可以通过对这一信号的检测,判断线路是否通,对方是否在工作。

此外,还有一些其他控制线,但是不常用,这里就不再赘述了。

9.2.2 电气性能规定

1) 在 TXD 和 RXD 线上

MARK(即数字"1")=-3~-25V

SPACE(即数字"0")=+3~+25V

例如

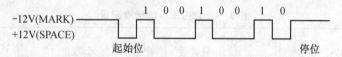

是符合标准的。

2) 在联络控制信号线上(如 RTS,CTS,DSR,DTR,RI,DCD 等)

ON(接通状态)=+3~+25V。

OFF(断开状态)=-3~-25V。

9.2.3 电平转换

RS-232C 规定的信号电平与一般微处理器的 TTL 信号电平是不一致的。于是,凡具有 RS-232C 串行接口的微机系统,都需要有两个转换电路。这两种转换是由专用电平转换芯片实现的。

MC1488 芯片可实现 TTL→RS-232C 的电平转换;MC1489 芯片可实现 RS-232C→TTL 的电平转换。MC1488 和 MC1489 的电路结构与引脚排列见图 9.10 所示。

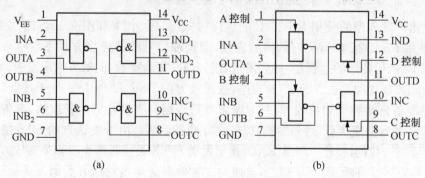

图 9.10　MC1488,MC1489 内部结构与引脚排列

(a) MC1488;(b) MC1489

MC1488 输入为 TTL 电平,输出为 RS-232C 电平,它由 3 个与非门和 1 个反相器构成,V_{CC} 可接＋15V 或＋12V,V_{EE} 可接－15V 或－12V。

MC1489 输入为 RS-232C 电平,输出为 TTL 电平,它由 4 个反相器组成,每个反相器都有一个控制端。它可接到电源电压上,用以调整输入的门限特性,也可通过一滤波电容接地。

9.2.4 RS-232C 的应用

RS-232C 可用于 DTE 和 DCE 之间的连接,也可用于两个 DTE 之间的连接。当两者通过 RS-232C 接口互连时,应该注意 RS-232C 信号线对两者的输入/输出方向。RS-232C 的几根常用信号线,对 DTE 或对 DCE 的方向已在本节引脚规定中阐述,这里不再赘述。还应注意两者的 RS-232C 信号线的对应关系,虽然没有固定的模式,但设计者可根据 RS-232C 每条信号线的意义,按实际需要具体连接,并要注意使控制程序与具体的连接方式相一致。

RS-232C 总共定义了 20 根信号线,但在实际应用中,使用其中多少根信号线并无约束,也就是说,对于 RS-232C 标准接口的使用是非常灵活的。对于微机系统,通常有七种适用方式。在异步通信方式下的七种标准配置见表 9.1 所示。

表 9.1 RS-232C 的标准配置

RS-232C 信号线	只发送	具有 RTS 的只发送	只接收	半双工	全双工	具有 RST 的全双工	特殊应用
1 GND	—	—	—	—	—	—	0
7 SGND	√	√	√	√	√	√	√
2 TXD	√	√		√	√	√	0
3 RXD			√	√	√	√	0
4 RTS		√		√	√	√	0
5 CTS	√	√		√	√	√	0
6 DSR	√	√	√	√	√	√	0
20 DTR	×	×	×	×	×	×	0
22 振铃指示	×	×	×	×	×	×	0
8 DCD				√	√	√	0

√:必须配备 ×:使用公共电话网时配备;0:由设计者决定;—:根据需要决定

下面给出两种典型的使用 RS-232C 的连接方式,见图 9.11 和图 9.12。图 9.11 是两个 DTE 之间使用 RS-232C 串行接口的典型连接,但这种信号线的连接方式不是唯一的。在这种连接方式下,信号传送的过程是:首先发送方将 RTS 置为接通,向对方请求发送。由于接收方的 DSR 和 DCD 均和发送方的 RTS 相连,故接收方的 DSR 和 DCD 也处于接通状态,分别表示发送方准备就绪和告知接收方,对方请求发送数据。当接收准备就绪,准备接收数据时,就将 DTR 置为接通状态,通知发送方,接收方准备就绪。由于发送方的 CTS 接至接收方的 DTR,故可发送数据,接收方可从 RXD(接至发送方 TXD)接收数据。如果接收方来不及处理数据,接收方可暂时断开 DTR 信号,迫使对方暂停发送。当发送方数据发送完毕,便可断开 RTS 信号,通知接收方,一次数据传送结束,接收方的 DSR 和 DCD 信号状态也就处于断开状态。如果双方都是始终在就绪状态下准备接收数据,连线可减至 3 根。

图 9.12 是计算机和远方以及当地终端的连接示意图。当地终端可直接通过 RS-232C 接

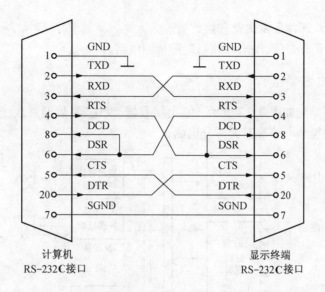

计算机
RS-232C接口

显示终端
RS-232C接口

图 9.11　两个 DTE 之间通过 RS-232CR 典型连接

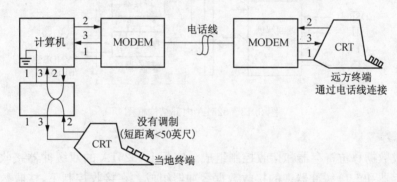

图 9.12　计算机与远方终端和当地终端连接示意图

口与计算机连接,而远方终端要经过调制后通过电话线传送,在数据终端设备(包括远方终端和计算机)与数据通信设备(调制器)之间用 RS-232C 接口。

9.3　可编程串行接口芯片 8251A

8251A 是通用同步/异步接收发送器 USART(Universal Synchronous/Asynchronous Receiver and Transmitter),是适合与各种微处理器连接的高性能串行通信接口芯片。

9.3.1　8251A 的基本性能

① 可用于同步和异步传送。

② 同步传送:5~8bit/字符,内同步或外同步,自动插入同步字符。

③ 异步传送:5~8bit/字符,接收/发送时钟频率可为波特率的 1,16 或 64 倍。

④ 可产生中止字符(Break Character);可产生 1,1.5 或 2 位停止位;可检查假启动位,自动检测和处理中止字符。

⑤ 波特率:异步——0~19.2kbps,同步——0~64kbps。

⑥ 完全双工,双缓冲器发送器和接收器。

⑦ 出错检测:具有奇偶、溢出和帧错误等检测电路。

9.3.2　8251A 的内部结构

8251A 的内部结构如图 9.13 所示。它由接收器、发送器、数据总线缓冲器、读/写控制逻辑电路及调制解调控制电路等五大部分组成。

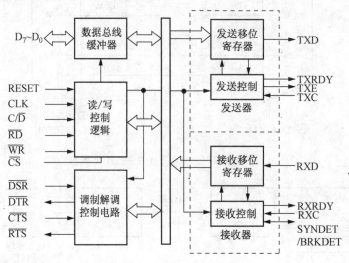

图 9.13　8251A 内部结构框图

1) 接收器

它由接收数据移位寄存器和接收控制组成。实际上,8251A 的双缓冲器接收器是指接收数据移位寄存器和 I/O 缓冲器中的接收数据缓冲器组成。在接收控制下,接收数据移位寄存器按位接收 RXD 引脚上的串行数据,并按规定的格式把它转换为并行数据,并行传送到 I/O 缓冲器中的接收数据缓冲器中存放。其串行接收 RXD 引脚上一位数据的时间 T_d,等于从 $\overline{RXC}$ 引脚输入的接收时钟的周期与方式选择控制字中设置的波特率系数的乘积,而接收数据的速率等于 $1/T_d$。

当 8251A 工作在异步方式且允许接收和 CPU 准备就绪时,它监视 RXD 线,在无字符传送时,RXD 线上为高电平,即空闲位。当发现 RXD 上出现低电平时,则认为它是起始位,就启动一个内部计数器;当计数器计到一个数据位宽度的一半(若接收时钟频率为波特率的 16 倍时,则为计数到第 8 个脉冲)时,又重新采样 RXD 线,若其仍为低电平,则确认它为起始位,而不是噪声信号。此后则每隔 16 个接收时钟采样一次 RXD 线(若时钟频率为波特率的 16 倍),把 RXD 线上采样到的数据送至数据移位寄存器,经过移位直至一帧数据接收完,再经过奇偶校验和去掉停止位后,就得到了变换为并行的数据,并行传送到接收数据缓冲器中,同时输出 RXRDY 信号有效,通知 CPU 可接收该字符。

在同步方式时,接收器监视 RXD 线,每出现一个接收时钟,采样一位数据到接收数据移位寄存器中,构成并行字节,并行传送到接收数据缓冲器中,与含有同步字符(由程序设定)的寄存器相比较,看是否相等,若不等,则接收器重复上述过程。当找到同步字符后(若规定为两个同步字符,则出现在 RXD 线上的两个相邻字符必须与规定的字符相同),则置 SYNDET 信号有效,表示已找到同步字符。在找到同步字符后,每隔一个接收时钟,采样一次 RXD 线的数据位,放到接收数据移位寄存器中,经移位并按规定的字符位数转换成并行字节数据,并行传送到接收数据缓冲器中,同时输出 RXRDY 信号有效,通知 CPU 可接收该字符。

2) 发送器

它由发送数据移位寄存器和发送控制组成。实际上,8251A 的双缓冲器发送器是指发送数据移位寄存器和 I/O 缓冲器中的发送数据缓冲器组成。

不论是同步还是异步工作方式,只有当 8251A 处于允许发送且当 8251A 向外设或 DCE 发出请求发送信号得到对方响应后,8251A 才能发送数据。

在异步方式时,发送数据移位寄存器按照帧数据格式,在要串行发送的字符前加上起始位,在字符后根据约定的要求加上校验位和停止位,然后在发送时钟的作用下,由 TXD 线一位一位地按顺序串行发送数据,发送一位数据所需时间 T_d 等于发送时钟周期与波特率系数的乘积。

在同步方式时,发送数据移位寄存器按照同步帧数据格式,在要串行发送的数据块之前,先插入一个或两个同步字符(由初始化程序设定),在数据块的每个字符后根据约定的要求加上校验位,在 TXD 线上每隔一个发送时钟将同步字符和数据块一位一位地按顺序串行发送出去。

同步方式时数据块中的每个字符和异步方式时每一帧数据中的字符都是由发送数据缓冲器并行传送到发送数据移位寄存器中的。

3) 数据总线缓冲器

它由状态缓冲器、发送数据/命令缓冲器和接收数据缓冲器组成,是三态双向 8 位缓冲器,用作 8251A 和微机系统数据总线之间的接口。其中状态缓冲器和接收数据缓冲器分别用来存放 CPU 从 8251A 读取的状态信息和数据,发送数据/命令缓冲器用来存放 CPU 写入 8251A 的数据/控制字。

4) 读/写控制逻辑电路

读/写控制逻辑电路用于 CPU 对 8251A 的 I/O 缓冲器进行读/写控制。读/写控制功能如表 9.2 所示。

表 9.2　8251A 读/写功能表

$\overline{CS}$	C/$\overline{D}$	$\overline{RD}$	$\overline{WR}$	功　　能
0	0	0	1	CPU 从 8251A 读数据
0	1	0	1	CPU 从 8251A 读状态
0	0	1	0	CPU 写数据到 8251A
0	1	1	0	CPU 写命令到 8251A
1	×	×	×	无操作

5) 调制解调电路

调制解调电路用于 8251A 与 Modem 或外设之间的通信联络控制。

9.3.3　8251A 的引脚功能

其引脚图如图 9.14 所示。由于 8251A 是 CPU 与外设或 Modem 之间的接口芯片,所以

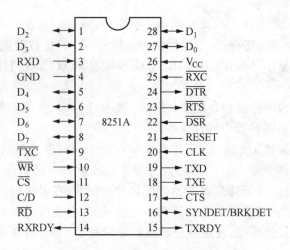

图 9.14　8251A 引脚图

它的信号线可以分为两组:一组是用于与 CPU 接口的信号线,另一组用于与外设或 Modem 接口。Vcc 接+5v 电源,GND 接地。

1) 与 CPU 接口的信号线

除了双向三态数据总线($D_7 \sim D_0$)、读($\overline{RD}$)、写($\overline{WR}$)、片选($\overline{CS}$)之外,还有:

RESET:复位。通常把它与微机系统复位线相连,使它受到上电自动复位或人工按钮复位。当这个引脚上出现一个 6 倍以上的 CLK 时钟周期宽的高电平后,8251A 被复位,复位后芯片处于空闲状态,等待接收 CPU 送来的方式选择控制字。

CLK:时钟。由外部时钟发生器提供,使芯片内有关电路有序工作,而并非发送时钟和接收时钟。在同步方式工作时,CLK 的频率必须大于接收时钟或发送时钟频率的 30 倍;在异步方式工作时,CLK 的频率必须大于接收时钟或发送时钟频率的 4.5 倍。另外 CLK 的周期要在 $0.42 \sim 1.35 \mu s$ 范围内。

$C/\overline{D}$:控制/数据引脚。当 $C/\overline{D}=1$ 时,表示 CPU 对 8251A 读状态信息或写命令字;当 $C/\overline{D}=0$ 时,表示 CPU 对 8251A 读/写数据。此引脚通常连到 8086CPU 微机系统地址总线的 A_1。

TXRDY:发送器准备好,高电平有效。只有当 8251A 允许发送(将操作命令字的 TXEN 位置 1)和引脚$\overline{CTS}$是低电平(Modem 或外设允许 8251A 发送)并且发送数据缓冲器空时,此信号有效。表示 CPU 在 TXRDY 信号有效时,可以写入一个要发送的字符到发送数据缓冲器中。在 CPU 和 8251A 之间采用查询方式传送数据时,CPU 可以通过读状态缓冲器中的状态位 TXRDY 获知此信号是否有效。在用中断方式传送数据时,此信号通过 8259A 可编程中断控制器向 8086CPU 发出中断申请。CPU 写入一个字符到发数据缓冲器后,TXRDY 自动复位。

TXE:发送器空,高电平有效。当它有效时,表示发送数据移位寄存器空。由于发送数据移位寄存器中的数据来自发送数据缓冲器,所以只要发送数据缓冲器满,则 TXE 必无效。当发送数据移位寄存器串行输出完一帧数据(异步方式)或一个字符(同步方式)时,若发送数据缓冲器空,则 TXE 有效。若 CPU 来不及输出一个新的字符到 8251A 发送数据缓冲器中,必将导致 TXE 有效,此时若在同步方式,则在 TXD 线串行传送自动插入的同步字符,以填补传送空隙。

RXRDY:接收器准备好,高电平有效。只有当 8251A 允许接收(将操作命令字的 RXE 位置 1),并且 8251A 接收数据移位寄存器已从 RXD 端接收到一帧数据(异步方式)或一个字符(同步方式),且将字符并行传送到接收数据缓冲器时,此信号有效,通知 CPU 可读取该字符。在查询方式时,CPU 可以通过读状态缓冲器中的状态位 RXRDY 获知此信号是否有效。在中断方式时,此信号可通过 8259A 可编程中断控制器向 8086CPU 发出中断申请。CPU 从接收数据缓冲器中读取一个字符后,此信号复位。

SYNDET/BRKDET:同步/中止检测,双功能引脚。芯片在同步方式工作时,这是同步检测端。当工作在内同步方式时,在 8251A 内部检测电路已经检测到所要求的一个或两个同步字符(由程序设定)后,该引脚输出高电平,表示 8251A 已达到同步。当 CPU 执行一次读状态缓冲器操作后,复位该信号。当工作在外同步方式时,外部检测电路检测到同步字符后,就从该引脚输入一个正跳变信号,使 8251A 在下一个接收时钟的下降沿开始收集字符。SYNDET 输入的高电平至少应维持一个接收时钟周期,直到接收时钟出现下一个下降沿为止。

芯片工作在异步方式时,中止信号检测端 BRKDET 成为输出端。当从 RXD 端检测到中止字符即连续的"0"时,该引脚输出高电平。若从 RXD 端接收到"1",BRKDET 端立即变低。中止符是用来作为完全双工通信时中止发送终端的。只要 8251A 操作字命令字中的 SBRK 位为 1,则 8251A 就始终在 TXD 引脚上输出低电平,即发送中止字符。

2) 与 Modem 接口的信号线

$\overline{\text{DTR}}$:数据终端准备好,输出,低电平有效。可由操作命令字中的 DTR 位置 1 而使$\overline{\text{DTR}}$信号有效,用以表示 CPU 准备就绪。

$\overline{\text{DSR}}$:数据装置准备好,输入,低电平有效。用以表示 Modem 或外设准备好。CPU 可以通过读状态缓冲器的状态位 DSR 而获知$\overline{\text{DSR}}$信号是否有效,当 DSR 状态位为 1 时,表示$\overline{\text{DSR}}$信号有效。该信号实际上是对$\overline{\text{DTR}}$信号的回答,通常用于接收数据。

$\overline{\text{RTS}}$:请求发送,输出,低电平有效。用于通知 Modem 或外设,8251A 要求发送,可由操作命令字的状态位 RTS 置 1 而使该信号有效。

$\overline{\text{CTS}}$:准许传送,输入,低电平有效。这是 Modem 或外设对$\overline{\text{RTS}}$信号的响应。将操作命令字中的 TXEN 位置 1,$\overline{\text{CTS}}$为低电平时,8251A 才能串行发送数据。

TXD:发送数据线。

RXD:接收数据线。

$\overline{\text{TXC}}$:发送时钟,它控制 8251A 发送数据的速率。对于同步方式,从$\overline{\text{TXC}}$端输入的发送时钟频率应等于发送数据波特率。对于异步方式,可由方式选择控制字设定发送时钟频率是发送数据波特率的 1 倍、16 倍或 64 倍。数据是在$\overline{\text{TXC}}$的下降沿由 TXD 逐位输出。

$\overline{\text{RXC}}$:接收时钟,它控制 8251A 接收数据的速率。接收时钟频率与接收数据波特率之间的关系同$\overline{\text{TXC}}$。数据是在$\overline{\text{RXC}}$的上升沿采样的。

9.3.4　8251A 的初始化编程和状态字

8251A 是一个可编程的多功能串行通信接口芯片,在使用前必须对它进行初始化编程。初始化编程包括 CPU 写方式选择控制字和操作命令字到 8251A 同一控制口($\overline{\text{CS}}$=0 并且 C/

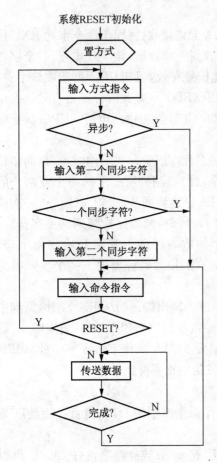

图 9.15　8251 初始化编程的流程图

流程图内文字：

系统RESET初始化

置方式

输入方式指令

异步？ — Y

N

输入第一个同步字符

一个同步字符？ — Y

N

输入第二个同步字符

输入命令指令

RESET？ — Y

N

传送数据

完成？ — N

Y

$\overline{D}=1$)。由于 8251A 的方式选择控制字和操作命令字均无特征位标志,且由 CPU 写到 8251A 同一控制口,所以 CPU 在给 8251A 初始化编程时,必须按一定的顺序。8251A 的初始化编程的过程如图 9.15 所示。8251A 在硬件(RESET)或软件(操作命令字的 IR 位置 1)复位后,处于接收方式选择控制字状态,即复位后 CPU 写至 8251A 控制口的第一个字是方式选择控制字。在 CPU 写入方式选择控制之后,若是异步方式,再由 CPU 写入 8251A 控制口的字是操作命令字;若是同步方式,再由 CPU 写入 8251A 控制口的 1 个或 2 个字是 1 个或 2 个同步字符(由方式选择控制字设定),在写入同步字符后,CPU 再写入 8251A 控制口的字才是操作命令字。而每次写入操作命令字后,8251A 都要检查 IR 位,判别有无软件复位。若 IR＝1,则 8251A 重新回到接收方式选择控制字状态;若 IR＝0,则 8251A 控制口仍处于接收操作命令字状态。

1) 方式选择控制字

方式选择控制字格式如图 9.16 所示。它规定了 8251A 的工作方式。其中 $D_1 D_0$ 有四种组合,$D_1 D_0＝00$ 时,8251A 被设置为同步方式;$D_1 D_0 \neq 00$ 时,8251A 被设置为异步方式。在异步方式时,接收/发送时钟频率是波特率的多少倍即波特率系数,可由 $D_1 D_0$ 的其他三种组合规定。$D_3 D_2$ 用来确定字符长度。$D_5 D_4$ 用来确定是否要奇偶校验。若要,是奇校验还是偶校验。$D_7 D_6$ 在异步方式时用来规定停止位的长度,在同步方式时用来规定是内同步还是外同步以及同步字符的个数。

2) 操作命令字

操作命令字格式如下所示,它规定了 8251A 的工作状态。

D_7	D_6	D_5	D_4	D_3	D_2	D_1	D_0
EH	IR	RTS	ER	SBRK	RXE	DTR	TXEN

TXEN:允许发送。TXEN＝1 时,允许发送;TXEN＝0 时,禁止发送。

DTR:数据终端准备好。DTR＝1 时,迫使$\overline{DTR}$引脚输出低电平;DTR＝0 时,迫使引脚输出高电平。

RXE:允许接收。RXE＝1 时,允许接收;RXE＝0 时,禁止接收。

SBRK:发中止字符。SBRK＝1 时,迫使 TXD 引脚为低电平,即传送中止字符;SBRK＝0 时,正常通信。

ER:错误标志复位。ER＝1,则清零状态缓冲器中的出错标志 PE,OE 和 FE 出现。

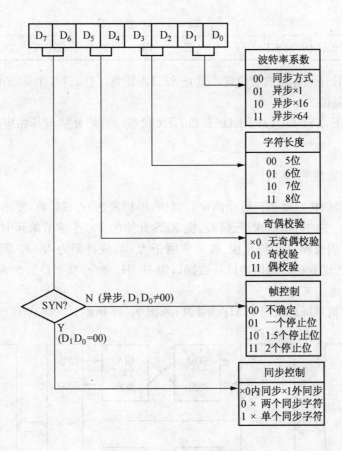

| D₇ | D₆ | D₅ | D₄ | D₃ | D₂ | D₁ | D₀ |

波特率系数
00	同步方式
01	异步×1
10	异步×16
11	异步×64

字符长度
00	5位
01	6位
10	7位
11	8位

奇偶校验
×0	无奇偶校验
01	奇校验
11	偶校验

帧控制
00	不确定
01	一个停止位
10	1.5个停止位
11	2个停止位

同步控制
| ×0 内同步 ×1 外同步 |
| 0 × 两个同步字符 |
| 1 × 单个同步字符 |

SYN?　N (异步, $D_1D_0 \neq 00$)

Y ($D_1D_0=00$)

图 9.16　方式选择字格式

RTS:请求发送。RTS=1 时,迫使$\overline{RTS}$引脚输出低电平;RTS=0 时,迫使$\overline{RTS}$引脚输出高电平。

IR:内部复位。IR=1 时,迫使 8251A 回到接收方式选择控制字状态。

EH:进入搜集方式,只适用于同步方式。EH=1 时,开始搜索同步字符;EH=0 时,不搜索。

3) 状态字

状态字供 CPU 读取,它存放在状态缓冲器中,状态口地址和控制口地址相同。状态字格式如下:

TXRDY:发送准备好。只要发送数据缓冲器空,就置位该标志。与引脚 TXRDY 不同,TXRDY 引脚为高电平的条件是:发送数据缓冲器空、操作命令字中 TXEN＝1、引脚$\overline{CTS}$为低电平三条件均满足。但在数据发送过程中,TXRDY 状态位和 TXRDY 引脚信号总是相同的。

PE:奇偶错误。当接收器检测到奇偶出错时,置位该标志。

OE:溢出错误。当前一个字符在接收数据缓冲器中,尚未被 CPU 取走,后一个字符又已变为可用,则会冲掉前一个字符,置位该标志。

FE:帧错误,只适用于异步方式。当在任一字符的结尾没有检测到规定的停止位时,置位该标志。

D_7	D_6	D_5	D_4	D_3	D_2	D_1	D_0
DSR	SYNDET	FE	OE	PE	TXE	RXRDY	TXRDY

PE,OE 和 FE 任一标志被置位均不禁止 8251A 正常工作,这 3 个标志可由操作命令字的 ER＝1 而被全部复位。

RXRDY,TXE,SYNDET/BRKDET 和 DSR 状态标志均分别与其相应的引脚定义相同。这里不再赘述。

9.3.5　8251A 的应用举例

若在甲乙两台微机之间进行近距离串行通信,甲机发送、乙机接收,要求把甲机 BUF 开始的 100 个字节单元中的数据依次传送到乙机 RES 开始的 100 个字节单元中。采用异步方式,字符长度为 7 位,偶校验,1 位停止位,波特率因子为 64,波特率为 4800。两机与 8251A 之间均采用查询方式传送数据。端口地址是数据口为 308H,命令/状态口为 30AH。

1) 硬件连接

甲、乙两机微机系统总线与 8251A 的接口如图 9.17 所示。

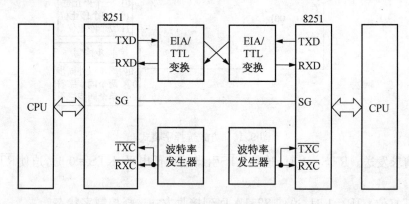

图 9.17　双机串行通信接口

2) 软件编程

接收和发送程序分开编写,每个程序段中包括 8251A 初始化、命令字、状态查询和输入/输出几部分。

(1) 发送程序(略去堆栈 STACK 和数据 DATA 段)

```
CSEG      SEGMENT
          ASSUME CS:CSEG
TRA       PROC FAR
START：MOV DX,30AH          ;控制口地址
          MOV AL,00H          ;空操作
          OUT DX,AL
          MOV AL,40H          ;内部复位
          OUT DX,AL
          MOV AL,7BH          ;方式字(异步、1 位停止位、字符长度为 7 位,偶校
```

232

验,波特率因子为64)

```
            OUT DX,AL
            MOV AL,11H          ;命令字(ER 和 TXEN 均置 1)
            OUT DX,AL
            MOV CX,64H          ;传送字节数
            LEA SI,BUF          ;发送区首地址
L1:         MOV DX,30AH         ;状态口地址
            IN AL,DX            ;输入状态
            TEST AL,01H         ;TXRDY 位为否转 L1
            JZ L1               ;发送未准备好,则等待
            MOV DX,308H         ;数据口地址
            MOV AL,[SI]         ;取发送数据
            OUT DX,AL           ;输出
            INC SI
            LOOP L1             ;未发送完,循环
            MOV AX,4C00H
            INT 21H             ;发送完返回 DOS
TRA         ENDP
CSEG        ENDS
            END START
```

(2) 接收程序(略去 STACK 和 DATA 段)

```
CSEG        SEGMENT
            ASSUME CS:CSEG
REC         PROC FAR
BEGIN:      MOV DX,30AH
            MOV AL,00H          ;空操作
            OUT DX,AL
            MOV AL,40H          ;内部复位
            OUT DX,AL
            NOP
            MOV AL,7BH          ;方式控制字
            OUT DX,AL
            MOV AL,14H          ;命令字(ER,RXE 置位)
            OUT DX,AL
            MOV CX,64H          ;置字节数
            LEA DI,RES          ;接收区首地址
L2:         MOV DX,30AH         ;状态口地址
            IN AL,DX            ;输入状态
            TEST AL,38H         ;有错误吗?
```

233

```
            JNZ ERR              ;有错,转至出错处理程序
            AND AL,02H           ;RXRDY 位为 1 吗?
            JZ L2                ;未准备好等待
            MOV DX,308H          ;数据口地址
            IN AL,DX             ;输入数据
            MOV [DI],AL          ;存入接收缓冲区
            INC DI
            LOOP L2              ;未接收完,循环
            JMP DONE
    ERR:    (略)


    DONE:   MOV AL,4C00H
            INT 21H              ;接收完返回 DOS
    REC     ENDP
    CSEG    ENDS
            END BEGIN
```

习题 9

一、单项选择题

1. 假如某异步串行通信中传送一个字符,它包括 1 个起始位,7 个数据位,1 个偶校验位,1 个停止位,如果传送速率为 1200 波特,则每秒所能传送的字符个数是_____。

A) 100　　　　　B) 120　　　　　C) 2 400　　　　　D) 300

2. 异步方式下,方式指令字的 D_1D_0 为 01,若收发的时钟 TXC、RXC 为 4 800 Hz,则输入、输出数据速率为_____波特。

A) 300　　　　　B) 4 800　　　　　C) 2 400　　　　　D) 3 000

3. 8251A 芯片复位后首先写入的应是_____。

A) 方式指令字　　B) 状态字　　C) 命令指令字　　D) 同步字符

4. 当方式指令字的 $D_1D_0=10$,TXC、RXC 的频率为 19.2 kHz,则相应产生的异步数据率为_____波特。

A) 2 400　　　　　B) 1 200　　　　　C) 4 500　　　　　D) 3 600

5. 下面_____的内容不是方式指令字的内容。

A) 字符长度为 7 位　　　　　　　B) 停止位位数为 2 位
C) 波特率因子为 16　　　　　　　D) 出错标志复位

二、多项选择题

1. 串行异步通信的停止位可为_____位。

A) 1 位　　　　　B) 1 位半　　　　　C) 2 位　　　　　D) 3 位

234

2. 8251A 状态寄存器有 3 个出错标志,它们是_____。

A) PE   B) AD   C) OE   D) FE

3. 异步通信时,收发时钟可以是通信波特率的_____倍。

A) 1   B) 16   C) 24   D) 64

4. 8251A 方式选择控制字的 $D_1 D_0$ 位为_____时为异步方式。

A) 00   B) 01   C) 10   D) 11

三、填空题

1. 计算机与外界交换信息称为通信。通信有两种基本的方式:_____和_____。

2. 串行通信中,按照数据在通信线路上的传输方向可分为_____、_____、_____三种基本传输模式。

3. 串行通信规程按通信方式分为_____和_____两大类。

4. 串行异步通信的起始位为_____电平,有_____位。

5. 8251A 的方式选择控制字在_____之后写入。

四、应用题

某系统利用 8251A 与外设通信,假设 8251A 工作在异步方式,其传送字符格式为:1 位起始位、7 位数据位、采用偶校验、1 位停止位,波特率为 2400。该系统每分钟发送多少个字符? 若波特率系数为 16,$\overline{TXC}$ 的时钟频率应为多少? 写出 8251A 的初始化程序。设 8251A 控制口地址为 FFF2H。

10   可编程定时器/计数器接口芯片 8253

本章介绍可编程定时器/计数器接口芯片 8253 的内部结构、引脚功能、工作方式、初始化编程和应用等。

在微机应用系统中,常常要求有一些实时时钟,以实现定时或延时控制,如定时中断、定时检测、定时扫描等;还要求有计数器对外部事件计数,如外来脉冲等。有三种方法可实现上述要求。

软件方法:编制一个程序段让 CPU 执行,这种方法通用性和灵活性好,但占用 CPU 时间。

不可编程的硬件方法:设计一个数字逻辑电路,这种方法不占用 CPU 时间,但通用性、灵活性差。

可编程定时器/计数器方法:可由软件设定定时与计数功能,设定后与 CPU 并行工作,不占用 CPU 时间,功能强,使用灵活。

本章介绍的 Intel 8253 就是一种可编程的定时器/计数器芯片,它具有 3 个独立的 16 位计数器通道,每个计数器都可以按照二进制或二-十进制计数,每个计数器都有六种工作方式,计数频率可高达 2MHz,芯片所有的输入输出都与 TTL 兼容。

10.1   8253 的内部结构

8253 的内部结构框图如图 10.1 所示。

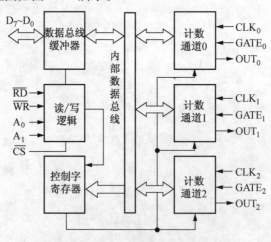

图 10.1   8253 内部结构框图

1) 控制字寄存器

在初始化编程时,CPU写入方式控制字到控制字寄存器中,用以选择计数通道及其相应的工作方式。

2) 计数通道0、计数通道1、计数通道2

3个计数通道内部结构完全相同。每个计数通道都由一个16位计数初值寄存器、一个16位减法计数器和一个16位计数值锁存器组成。

3个计数通道操作完全独立。初始化编程时,虽然3个计数通道共用一个控制字寄存器端口地址,但CPU可以分别写3个方式控制字到控制字寄存器,分别选择各计数通道的工作方式。在写计数初值到计数通道或CPU读取计数通道到当前计数值时,各计数通道都有各自的端口地址。3个计数通道功能完全相同。在设定了计数通道的工作方式后,接着可向该计数通道装入计数初值,该计数初值先送到计数初值寄存器保存,在GATE引脚为高电平时(方式0,2,3,4)或在GATE上升沿触发下(方式1,2,3,5),计数初值寄存器中的值自动装入到减法计数器中,并启动计数器计数,减法计数器对CLK时钟脉冲的下降沿进行减1计数(方式3不是减1计数),并把结果送入计数值锁存器中。当减1计数器减到0时,输出OUT信号,一次计数结束。计数初值寄存器的内容,在计数过程中保持不变。CPU读取计数通道当前计数值,实际上读取的是16位计数值锁存器的内容。在计数通道用作定时器时,可在该通道CLK端输入一个频率精确已知的时钟脉冲,根据定时时间和公式:计数初值=定时时间÷时钟周期,计算出计数初值(也称时间常数)。在计数通道用作计数器时,被计数的事件应以脉冲方式从CLK端输入。各计数通道的CLK输入和OUT信号输出之间的关系与门控信号GATE有关,取决于工作方式。

表 10.1 8253 读写操作及端口选择

$\overline{CS}$	A_1	A_0	$\overline{RD}$	$\overline{WR}$	执 行 操 作
0	0	0	1	0	向计数器0(通道0)写入"计数初值"
0	0	1	1	0	向计数器1(通道1)写入"计数初值"
0	1	0	1	0	向计数器2(通道2)写入"计数初值"
0	1	1	1	0	向控制字寄存器写"方式控制字"
0	0	0	0	1	从计数器0读出"当前计数值"
0	0	1	0	1	从计数器1读出"当前计数值"
0	1	0	0	1	从计数器2读出"当前计数值"
0	1	1	0	1	无操作,三态
1	×	×	×	×	未选中,三态
0	×	×	1	1	无操作,三态

3) 数据总线缓冲器

这是8253与CPU数据总线连接的8位双向三态缓冲器。CPU通过它写方式控制字到控制字寄存器,写计数初值到计数通道,读取计数通道的当前计数值。

4) 读/写控制逻辑

这是8253内部操作的控制部分。当片选信号$\overline{CS}$为高电平时,数据总线缓冲器处于高阻状态。当片选信号有效时(低电平),CPU可以对8253某端口进行读/写操作。8253内部有3

个独立的计数通道和 1 个控制字寄存器共 4 个端口,由 A_1 和 A_0 加以选择,但对控制字寄存器仅能进行写操作。各个端口的读/写操作的选择见表 10.1。

10.2 8253 的引脚功能

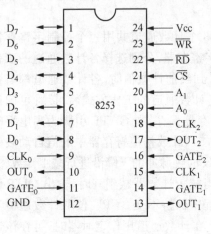

图 10.2 8253 引脚图

8253 的外部引脚如图 10.2 所示。

1) 与 CPU 相连的引脚

$D_7 \sim D_0$:双向三态数据总线。

$\overline{RD}$, $\overline{WR}$:读、写控制信号。

$\overline{CS}$, A_1, A_0:片选信号和端口地址选择。

2) 通道引脚

$CLK_2 \sim CLK_0$:时钟脉冲输入。

$OUT_2 \sim OUT_0$:波形输出。输出波形取决于通道的工作方式。

$GATE_2 \sim GATE_0$:门控信号输入。其作用是用来门控计数通道计数的。其控制作用因计数通道的工作方式而异。GATE 信号总是在 CLK 的上升沿被采样。

10.3 8253 的工作方式

Intel 8253 的每个计数通道都有六种工作方式可供选用。这六种工作方式主要有五点不同:一是启动计数器的触发方式不同;二是计数过程中门控信号 GATE 对计数操作的影响不同;三是 OUT 输出波形不同;四是在计数过程中重新写入计数初值对计数过程的影响不同;五是计数过程结束,减法计数器是否恢复计数初值并自动重复计数过程不同。上述五点不同,有相互关联,学习时应灵活运用。

1) 方式 0——计数过程结束时中断

其工作波形如图 10.3 所示。图中第一个 $\overline{WR}$ 信号上升沿到来时,表示 CPU 已将方式控制字 CW 写入 8253 的控制字寄存器中;第二个 $\overline{WR}$ 信号上升沿到来时,表示 CPU 已将计数初值 N 写入计数通道的计数初值寄存器中。

方式 0 有以下几个特点:

① 启动计数器的触发方式为软件触发方式。只要 GATE 信号为高电平,在写入计数初值后的下一个 CLK 脉冲的下降沿到来时,计数初值从计数初值寄存器送到减 1 计数器中,启动计数。

② 计数过程由 GATE 信号控制其起停。当 GATE 变低后,计数暂停;当 GATE 变高后,接着计数。其波形图如图 10.4 所示。

③ OUT 输出波形在写入控制字后立即变为低电平,直到计数过程结束即减 1 计数器减至 0 时,OUT 输出变为高电平。在计数过程中,OUT 信号电平一直维持为低电平,GATE 信号电平的变化不影响 OUT 输出低电平。计数过程结束时,OUT 信号的上升沿可作为中断请求信号。

238

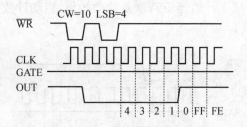

图 10.3 方式 0 波形图

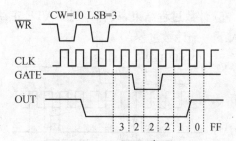

图 10.4 方式 0 时 GATE 信号的作用

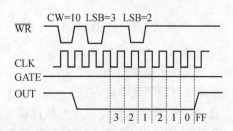

图 10.5 方式 0 计数过程中改变计数初值

④ 在计数过程中可重新写入计数初值。如果重新写入的计数初值是 8 位的,在写入后,计数器将按新的计数初值重新开始计数;如果重新写入的计数初值是 16 位的,在写入第一个字节后,计数器停止计数在写入第二个字节后,计数器将按新的计数初值重新开始计数,其波形图如图 10.5 所示。

⑤ 计数过程结束,减 1 计数器不恢复计数初值,计数过程从计数初值计数仅一遍。

2) 方式 1——可编程序的单拍脉冲

其工作波形如图 10.6 所示。

方式 1 有以下几个特点:

① 启动计数器的触发方式为硬件触发方式。即写入计数初值后,计数器并不开始计数。而是在 GATE 信号上升沿到来后的第一个 CLK 下降沿到来时,才将计数初值从计数初值寄存器送到减 1 计数器中,启动计数。

② 在计数过程中,若 GATE 为高电平或者为低电平或者有负跳变,均不影响计数,但新来的 GATE 上升沿可使计数器从初值重新开始计数,如图 10.7 所示。

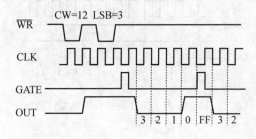

图 10.6 方式 1 波形

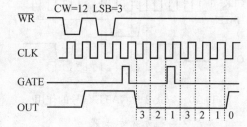

图 10.7 方式 1 时 GATE 信号的作用

③ OUT 信号输出电平在写入控制字之后变高,在启动计数时变低,在计数过程中维持低电平,直至计数过程结束,OUT 变高。GATE 信号电平的变化以及正负跳变,对 OUT 信号在计数过程中维持低电平没有影响。正常情况下,从启动计数开始到本次计数过程结束为止,OUT 输出的单拍负脉冲宽度为 N 个 CLK 时钟周期。

④ 在计数过程中,写入一个新的计数初值后,若无 GATE 正跳变,计数过程不受影响;若再次出现 GATE 正跳变,则计数器按新的计数初值重新启动计数,如图 10.8 所示。

⑤ 计数过程结束,只有等到 GATE 正跳变后,减 1 计数器重新恢复计数初值,启动计数,进入下一个计数过程。

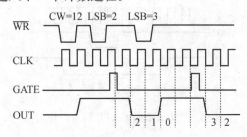

图 10.8 方式 1 在计数过程中改变计数值

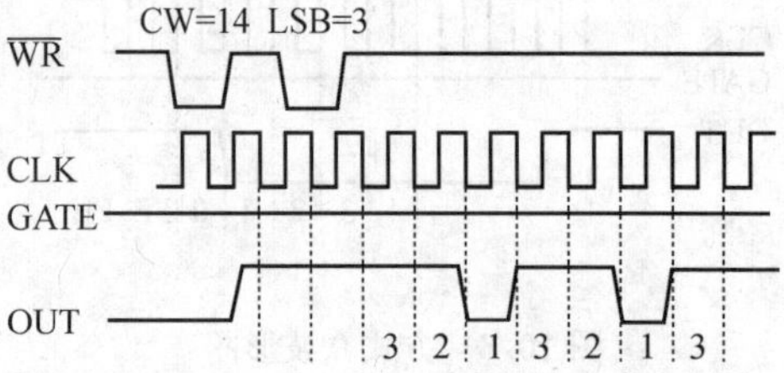

图 10.9 方式 2 波形

3)方式 2——频率发生器

其工作波形图如图 10.9 所示。

方式 2 有以下几个特点:

① 启动计数器的触发方式为软件触发方式或硬件触发方式。

② 在计数过程中,若 GATE 变为低电平,计数器停止计数。在 GATE 正跳变后,重新启动计数并从计数初值开始。因此当计数通道用作对外部事件计数时,GATE 正跳变可用作对外部事件的同步控制信号。GATE 信号的作用如图 10.10 所示。

③ OUT 输出电平在写入控制字之后变高,直至启动计数并在减 1 计数器减到 1 时,OUT 输出电平变低。在减 1 计数器减到 0 的同时,OUT 输出电平变高并且减 1 计数器恢复计数初值,开始下一计数过程。故正常工作时,OUT 输出重复周期矩形波,其重复周期为 N 个 CLK 时钟周期,其中高电平宽度为 $N-1$ 个 CLK 时钟周期,低电平宽度为 1 个 CLK 时钟周期。

④ 在计数过程中,若重新写入计数初值,这对正在进行的计数过程没有影响,但在计数器减到 0 的同时,计数器按新的计数初值启动计数,如图 10.11 所示。

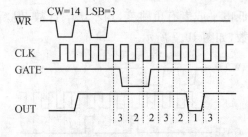

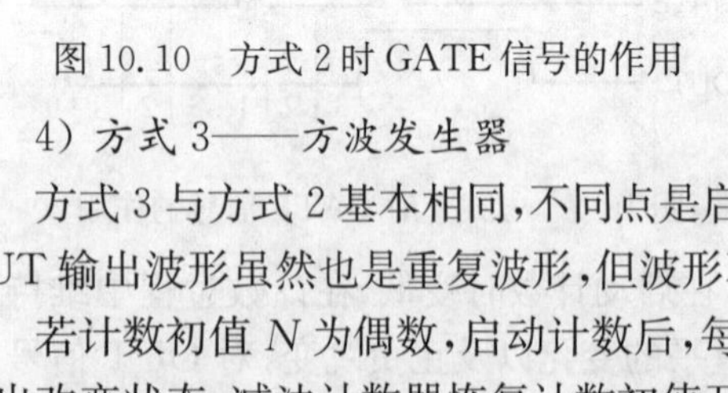

图 10.10 方式 2 时 GATE 信号的作用

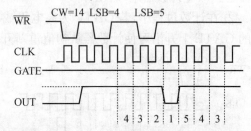

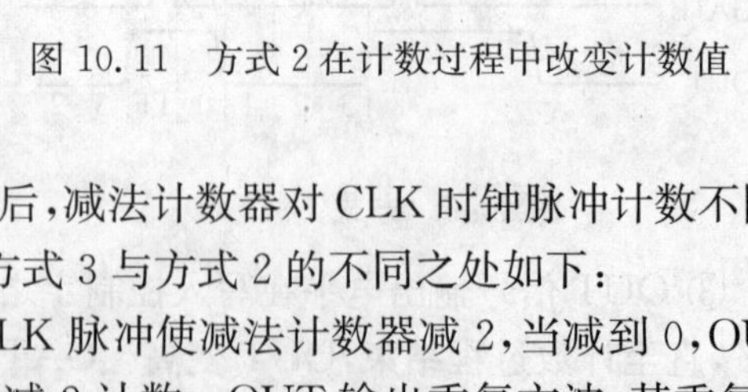

图 10.11 方式 2 在计数过程中改变计数值

4)方式 3——方波发生器

方式 3 与方式 2 基本相同,不同点是启动计数后,减法计数器对 CLK 时钟脉冲计数不同,OUT 输出波形虽然也是重复波形,但波形不同。方式 3 与方式 2 的不同之处如下:

若计数初值 N 为偶数,启动计数后,每一个 CLK 脉冲使减法计数器减 2,当减到 0,OUT 输出改变状态,减法计数器恢复计数初值开始新的减 2 计数。OUT 输出重复方波,其重复周期仍为 N 个 CLK 时钟周期。其工作波形如图 10.12 所示。

若计数初值 N 为奇数,在 OUT 输出高电平期间,在装入计数初值到减法计数器后的第一个 CLK 脉冲使计数器减 1,以后每一个 CLK 脉冲使减法计数器减 2,减到 0 时,OUT 输出改变状态为低电平,同时装入计数初值到减法计数器。在 OUT 输出低电平期间,第一个 CLK 脉冲使计数器减 3,以后每一个 CLK 脉冲使减法计数器仍减 2,直到计数器再次减到 0 时,OUT 输出电平变高,重复上述过程。OUT 输出重复波形,重复周期仍为 N 个 CLK 时钟周期,高电平宽度为 $(N+1)/2$ 个 CLK 时钟周期,低电平宽度为 $(N-1)/2$ 个 CLK 时钟周期。其工作波形如图 10.13 所示。

需要说明的是,GATE 信号对计数操作的影响与方式 2 相同,但方式 3 时 GATE 对 OUT 输出电平也有影响。若在计数过程中 GATE 变为低电平,OUT 输出电平立即变高,而无论原来 OUT 电平是高还是低。

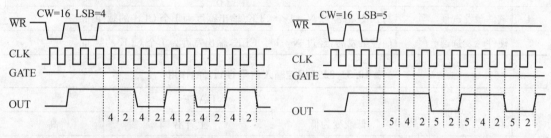

图 10.12　方式 3 计数值为偶数时的波形　　　图 10.13　方式 3 计数值为奇数时的波形

5)方式 4——软件触发

方式 4 和方式 0 都为软件触发方式启动计数,都为一次性计数方式,不同之处在于对方式 4,当写入控制字后,OUT 端输出高电平;当减法计数器减到 0 后,OUT 输出为一个 CLK 周期的负脉冲,此外在计数过程中,门控信号 GATE 变为低电平,计数器停止计数;当 GATE 变为高电平后,不是继续计数,而是由计数初值重新计数;还有在计数过程中,若重新写入计数初值,新初值并不影响本次计数过程,仅当本次计数过程结束,新初值才送到减法计数器,使下次计数按新初值进行。方式 4 波形如图 10.14 所示。

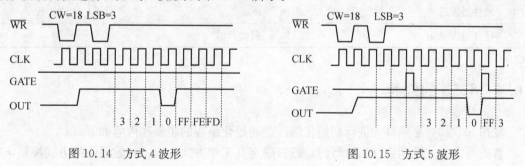

图 10.14　方式 4 波形　　　　　　　　图 10.15　方式 5 波形

6)方式 5——硬件触发

方式 5 和方式 1 仅有 OUT 输出波形不同,其余特点完全相同。方式 5 波形如图 10.15 所示。在这种方式下,当写入控制字后,OUT 变为高电平。在写入初值后,方式 5 和方式 1 一样并不立即开始计数,同样要由 GATE 上升沿启动计数,当减 1 计数器对每一个 CLK 脉冲减 1 计数减到 0 时,OUT 输出为低电平,OUT 输出一个 CLK 时钟周期的负脉冲,计数过程结束。同方式 1 一样,计数过程从计数初值计数仅一遍。

各种工作方式中,计数值 N 与输出波形的关系见表 10.2。门控信号 GATE 的控制作用见表 10.3。

表 10.2　计数值 N 与输出波形

方式	功能	N 与输出波形的关系
0	计完最后一个数中断	写入计数值 N 后,经过 N+1 个 CLK 脉冲输出变高
1	硬件再触发单拍脉冲	单拍脉冲的宽度为 N 个 CLK 脉冲
2	速率发生器	每 N 个 CLK 脉冲,输出一个宽度为 CLK 周期的脉冲
3	方波速率发生器	写入 N 后,输出 $\begin{cases} 1/2N \text{ 个 CLK 高电平},1/2 \text{ 个 CLK 低电平}(N \text{ 为偶数}) \\ (N+1)/2 \text{ 个 CLK 高电平},(N-1)/2 \text{ 个 CLK 低电平}(N \text{ 为奇数}) \end{cases}$
4	软件触发选通	写入 N 后经过 N+1 个 CLK,输出宽度为 1 个 CLK 的脉冲
5	硬件触发选通	门控触发后,经过 N+1 个 CLK,输出宽度为 1 个 CLK 的脉冲

表 10.3　8253 门控输入信号 GATE 的作用

方式	功能	GATE		
		低或变为低	上升沿	高
0	计完最后一个数中断	禁止计数	—	允许计数
1	硬件再触发单拍脉冲	—	① 启动计数 ② 第一个 CLK 脉冲使输出变低	—
2	速率发生器	① 禁止计数 ② 立即使输出为高	① 重新装入计数值 ② 启动计数	允许计数
3	方波速率发生器	① 禁止计数 ② 立即使输出为高	启动计数	允许计数
4	软件触发选通	禁止计数	—	允许计数
5	硬件触发选通	—	启动计数	—

10.4　8253 的编程

使用 8253 时,必须首先进行初始化编程。初始化编程的步骤和内容如下:

首先写入方式控制字,以选择计数通道,确定其工作方式。每一计数通道的方式控制字都是由 CPU 依次写入控制字寄存器的,控制字寄存器端口地址只有一个。然后写入计数初值到对应的计数通道中。若规定只写低 8 位,则写入的计数初值为低 8 位,高 8 位自动清 0;若规定只写高 8 位,则写入的计数初值为高 8 位,低 8 位自动清 0;若规定写 16 位,则分两次写入,先写入的计数初值为低 8 位,后写入的计数初值为高 8 位。每个计数通道均有自己的端口地址。

方式控制字的格式如下:

SC_1,SC_0:计数通道选择。确定这个方式控制字是确定哪个计数通道的工作方式的。若 $SC_1SC_0=00$,选择计数通道 0;若 $SC_1SC_0=01$,选择计数通道 1;若 $SC_1SC_0=10$,选择计数通道 2;若 $SC_1SC_0=11$,为非法选择。

D_7	D_6	D_5	D_4	D_3	D_2	D_1	D_0
SC_1	SC_0	RL_1	RL_0	M_2	M_1	M_0	BCD

RL_1,RL_0:规定 CPU 向计数通道写入计数初值的格式和向计数通道锁存器发锁存命令，以及未锁存时 CPU 从计数通道读取当前计数值的格式。数据读/写格式为：

$RL_1 RL_0 = 00$,计数器锁存命令

$RL_1 RL_0 = 01$,只读/写低 8 位数据

$RL_1 RL_0 = 10$,只读/写高 8 位数据

$RL_1 RL_0 = 11$,读/写 16 位数据,先低 8 位,后高 8 位

CPU 写入计数通道的计数初值是写到计数通道的初值寄存器中的,而初值寄存器是 16 位的寄存器。如果只写入低 8 位初值,则初值寄存器的高 8 位自动清 0;如果只写入高 8 位初值,则初值寄存器的低 8 位自动清 0;如果写入 16 位初值,则先写入低 8 位初值后写入高 8 位初值。

计数通道在计数过程中,CPU 可以随时读取计数通道的当前值且不影响计数通道的现行计数。CPU 读取的计数通道的当前值是锁存寄存器中的值。在未锁存时($RL_1 RL_0 \neq 00$),减 1 计数器减 1 计数的同时把当前值送到锁存寄存器中,即锁存寄存器的值跟随减 1 计数器当前值的变化而变化。若在读计数通道当前值之前,先写入锁存命令($RL_1 RL_0 = 00$),则在计数过程中,减 1 计数器减 1 计数虽然照常进行,但不把当前值送到锁定寄存器中,即锁定寄存器的值被锁定,当对计数通道重新初始化或 CPU 读计数通道锁定值后,自动解除锁存命令,锁定寄存器的值又随减 1 计数器变化。在未锁定时,若 $RL_1 RL_0 = 11$,可能会使从计数器直接读出的数值不正确,因为若先读入的低 8 位值 00H 时,由于在两次读数值之间计数器计数低 8 位可能向高 8 位有借位,造成后读入的高 8 位值错误,克服的办法可以用 GATE 无效或阻断 CLK 时钟脉冲输入等方法,使计数器暂停计数,以保证 CPU 读到正确的计数器当前值。为了计数过程照常进行和保证 CPU 读到正确的计数器当前值,常常采用先写入锁存命令后读入计数器当前值的方法。

例如,若要读取计数通道 2 的 16 位计数值,初始化时若计数通道 2 工作在方式 0,按二进制计数,设控制字寄存器地址为 F6H,计数通道 2 地址为 F4H,则程序为：

```
        ⋮
MOV AL,10000000B        ;计数器 2 锁存命令
OUT 0F6H,AL             ;写入锁存命令
IN AL,0F4H             ;读低 8 位当前值
MOV CL,AL              ;存入 CL 中
IN AL,0F4H             ;读高 8 位当前值并解除锁存状态
MOV CH,AL              ;存入 CH 中
```

$M_2 M_1 M_0$:由这 3 位决定计数通道的工作方式。规定如下：

$M_2 M_1 M_0 := 000$,计数通道工作在方式 0

$M_2 M_1 M_0 := 001$,计数通道工作在方式 1

$M_2 M_1 M_0 := X10$,计数通道工作在方式 2

$M_2 M_1 M_0 := X11$,计数通道工作在方式 3

$M_2M_1M_0 := 100$,计数通道工作在方式 4

$M_2M_1M_0 := 101$,计数通道工作在方式 5

BCD:该位用来决定计数通道在减 1 计数过程中是按二进制计数还是按二—十进制(BCD 计数制)以及写入的计数初值是二进制还是 BCD 数。若 BCD=0,则按二进制计数,写入的计数初值是二进制数初值范围是 0000～FFFFH,其中 0000 为最大值,代表 65536;若 BCD=1,则按 BCD 计数,初值范围是 0000～9999H,它是十进制数的 BCD 码,其中 0000 是最大值,代表 10000,9999H 代表 9999。

10.5 8253 的应用举例

例 10.1 用 8253 监视一个生产流水线,每通过 100 个工件,蜂鸣器响 6s,频率为 1000HZ。

① 硬件连接:硬件接口示意图如图 10.16 所示,工件从光源与光敏电阻之间通过时,在晶体管的发射极上会产生一个脉冲,此脉冲作为 8253 计数通道 0 的计数脉冲,当通道 0 计数满 100 后,由 OUT_0 输出负脉冲,经反相后作为 8259A 的一个中断请求信号,在中断服务程序中,启动 8253 计数通道 1 工作,由 OUT_1 连续输出 1000Hz 的方波,持续 6s 后停止输出。

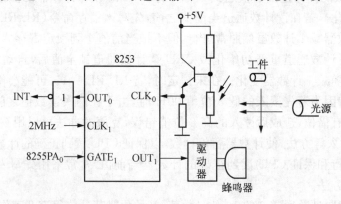

图 10.16 8253 的应用

② 控制字设置:通道 0 计数器工作于方式 2,采用 BCD 计数,因计数初值为 100,采用 $RL_1RL_0 = 10$(读/写计数器的高 8 位),则方式控制字为 00100101B。

通道 1 计数器工作于方式 3,CLK_1 接 2MHz 时钟,要求产生 1000Hz 的方波,则计数初值应为 $2000000 \div 1000 = 2000$,采用 $RL_1RL_0 = 10$(只读/写高 8 位),BCD 计数,则方式控制字为 01100111B。

③ 程序编制:假设 8253 通道 0 的地址为 40H,通道 1 的地址为 42H,控制口地址为 46H。8255A 的 A 口地址为 80H,工作于方式 0 输出。

则主程序为:

```
             ⋮
MOV AL,25H          ;通道 0 初始化
OUT 46H,AL
MOV AL,01H          ;计数初值高 8 位,低 8 位自动清零
```

```
            OUT 40H,AL
            STI                     ;开中断
LOP： HLT                     ;等待中断
            JMP LOP
中断服务程序为
            MOV AL,01H              ;通道1的GATE1置1,启动计数
            OUT 80H,AL
            MOV AL,67H              ;通道1初始化
            OUT 46H,AL
            MOV AL,20H              ;计数初值高8位,低8位自动清零
            OUT 42H,AL
            CALL DL6s               ;延时6s
            MOV AL,00H              ;通道1的GATE1置0,停止计数
            OUT 80H,AL
              ⋮                     ;向8259A发中断结束命令
            IRET
```

例 10.2　8253通道2接有一发光二极管,要使发光二极管以点亮2s,熄灭2s的间隔工作,8253各通道端口地址分别为40H,42H,44H,46H,其电路硬件图如图10.17所示。试编程完成以上工作。

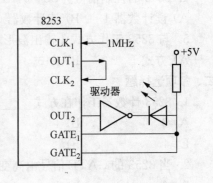

图 10.17　8253定时应用

根据要求8253通道2输出一个占空比为1:1,周期为4s的方波。从图10.17可知,通道1的CLK$_1$输入时钟周期为1μs。若通道1工作为定时,其输出最大定时时间为1×65536μs,仅为65.5ms,因而使用一个通道达不到定时时间4s的要求。此时,采用通道级连的办法,将通道1的输出OUT$_1$作为通道2的输入脉冲。

8253的通道1工作于方式2,其输出端OUT$_1$的输出为相对于1MHz频率的分频脉冲。若选定OUT$_1$输出脉冲周期为4ms,则通道1的计数初值应为4000。周期为4ms的脉冲作为通道2的输入,要求输出端OUT$_2$的波形为方波且周期为4s,因此通道2应工作于方式3,计数初值为1000。通道1的控制字为01100101B,通道2的控制字为10100111B。

由于计数初值的低8位为0,因此采用只读/写高8位的方法,初始化程序如下:

```
      ⋮
MOV AL,65H      ;通道1控制字,只读/写高8位,BCD计数制
OUT 46H,AL
MOV AL,0A7H     ;通道2控制字,只读/写高8位,BCD计数制
OUT 46H,AL
MOV AL,40H      ;通道1计数初值高8位,低8位自动置0
OUT 42H,AL
MOV AL,10H      ;通道2计数初值高8位,低8位自动置0
```

```
   OUT 44H,AL
      ⋮
```

习题 10

一、单项选择题

1. 8253 有_____个独立的计数器。

A) 2   B) 3   C) 4   D) 6

2. 当写入计数初值相同,8253 的方式 0 和方式 1 不同之处为_____。

A) 输出波形不同

B) 门控信号方式 0 为低电平而方式 1 为高电平

C) 方式 0 为写入后即触发而方式 1 为 GATE 的上升边触发

D) 输出信号周期相同但一个为高电平一个为低电平

3. 如果计数初值 $N=9$,8253 工作在方式 3,则高电平的周期为_____个 CLK。

A) 5   B) 6   C) 3   D) 4

4. 8253 的控制信号为 $\overline{CS}=0$,$\overline{RD}=0$,$\overline{WR}=1$,$A_1=0$,$A_0=0$ 表示_____。

A) 读计数器 1   B) 读计数器 0   C) 装入计数器 1   D) 装入计数器 0

5. 与 8253 工作方式 4 输出波形相同的是_____。

A) 方式 1   B) 方式 3   C) 方式 2   D) 方式 5

二、多项选择题

1. 8253 计数器工作在方式_____时,GATE 的上升沿启动计数。

A) 0   B) 1   C) 2   D) 3

E) 4   F) 5

2. 当 8253 的 GATE 信号由高变低时,方式_____停止计数。

A) 0   B) 1   C) 2   D) 3

E) 4   F) 5   G) 以上都不是

3. 8253 计数器的计数值可以为_____。

A) 二进制数   B) BCD 数   C) 八进制数   D) ASCII 码

4. 8253 六种工作方式中具有自动加载功能的是_____。

A) 方式 0   B) 方式 1   C) 方式 2   D) 方式 3

E) 方式 4   F) 方式 5

三、应用题

某系统利用 8253-5 定时器/计数器通道产生 1kHz 重复方波,问通道 0 应工作在什么工作方式? 若 $CLK_0=2MHz$,试写出通道 0 的初始化程序。设 8253-5 端口地址为 2F0H,2F2H,2F4H,2F6H。

11 D/A 与 A/D 转换器接口

本章介绍了 D/A 和 A/D 转换器的性能指标,0832,1210 D/A 转换芯片和 0809,AD574A A/D 转换芯片及其接口技术。

在实际工程中大量遇到的是连续变化的模拟量,例如温度、压力、流量、位移、转速等,而微型计算机只能处理数字量信息。D/A 与 A/D 转换器接口就是用来实现模拟量和数字量之间的转换。模/数(A/D) 转换器把输入的电模拟量转换成相应的数字量输出。通过 A/D 转换器,微机可以监视模拟量信息,并加以分析处理。数/模(D/A) 转换器则把数字量转换成相应的模拟量,以实现对温度、压力、流量、转速等的控制。因此,A/D 与 D/A 转换器是微机检测、控制系统中的重要组成环节。

A/D 转换器是将模拟的电信号转换成相应的数字信号,所以在将温度、压力、流量、位移、转速等非电物理量转换成数字量之前,必须先将非电物理量转换成电模拟量。这种转换是靠传感器完成的。

11.1 D/A 转换器接口

11.1.1 D/A 转换器的性能指标

D/A 转换器是一种把二进制数字量转换为与其数值成正比的模拟量电信号的集成芯片。衡量一个 D/A 转换器性能的主要参数有:

1) 分辨率

分辨率是指 D/A 转换器数字量变化一个 LSB 所对应的模拟量的变化量。它取决于转换器的位数和转换器满刻度值 VFSR(输入数字量为全"1"时的输出模拟量值),即分辨率＝VFSR/2^n(V),式中 n 为 D/A 转换器能够转换的二进制数的位数。位数多分辨率也就高。例如,一个 D/A 转换器能够转换 8 位二进制数,若转换后的电压满量程是 5V,则它能分辨的最小电压＝5V/256≈20MV。如果是 10 位分辨率的 D/A 转换器,对同样的转换电压,则它能分辨的最小电压＝5V/1024≈5MV。

2) 转换时间

转换时间是指数字量输入到完成转换,输出达到最终值并稳定为止所需的时间。

3) 精度

精度是指 D/A 转换器实际输出电压与理论值之间的误差。一般采用数字量的最低有效位作为衡量单位,例如±(1/2)LSB。如果分辨率为 8 位,则它的精度是:

$$\pm(1/2)(1/256)=\pm 1/512.$$

247

4) 线性误差

线性误差是当数字量变化时,D/A 转换器输出的模拟量按比例关系变化的程度。理想的 D/A 转换器是线性的,但实际上有误差,模拟输出偏离理想输出的最大值称为线性误差。

11.1.2 8 位 D/A 转换芯片 0832 及其接口

1) 主要性能

① 输入的数字量为 8 位。

② 采用 COMS 工艺,所有引脚的逻辑电平与 TTL 兼容。

③ 数字量输入可以采用双缓冲,单缓冲或直通方式。

④ 转换时间:$1\mu s$。

⑤ 线性误差:0.2%FSR(FSR 为满量程)。

⑥ 分辨率:8 位。

⑦ 单一电源,5~15V,功耗 20mW。

⑧ 参考电压:+10~-10V。

2) 内部结构及引脚功能

DAC 0832 的内部结构框图和外部引脚如图 11.1 所示。

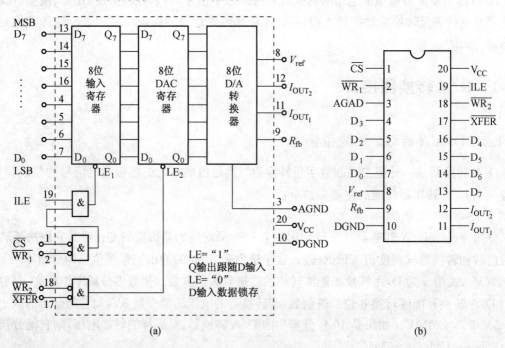

图 11.1 DAC0832 结构框图及引脚排列
(a) 结构框图;(b) 引脚排列

它由一个 8 位输入寄存器,一个 8 位 DAC 寄存器和一个 8 位 D/A 转换器三部分组成。在 D/A 转换器中采用 R-2R 电阻网络。LE 信号为每个输入寄存器的内部控制信号,当 LE＝1 时,接收输入数据;当 LE＝0 时,内部锁存数据。

DAC0832 采用 20 个引脚的双列直插式封装。各引脚功能如下:

$D_0 \sim D_7$:8 位数据量输入。

ILE:数据输入锁存允许,高电平有效。

$\overline{CS}$:片选。

$\overline{WR_1}$:输入寄存器写信号。当 ILE,$\overline{CS}$,$\overline{WR_1}$ 同时有效时,内部控制信号 LE_1 有效,数据装入输入寄存器,实现输入数据的第一缓冲。

$\overline{XFER}$:数据传送控制信号,控制从输入寄存器到 DAC 寄存器的内部数据传送。

$\overline{WR_2}$:DAC 寄存器写信号。当$\overline{XFER}$和$\overline{WR_2}$均有效时,LE_2 有效,将输入寄存器的数据装入 DAC 寄存器并开始 D/A 转换,实现输入数据的第二级缓冲。

V_{REF}:参考电压源,电压范围为$-10 \sim +10$V。

R_{fb}:内部反馈电阻接线端。

I_{OUT1}:DAC 电流输出 1。其值随输入数字量线性变化。当转换数字量为全"1"时,I_{OUT1} 最大;当转换数字量为全"0"时,I_{OUT1} 为最小。$I_{OUT1} = V_{REF} \times N/(256 \times R_{fb})$,$N$ 为 DAC 寄存器中的数据。

I_{OUT2}:DAC 电流输出 2。它与 I_{OUT1} 的关系为:

$$I_{OUT1} + I_{OUT2} = V_{REF}/R_{fb}(1-1/2^8) = 常数 \cong V_{REF}/R_{fb}$$

V_{CC}:工作电源,其值范围为$+5 \sim +15$V,典型值为$+15$V。

AGND:模拟信号地线。

DGND:数字信号地线。

3) 工作方式

DAC 0832 有双缓冲、单缓冲和直通三种方式。

双缓冲工作方式——进行两级缓冲。采用双缓冲工作方式,可在对某数据转换的同时,进行下一个数据的采集,以提高转换速度,更重要的是能够用于需要同时输出多个参数的模拟量系统中,此时对应于每一种参数需要一片 DAC 0832。双缓冲方式时,CPU 必须进行两步操作,第一步把数据写入 8 位输入寄存器,第二步再把数据从 8 位输入寄存器写入 8 位 DAC 寄存器。

单缓冲工作方式——只进行一级缓冲,可用第一组或第二组控制信号对第一级或第二级缓冲器进行控制。在一组控制信号作用下,输入的数据能一步写入到 8 位 DAC 寄存器中。

直通工作方式——不进行缓冲。当 DAC 0832 芯片的$\overline{CS}$,$\overline{WR_1}$,WR_2 和$\overline{XFER}$引脚全部接地,ILE 引脚接$+5$V 高电平时,芯片就处于完全直通状态,CPU 送来的 8 位数字量直接送到 DAC 转换器进行转换。这种方式适用于比较简单的场合。

4) 接口电路

DAC 0832 为电流输出型 D/A 转换芯片,使用时,R_{fb},I_{OUT1},I_{OUT2} 等 3 个引脚外接运算放大器,以便将转换后的电流变换成电压输出。若外接一个运算放大器为单极性输出,如图11.2 的 V_{OUT1} 输出;若使用了两个运算放大器为双极性输出,如图 11.2 的 V_{OUT2} 输出。

图中,$V_{OUT1} = -I_{OUT1} \times R_{fb} = -V_{REF} \times N/(256 \times R_{fb}) \times R_{fb} = -N/256 \times V_{REF}$,$V_{OUT1}$ 模拟输出电压的极性总是与 V_{REF} 极性相反,为单极性输出。

V_{OUT2} 模拟输出电压可利用基尔霍夫节点电流定律列出方程:

$$V_{OUT2}/15 + V_{REF}/15 + V_{OUT1}/7.5 = 0,$$

代入 $V_{OUT1} = -N/256 \times V_{REF}$,求解得:

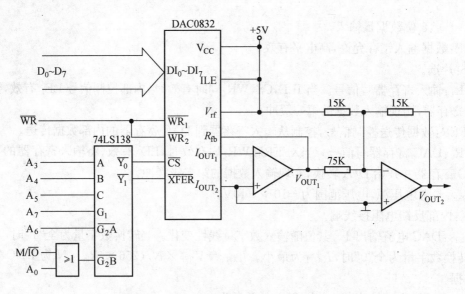

图 11.2 DAC 0832 与 8086 CPU 的硬件连接

$$V_{OUT2} = (N-128)/128 \times V_{REF}。$$

当 FFH ≥ N > 80H 时，V_{OUT_2} 模拟输出电压的极性和 V_{REF} 相同；

当 80H > N ≥ 0 时，V_{OUT_2} 模拟输出电压的极性和 V_{REF} 相反；

当 N = 80H 时，V_{OUT_2} = 0V。

V_{OUT_2} 为双极性输出. 可根据应用场合的需要,将 D/A 转换接口芯片接成单极性输出或双极性输出。当要监视的物理量有方向性时,例如角度的正向与反向,速度的增大与减小等,与此相适应,要求 D/A 转换的输出必须是双极性的。

DAC 0832 对执行时序也有一定要求:第一,$\overline{WR}$ 选通脉冲应有一定宽度,通常要求 ≥ 500ns,当取 V_{CC} = +15V 典型值时,$\overline{WR}$ 宽度只要 ≥ 100ns 就可以了。此时器件处于最佳工作状态。第二,数据输入保持时间应不小于 90ns。在满足这两个条件下,转换电流建立时间为 1.0μs。当 V_{CC} 偏移典型值时,也要注意满足转换时序要求,否则将不能保证转换数据正确。

图 11.2 是 DAC 0832 与 8086 CPU 的硬件连接图。CPU 通过低 8 位数据线与 DAC 0832 通信,DAC 00832 接成双缓冲工作方式,口地址为 80～86H 中的偶地址和 88H～8EH 中的偶地址。

在图 11.2 中,若将 $\overline{XFER}$ 不接地址译码器 $\overline{Y_1}$ 输出,改为接 $\overline{WR_1}$,$\overline{WR_2}$ 或直接接地,则 DAC 0832 为单缓冲方式,此时口地址仅为 80～86H 中的偶地址。

利用 D/A 转换器可以产生各种波形,如方波、三角波、锯齿波等,以及它们组合产生的复合波形和不规则波形。这些复合波形利用标准的测试设备是很难产生的。

下面是利用 DAC 0832 在 V_{OUT_2} 产生三角波的程序段:

```
        MOV AL, 00H        ;置三角波最小值
L1:     OUT 80H, AL        ;形成三角波上升波形
        OUT 88H, AL
        CALL DELAY         ;调延时子程序,决定三角波的频率
        INC AL
```

```
        JNZ L1              ；AL 是否加满？未满，继续
        DEC AL             ；已满，置三角波最大值
        DEC AL
L2：    OUT 80H,AL          ；形成三角波下降波形
        OUT 88H,AL
        CALL DELAY
        DEC AL
        JNZ L2
        INC AL
        JMP L1              ；转下一个三角波周期
```

在 V_{OUT2} 产生梯形波的程序段：

```
        MOV AL，0
L1：    OUT 80H,AL          ；产生梯形波上升部分波形
        OUT 88H,AL
        CALL DELAY1
        INC AL
        CMP AL,FFH
        JNZ L1
        OUT 80H,AL          ；产生梯形波水平部分波形
        OUT 88H,AL
        CALL DELAY2
L2：    DEC AL              ；产生梯形波下降部分波形
        OUT 80H,AL
        OUT 88H,AL
        CALL DELAY1
        CMP AL 00H
        JNZ L2
        ⋮
```

通过改变输入 0832 数字量的上限值和下限值，可改变输出波形的上限电平和下限电平。

D/A 转换器可以视为微机的一种外围设备，实现 D/A 转换器和微机接口技术的关键是数据锁存问题。当 CPU 向 D/A 转换器输出一个数据时，这个数据在数据总线上只持续很短的时间，必须有数据锁存器锁住这个数据，才能得到持续稳定的模拟量输出。有些 D/A 转换器芯片本身带有锁存器，但也有些 D/A 转换器芯片本身不带锁存器，此时 74LS273 芯片以及可编程的并行 I/O 接口芯片 8255A 均可作为 D/A 转换的数据锁存器。

以上所述的 D/A 转换为电压型输出，还有另一种输出形式，即电流型输出。电流型输出有利于信号的长距离传送，还能够非常方便地与一些常规仪表相配接。例如 DDZ-Ⅱ型仪表的标准配接电流是 0～10mA，DDZ-Ⅲ型仪表的标准配接电流是 4～20mA。

图 11.3 给出了两种典型的电压/电流转换基本电路。图中 A 为运算放大器。Q 和 Q_2 为中功率三极管，R_F 为反馈电阻，R_L 为负载电阻，V_{IN} 为转换输入电压，I_{OUT} 为输出电流。

这两个电路都是电流负反馈电路。经 D/A 转换输出的模拟电压 V_{IN} 经运算放大器后直接驱动电流放大电路,在负载 R_L 上可以获得一定的电流输出。该电路具有良好的恒流特性和驱动能力,能直接与常规仪表配接。当运算放大器输入阻抗为 $10^8\ \Omega \sim 10^{12}\ \Omega$, $R_1 = R_2 = 100k\Omega$, $R_3 = R_4 = 100\Omega$, $R_L = 1k\Omega$, $R_F = 100\Omega$, $V_{IN} = 0 \sim +5V$ 时, $I_{OUT} = 0 \sim 10mA$。

图 11.3 中,(a)适用于负载接地的情况,(b)适用于负载不接地的情况。

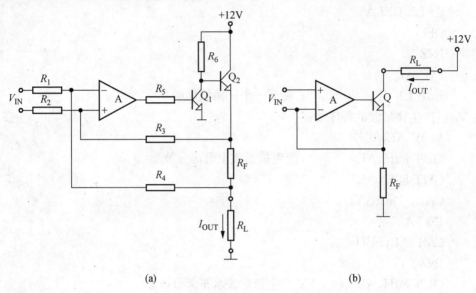

(a)　　　　　　　　　　　　　　(b)

图 11.3　V/I 变换电器

11.1.3　12 位 D/A 转换器 DAC 1208 及其接口

1) DAC 1208(1209,1210)性能与结构

DAC 1208 的主要性能是:

① 输入数字量为 12 位,能直接与 8 位、16 位微处理器相连。

② CMOS 工艺,引脚逻辑电平与 TTL 兼容。

③ 单缓冲、双缓冲及直通数字量输入方式。

④ 参考电压 V_{REF} 为 $+10 \sim -10V$,全四象限工作。

⑤ 单工作电源 $+5 \sim +15V$。

⑥ 分辨率:12 位。

⑦ 电流稳定时间:1μs。

⑧ 线性误差:0.012%FSR。

DAC 1208 结构框图如图 11.4 所示。它的第一级缓冲由高 8 位输入寄存器和低 4 位输入寄存器构成;第二级缓冲为 12 位 DAC 寄存器。

DAC 1208 为 24 脚双列直插式封装。其引脚信号功能与 DAC 0832 基本相同,只有一个特殊信号 BYTE$_1$/$\overline{BYTE_2}$,该引脚为输入字节顺序控制信号。当该信号为高电平,并且 $\overline{CS}$ 和 $\overline{WR_1}$ 为低电平时,高 8 位和低 4 位输入寄存器被选通,12 位数据全部装入输入寄存器;当该信号为低电平并且 $\overline{CS}$ 和 $\overline{WR_1}$ 也为低电平时,仅选通 4 位输入寄存器。当 $\overline{XFER}$ 和 $\overline{WR_2}$ 都为低电

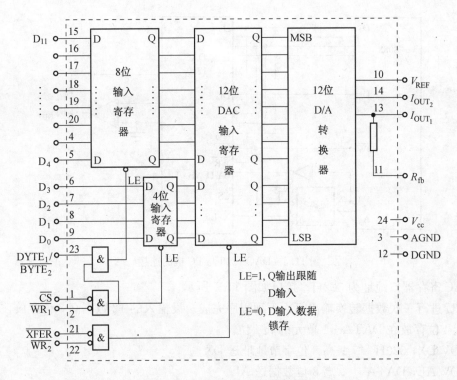

图 11.4 DAC 1208 结构框图

平时,输入寄存器中的数据一次装入到 12 位 DAC 寄存器中。

2) DAC 1210 两种连接方法

① 当 DAC 1210 与 16 位微机数据总线相连时,其 12 位数据输入线可分别接至数据总线的低 12 位上,12 位数据输入可通过一次写操作完成。可工作在单缓冲、双缓冲及直通方式。

② 当 DAC 1210 与 8 位数据总线相连时,可以这样连接:$DI_{11} \sim DI_4$ 接数据总线 $D_7 \sim D_0$,$DI_3 \sim DI_0$ 接 $D_3 \sim D_0$ 或 $D_7 \sim D_4$。显然,12 位输入数据应分为两次写入。由于 4 位寄存器的 LE 端只取决于 $\overline{CS}$, $\overline{WR_1}$,所以两次写入都会写入 4 位寄存器。为了使 4 位寄存器的有效输入数据不致于被第二次写操作破坏,应将此数据在第二次写操作时再写入。所以,两次写入应先对 8 位寄存器写入,此时应使 $BYTE_1/\overline{BYTE_2}$ 为高电平。8 位数据输入后,使 $BYTE_1/\overline{BYTE_2}$ 端为低电平,进行第二次写入,此时只输入 4 位数据到 4 位寄存器中。当 12 位输入数据进入 12 位输入寄存器后,再选通 12 位 DAC 寄存器将输入数据送至 12 位 D/A 转换器进行 D/A 转换。DAC 寄存器和 D/A 转换器部分与 DAC0832 相似,在此不再赘述。由于 12 位输入数据分两次写入,故只能工作在双缓冲方式。

3) DAC 1210 D/A 转换器与 PC 机的接口

下面以 DAC 1210 为例,介绍 12 位 D/A 转换器与 PC 机的接口。DAC 1210 的分辨率为 12 位,高于 PC 数据总线位数。由于其内部有两级锁存,所以可与 CPU 直接相连。若是 16 位 PC 机,将其 12 位数据线对应连接到 CPU 数据总线的 $D_{11} \sim D_0$ 上即可。若是 8 位 PC 机(如 8088 CPU),DAC 1210 输入数据线的高 8 位 $DI_{11} \sim DI_4$ 接 CPU 数据总线的 $D_7 \sim D_0$,低 4 位 $DI_3 \sim DI_0$ 接数据总线的 $D_7 \sim D_4$。CPU 地址总线中的 A_0 反相后接 $BYTE_1/\overline{BYTE_2}$ 端,$\overline{WR_1}$ 和 $\overline{WR_2}$ 直接接系统 $\overline{IOW}$ 线上。输入寄存器的两个口地址分别为 320H(高 8 位)和 321H(低 4

253

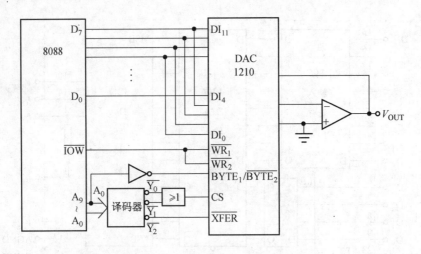

图 11.5 DAC 1210 与 PC 机的连接

位),DAC 寄存器口地址为 322H。接口如图 11.5 所示。

CPU 进行一次数据转换输出可由下列程序完成。设输入的 12 数据高 8 位存放在 DATA 单元,低 4 位存放在 DATA+1 单元的低 4 位。

```
MOV DX, 320H        ;高 8 位字节地址送 DX
MOV AL, DATA        ;高 8 位数据送 AL
OUT DX,AL           ;高 8 位数据输出至 1210 输入寄存器
INC DX              ;低 4 位地址
MOV AL,DATA+1       ;低 4 位数据取入 AL 中
MOV CL,4
SHL AL,CL           ;将低 4 位数据移到 AL 中高 4 位
OUT DX,AL           ;低 4 位数据输出至 1210 输入寄存器
INC DX              ;DX 为 DAC 1210 的第二级锁存 DAC 寄存器地址
OUT DX,AL           ;输入寄存器的数据一次装入到 DAC 寄存器中
```

11.2 A/D 转换器接口

11.2.1 A/D 转换器的主要参数

A/D 转换器的功能是将模拟量电信号转换为数字量电信号,衡量一个 A/D 转换器性能的主要参数有:

1) 分辨率

是指 A/D 转换器可转换成二进制的位数。例如,若一个 10 位 A/D 转换器,去转换一各满量程为 5V 的电压,则它能分辨的最小电压为 $5\,000mV/2^{10}\approx5mV$。若模拟输入电压值的变化小于 5mV,则 A/D 转换器无反映,而保持不变。同样 5V 电压,若采用 12 位 A/D 转换器,则它能分辨的最小电压为 $5\,000mV/2^{12}\approx1mV$。可见 A/D 转换器的数字量输出位数越多,其分辨率就越高。

2) 转换时间

指从输入启动转换信号开始到转换结束,得到稳定的数字输出量为止的时间。其他参数与 D/A 转换器类似。

11.2.2 A/D 转换器与 CPU 的接口方法

A/D 转换器是微机的一种输入设备,ADC 转换好的数据必须经过三态缓冲器件与 CPU 数据总线相连接。有的 ADC 芯片内部带有三态输出缓冲器,其控制端为 OE(输出允许),此种 ADC 芯片输出线可与 CPU 的数据总线直接连接。若 ADC 芯片不带有三态输出缓冲器,则必须外加三态缓冲器(例如 8255A、74LS244 等),才能与 CPU 的数据总线相连接。

A/D 转换器从启动转换到转换结束所需的时间快者几个 μs,慢者有 1ms 或更长。一般情况下,A/D 转换所需时间大于 CPU 的指令周期。为了输入正确的转换结果,必须解决好 A/D 转换器和 CPU 取数之间的时间配合问题。ADC 芯片一般有 3 个信号要求控制:启动转换信号(START),转换结束信号(EOC),允许输出信号(OE)。其中启动转换信号是由 CPU 提供给 ADC 芯片的,ADC 芯片接到该信号,A/D 转换立即开始,转换完毕后发出一个 EOC 状态信号,通知 CPU 转换已结束,数据可用且该数据被送入输出缓冲器中保存。CPU 取数时,发出 OE 信号打开三态门让 ADC 将数据输出。

A/D 转换器与 CPU 之间传送数据的方法有三种,即延时等待法、查询法和中断法,相应的接口电路也有三种形式。下面分别加以介绍。

1) 延时等待法

延时等待法是利用 CPU 执行一条输出指令,启动 ADC 转换,然后 CPU 执行延时程序,延时时间大于所选用的 ADC 芯片转换时间,延时结束,CPU 执行输入指令,打开三态门获取 ADC 转换好的数据,如图 11.6 所示。ADC 转换结束信号悬空没用。

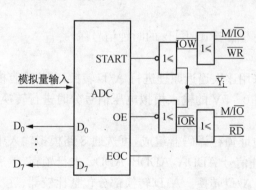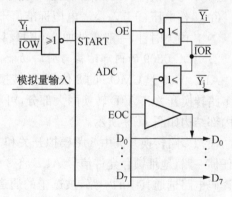

图 11.6　延时等待法 ADC 接口电路　　　　图 11.7　查询法 ADC 接口电路

2) 查询法

查询法则是由 CPU 来检查 EOC 信号。当 CPU 启动 ADC 芯片开始转换之后,可去执行其他任务,然后再通过状态端口读取 EOC 信号,检查 ADC 是否转换结束。若转换结束,则读取转换结果,否则继续查询。图 11.7 为查询 ADC 的接口电路,CPU 先通过 $\overline{Y_j}$(译码输出)所示端口地址执行一条 OUT 指令,产生一个高电平有效的 START 信号,启动 ADC 开始转换,当 ADC 转换结束产生 EOC 信号,CPU 通过 $\overline{Y_j}$ 端口地址执行一条 IN 指令,查询 EOC 信号。

图中 EOC 信号通过三态门接到 CPU 数据线 D_0 上,查询到 D_0 位为 1,则 ADC 转换结束,CPU 再执行一条 IN 指令,从 $\overline{Y_i}$ 端口读入转换结果。

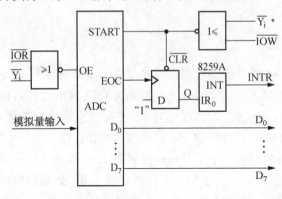

图 11.8 中断法 ADC 接口电路

3)中断法

用中断法可提高 CPU 的利用率,当 ADC 转换结束,由 EOC 信号向 CPU 发出中断请求,CPU 响应中断在服务程序中读取转换结果。图 11.8 为中断法 ADC 的接口电路。CPU 先执行一条 OUT 指令,启动 ADC 转换,同时将 D 触发器清"0",然后 CPU 只管去执行其他程序,一旦 ADC 转换结束,EOC 信号有效,通过 8259A 中断控制器向 CPU 发出中断请求,CPU 若响应中断,则转去执行中断服务程序,CPU 执行一条 IN 指令,从 $\overline{Y_i}$ 端口读入转结果。

11.2.3 A/D 转换芯片 ADC 0809 及其接口

1)主要性能

① 8 位逐次逼近型 A/D 转换器,所有引脚的逻辑电平与 TTL 电平兼容。

② 带有锁存功能的 8 路模拟量转换开关,可对 8 路 0～5V 模拟量进行分时切换。

③ 输出具有三态锁存功能。

④ 分辨率:8 位;转换时间:$100\mu s$。

⑤ 不可调误差:±1LSB;功耗:15mW。

⑥ 工作电压:+5V;参考电压标准值+5V。

⑦ 片内无时钟,一般需外加 640KHz 以下且不低于 100KHz 的时钟信号。

2)ADC 0809 的内部结构与引脚功能

ADC 0809 是 CMOS 的 8 位模/数转换器,采用逐次逼近原理进行 A/D 转换,芯片内有模拟多路转换开关和 A/D 转换两大部分,可对 8 路 0～5V 的输入模拟电压信号分时进行转换,其内部结构如图 11.9 所示。

模拟多路转换开关由 8 路模拟开关和 3 位地址锁存译码器组成,可选通 8 路模拟输入中的任何一路,地址锁存允许信号 ALE 将 3 位地址信号 ADDA,ADDB,ADDC 进行锁存,然后由译码电路选通其中的一路,被选中的通道进行 A/D 转换。A/D 转换部分包括比较器、逐次逼近寄存器(SAR),256R 电阻网络、树状电子开关、控制与时序电路等。另外 ADC0809 输出具有 TTL 三态锁存缓冲器,可直接连到 CPU 数据总线上。

ADC 0809 的芯片引脚如图 11.10 所示。

引脚功能介绍如下:

$D_7 \sim D_0$:8 位数字量输出。

$IN_7 \sim IN_0$:8 位模拟信号输入。

ADDA,ADDB,ADDC:模拟信号输入通道的地址选择线。

ALE:地址锁存信号。由低电平到高电平跳变时,将地址选择线的状态锁存,以选通相应

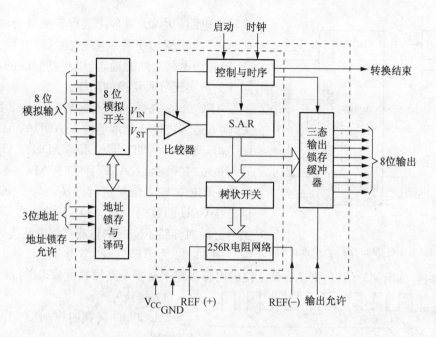

图 11.9 ADC 0809 原理框图

的输入通道。

START:启动信号。正脉冲的上升沿使所有内部寄存器清零,下降沿开始进行 A/D 转换。

EOC:转换结束信号。转换一开始,此引脚变为低电平,转换一结束,变为高电平。

OE:输出允许信号。高电平有效时,打开三态输出锁存缓冲器,将转换结果输出到数据总线上。

CLOCK:时钟信号。提供 A/D 转换所需要的时钟频率,最高时钟频率为 1 280kHz。

REF(+),REF(−):参考电压的正极和负极。一般 REF(+)与 V_{CC} 连接在一起,REF(−)与 GND 连接在一起。

模拟输入与数字量输出的关系为 $N = (V_{IN} - V_{REF}(-)) \times 256/(V_{REF}(+) - V_{REF}(-))$,当 $V_{REF}(+) = +5V$,$V_{REF}(-) = 0V$,若输入模拟电压为 2.5V,则转换后的数字量 $N = 128$,即 10000000B。

V_{CC}:电源电压+5V。

GND:接地端。

3)ADC0809 的多路转换

在实时控制与实时检测系统中,被控制与被测量的电路往往是几路或几十路,对这些电路的参数进行模/数、数/模转换时,常采用公共的模/数、数/

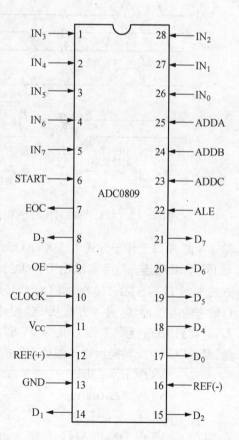

图 11.10 ADC 0809 引脚图

257

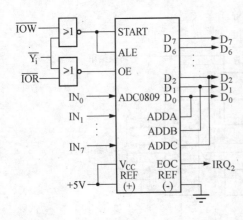

图 11.11 ADC 0809 多路转换连接图

模转换电路。因此,对各路进行转换是分时进行的。此时,必须轮流切换各被测(或控制)电路与模/数、数/模转换电路之间的通道,以达到分时的目的。多路开关可实现分时切换的功能。

ADC 0809 在模拟输入部分有一个 8 路多路开关,输入通道可由 3 位地址输入 ADDA,ADDB,ADDC 加以选择。例如:当 ADDC,ADDB,ADDA 3 个管脚接成"100"状态、ALE 有效时,ADC 0809 将 IN_4 管脚上的模拟输入信号进行转换。若 3 位地址输入信号接 CPU 的数据线 $D_2 \sim D_0$,其状态由 CPU 提供,则可分时对 8 路不同的测量或控制电路进行 A/D 转换。图 11.11 为 ADC0809 作为多路转换的连接图。

将 AL 的内容输出到 $\overline{Y_i}$ 端口,则 AL 低 3 位的内容决定了对哪一路模拟量输入进行启动转换。

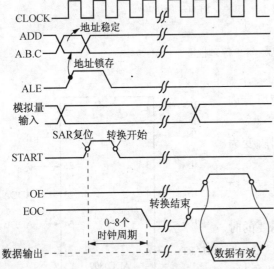

图 11.12 ADC 0809 转换时序图

4) 转换时序

ADC0809 转换时序如图 11.12 所示。其转换过程大致如下:首先输入地址选择信号,在 ALE 信号作用下,地址信号被锁存,产生译码信号,选中一路模拟量输入。然后输入启动转换控制信号 START(不小于 100ns),启动 A/D 转换。转换结束,数据送三态门锁存,同时发出 EOC 信号,在允许输出信号控制下,再将转换结果输出到外部数据总线。

5) ADC 0809 应用举例

利用 8255A 并行接口芯片构成软件查询方式下的 A/D 转换。其电路连接如图 11.13 所示。图中,地址译码器的输出 $\overline{Y_7}$ (地址为 238H～23EH)用来选通 8255A,8255A 的 A 口工作于方式 1 输入,ADC 0809 的 START 与 ALE 同 8255A 的 PB_4 相连,EOC 与 PC_4、OE 相连。数字量输出 $D_7 \sim D_0$ 同 8255A 的 PA 口相连。由于 8255A 的 A 口工作在方式 1,故 $PC_4(\overline{STB_A})$ 接收到 EOC 信号后,一方面将 $PA_7 \sim PA_0$ 上的数据锁存到 8255A 的 A 口数据输入缓冲器,另一方面从 PC_5 上发出输入缓冲器满信号 IBF_A,若此时读入 C 口的状态,查询到 IBF_A 为"1",则 CPU 可将 8255A 中的数据取走。从输入通道 IN_0 输入一个模拟量,经 ADC 0809 转换后送入微处理器的程序为:

```
MOV DX,23EH        ;8255A 控制口口地址
MOV AL,0B0H        ;8255A 初始化,A 口为方式 1 输入
OUT DX,AL          ;B 口为方式 0 输出
MOV DX,23AH        ;8255A 的 B 口口地址
MOV AL,00H         ;取通道号 0,置 PB4 为"0"
```

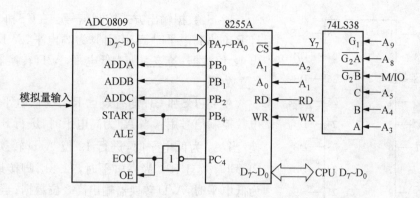

图 11.13　ADC 0809 利用 8255A 构成的查询式接口电路

```
        OUT DX,AL
        MOV AL,10H          ；置 PB₄ 为"1",启动 ADC 0809 转换
        OUT DX,AL
        MOV AL,00H          ；置 PB₄ 为"0"
        OUT DX,AL
        MOV DX,23CH         ；8255A 的 C 口口地址
LOP：   IN AL,DX            ；读 8255A 状态字
        TEST AL,20H         ；IBFₐ 状态为"1"吗?
        JZ LOP              ；否,继续查询等待
        MOV DX,238H         ；8255A 的 A 口口地址
        IN AL,DX            ；从 8255A 的 A 口取转换好的数据
        HLT
```

11.2.4　AD574A 及其接口

1) 主要特性

① 单片型 12 位逐次逼近式 A/D 转换器。

② 转换时间为 $25\mu s$,工作温度为 $0\sim70℃$,功耗 390mW。

③ 输入电压可为单极性($0\sim+10V,0\sim+20V$)或双极性($-5\sim+5V,-10\sim+10V$)。

④ 可由外部控制进行 12 位转换或 8 位转换。

⑤ 12 位数据输出分为三段,A 段为高 4 位,B 段为中 4 位,C 为低 4 位,三段分别经三态门控制输出。所以数据输出可以一次完成,也可分为两次,先输出高 8 位,后输出低 4 位。

⑥ 内部具有三态输出缓冲器,可直接与 8 位、16 位微处理器相连。

2) 引脚功能

AD574A 为 28 脚双列直插式封装,引脚如图 11.14 所示。部分引脚如下:

$\overline{CS}$:片选信号,低电平有效。

CE:芯片允许信号,高电平有效。只有当 $\overline{CS}$ 和 CE 同时有效,AD574A 才能工作。

R/$\overline{C}$:读出或转换控制信号,用于控制 AD574A 是转换还是读出。当为低电平时,启动 A/D 转换;当为高电平时,将转换结果读出。

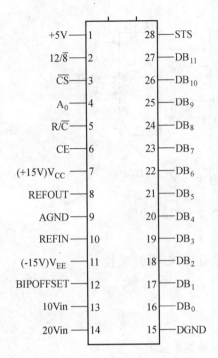

图 11.14　ADC 574A 引脚图

12/$\overline{8}$:数据输出方式控制信号。在$\overline{CS}$和 CE 均有效且 R/$\overline{C}$为高电平时,若该引脚为高电平,A/D 转换器输出 12 位数据;若该引脚为低电平,A/D 转换器输出两个 8 位数据。

A_0:在$\overline{CS}$和 CE 均有效且 R/$\overline{C}$为低电平时,作转换位数控制信号用。当 A_0 为高电平时,进行 8 位 A/D 转换;当 A_0 为低电平时,进行 12 位 A/D 转换。在$\overline{CS}$和 CE 均有效且 R/$\overline{C}$为高电平时,12/$\overline{8}$引脚接地;而当 A_0 为低电平时,A/D 转换器输出高 8 位数据;当 A_0 为高电平时,A/D 转换器输出包含低 4 位数据的 8 位数据(高 4 位为 0)。

以上几个信号组合完成的功能如表 11.1 所示。

REFOUT:+10V 基准电压输出,最大输出电流为 1.5mA。

REFIN:参考电压输入。

BIPOFFSET:双极性偏移以及零点调整。该引脚接 0V,为单极性输入;接+10V,为双极性输入。

10Vin:10V 范围输入端,单极性输入 0~+10V,双极性输入-5~+5V。

20Vin:20V 范围输入端,单极性输入 0~+20V,双极性输入-10~+10V。

DB_{11}~DB_0:12 位数字输出。

STS:转换结束信号。转换过程中为高电平,转换结束后变为低电平。

AD574A 的输入可为单极性模拟信号,也可为双极性模拟信号。这两种情况的连线如图 11.15 所示。

表 11.1　ADC 574A 控制信号功能

CE	$\overline{CS}$	R/$\overline{C}$	12/$\overline{8}$	A_0	功　能
1	0	0	X	0	12 位转换
1	0	0	X	1	8 位转换
1	0	1	接+5V(脚 1)	X	12 位并行输出
1	0	1	接地(脚 15)	0	高 8 位输出
1	0	1	接地(脚 15)	1	低 4 位输出(高 4 位为 0)

3) AD574A 与 8088 PC 机接口

分析:AD574A 内部具有三态输出锁存器,故可与微处理器直接相连。由于 8088 CPU 具有 8 条数据总线,ADC574A 具有 12 条输出数据线,但数据输出可分为两次进行,作为两个字节输出(低字节为低 4 位加 4 个 0),故可将 ADC574A 的高 8 位输出数据线连接到 CPU 系统数据总线上,将低 4 位连到数据总线的高 4 位上,将 12/$\overline{8}$端接地。

用地址译码的方法,A_9~A_1 经译码后产生 ADC574A 片选信号$\overline{CS}$,选中 ADC574A 芯片。

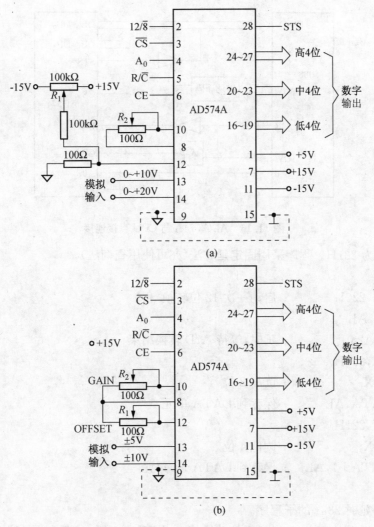

图 11.15　ADC 574A 输入连线

(a) 单极性输入；(b) 双极性输入

要启动 A/D 转换或输出数据，还必须使芯片允许信号 CE 为 1。因此，将 $\overline{IOW}$ 和 $\overline{IOR}$ 通过与非门产生 CE，这样当用一条输出指令启动 A/D 转换或用一条输入指令读取数据时，CE 均有效，使相应操作都正常进行。8088 CPU 的地址线最低位 A_0 直接连接 AD574A 的 A_0 输入端，以确定转换位数和数据的输出方式。

　　STS 为 ADC574A 的状态信号，指示转换结束与否，可使用此信号作为查询法所使用的状态端口，此时需要为此端口分配一个不同的口地址，或者在中断法中作为中断申请信号。

　　AD574A 的转换时间为 $25\mu s$，转换速度较快，可采用固定时间等待法。确定转换后，延时 $28\mu s$ 或 $30\mu s$ 即可读取数据。

　　(1) 硬件连线

　　ADC574A 与 8088 PC 机接口硬件连线如图 11.16 所示。

　　(2) 软件设计

　　下面为启动一次 A/D 转换，将结果数据存入指定单元的程序。设高 8 位口地址为 220H，

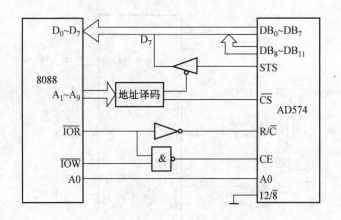

图 11.16　ADC 574A 与 CPU 直接连接

低 4 位口地址为 221H。程序采用固定延时法(亦可使用查询法)。

```
    ⋮
MOV DX,220H        ;启动一次 12 位转换
OUT DX,AL
CALL WA28          ;延时,等待 A/D 转换结束
MOV DX,220H
IN AL,DX           ;读高 8 位
MOV DATA,AL        ;保存到 DATA 单元
MOV DX,221H
IN AL,DX           ;读低 4 位
MOV DATA+1,AL      ;保存到 DATA+1 单元
    ⋮
```

其中 WA28 为延时 $28\mu s$ 的子程序。

若以 AD574A 与 8086 为微机系统总线接口,则更为方便,只要在图 11.16 中将 $12/\overline{8}$ 引脚接 $+5V$,$DB_0 \sim DB_{11}$ 接微机系统低 12 位数据线即可。启动一次 12 位转换后,延时,然后一次性从偶地址字端口读出 12 位转换数据。

习题 11

一、单项选择题

1. ADC 0809 启动 A/D 转换的方式是_____。

A) 正电平　　　　B) 负电平　　　　C) 负脉冲　　　　D) 正脉冲

2. ADC0809 的输出_____。

A) 具有三态缓冲器,但不可控　　　　B) 具有可控的三态缓冲器

C) 没有三态 缓冲器　　　　D) 没有缓冲锁存

3. ADC0809 可以用_____引线经中断逻辑向 CPU 申请中断。

A) OE　　　　B) START　　　　C) EOC　　　　D) ALE

二、多项选择题

1. DAC0832 有_____工作方式。

A）单缓冲　　　　B）双缓冲　　　　C）多级缓冲　　　D）直通

2. ADC0809 与微机系统相连接，可采用的数据传输方式有_____。

A）无条件传输　　B）查询传输　　　C）中断传输　　　D）DMA 传输

三、填空题

1. 被检测的模拟信号必须经_____转换变成_____量才能送计算机处理。

2. DAC 0832 有引脚_____根，其中数字量输入引脚有_____根。

3. ADC 0809 的模拟输入引脚有_____根，数字输出引脚有_____根。

四、应用题

在图 11.1 的 ADC 0809 接口电路中，若改为中断方式读取转换后的数字量，且对模拟量轮流采样一次，则电路应作哪些改动并编写程序。设读取的数字量存放在 STORE 开始的 8 个内存单元。

12 人机交互设备接口

本章主要介绍键盘、CRT,LED,LCD 的原理及简单应用。

12.1 概述

人机交互接口是人与计算机之间信息交互的媒介,最有代表性的是键盘和显示器。交互设备总体上有输入设备和输出设备两种。

输入设备:所谓输入设备是指将人的操作信息送入计算机的外部设备。常用输入设备是键盘,计算机操作者通过键盘输入信息。PC 机的键盘是与主机箱分开的一个独立设备,通过一根五芯电缆与主机箱连接,移动灵活便于操作。通用的 PC 键盘有 101 个键。而专用的微机系统往往不需要如此多的键,因此其构成原理与通用微机有很大区别。一般专用微机系统设有 0~9 共 10 个数字键,还有若干功能键,如启动、停止、检测、打印等,操作者不需要了解微机在设备中具体实现功能的过程和方法,而仅需通过按键直接操纵由微机控制管理的各种设备,显然这种专用功能键与系统的应用密切相关,是微机控制系统必不可少的。此外,触摸式屏幕,鼠标器,扫描仪,数字化仪等也是输入设备。

输出设备:所谓输出设备是指计算机直接向人提供计算结果信息的设备。常用输出设备是显示器。显示器 CRT 是微机系统的主要输出设备,也是人机对话的重要界面。通过显示器可将操作人员所需的数据、表格、图形甚至图像显示出来,如果仅需要数字显示,则可以使用数码显示器 LED 或 LCD。对多数专用微机系统来讲,测量控制直接用数字显示结果,即用 LED 或 LCD。

还有一种设备既可输入又可输出,像调制/解调器。

12.2 键盘及其接口电路

键盘是由一组规则排列的按键组成,它主要由键开关和键扫描电路两部分组成。一个按键实际上是一个开关元件,按其构造原理可以分为两类,一类是触点式开关按键,一类是无触点开关按键,目前微机系统中常用的是触点式开关按键。

常用的键盘从接口原理上可分为编码键盘和非编码键盘,通用微机系统中使用编码键盘、单片机及专用微机系统中使用非编码键盘。这两种键盘的主要区别是识别键符及给出相应键码的方法不同。编码键盘主要是用硬件来实现对键的识别,非编码键盘主要是由用户软件来实现键的定义与识别。本节下面先介绍按键的构成原理及键盘编码器,然后介绍键盘接口。

12.2.1 按键的结构与特点

+5V
按键
R
V_k

图 12.1 单一按键及逻辑电路图

在微机系统中运用的按键,通常仅需提供逻辑的通与断,其机械结构往往是比较简单的。构成形式如图 12.1 所示。它主要的功能是把机械上的通断转换成电气上的逻辑关系。也就是说,它能提供标准的 TTL 逻辑电平,以便与通用数字系统的逻辑电平相容。在按键电路中的电阻 R 用于限制其中流过的电流。从按键的定位方式看,它有无锁的、自锁的和互锁的。在逻辑上它们等效于单稳态、双稳态和多稳态。在计算机系统中,常用的是机械结构最简单的无锁单稳式的按键(常态为开路),它的工作寿命可达 100 万次以上。借助于软件设置的特定的标志位,无锁按键可以具有类同于机械结构或电路硬件所提供的自锁或互锁功能,如图 12.2 所示。在无锁按键上的指示灯,可用于向操作人员反馈它们当前的操作状态。

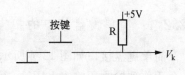

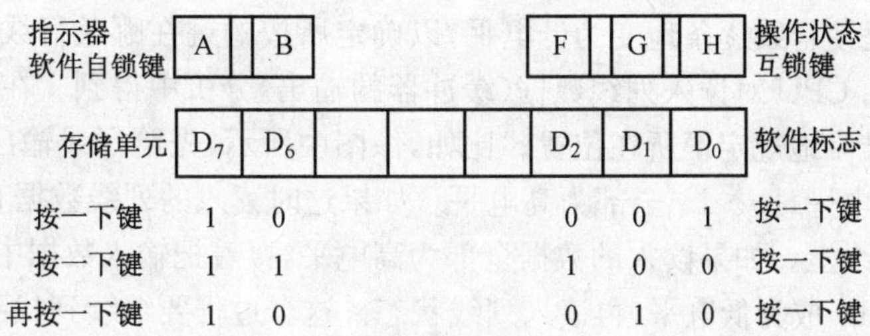

指示器
软件自锁键
A
B
F
G
H
操作状态
互锁键
存储单元
D_7 D_6 D_2 D_1 D_0
软件标志
按一下键 1 0 0 0 1 按一下键
按一下键 1 1 1 0 0 按一下键
再按一下键 1 0 0 1 0 按一下键

图 12.2 无锁按键的软件标志图

12.2.2 键开关矩阵

+5V
R
R
R
R
行线输入
列线输出

图 12.3 键开关矩阵

键盘是由许多键按某一规律排列而成的设备。每个键代表一定的信息,键位置的排列要按照人们的使用习惯来安排。在键盘内部,各键开关的两个端常用矩阵形式连接,以便使接线最简单。图 12.3 是一种有触点键盘的矩阵,各行线可以逐行加上低电平的输入,各列线的一端接电源,而另一端供检测用。当无键按下时,接入数据线供检测的各列线均为高电平。当行线中某一线为低电平,而却好与此相连的某一键按下,相应的列线(接入数据线)就变低。通过程序的检测就可以查出是哪个键按下。

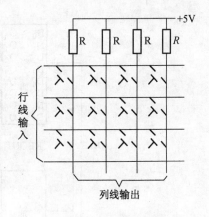

12.2.3 键盘编码器

键盘内部设有一个编码器,将键位转变为相应的编码。如按一下"A"键,经编码器编码后使之成为 ASCII 码"41H"输出。

大多数编码器都是以扫描方式工作的。它们有的做成专用的硬件编码器,有的直接利用处理器对键盘进行扫描。随着单片机的应用,现在不少键盘用它实现编码及与主机的通信。

不管哪种形式,也不管是通用键盘还是专用键盘在扫描原理上是一样的。下面以一个单板微机上的键盘扫描过程为例,说明键盘的工作原理。

12.2.4 简单键盘接口的扫描原理

简单键盘接口如图 12.4 所示,用了两个 I/O 端口,一个用作行扫描码的输出 KBOUT,另一个用作列检测码输入 KBIN。行线为扫描输入,列线为扫描输出。列线为 7 根,输出相应的列值(ASCII 码),非扫描时扫描输入端全部输入高电平,使相应各行线都为高电平,列线接入各列的状态也都为高电平。这种情况下,按下任何键,都不可能从列线上读得的数据中分辨出是哪个键按下了。扫描时扫描程序首先检测是否有键按下,方法是先使行线输入锁存器各位置"1",经反相驱动后,各行线全部为低电平。列线输入的数据各位仍全为高电平,经缓冲器送上数据线被 CPU 读取,此时全为"1"说明没有键按下。相反,如果发现其中有"0"输入,说明已经有键按下。只有当确认有键按下时,才进行逐行扫描,接着扫描程序启动寻找是哪个键按下。查找过程如下:

扫描的方法是使行线逐条地变为低电平,以确定所按的键在哪条行线上。而被按下的键所在列线位置则由 CPU 对读入列线数据(缓冲器的输出)分析中得到。在矩阵中的每个键开关被行号和列号唯一地规定了所在位置。比如,像图中所示,先给行线输出数据 01H,经反相后使行线 L_1 为低电平,$L_2 \sim L_6$ 全部为高电平。如果这时读入的列线数据有低电平出现,说明所寻找的键在 L_1 线上。如果读入的数据全部为高电平,接着把输入数据中的"1"左移一位,使扫描码成为 02H,L_2 成为低电平,再读入列线状态。这个过程要继续到找到被按下的键为止,或者在全部扫描一遍后仍未找到而结束扫描过程。

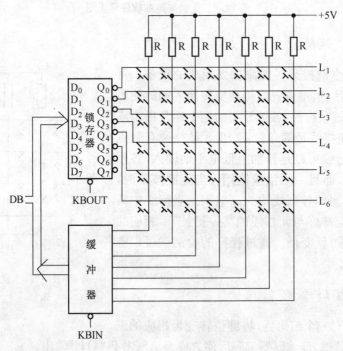

图 12.4 简单键盘接口电路

12.2.5　消抖动

键开关在按下和释放时,通常伴随着一定时间的触点抖动,接着才能稳定下来,如图 12.5 所示。在触点抖动期间,检测按键的通与断状态,可能导致判断出错,即一次按下或释放被错误地认为是多次操作,这种情况是不允许出现的。为了克服按键触点机械抖动所致的检测误判,可采用双稳触发器硬件来抑制其逻辑信号的抖动,硬件去抖动电路如图 12.6 所示。双稳触发器一旦翻转,触点抖动的浮空对他不会有任何影响。硬件去抖动的方法是采用一个 R-S 触发器,由 R-S 触发器的特性阻止抖动信号传到 CPU 中去。图中所用的是一个单刀双掷开关,这种开关有一个常开触点和常闭触点,它总是处于两种状态之一。当开关从常闭向常开方向打时,NC 一端产生后沿抖动,而 NO 一端则产生前沿抖动,RS 触发器 Q 端原为"1",由于开关从 NC 打到 NO,使得 Q 端从"1"变为"0",这样无论 NO 端怎样抖动,总使 Q 端为低,这样就达到了去抖动的目的。

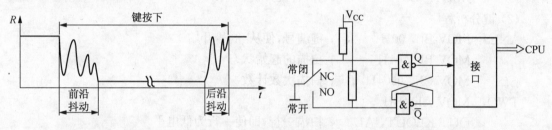

图 12.5　键抖动现象　　　　　　图 12.6　硬件去抖动电路

另外,当检测到按键被按下或释放时,也可利用软件延时避开触点机械抖动的影响,通常只要延时大于 20ms 就能避开抖动持续时间,然后确认按键的通或断状态。

经测试,各种不同键开关的抖动时间大约在几到十几毫秒范围内。软件方法就是在检测到有键按下以后,CPU 用软件产生约 20ms 的延时,然后再进入扫描检测程序。因为 20ms 后键开关已经进入稳定状态,只要键仍被按着就一定会被检测出来。

12.2.6　重键处理

在操作计算机时经常会用到组合键,例如热启动就要同时按下 3 个键 Ctrl+Alt+Del,这时扫描检测时就会有一个以上的低电平出现,我们称之为重键。如何处理这种复杂按键方式,在各种不同系统中不尽相同。

一种办法是承认这种现象是合法的。在这种系统中,除了单个键可以表示某个信息外,键的组合也可用来表示某些信息,使键盘的功能得到扩展。对这种键盘扫描检测时,不管是否找到一个按下键,总是要把所有的行扫描一遍,以便检查是否有组合键信息。比如,PC 机中就有很多例子,Ctrl+C,Ctrl+P 等都是两键组合的例子,而 Ctrl+Alt+Del 则是三键组合的例子。

另一种系统中不允许出现这种现象,认为出现两个以上键时就为非法。但是在处理时却可以有多种不同的策略。一种认为凡是这种现象都被舍去,作为没有键输入处理。另一种则视两个重键中的先后,以先按的键为有效键。还可以列出一些解决问题的方法,这里不再赘述,由于这是用软件处理的,所以读者可以自己试用一些方法进行实验。

12.2.7 有关程序

在了解键盘扫描的基本过程后,下面我们将结合一个 4 * 4 矩阵的简易键盘,如图 12.3 那样,给出键盘扫描程序。

(1) 查是否有键按下

```
SEC:    MOV AL, 0FH
        OUT KBOUT, AL       ;使输出四条行线为全"0"
        IN AL, KBIN         ;读入列线状态
        AND AL, 0FH         ;屏蔽无用位
        CMP AL, 0FH         ;是否有为"0"的列线
        JZ DISP             ;没有,回主程序中的显示段
        JMP ANLS            ;有,转键分析程序
```

(2) 键分析程序

```
ANLS:   MOV BL, 00H         ;键编号,使从 00 号开始
        MOV BH, 01H         ;扫描的起始状态
        MOV CX, 0004H       ;扫描次数计数
TWO:    MOV AL, BH
        OUT KBOUT, AL       ;扫描一行,即使一行为低电平
        IN AL, KBIN         ;读入全部列线状态
        AND AL, 0FH
        CMP AL, 0FH         ;对有用位进行比较
        JNZ ONE             ;是此行有键按下,转找列线程序段
        ROL BH              ;没有找到,左移一位,改变扫描行
        ADD BL, 04H         ;键号的起始值随扫描行以 4 增加
        LOOP TWO            ;CX 减量尚未到 0 时,程序循环,扫描下一行
        JMP DISP            ;
ONE:    RCR AL              ;用移位对进位位判断是否为 0
        JNC DISP            ;找到,回主程序显示段
        INC BL              ;没找到,键号加 1
        JMP ONE             ;检查下一列
DISP:   显示程序
```

在这种简单键盘中,键的功能往往分为两大类,即数字键和命令键。前者是用来输入数字,而后者则是要求 CPU 执行某一确定操作的。现在键号已经存放在 BL 中,CPU 将根据键号判断是哪一类键。比如系统设计时,将键号 0~9 设为数字键,而 10~15 为命令键。如果是命令键,可根据键号从哈希散列表中查出处理程序的入口地址,转入执行。要是数字键,则通常按照数据指针的指示,将数据存入数据缓冲区。

前面我们介绍了键盘的构成和扫描原理以及扫描过程中的键抖动处理,下面简单介绍非编码键盘和编码键盘。

268

12.2.8 非编码键盘接口

1）非编码键盘工作原理

简单非编码键盘像一组按钮开关,通常可连接成矩阵结构,使硬件最省,这对于键的数量较多的键盘是十分必要的,如图12.7所示。若采用64键的键盘,连接成矩阵形式,则要有8＋8根连线。

怎样来识别是哪个键按下呢? 常用的方法是"键盘扫描"法。其过程如下:

① CPU 通过接口,先将第一行线送"0"(接地)。

② CPU 通过接口,检查每一根列线,是否有一根线接地。若有,则说明该列有一个键按下。记下行和列,查键值表。

③ 否则将第二行线送"0",并继续2项工作,直到找出第 X 行,第 Y 列键被按下。

图12.7有9个键,假定第二行第三列的一个键按下,在进行键盘扫描时,其过程为:

① CPU 先将 8255A 的 B 口送 01H (00000001B),经反相后,第一行为低电平,其余各行为高电平。

② CPU 将 8255A 的 A 口的内容读入,此时 PA 口的内容为 FFH (11111111B),说明无键按下。

③ CPU 再将 8255A 的 B 口送 02H (00000010B),反相后,第二行为低电平,其余各行均为高电平。

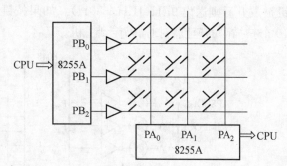

图 12.7 非编码键盘接口示意图

④ CPU 通过 8255A 的 PA 口,将数据读入,如发现内容为 FBH(11111011),则说明有键按下,键的位置由行计数器内容和列的数值确定,为第二行第三列的那个键。

2）非编码键盘操作软件

典型的非编码键盘是单片机键盘,它们都有相同的特点。例如,MCS-48 单片机的键盘,它的处理程序大致包括以下几个部分:

① 判别是否有键合上。

② 识别是哪个键合上,记下闭合键的行和列。

③ 按闭合键的行码和列码查键值表。键盘值表是事先存放于只读存储器的一批数据。

④ 送去显示。

⑤ 根据键值,按不同分类,执行不同功能。

⑥ 转入功能键的不同程序。

12.2.9 PC 机编码键盘工作原理

PC机系统中的键盘常用编码键盘。编码键盘能直接产生闭合键相应的代码,一般为ASCII 码。编码键盘接口常用标准大规模集成电路,有一些专门的集成电路芯片可以完成键盘管理,如 INTEL 8279。例外还配有单片微机作控制,常用 8048 单片机。工作时,由 8048作键盘控制器完成键盘扫描,键盘的判别,最后输出键盘扫描码。而 PC 机主机则通过一个

8042 或 8742 键盘控制器接受和发送有关键盘信息。下面我们介绍编码键盘工作原理和键盘接口电路。

1）PC 机键盘输入工作原理

图 12.8 是一个 PC 机键盘电路的原理图，其核心是 8048 单片机、其主要工作就是通过键盘扫描监视按键是否按下或放开，并把结果（扫描码）送往 PC 机。具体扫描过程是：每隔 3～5ms，8048 通过 P_{20}～P_{22} 输出编码信息，再经过 3.8 译码器使键盘矩阵的某一列为低电平，同时读入所有行线信号，如果该列上某一个键按下则会使该键所在的行与列短路，此行状态就会变为低电平，否则为高电平。由于 8048 扫描键盘的速度比人按键的速度快很多，因此用这种方式，8048 可以在某按键按下（放开）后迅速将编码送往主机。当确定键盘上某一个键被按下后，键盘将它的扫描码送到主机，等到该键被放开后，它将扫描码加上 80H 后再送到主机。因此，键盘一按一放会产生两个字节的数据，如"A"键被按下后键盘会送出 1EH 的扫描码，"A"键被放开后则送出 9EH（1EH＋80H）。如果按键压下的时间超过 1.5s，则 8048 便会以每秒10 个扫描码的速度将扫描码传到主机。

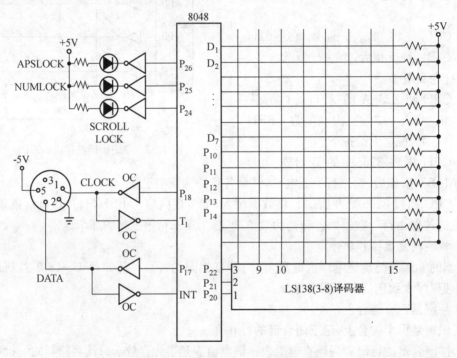

图 12.8　PC 机编码键盘的电原理图

另外，8048 还具有其他一些功能如开机自检，消除按键抖动，暂存按键的扫描码，维持与主机的双向串行通信，以及将扫描码按约定的通信规则转换为串行数据等工作。

键盘是以一条有屏蔽的电缆连接到主机板上一个 DIN 连接器。该电缆有 5 条信号线，包括一条地线、两条双向信号线（数据、时钟）与一条 RESET 信号线（键盘不用）。表 12.1 列出了这些信号线的名称和在 DIN 连接器上的引脚位置。表 12.2 是 PC 键盘针对部分按键所产生的扫描码，PC 的 ROM 和 BIOS 同时检查是否有特殊的键（SHIFT/CTRL/ALT）被按下，如果有则看作为功能键或大小写转换。

表 12.1 键盘接口引脚定义

DIN 连接器引脚	名 称	信号方向
1	CLK	双向
3	$\overline{\text{RESET}}$	主机板至键盘(键盘不使用此信号)
4	GND	地线
5	+5V	电源线

表 12.2 按键产生的扫描码(扫描码用 16 进制表示)

Key Number	Key Label	Scan Code	Key Number	Key Label	Scan Code
1	Escape	01	43	\	2B
2	1	02	44	z	2C
3	2	03	45	x	2D
4	3	04	46	c	2E
5	4	05	47	v	2F
6	5	06	48	b	30
7	6	07	49	n	31
8	7	08	50	m	32
9	8	09	51	<	33
10	9	0A	52	>	34
11	0	0B	53	/	35
12	—	0C	54	Shift	36
13	=	0D	55	Pt Sc	37
14	Backspace	0E	56	Alt	38
15	Tab	0F	57	Space	39
16	q	10	58	Caps Lock	3A
17	w	11	59	F_1	3B
18	e	12	60	F_2	3C
19	r	13	61	F_3	3D
20	t	14	62	F_4	3E
21	y	15	63	F_5	3F
22	u	16	64	F_6	40
23	i	17	65	F_7	41
24	o	18	66	F_8	42
25	p	19	67	F_9	43

Key Number	Key Label	Scan Code	Key Number	Key Label	Scan Code
26	[	1A	68	F_{10}	44
27	]	1B	69	Num Lock	45
28	Enter	1C	70	Scroll Lock	46
29	Ctrl	1D	71	7	47
30	a	1E	72	8	48
31	s	1F	73	9	49
32	d	20	74	−	4A
33	f	21	75	4	4B
34	g	22	76	5	4C
35	h	23	77	6	4D
36	j	24	78	+	4E
37	k	25	79	1	4F
38	l	26	80	2	50
39	;	27	81	3	51
40	,	28	82	0	52
41	'	29	83	Del	53
42	Shift	2A			

2）键盘接口电路

PC 机主机键盘接口电路如图 12.9 所示。该电路主要由 8742 单片机组成,该单片机内有 2KB ROM 和 128B RAM,其中 2KB ROM 是 EPROM 用来存放键盘控制程序的。8742 作为

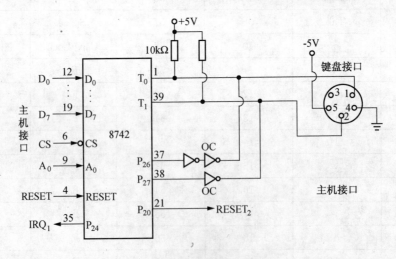

图 12.9　PC 机键盘接口电路

键盘控制器使用。该电路的工作原理如下：

8742 通过 TEST0(CLK)和 TEST1(DATA) 端口接受来自键盘的时钟和串行的键盘数据,检查键盘数据的奇偶性,并把它变换成扫描码,以便作为它的输出缓冲器中的一个数据字节,向系统传送。当把这个数据字节送到键盘控制器的输出缓冲器时,键盘控制器 8742 使其输出口 P_{24} 向主机送出中断请求信号 IRQ_1,请求系统进行读取。这时 DATA 端被设为低电平,该信号告诉键盘目前不允许它继续送出扫描码,等到中断服务程序将此扫描码读入后,8742 的 P_{24} 变低,允许键盘再送入扫描码。键盘向 8742 传送数据时,采用 11 位格式的串行方式。第一位是起始位,后面是 8 个数据位,1 个奇偶校验位和一个停止位。送出的数据由键盘提供的时钟(CLK)进行同步。键盘以同样的格式接受数据,通过 8742 的输出口 P_{26} 和 P_{27},将 CLK 和 DATA 信号送至键盘,其中键盘数据 DATA 的奇偶校验位是 8742 自动插入的。

8742 的功能和结构特点在此不作介绍。

12.3 CRT 显示及其接口

12.3.1 CRT 显示原理

阴极射线管 CRT 显示器是微机系统中广泛使用的外部设备,是实现人机对话最重要的工具之一。

CRT 显示器采用的扫描方式有光栅扫描,随机扫描,矢量扫描等,目前微机系统中一般使用的是光栅扫描方式。

微机的 CRT 显示系统是由监视器和显示卡组成。监视器由 CRT 和控制电路组成,通过信号线与主机中的显卡相联。计算机的输出内容由 CRT 显示出来。显卡是一块插在计算机主板的 ISA 或 PCI 扩展槽中的电路板。一般显卡由寄存器组,显存,控制电路三大部分组成。CRT 上显示的各种字符和图形都受显卡的控制。监视器和显卡必须配套使用。表征 CRT 显示系统特性的参数主要有两个,即显示分辨率和显示颜色或灰度。显示分辨率是指屏幕上有多少个像素。目前微机的分辨率常用 $800 * 600$。颜色或灰度是衡量显示系统的又一个重要参数。目前 PC 机中显示颜色一般用 24 位真彩色或 32 位真彩色,以适应多媒体的要求。下面我们首先介绍 CRT 的组成及工作原理。

1) 阴极射线管(如图 12.10 所示)

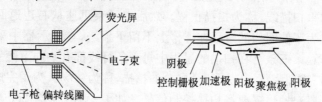

图 12.10　CRT 结构简图

2) 电子枪

电子枪由阴极、控制栅极、加速极、阳极和聚焦极等组成,在这些极上的电压控制下,产生一束很细的高速电子束,该电子束打到荧光屏上,激发出亮点。

3）偏转系统

偏转系统的作用是使经过聚焦的电子束,能够在水平方向和垂直方向发生偏移,使电子束打到荧光屏上指定的位置。

使电子束发生偏转的方法有两种,一种是静电偏转,即在电子束通过的路径上设置水平偏转板和垂直偏转板,分别在它们上面加上偏转电压,使电子束在静电场的作用下,发生偏转。另外一种是磁偏转,这种线圈上包括了水平和垂直两组偏转线圈,线圈套在 CRT 管颈的根部。当在偏转线圈中通上电流,就会在管颈内产生磁场,且磁场随所加的电流大小、方向的变化而变化,如图 12.11 所示。

水平偏转线圈产生上下方向的磁场,使电子束发生左右偏转,垂直偏转线圈产生左右方向的磁场,使电子束发生上下偏转。偏转的大小与线圈中的电流有关。只要为水平和垂直偏转线圈设计适当的电路,提供合适的电流,就可以让强度受到控制的光点打到屏幕指定的位置上,形成需要的图案。

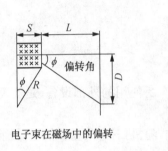

电子束在磁场中的偏转

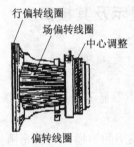

偏转线圈

图 12.11　偏转系统

4）荧光屏

在 CRT 玻璃屏的内壁上涂有一层颗粒状的荧光物质,这部分就叫荧光屏。当电子束打到荧光屏上时,就会使被击中的颗粒状的荧光物质发光。不同的荧光物质发出的光线的颜色不同。

5）光栅扫描

光栅扫描是指让光点有规则的运动,在屏幕上形成很密的光栅,即光点按次序扫过屏幕上所有的点。光栅扫描所显示的图案是通过适时控制光点的强度来完成的。

计算机的 CRT 一般的扫描方式是逐行扫描。逐行扫描是光栅扫描的一种,光点从左向右移动,形成一行水平扫描线,称为扫描正程。然后电子束迅速从右边返回左边,这个过程称为回扫,或叫逆程。为了使回扫的过程在屏幕上不留下痕迹,在显示器中采取了消隐的措施。电子束接着扫第二条、第三条。在扫描的过程中每一条行线都有些向下倾斜,这个过程一直持续到屏幕的底部都扫描到为止。完成一个屏幕的扫描,称为一场。为了完成一场的完整扫描,既需要行扫描的控制信号,也需要场扫描控制信号。如果一场中包含 200 个扫描行,那么行扫描的频率就为场扫描的 200 倍。在屏上显示的信息组成一个信息帧,一般场频是 60Hz,那么每场就有 262～264 行,把一帧信息分割成 262 行,由相应的扫描行显示,就构成了逐行扫描显示,因此逐行扫描时,每帧信息只要一场就可以完整显示。

6）稳定显示的条件

上面介绍了光栅扫描,那么是不是具备行场扫描在 CRT 上就可以稳定显示了,不是!在

CRT 上要稳定显示还必须具备两个条件：

（1）同步

为了显示一帧正确稳定的图像，送入 CRT 的信息帧的行、场频率必须与 CRT 显示的行、场频率一致。除了两者的频率一致，还必须使它们的相位一致，即行扫描的起点与信息行的开头时间正好一致，场的起点与信息帧的开头一致。

（2）保证一定的刷新速率

荧光物质在电子束轰击后发光的时间很短，如果只扫描一场，屏幕上的显示将很快消失，为此，必须让同一个显示内容反复的扫描，以保证视觉的需要，一般每秒刷新 30 次，人眼就可看到稳定的图像。

12.3.2 显卡的显示模式

如前所述，单有 CRT 是不能够显示计算机输出的内容的，必须有显卡的参与才能在 CRT 上显示计算机输出的内容。由于 PC 机显示技术的更新非常迅速，老的显示系统只能显示字符，发展到现在已能显示多媒体信息。不可避免地遇到新显示系统与老的应用软件之间的兼容性问题。那么怎样解决这个问题呢？解决的办法是显卡采用多种显示模式来解决这个问题。显卡的显示模式从功能上分为两大类：字符模式和图形模式。字符模式也称字母数字模式，在这种模式下，显示缓冲区存放显示字符的代码（英文 ASCII 码，汉字双字节码），显示屏幕被划分为若干字符显示行和列。在图形显示模式下，显示缓冲区存放的是 CRT 屏幕上的每个点的颜色和灰度值。下面简要介绍字符和图形的显示原理。

12.3.3 字符显示原理

1）显示缓冲存储器

计算机中要显示的字符，统一存入一段特定的存储器中，显示控制电路可以从中取出内容，变换成可显示形式送到 CRT 显示器。这段存储区域就叫做显示缓冲存储器。存入显示缓存的字符以其 ASCII 码的形式出现，每个字符占用一个字节。如果一屏上可显示 25 行，每行 80 个字符，那么显示缓存的至少应为 80 * 25＝2KB。图 12.12 表示了显示缓存的地址与屏幕上字符显示位置的关系。假定当一场开始扫描时，却好是从显示缓存的起始地址开始取出字符代码。那么起始地址所存的字符将显示在第一行字符的最左边，下一个地址所存字符就显示在同一行的第二个字符位，后面以此类推。第二行最左端的字符显示位置，与显示缓存（起始地址＋每行字符数）那个地址相对应。比如，起始地址是 B000H，每行显示 80 个字符（50H），那么第二行最左边字符就存在 B050H 单元中，而第三行内容存在从 B0A0H 开始的 80 个单元中。

CRT 显示器的每场显示时间是固定的。假如场频是 50Hz，扫描一场的时间就是 20ms，在此期间它必须从左上角到右下角全部扫描一遍。如果一个字符读出一次就能显示一次的话，那么与此相对应，也应该把全部显示缓存从头到尾读出

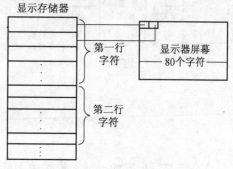

图 12.12 缓存地址与显示位置

275

一遍,而不管其中一些单元是否存有可显示信息。比如第一行只显示了 10 个字符,但是从显示缓存中读字符时,却是把起始地址开始的 80 个单元无一遗漏地读一遍。

由于 CRT 扫描一帧只允许 1/60～1/30(s),因此要想用执行指令的办法来对 CRT 进行刷新,事实上是不可能的,所以常常通过 CRT 控制器用硬件的办法来实现。这种办法很像数据交换的直接存储器存取(DMA)。

2) 点阵与字符发生器

在屏幕上显示的字符与打印机打印字符的情况类似,也以点阵方式来形成字符,每个字符以 5*7 点阵表示。对于英文字符较常见的点阵有 5*7,7*9,如字符"A"点阵,从上到下各行的编码是 04H,0AH,11H,11H,1FH,11H,11H 一共 7 个字节。为了使字符行之间能分得清,在一个字符点阵的上、下还要留 1～2 个空扫描行,图中共留了 3 个扫描行,这样一个字符点阵就占了 10 个扫描行,可以把显示一个字符总共占有的位置(扫描行)称为一个字符行。

按前面所说的逐行扫描方式实际在屏幕上可显示部分的扫描行约 250 行,按每字符行需 10 个扫描行计,总共可以有 25 个字符行。同样也可以算出每个字符行可以显示多少个字符。从显示缓存中取出的是字符代码,它不能直接用来控制显示的光点。为了能按点阵方式显示所需的字符,首先要把字符的代码变换成该字符相应的点阵,这是由字符发生器来完成的。字符的产生过程可用图 12.13 表示。字符发生器中存有各种可显示字符的点阵,以字符编码为索引,找出相应点阵的编码,以并行方式输出。由于显示是以横向单行扫描作为基础的,所以并行输出的点阵必须按横向打点的速率变成串行方式,这是由图中移位寄存器完成的。还应注意的是,由于单线扫描的原因,显示时不可能以一个完整的字符扫描(一个字符是以若干个行扫描为基础的)作为单位。而只能是先扫出第一行字符的第一扫描行,再扫第二扫描行,以此类推。为了满足这样的显示特点,就必须对字符发生器的组织方法加以改进。字符发生器是一个 ROM,将各种可显示字符的点阵存在其中。它的内部点阵可以有多种组织方式,图 12.14 是其中可能采用的一种方法。点阵编码按字符编码次序排列,即在 ASCII 码表上编码值小的字符排在前。每个字符的点阵占用 10 个存储单元,每个单元的有效位为 5 位。ASCII 码表上一共有 128 个编码,其中有些是不可显示的字符,为了寻址简单仍让这些不可显示的字符占据相应的空单元。

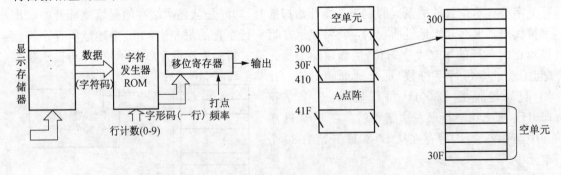

图 12.13　字符点阵转换　　　　　　　　图 12.14　字符发生器的组织和使用

这个字符发生器的寻址地址线由两部分提供。一部分是从显示缓存中取出的字符编码,共 7 位,作为高位地址,进行该字符点阵所在区域的寻址。另外设置一个行计数器,它对每一

276

个字符行正在进行的扫描行进行计数。由行计数器输出的行计数值作为低位地址部分,进行某字符点阵中的行选择。这部分地址如图 12.13 所示,只给出 0~9 的相应编码,即用的是 BCD 码循环计数器。在这种地址产生方式中因为有 6 个状态丢弃不用,所以在 ROM 中,也只能空出 6 个单元,比如数字"0"的字符码为 30H,它的点阵就占用 300~309H10 个单元,30AH~30FH 丢弃不用,所以数字"1"的点阵在 310~319H 地址中。

对某一扫描行,行计数器数值一定,就确定了寻找任一字符中的一个确定地址。比如,一个字符行自左向右要显示的内容是 ABCD,扫描行计数为 5,那么该光栅扫描开始时,先从 415H 取出 A 字形的第 6 行,接着从 425H 中取 B 的第 6 行点阵,以此类推。由此可见在显示过程中,每一个扫描行都要把该行对应的显示缓存中 80 个地址都读出一次,以此作为字符发生器的高位地址。图中的扫描行计数器是对行同步脉冲计数的,一行有一个行同步脉冲。并/串变换移位寄存器以打点的频率,把送入的点阵串行输出。该串行数据还不能在显示器上显示,还必须加工成全电视信号才能在显示器屏幕上显示出来。

12.3.4 字符显示接口电路

1) 显示接口电路的作用

CRT 显示器作为一种输出设备,必须通过接口与计算机 CPU 相连,该接口主要完成速度匹配和信号形式的变换两大任务。所谓信号形式的变换是指把计算机要显示的内容变换为 CRT 显示器能稳定显示的全电视信号。显示接口电路应完成以下工作:

① 接受来自计算机的欲显示字符代码;

② 按规定产生各种有用的定时信号;

③ 取出显示字符,按扫描次序变成控制各光点的打点信号;

④ 按时产生适当的行同步、场同步及消隐信号,并与打点信号合成全电视信号。

2) 显示接口电路的结构

显示接口电路由三大部分组成,即显示缓存(2K)、字符发生器及控制器。显示缓存存放要显示的字符,2KB 的容量可以使 CRT 显示 25 * 80 个字符。显示缓存是个双口存储器,它一方面受主处理机的控制,从系统总线上得到要显示的字符代码;另一方面它的内容又要按扫描的速度依次被取出,受显示控制器的控制。显然,如果正在取字符时 CPU 要写入内容,就会发生冲突,造成显示不稳定。

CPU 对显示缓存的读写是由程序控制的,与显示控制器的读出动作是异步工作的。显示接口电路的字符发生器与前面所讲的原理一样,它将从显示缓存中取出的字符变换成点阵,并且以串行方式输出。

显示接口电路的控制器部分产生所需的各种定时和计数信号,用来控制显示缓存的读出,并产生行同步和场同步信号。

显示接口电路最后将字符发生器中的打点信号和行、场同步信号合成在一起,形成一个全电视信号,送入 CRT 显示器。

12.3.5 图形及汉字显示原理

前述 CRT 显示器,它所显示的字符是从随机存储器(刷新存储器)中取出的,此 ASCII 字符送字符发生器的列地址,然后由行地址扫描产生该字符的点阵。这种 CRT 显示器仅能显示 ASCII 字符。如果说要显示图形或汉字,必须适当改变这种显示器的结构。ⓐ 改革字符发生器,以往的字符发生器仅有 128 个 ASCII 代码和控制字符,如将绘图符号及汉字都加入字符发生器中,那么就能在屏幕上显示出图形及汉字来。ⓑ 能否将微型计算机主存储器的内容,经适当变换后直接送移位寄存器转换成串行视频信号然后送 CRT 画面呢! 当然这是可行的。

对于第一种办法,即增加字符发生器的范围和容量,已经得到应用。例如许多计算机中配有硬件汉卡,这种汉卡带有7 000个常用汉字,还配有软件可让用户自己选字。这种配有硬汉卡的图形显示器并不排除同时显示 ASCII 字符,只是在操作上使用不同命令,就可以同时显示中西文及图形。这种显示器的特点是速度较高,使用也很方便。但这种显示器需要足够的硬件支持,由于字符发生器的容量扩大,行地址与列地址就要比原来的要多得多。同时一个汉字点阵,在存储器中要 32 个字节,有几千个汉字容量亦较可观。但随着大规模集成电路工艺水平的不断提高,其成本将会逐步降低。

另一种方法是通过软件的办法,将存在存储器中的点阵经处理后直接送屏幕刷新。这亦已为许多单位所实现。许多汉字操作系统就是专为支持汉字使用所编写的。例如 WIN-DOWS98 中文版等,目前绝大多数微型计算机配有这种操作系统,可以使用的大约有7 000个常用汉字,同样备有选字程序,以便用户需要时使用。这种用软件处理的方法实现汉字处理也需要硬件的支持,即必须有专门的存储器来存放汉字点阵,以利于不断从这种存储器取出内容来进行屏幕刷新。

在光栅扫描的 CRT 中,不管哪种显示,都是利用像素某些亮,另外一些不亮来表示不同信息的。在图形显示时可能出现的像素组合几乎是无限的,比如,它可以画各种几何图形,可以画任何不规则的图形等。这样,人们就无法为这么多种类的图形做一个"图形发生器"。

实现图形显示的基本原理是显示缓冲存储器的每个存储位都与 CRT 屏幕上的某一个点相对应,而且规定它们的对应方法是:某一存储位 1,对应点的像素就亮,反之则不亮。按照这个规律,如果把 CRT 屏幕上显示的画面叫显像的话,显示缓存中就有它的潜像,两者完全一致。为了控制 CRT 屏幕上像素点的灰度及颜色,可用显示缓存中的多个存储位组合对应一个屏幕像素。那么如何达到这个目的呢? 根本原则是显示缓存的容量应根据 CRT 像素多少和灰度等级多少来决定。比如,一个显示器只有亮与不亮的显示,分辨率为 640 * 480。它的显示缓存容量应大于 640 * 480/8＝38KB。所显示的图形形状由程序计算或从有关的库中获得,由程序写入到显示缓存中。

一种可以支持图形显示的 CRT 显示控制器是 MC6845,它是专门用作光栅扫描 CRT 显示器接口的,它是一个灵活的、可编程的智能终端接口,在此不作介绍,有兴趣可查阅相关参考书。

12.3.6 PC 机显卡简介

随着 PC 机技术的发展,PC 机显卡的种类越来越多,成本越来越低,应用领域越来越广泛,下面简单介绍一些常用显卡。

1) MDA 卡

PC 机刚诞生时,使用的都是单色显示器,MDA 是单色监视器的适配卡,只支持字符显示功能,不支持图形显示。

2) CGA 卡

早期的彩色图形接口卡,支持字符/图形两种方式,显示能力有限,也较粗糙。

3) EGA 卡

EGA 的字符和图形显示能力都比 CGA 卡有较大提高,显示分辨率达 640 * 350,最高分辨率为图形方式的颜色 16 种。

4) VGA 卡

VGA 卡通常称为视频卡,标准分辨率可达 640 * 480(256 种颜色),一些兼容性的 VGA 卡的最高分辨率可达 1024 * 768(8 或 16 种颜色),目前,VGA 显示系统已是使用非常普遍的高档机的标准显示系统。

12.4 发光二极管显示器

发光二极管显示器,简称 LED,它有 7 段发光管组成,构成一个 8 字形,如图 12.15 所示。用适当的电信号控制,可使某些段显示,另外一些段不显示,就可以组成各种不同的字形,包括 0~9 共 10 个数字及 A~F 共 6 个英文符号。

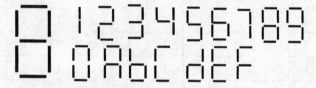

图 12.15 七段数字显示

LED 数码管是用 7 个直线段形状的发光二极管组成。和其他二极管一样在发光二极管的两端加上一定电压,流过一定电流后,发光二极管导通,并能发出一定亮度的光线。组成 LED 管 7 个段的二极管可以接成共阴极连接方式,也可接成共阳极连接方式。共阴极就是阴极接地,阳极受控。共阳极就是阳极接地,阴极受控。图 12.16 是共阴极接法。要想 LED 数码管显示数字 2 就要把图中的 a,b,g,e,d 等 5 个段对应的发光二极管点亮。如果从 a~g 的各位输入中,凡是为 1 的相应段点亮的话,那么全部

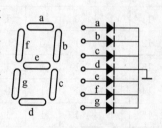

图 12.16 发光二极管

输入的数据应为 1101101,即在 LED 管的阳极输入 1101101 就可显示数字 2。那么怎样才能由数字 2(相应的 BCD 码 0010)变换为 LED 的输入码 1101101 呢?这就需要译码处理。可以采用硬件译码和软件译码两种方法。

12.4.1 硬件译码方法

用于硬件译码集成电路很多,其中常用的是 7449 芯片,图 12.17 是 7449 的引脚图,表 12.3 是 7449 的真值表。从真值表可见,它将 4 位 BCD 码转换成了相应显示的控制码,只要把 Q_A~Q_G 与 LED 管的相应引脚相接,就可得到与输入的 BCD 码相应的字形显示。需要注意的是,7449 只对 BCD 码译码,对超过 9 以上的数所输出的控制码并不符合 16 进制显示的要求。另外需要注意的是,因为它仅仅是个译码器,所以如要得到稳定的显示,还必须对被译

码的数字 BCD 码进行锁存。图 12.18 是利用 LED 数码管作为输出显示的一个应用方法。数据总线上的数据在输出命令的控制下,锁入 LS373 锁存器中,经译码器 74247(与 7449 的逻辑相同)译码后驱动两个 LED 管。根据真值表,如果给 ABCD 的 4 个输入端以全 1,就会使 LED 不显示。在实际应用中一般都采用图 12.19 的方法,把两个 LED 管的阴极也受控制,只有当阴极为低电平时,相应的 LED 管才能点亮。图中只用了 4 位数据线,及相应的锁存器和译码器。

表 12.3　7449 真值表

序号	输入					输出							字形
	D	C	B	A	I_B	Q_a	Q_b	Q_c	Q_d	Q_e	Q_f	Q_g	
0	0	0	0	0	1	1	1	1	1	1	1	0	0
1	0	0	0	1	1	0	1	1	0	0	0	0	1
2	0	0	1	0	1	1	1	0	1	1	0	1	2
3	0	0	1	1	1	1	1	1	1	0	0	1	3
4	0	1	0	0	1	0	1	1	0	0	1	1	4
5	0	1	0	1	1	1	0	1	1	0	1	1	5
6	0	1	1	0	1	1	0	1	1	1	1	1	6
7	0	1	1	1	1	1	1	1	0	0	0	0	7
8	1	0	0	0	1	1	1	1	1	1	1	1	8
9	1	0	0	1	1	1	1	1	1	0	1	1	9
10	1	0	1	0	1	0	0	0	1	1	0	1	
11	1	0	1	1	1	0	0	1	1	0	0	1	
12	1	1	0	0	1	0	1	0	0	0	1	1	
13	1	1	0	1	1	1	0	0	0	1	0	1	
14	1	1	1	0	1	0	0	0	1	1	1	1	
15	1	1	1	1	1	0	0	0	0	0	0	0	暗
×	×	×	×	×	0	0	0	0	0	0	0	0	暗

图 12.17　7449 引脚图

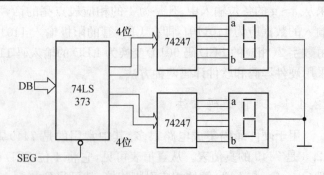

图 12.18　LED 管的使用方法

280

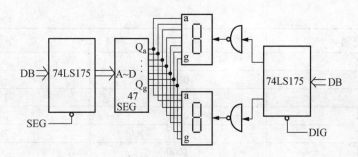

图 12.19 一个译码器控制多个 LED 管

它的工作过程如下：先用 DIG 端口给两个 LED 管阴极送高电平，使两个管都不亮；给 SEG 端口送入第一个显示数编码 DIG 且给 DIG 口送 01H，让第一位 LED 管阴极电位变低，于是第一个 LED 管就显示第一个数字。这个过程持续 1ms。接着重复上述过程但是使第二个数码管显示第二个数字，也持续 1ms。如此往复的进行，由于人眼的视觉滞留作用，看到的是两个同时显示的数字。

12.4.2 软件译码方法

硬件译码的工作也可用软件来实现，软件译码方法在小型设备中用得较多。图 12.20 是一个实例，它总共 6 个 LED 数码管，从锁存器输出的 7 条线全部接到 6 个管的相应端，阴极也受控于另一个锁存器的数据。按图中连接，从 SEG 端口送入的数据必须是字形控制码，字形控制码如表 12.4 所示。假定要显示的字符缓冲区的首地址为 MEMDIS，字形码表的首地址是 SEGTB，显示 6 个字符的程序流程如图 12.21 所示。

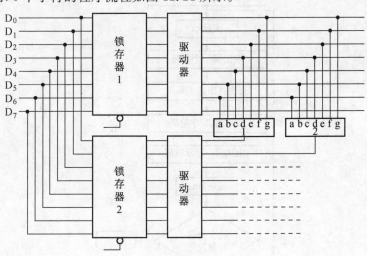

图 12.20 软件译码的 LED 数码管接口

表 12.4 七段显示字形表

16 进制	编 码	字形码
0	0000	40H
1	0001	79H
2	0010	24H

16 进制	编 码	字形码
3	0011	30H
4	0100	19H
5	0101	12H
6	0110	02H
7	0111	78H
8	1000	00H
9	1001	18H
A	1010	08H
B	1011	03H
C	1100	46H
D	1101	21H
E	1110	06H
F	1111	0EH
P	提示符	0CH

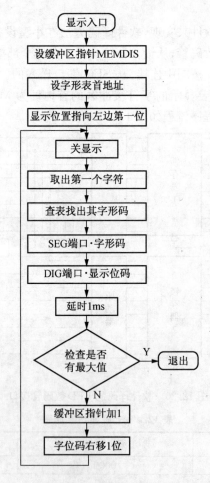

图 12.21　显示程序流程图

12.5 LCD 液晶显示器

液晶显示器 LCD 已经成为现代仪器仪表用户界面的主要发展方向,它不仅省电,而且能够显示大量的信息,如各种文字、曲线等。它比 LED 显示界面有了质的提高。但点阵式 LCD 的驱动电路相对复杂一些,价格也较高。

1) LCD 的基本结构及工作原理

液晶是一种介于液体和固体之间的热力学的中间稳定物质形态。其特点是在一定的温度范围内既有液体的流动性和连续性,又有晶体的各向异性,其分子呈长棒形,长宽之比较大,分子不能弯曲,是一个刚性体,中心一般有一个桥链,分子两头有极性。

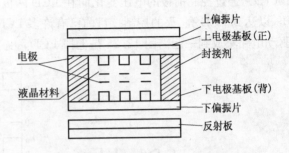

图 12.22　液晶显示器基本构造图

LCD 器件的结构如图 12.22 所示。由于液晶的四壁效应,在定向膜的作用下,液晶分子在正、背玻璃电极上呈水平排列,但排列方向为正交,而玻璃间的分子呈连续扭转过度,这样的构造能使液晶对光产生旋光作用,使光偏转方向旋转 90°。

图 12.23 显示了液晶显示器的工作原理。当外部光线通过上偏振片后形成偏振光,偏振方向成垂直排列,当此偏振光通过液晶材料之后,被旋转 90°,偏振方向成水平方向,此方向与下偏振片的偏振方向一致,因此此光线能完全穿过下偏振片而达到反射极,经反射后沿原路返回,从而呈现出透明状态。当液晶盒的上、下电极加上一定的电压后,电极部分的液晶分子转成垂直排列,从而失去旋光性。因此从上偏振片入射的偏振光不能被旋转,当此偏转光到达下偏振片时,因其偏振方向与下偏转片的偏振方向垂直,因而被下偏振片吸收,无法到达反射板形成反射,所以呈现出黑色。根据需要,将电极做成各种文字、数字或点阵,就可以获得所需的各种显示。

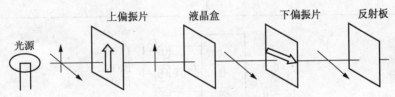

图 12.23　液晶显示器的工作原理图

2) LCD 的驱动方式

液晶显示器的驱动方式由电极引线的选择方向确定,因此,在选择好液晶显示器之后,用户无法改变驱动方式。液晶显示器的驱动方式一般有静态驱动和动态驱动两种。由于直流电压驱动 LCD 会使液晶体产生电解和电极老化,从而大大降低 LCD 的使用寿命,所以现在的驱动方式多用交流电压驱动。

(1) 静态驱动方式

静态驱动回路及波形图如图 12.24 所示。真值表如表 12.5 所示。图中 LCD 表示某个液晶显示字段,当此字段上两个电极的电压极性相同时,两电极之间的电位差为零,该字段不显示;当此字段上两个电极的电压极性相反时,两电极之间的电位差不为零,为两倍幅值的方波电压,该字段呈现出黑色显示。所谓静态驱动是指让需要显示的段同时驱动的方法。

液晶显示的驱动与 LED 的驱动有很大不同。对于 LED 而言,当在 LED 两端加上恒定的导通或截止电压便可控制其亮或暗。而 LCD,由于其两极不能加恒定的直流电压,因而给驱动带来复杂性。一般应在 LCD 的公共极(一般为背极)加上恒定的交变方波信号(一般为 30~150Hz),通过控制前极的电压变化而在 LCD 两极间产生所需的零电压或两倍幅值的交变电压,以达到 LCD 亮、灭的控制。目前已有许多 LCD 驱动集成芯片,在这些芯片中将多个 LCD 驱动电路集成到一起。图 12.25 是七段 LCD 静态驱动示意图。

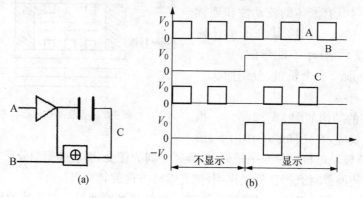

图 12.24　驱动电路和波形图

表 12.5　真值表

A	B	C
0	0	0
0	1	1
1	0	1
1	1	0

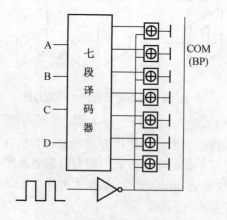

图 12.25　七段 LCD 显示电路

（2）动态驱动方式

动态驱动实质上是矩阵扫描驱动,可用于多位的八段数码显示和点阵显示。点阵式 LCD 的控制一般采用行扫描方式,并且要采用时分割驱动方法,原理较复杂,在此不作介绍,有兴趣可查阅相关书籍。

3）LCD 显示控制接口芯片介绍

随着液晶显示技术的迅速发展,各种专用的控制和驱动 LCD 的大规模集成电路 LSI,使得 LCD 的控制和驱动极为方便,而且可由 CPU 直接控制,满足了用户对液晶显示的多种要求。目前,这类 LSI 已发展到既可显示数字和字符,又可显示图形。常用的接口芯片是 T6963C 点阵式图形液晶显示 LSI。该芯片自带字符 ROM,可产生标准的 128 个 ASCII 字符供用户调用,还可外接扩展 RAM 存储若干屏的显示数据。还可在图形模式下显示汉字和图形。T6963C 常用于控制与驱动点阵图形式 LCD,通过对其片脚的不同预置可进行文本、图形混合显示。在这里不作介绍,有兴趣可查阅有关书籍。

习题 12

一、填空题

1. 常用的软件识别按键的方法有_____和_____。

2. 用 8255 的 PA 口和 PC 口的低 4 位接一个键盘阵列,最多可识别_____个按键。

3. 软件识别按键时,当识别有键按下后所加的一段延时程序是为了_____。

4. 键盘一般可分为 4 个盘区,它们是_____、_____、_____和_____。

5. 声卡是实现_____和_____转换的硬件电路。

6. 常用的打印机除针打外,还有_____和_____打印机。

7. 要显示真彩色,屏幕上的每个像素要用_____字节来表示,这时所能表示的颜色种类多达_____种。

8. LED 有_____和_____两种接法。

9. LCD 有_____和_____两种驱动方式。

二、单项选择题

1. 现代微机普遍采用的显示器是_____。

A) CGA   B) EGA   C) VGA   D) AVGA

2. 显示卡的性能主要取决于卡上的_____。

A) 视频存储器   B) 图形处理芯片   C) BIOS 芯片   D) VGA 连接器

3. Windows3.X 和 Windows95 使用_____鼠标。

A) 单键   B) 双键   C) 三键   D) 上述三种都行

三、多项选择题

1. 常用的图像文件有_____。

A) .BMP   B) .TGA   C) .DOT   D) .TXT

E) .PCX   F) .GIF   G) .TIFF   H) .DOC

2. 安装驱动程序如果改变了_____文件中内容,就需要重新启动系统,驱动程序才起作用。

A) COMMAND. COM   B) MSDOS. SYS   C) IO. SYS   D) CONFIG. SYS

E) AUTOEXEC. BAT   F) CMOS

3. 鼠标的操作类型主要有_____。

A) 滑动   B) 右击   C) 单击   D) 双击

E)重复   F)拖曳

四、简答题

1. 什么是交互设备？磁盘驱动器是不是交互设备？请举出几种你熟悉的交互设备。

2. 以一个 $5*5$ 键开关矩阵为例，用 8255A 的 A,B 口对矩阵进行扫描，请：

(1) 画出硬件连接图；

(2) 根据你的设计，对 8255A 进行初始化编程；

(3) 编一段程序实现一次完整的扫描。

3. 在字符型 CRT 显示器上，如果它可以显示 $40*25$ 个字符，显示缓存的容量至少应为多少？

4. 一个图形方式工作的 CRT 显示器，其分辨率为 $1024*768$ 的 CRT,每个像素可以有 16 个灰度等级，那么相应的显示缓存容量应为多少？

13 总　　线

本章介绍了总线的分类、总线的控制方式和总线的标准,主要介绍 ISA 总线和 PCI 总线两种常用的总线标准。

13.1　总线分类

总线是信号传输的公共通道,是连接计算机各个部件的纽带。总线已经成为微型计算机系统的组成基础和重要资源,影响到整个系统的性能和效率。

1) 按信号性质分

总线按其所传输信号的性质可分为三类:地址总线 AB、数据总线 DB 和控制总线 CB。地址总线单向传输,微处理器 MPU 和其他总线部件作为主控模块时其地址线是输出,输出给要寻址的从模块,如存储器或 I/O 端口等;当总线部件作为受控的从模块时,其地址线是输入,接收主模块送来的地址信号以决定要访问的具体单元。而数据线都是双向传输,在主从模块间传送、交换数据。控制总线的基本功能是控制存储器及 I/O 读写操作,此外还包括中断与 DMA 控制、总线判决、数据传输握手联络等。中断与 DMA 控制线用来实现 I/O 操作的同步控制;总线裁决线对多个竞争占用总线的主模块进行仲裁,以决定哪一个主模块占用总线,防止总线冲突;传输握手联络线用来控制总线上数据传输的开始和结束,实现数据传输的同步。

习惯上把地址总线、数据总线、存储器及 I/O 读写控制线称为基本信息总线,而把中断与 DMA 控制线、总线裁决线统称为仲裁总线。在总线操作期间,仲裁线和握手线保证基本信息总线上信息的正常传送。

2) 按系统层次分

整个计算机系统包含许多模块,这些模块位于系统的不同层次上,整个系统按模块化构建。同一类型的总线在不同的层面上连接不同部位上的模块 ,其名称、作用、数量、电气特性和形态各不相同。按总线连接的对象和所处系统的层次来分,总线有芯片级总线、系统总线、局部总线和外部总线。

① 芯片级总线:用于模块内芯片级的互连,是该芯片与外围支撑芯片的连接总线。如连接 CPU 及其周边的协处理器、总线控制器、总线收发器等的总线称为 CPU 局部总线或 CPU 总线;连接存储器及其支撑芯片的总线称为存储器总线,如此等等。这里的"局部"仅表示局限在某个模块内而已。芯片级总线把芯片连接成模块。

② 系统总线:连接计算机系统内部各模块的一条主干线,是连接芯片级总线、局部总线和外部总线的纽带。系统总线又称底版总线、主板总线、扩展总线,它把微机系统各插件板与主板连在一起。系统总线符合某一总线标准,具有通用性,是计算机系统模块化结构的基础。系统总线经缓冲器驱动,负载能力较强。

③ 局部总线：系统总线连接局部总线、外部总线和外部设备，与所连接的 CPU 和外部设备相比，系统总线发展滞后、速度缓慢、带宽较窄，成为数据传输的瓶颈。为了打破这一瓶颈，人们将高速外设如图形卡、网络适配器、硬盘控制器等从系统总线（如 ISA 等）上卸下，通过控制与驱动电路直接挂到 CPU 总线上，使高速外设能按 CPU 速度运行。这种直接连接 CPU 与高速外设的传输通道就是局部总线。局部总线一端连接 CPU 总线，另一端连接高速外设和系统总线，好像在系统总线与 CPU 总线间又插入一级。

④ 外部总线：外部总线又称设备总线，是连接计算机与外部设备的总线。外部总线经总线控制器挂接在系统总线上。计算机作为一种设备亦通过系统总线、外部总线与其他设备交换数据。常用的外部总线有组建自动测试系统的并行通用接口总线 IEEE-488、连接各种外设的 SCSI（Small Computer System Interface：小型计算机系统接口）和 IDE（Intelligent Driver Equipment：智能驱动设备）总线、连接打印机的 Centronics 总线等并行总线，以及串行传输设备的 USB 总线、串行通信总线 RS-232-C 和 RS-422 等串行总线。

从连接对象以其级别看，有人把系统总线和局部总线称为模块级总线。模块级总线把主板上各模块以及外部 I/O 模块连接成完整的微机，其表现形式是位于底板上一个个标准的总线扩展槽；而把外部总线称为系统级总线，它把多台微机和外部设备连接成一个大的微机系统，其表现形式是微机后面板上的某些通信插口。

总线类似一个"公路网"，把系统内的各个模块连接起来。系统总线相当于"公路网"中的主干道；芯片级总线相当于次干道或支线；局部总线相当于连接到中心城市（即 CPU 或主控器）的专线；外部总线相当于连接到其他"公路网"的道路。

3）按传输方式分

按传输方式分，有并行总线和串行总线。在计算机系统中，串行总线通常用于连接串行设备或通信线路，属外部总线。其他总线一般为并行总线。

13.2 总线控制方式

在微机系统中，多个模块都连到一条共用总线上，因此必须设置总线控制电路，对总线进行仲裁，控制驱动器和中断逻辑，实现可靠的寻址和数据传输的同步。

13.2.1 总线操作周期

任何时候，只能有一个主控器占据、使用总线，只允许一个模块将信息送上总线，允许一个或多个模块接收总线上的信息。主控模块要占用总线进行数据传输必须先提出申请；当多个主控模块同时都提出总线申请时，必须按一定规则进行仲裁；当某个主控模块获得总线使用权后，需在传送的源和目标之间进行协调和定时，以实现可靠的传输；数据传输完毕要交出总线，让系统内其他主控模块使用总线。占用总线在源和目标模块之间完成一交换数据传输称为一个总线操作周期。

占用总线进行数据传输一般要有 4 个阶段：

① 总线请求和仲裁（Bus request & Arbitration）阶段：需要使用总线的主模块提出申请，由总线仲裁器确定把总线分配给哪个请求源。

② 寻址（Addressing）阶段：取得总线使用权的主模块发出将要访问的从模块（存储器或

I/O端口)地址以及有关命令,启动从模块。

③ 数据传送(Data Transfer)阶段:主从模块进行数据交换,数据由源模块发出,经数据总线传送到目标模块。

④ 结束(Ending)阶段:主从模块的数据、地址、状态、命令信息均从总线上撤除,让出总线,以便其他主模块继续使用。

对只有一个主模块的单处理器系统,总线始终归它所有,不存在总线请求、裁决分配和撤除问题。

13.2.2　总线仲裁

总线仲裁即总线判决,目的是避免多个主控器同时占用总线,确保任何时候总线上最多只有一个模块发送信息。当多个主控模块同时提出总线请求时,仲裁结构以一定的优先算法裁决哪个获得总线使用权。没有总线仲裁,总线冲突就不可避免,不可避免地引起传输线上信号电平的冲突,引起通信故障,甚至造成低阻通路产生大电流而烧毁总线驱动器芯片。

按裁决方式主要有定时查询、串行链接仲裁、并行仲裁和串并仲裁等。

1) 定时查询

定时查询方式中各模块的总线请求信号经一条公共的请求线 BR 向控制器发出,控制器轮流对各部件进行测试看是否有请求,如图 13.1 所示。

定时查询以计数方式向各部件发出一个计数值 COUNT,与计数值相对应的模块如果有总线请求 BR(Bus Request),则总线控制器停止计数,响应该模块的总线请求 BR,使该模块获得总线使用权,然后该模块发出总线忙BB(Bus Busy)信号并开始总线操作。总线操作结束,该模块撤除总线忙 BB 信号,释放总线,控制器继续进行轮询,计数值可从零开始,也可从暂停的值继续。

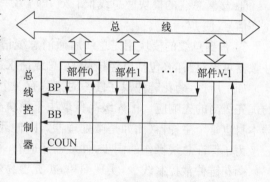

图 13.1　定时查询裁决方式

如果计数值每次都从零开始,各模块的优先级按其对应的序号固定不变,0 号优先级最高,序号越大优先级越低;如果每次都从暂停的计数值继续下去,则所有模块都有相同的机率占用总线,各模块的优先级相等。优先级还可以程序控制,动态改变,灵活性大。

定时查询方式可靠性高,模块的故障不会影响总线控制。缺点是扩展性较差,控制线较多。

2) 串行链接控制

串行链接仲裁又叫"菊花链"仲裁。该仲裁又有二线菊花链、三线菊花链、四线菊花链之分,其中三线菊花链使用普遍,最具代表性,如图 13.2 所示。

三线菊花链使用 3 根控制线:总线请求 BR、总线允许 BG(Bus Grant)和总线忙 BB。各模块通过 OC(集电极开路)门在请求 BR 和忙线 BB 上分别"线或"(负逻辑)。各个模块的 BR(或 BB)线连在一起,当有一个为低电平时,输入到仲裁器的 BR(或 BB)即为低电平。允许线 BG 则按优先级顺序串接各个模块,每个模块输入为 BGIN,输出为 BGOUT,通过 BG 信号在

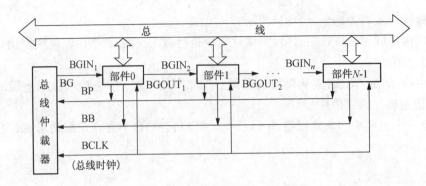

图 13.2 三线菊花链总线仲裁

菊花链上的传递来实现对各个模块总线请求的判决,原理如下:

① 有任一主控模块发出总线请求时,使 BR=1(负逻辑)。

② 当 BR=1 并且 BB=0(总线未被占用)时,仲裁器发出总线允许信号使 BG=1,BG(连接 $BGIN_1$)传递给模块 0,若模块 0 没发总线请求则将 $BGIN_1$ 向后传递,使 $BGOUT_1=1$,即 $BGIN_2=1$,BG 信号依次在后面模块中逐级传递。

③ 当某个模块有总线请求时,即 3 个($BB=0$,$BR_i=0$,$BGIN_i$ 从 0 跳变至 1)同时满足,则该模块接管、占用总线,不再将 BG 信号向后传递(即 $BGOUT_i=0$)。

④ 接管总线的模块使总线忙有效,即 BB=1,该信号送到总线仲裁器,使之不再输出总线允许信号(使 BG=0)。

⑤ 占据总线的模块用完总线后撤消总线请求 BR,交回总线,同时撤消总线忙信号;总线仲裁器可再对新的(包括已经挂起的)总线请求进行裁决,重新分配总线。

如上所述,菊花链仲裁在任一时刻只有一个主控模块占用总线,先请求先响应,同时请求的优先级高的先响应。优先级高低取决于模块离仲裁器的远近,越近的优先级越高;如果仲裁器本身也是个主控器(比如是微处理器),则仲裁器的优先级最高。

为了保证总线操作的同步,仲裁器还应有一根总线时钟线 BCLK 输出到各个模块。

菊花链仲裁控制线少,实现简单,扩充容易(增加的主控模块只需挂到总线上即可)。缺点是线路连好后优先级不能改变;且任一环节发生故障(如 BG 传递失效),将阻止后面的模块获得总线控制权;离仲裁器远的模块容易被优先级高的模块锁定,出现"饿死"现象;由于 BG 串行传递、逐级延时,优先级低的模块响应速度慢;系统中能容纳的主控模块数受时钟频率的限制。

为了克服三线菊花链仲裁的弊端又保留其优点,出现了循环菊花链(Round robin Daisy chaining)仲裁方法,如图 13.3 所示。

循环菊花链仲裁属分布式总线控制,即系统中没有集中的总线仲裁器,而将仲裁器逻辑分散在各个模块中。总线允许线 BG 连到最后一个模块后又返回到第一个模块而形成循环。系统中无论哪个模块被获准接管总线,它就能同时兼作当前的总线仲裁器。可以编程任一模块首次访问总线,每个模块的优先权取决于它沿总线允许信号 BG 传输方向距当前总线控制器的远近,距离越远的优先权越低,因此在总线传输过程中优先权动态地改变,每个主控模块占用总线的机会均等。

3) 并行仲裁

并行仲裁又称独立请求仲裁(Independent Request Arbitration)。该仲裁方式是每个主

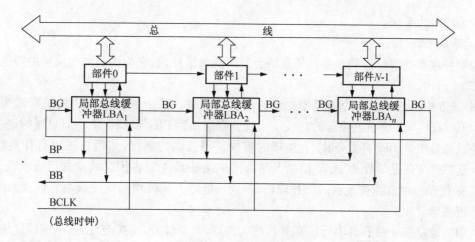

图 13.3　循环菊花链仲裁

控制器都有各自独立的总线请求线 BR、总线允许线 BG，都与总线仲裁器相连，相互间没有任何控制关系，如图 13.4 所示。

总线仲裁器直接识别所有模块的总线请求，按一定算法选中一个最高优先级的模块，直接向它发出总线允许信号 BG；被选中的模块撤消总线请求信号 BR_i，并占用总线进行数据传输，同时使总线忙(BB=1)。总线传输结束，仲裁器撤消总线允许信号 BG_i，该模块也撤消总线忙信号 BB，释放总线，仲裁根据总线请求情况重新仲裁、分配总线。

总线裁决的优先算法很多，主要有固定优先级算法和循环优先级算法，即可以动态地改变优先级(如采用最少算法、轮转菊花链算法等)，也可以将优先权在总线各模块之间按固定时间片轮转，还可以采用先来先服务的算法，等等。这些算法多半用硬件逻辑来完成，也有用软件加以实现的。

并行仲裁避免了链式串行仲裁逐级传递延时的缺点，大大加快了响应速度，特别适合实时性要求高的多处理机系统中使用。但并行仲裁控制信号越多、逻辑复杂，随着总线上主控模块的增多，复杂性几乎呈指数上升；另外并行仲裁系统不易扩充，因此它只适合用在主控模块不

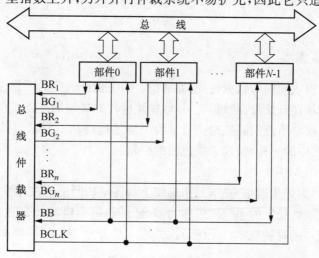

图 13.4　独立请求总线仲裁

多且较为固定的系统。

4）并串仲裁

并串仲裁是把串行仲裁和并行仲裁结合起来的二维仲裁，它能构成更为灵活的择优机构，如图 13.5 所示。

图 13.5 中以二并二串为例说明二维总线仲裁原理。两个并行仲裁机构信号线为 BR_1/BG_1 和 BR_2/BG_2，系统中主控器的总线请求线分别连接到 BR_1 和 BR_2 上。对总线的请求先经总线仲裁器裁决是 BR_1 还是 BR_2 上连接的模块获得总线控制权，然后再按串行仲裁法决定 BR_1 上是部件 2 还是部件 4（或者 BR_2 上是部件 1 还是部件 3）占用总线。并行请求线上 BR_1 与 BR_2 的优先级由总线仲裁器内部逻辑确定，同一链路上各模块的优先级由它们离总线仲裁器的远近决定。

并串二维总线仲裁兼具串行法和并行法的优点，灵活性好，可扩充性强，响应速度快，既能容纳较多的模块，又不使结构过分复杂。对于主控源较多的大型机而言，这无疑是一种上佳的选择。实际上，十多年来开发的各种支持 16 位、32 位微机和多微机系统的系统总线如 Multibus，VERSAbus，VMEbus 等差不多都提供了这种二维总线仲裁机构。

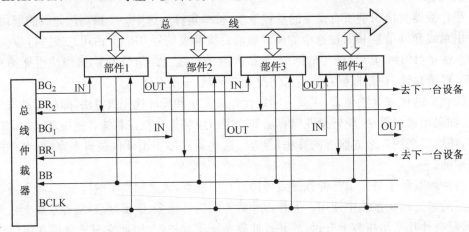

图 13.5　并串二维仲裁

13.2.3　总线通信方式

总线上的主、从模块间进行数据传送，即通信。为了保证通信的可靠性，主、从模块间应满足下述关系：发送模块在开始发送数据时，接收模块应作好接收的准备。在接收模块没有接收到准确数据前，发送模块不应撤除发送信号。为了满足这种基本要求，总线上的主、从模块通常采用下述三种方式中的一种，实现总线传输的控制。

1）同步传输

同步传输也可称为同步通信方式，是指总线上的各模块严格地在时钟控制下工作的方式。各模块的动作都以精确、稳定的系统时钟作为基准时间，每个模块什么时候发送信息，什么时候接收信息，都由统一的时钟规定。系统每次传输一旦开始，主、从模块都必须按严格的时间规定完成相应的动作。

同步传输的特点是要求主模块按严格的时间标准发出地址、产生命令，也要求从属模块按严格的时间标准读出数据或写入数据,模块之间配合简单,但若强求所有模块都在同一时间内完成动作,将使系统的组成缺乏灵活性。

2) 半同步传输

半同步方式是对上述同步方式的一种改进。它保留了同步传输的基本特点,总线上的各模块基本上还是在时钟控制下统一动作,对于快速的从属模块,和同步方式一样;但是对于某些不能在规定时间内完成操作的慢速从属模块,可以请求延长操作时间。例如,8086 CPU 的总线周期就是这种半同步传输的典型例子,它规定基本读写动作在一个总线周期内完成(4 个时钟周期),但又允许慢速从属模块申请插入 TW 等待周期,使总线周期得以延长。

3) 异步传输

异步传输方式也称应答方式,是进行通信的主、从模块不受统一的时钟控制,而是采用"请求"和"应答"两信号来协调传输过程。在该方式下,由主模块提出传输(写或读)的要求后,由被选中的从属模块来决定响应速度,这样不同速度的模块可以存在于同一系统中。异步传输的读命令时序如图 13.6 所示

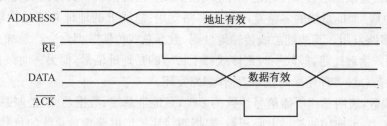

图 13.6 异步传输的握手应答信号时序

从图中可以看出异步传输的过程是:

① 主模块首先将从属模块的地址送到总线上,当其稳定后,主模块发"请求(RE)"信号,请求被指定的从属模块送数据到总线上。

② 从属模块收到地址和请求信号后,送数据到总线上,然后发出数据已经送总线的"应答(ACK)"信号,表示数据已准备好,可以读入。

③ 主模块收到来自从属模块的"应答"信号后,读取数据,并撤消请求信号。

④ 从属模块等到请求信号无效后,撤除总线上的传输数据。

13.3 总线标准

1) 总线标准的概念

为了使总线能够更好地连接不同的模块和传输数据,为其制定或公开总线的一些详细规范,这种规范就叫总线标准。主要在以下几个方面作了规定。

① 机械结构规范:规定总线的外观尺寸大小,总线插头,边沿联结器等规格。

② 功能结构规范:确定引脚的名称与功能,及其相互作用的协议。应包括以下几个方面:

• 数据线、地址线、读/写控制逻辑线、时钟线和电源线,地线等。

• 中断机制。

• 总线主控仲裁。

● 应用逻辑。如握手联络线、复位、自启动、休眠维护等。

③ 电气规范：规定信号逻辑电平、负载能力及最大额定值、动态转换时间等。也可以说总线标准就是对总线的引线数是多少条、每条引线的含义及其固定的位置、外部尺寸大小和形状、数据传输率、总线的协议等定义和说明。

2）总线的性能指标

尽管各类总线在设计细节上有许多不同之处，但从总体原则上，它们都必须解决信号分类、传输应答、同步控制和资源共享与分配等问题。总线的性能指标有如下几个方面：

① 总线宽度：数据总线的条数，用 bit（位）表示，如总线宽度有 8 位、16 位、32 位、64 位之分。

② 标准传输率：在总线上每秒传输的最大字节量，用 MB/s 表示，即每秒多少兆个字节。若总线工作频率主为 8MHz 总线宽度 8 位，则最大传输率为 8MB/s。

③ 时钟同步/异步：总线上的数据与时钟同步工作的总线称同步总线；与时钟不同步的总线称异步总线。这取决于数据传输的两个模块的约定，即源模块和目标模块间的协议约定。

④ 数据总线/地址总线的多路复用和非多路复用：总线上的地址总线是物理上分开的两条总线，属非多路复用。其地址总线传输地址码，数据总线传输数据命令。总线上的地址线和数据线共用一条物理线路，即某一时刻该线路上传输的是地址信号，而另一时刻传输的是数据信号。这种一条总线多种用途的技术，称作多路复用。

⑤ 信号线数：表明总线所需信号线数的多少，是地址总线、数据总线、控制总线的总和。

⑥ 负载能力：可连接的扩增电路板数，要指明每块扩增电路板对总线的负载。

⑦ 总线控制方式：含有猝发传输、并发工作、自动配置、仲裁方式、逻辑方式、中断方式等项内容。

⑧ 扩增电路板尺寸：表示某一总线扩展电路的尺寸大小。

⑨ 其他指标：电源电压（5V 或 3.3V）能否扩展到 64 位带宽。

13.4　ISA 总线

ISA(Industry Standard Architecture)工业标准总线，也叫 AT 总线，是 20 世纪 80 年代中期 IBM 公司推出 286 机时，在 PC 总线的基础上再扩展 36 根信号线而形成的 16 位系统总线。它将数据总线从 8 位扩展到 16 位，地址总线从 20 位扩展到 24 位。

为了使原来许多在 PC 机上使用的 8 位数据宽度的功能扩展板、卡仍能在 ISA 总线上使用，保持对已有产品的兼容，ISA 总线的插座结构是在原 PC 总线 62 芯插座基础上另外增加一个 36 线的插座。其插槽如图 13.7 所示。$A_1 \sim A_{31}$，$B_1 \sim B_{31}$ 是原有 62 芯插座；$C_1 \sim C_{18}$，

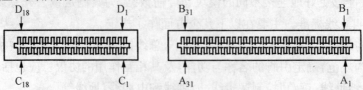

图 13.7　ISA 总线插槽

D_1～D_{18} 是新增加的 36 芯插座,其引脚信号名称列于表 13.1。

表 13.1　ISA 总线标准

位置	信号名	位置	信号名	位置	信号名	位置	信号名
A_1	$\overline{I/OCHCK}$	B_1	GND	C_1	$\overline{SBHE}$	D_1	$\overline{MEMCS_{16}}$
A_2	SD_7	B_2	RESET DRV	C_2	LA_{23}	D_2	$\overline{I/OCS_{16}}$
A_3	SD_6	B_3	+5V	C_3	LA_{22}	D_3	IRQ_{10}
A_4	SD_5	B_4	IRQ_9	C_4	LA_{21}	D_4	IRQ_{11}
A_5	SD_4	B_5	$-5V$	C_5	LA_{20}	D_5	IRQ_{12}
A_6	SD_3	B_6	DRQ_2	C_6	LA_{19}	D_6	IRQ_{15}
A_7	SD_2	B_7	$-12V$	C_7	LA_{18}	D_7	IRQ_{14}
A_8	SD_1	B_8	OWS	C_8	LA_{17}	D_8	$\overline{DACK_0}$
A_9	SD_0	B_9	+12V	C_9	$\overline{MEMR}$	D_9	DRQ_0
A_{10}	I/O CHRDY	B_{10}	GND	C_{10}	$\overline{MEMW}$	D_{10}	$\overline{DACK_5}$
A_{11}	AEN	B_{11}	$\overline{SMEMW}$	C_{11}	SD_{08}	D_{11}	DRQ_5
A_{12}	SA_{19}	B_{12}	$\overline{SMEMR}$	C_{12}	SD_{09}	D_{12}	$\overline{DACK_6}$
A_{13}	SA_{18}	B_{13}	$\overline{IOW}$	C_{13}	SD_{10}	D_{13}	DRQ_6
A_{14}	SA_{17}	B_{14}	$\overline{IOR}$	C_{14}	SD_{11}	D_{14}	$\overline{DACK_7}$
A_{15}	SA_{16}	B_{15}	$\overline{DACK_3}$	C_{15}	SD_{12}	D_{15}	DRQ_7
A_{16}	SA_{15}	B_{16}	DRQ_3	C_{16}	SD_{13}	D_{16}	+5V
A_{17}	SA_{14}	B_{17}	$\overline{DACK_1}$	C_{17}	SD_{14}	D_{17}	$\overline{MASTER}$
A_{18}	SA_{13}	B_{18}	DRQ_1	C_{18}	SD_{15}	D_{18}	GND
A_{19}	SA_{12}	B_{19}	$\overline{REFRESH}$				
A_{20}	SA_{11}	B_{20}	· CLK				
A_{21}	SA_{10}	B_{21}	IRQ_7				
A_{22}	SA_9	B_{22}	IRQ_6				
A_{23}	SA_8	B_{23}	IRQ_5				
A_{24}	SA_7	B_{24}	IRQ_4				
A_{25}	SA_6	B_{25}	IRQ_3				
A_{26}	SA_5	B_{26}	$\overline{DACK_2}$				
A_{27}	SA_4	B_{27}	T/C				
A_{28}	SA_3	B_{28}	BALE				
A_{29}	SA_2	B_{29}	+5V				
A_{30}	SA_1	B_{30}	OSC				
A_{31}	SA_0	B_{31}	GND				

1) 长插口 62 线引脚

（1）$SA_0 \sim SA_{19}$ 地址线（20 条）

地址输出信号，用于存储器和 I/O 设备寻址。

（2）$SD_0 \sim SD_7$ 数据线（8 条）

8 条双向数据线。用于处理器、存储器和 I/O 端口之间传送数据。

（3）控制线（21 条）

① BALE：地址锁存允许输出信号。BALE 信号的下降沿将 CPU 送出的地址信息锁存。

② $\overline{IOR}$：I/O 读信号。是由 CPU 发出的经总线控制器输出的一个信号，低电平有效。在 DMA 操作时，则由 DMA 控制器发出。该信号有效时，被选中的I/O设备将其要输出的数据送到系统数据总线。

③ $\overline{IOW}$：I/O 写信号。是由 CPU 发出经总线控制器输出的一个信号，低电平有效。在 DMA 操作时，则由 DMA 控制器发出。该信号有效时，将数据总线上的数据写入所选中的 I/O 设备。

④ $\overline{SMEMR}$：存储器读命令。是一个低电平有效的输出信号，是由 CPU 产生经总线控制器发出的。在 DMA 操作时，则由 DMA 控制器发出。该信号有效时，将选中的存储单元的数据读到数据总线上。

⑤ $\overline{SMEMW}$：存储器读命令。是一个低电平有效的输出信号，是由 CPU 产生经总线控制器发出的信号。在 DMA 操作时，则由 DMA 控制器发出，该信号有效时，将数据总线上的数据写入所选中的存储器单元。

⑥ IRQ_9，$IRQ_3 \sim IRQ_7$：中断请求信号。是高电平有效的输入信号，用来将 I/O 设备的中断申请信号经系统板上的中断控制器 8259A 送给 CPU。其中 IRQ_3 中断优先级最高。要求有效高电平一直保持到 CPU 响应为止。

⑦ $DRQ_1 \sim DRQ_3$：DMA（直接存储器存取）请求信号。是高电平有效的输入信号。由请求 DMA 服务的外设发出，直接输入 DMA 控制器，DRQ_1 优先级最高。DMA 控制器有 4 个 DMA 通道，因此，输入信号应为 4 个：$DRQ_0 \sim DRQ_3$。其中 DRQ_0 已被系统占用，用来对动态 RAM 刷新，故未进入系统总线。

⑧ $\overline{DACK_1} \sim \overline{DACK_3}$：DMA 控制器发出的响应信号，低电平有效。该信号用来表示对应的 DRQ 已被允许，此时 DMA 控制器控制总线，并开始响应的 DMA 操作。

⑨ AEN：地址允许信号。是一个高电平有效的输出信号。由 DMA 控制器产生。此信号有效时，CPU 已放弃对系统总线的控制，已由 DMA 控制器控制系统总线，用于使 I/O 通道与 CPU 脱开，以进行 DMA 传送。

⑩ T/C：计数结束信号。是一个高电平有效的输出信号，由 DMA 控制器发出。当 DMA 控制器计数到 0 时，即 DMA 块数据传送结束时，从 T/C 线上输出一个高电平的正脉冲，表示 DMA 传送结束。

⑪ RESET DRV：系统总清信号，或者叫复位驱动信号。由时钟发生器（8284）产生，当系统初起，该信号为高，当所有电源电压达到规定幅度时，变为低电平。

⑫$\overline{REFRESH}$：动态存储器刷新信号。AT 机的动态 RAM 刷新直接由系统板上 RAM 刷新电路产生$\overline{REFRESH}$信号。该信号也可由 I/O 通道上的微处重器来驱动。

（4）状态线（2 条）

① $\overline{\text{I/OCHCK}}$：I/O通道奇偶校验信号。是一个低电平有效的输入信号。该信号有效表示系统板上存储器或I/O通道上奇偶校验出错。该信号由扩充插槽上的存储器或I/O接口卡提供,有效时,将产生一个不可屏蔽中断。

② I/O CHRDY：I/O通道准备好信号。是一个高电平有效的输入信号。通常保持高电平,当系统总线上有慢速的存储器或I/O接口卡时,需要延长总线周期,可使该信号变为低电平插入等待周期。此信号为低电平的时间不应超过10个时钟周期。

(5) 辅助线(11条)

① OSC信号：晶体振荡器信号。

② CLK信号：系统时钟信号。

③ OWS信号：零等待状态信号。当其为低电平时,通知CPU当前总线周期能按时完成,无需插入等待状态TW。

④ 电源和地线：+5V(2条),-5V,+12V,-12V,GND(3条)

2) 短插口36线引脚说明

(1) $LA_{23} \sim LA_{17}$(7条)

非锁存地址高位线,用于对系统内的存储器进行寻址,使系统的寻址范围扩大到16MB,$LA_{17} \sim LA_{23}$在微处理器周期并不锁存,因此不能在整个周期里有效。

(2) $SD_8 \sim SD_{15}$(8条)

新增加的高8位数据线。

(3) 控制线

① $\overline{\text{SBHE}}$：系统总线高电平使能信号。当有16位的数据需要传送时,此信号便以高电平启动之。

② $\overline{\text{MEMR}}$：对所有存储器读命令信号。存储器寻址范围16MB,$\overline{\text{MEMR}}$在所有的存储器读周期有效,$\overline{\text{MEMR}}$可被系统内任一微处理器或DMA控制器所驱动,在I/O通道上的微处理器欲驱动$\overline{\text{MEMR}}$时,它必须在总线上有一个系统周期的地址线有效时间。

③ $\overline{\text{MEMW}}$：对所有存储器写命令信号。存储器寻址范围16MB。该信号指示存储器存储当前数据总线的上数据,$\overline{\text{MEMW}}$在所有存储器写周期有效。$\overline{\text{MEMW}}$可由系统内任一微处理器或DMA所驱动。当I/O通道上的微处理器欲驱动$\overline{\text{MEMW}}$时,它必须在总线上有一个系统周期的地址线有效时间。

④ $\overline{\text{MEMCS}_{16}}$ MEMCS_{16}：存储器的16位片选输入信号。它由$LA_{17} \sim LA_{23}$译码驱动。如果总线上的某一存储器卡要传送16位数据,则必须产生一个有效的(低电平)MEMCS_{16}信号,该信号加到系统板上,通知主板实现16位数据传送。

⑤ $\overline{\text{I/OCS}_{16}}$：I/O接口16位片选输入信号。它由接口地址译码信号产生,低电平有效。用来通知主板进行16位接口数据传送。该信号由三态门或集电极开路门输出,以便实现"线或"。

⑥ $\overline{\text{IRO}_{10}} \sim \overline{\text{IRO}_{15}}$：新增加的中断请求输入信号,这里需要注意的是,其中IRQ_{13}指定给数值协处理器使用。另外,由于AT总线上增加了外部中断的数量,在主板上是由两块中断控制器(8259A)级联实现中断优先级的。而中断请求优先级低的一块中断控制器的中断请求信号INTR接到主控制器的IRQ_2上,而原PC/XT定义的IRQ_2引脚,在ISA总线上变为IRQ_9。

⑦ $\overline{DRO_0}$,$\overline{DRO_5}$～$\overline{DRO_7}$:DMA 请求信号,与长口插槽上的 DRQ_1～DRQ_3 一起构成 I/O 通道的 DMA 请求信号。它们是按优先级排队的,DRQ_0 优先级最高,DRQ_7 优先级最低,都是高电平有效。DRQ_0～DRQ_3,完成 8 位 DMA 传送;DRQ_5～DRQ_7 完成 16 位 DMA 传送;DRQ_4 用于系统板而不用于 I/O 通道。

⑧ $\overline{DACK_0}$,$\overline{DACK_5}$～$\overline{DACK_7}$:DMA 响应信号,分别对应 DMA 请求信号 DRQ_0,DRQ_5～DRQ_7。

⑨ $\overline{MASTER}$:主控制信号,低电平有效。它的作用是,可以使总线插板上设备变为总线主控器,用来控制总线上的各种操作,在总线插板上的 CPU 或 DMA 控制器可以将 DRQ 送往 DMA 通道。在接收到响应信号 $\overline{DACK}$ 后,总线上的主控制器可以使 $\overline{MASTER}$ 成为低电平,并且在等待一个系统周期后开始驱动地址和数据总线。在发出读写命令之前,必须等待两个系统时钟周期。总线上的主控器占用总线的时间不超过 $15\mu s$,以免影响动态存储器的刷新。

13.5 PCI 总线

13.5.1 性能和特点

PCI 是英文 Peripheral Component Interconnect 的缩写,即外围元件互连。PCI 总线属于高性能局部总线。它是与微处理器无关的 32/64 位地址数据复用总线,支持猝发传输,传输速率为 132MB/s,存在配置空间。目前,PCI 总线已成为 Pentium 主机最常见的总线,尤其是多媒体计算机中采用的更为普遍。

1) 高性能

① 32 位总线宽度,可升级到 64 位;

② 数据传输率可达到 132/264 MB/s;

③ 处理器/内存子系统功能完全一致;

④ 同步总线操作频率达到 33MHz;

⑤ 隐含中心仲裁。

2) 通用性强

① PUI 的设计不依赖微机的 CPU;

② 既适用于 5V 信号环境,也适用于 3V 信号环境;

③ 支持 64 位寻址;

④ 软件兼容性好,PCI 部件和驱动程序可以通用于各种不同的平台。

3) 低成本

① 采用最优化的内部结构,频率规范是标准的 ASIC 技术和其他处理技术的的结合;

② 多路复用结构减少了管脚的个数和减少了 PCI 部件封装的尺寸。

4) 使用方便

① 能够自动配置参数,支持 PCI 局部总线扩展板和部件;

② 多主控器允许任何 PCI 主设备和从设备之间进行点对点的访问。

③ 一个共享的槽口既可以插标准的 ISA,EISA 或 MC 主板,又可以插 PCI 扩展板。此外,PCI 还具有可靠性高、数据完整性好等优点。

13.5.2 总线信号定义

为了管理数据和寻址、接口控制、仲裁以及系统运行,PCI 接口对单个目标设备至少需要 47 个引脚,对主控设备最少需要 49 个引脚。图 13.8 给出的是按功能组划分的引脚,左边为所需引脚,右边为可选用的引脚。图中信号的方向是对主控设备/目标设备的组合而言的。每个管脚的信号意义如表 13.2 和表 13.3 所示:

表 13.2 PCI 必选信号线

名 称	类 型	说 明
系统引脚		
CLK	输入	为所有处理提供定时,在时钟的上升沿采样,总线时钟可高达 33MHz
RST	输入	使 PCI 所有的特殊寄存器、定序器和信号回到初始状态
地址和数据引脚		
$AD_{31\sim 0}$	双向三态	地址、数据复用
$C/\overline{BE}_{3\sim 0}$	双向三态	总线命令和字节能使信号复用,在传送地址段期间,$C/\overline{BE}_{3\sim 0}$上定义了总线指令;在传送数据段期间,用作字节允许。字节允许在整个数据段内有效,并决定了哪些数据通道上带有有意义的数据。$C/\overline{BE}_0$ 对应于字节 0,$C/\overline{BE}_3$ 对应于字节 3
PAR	双向三态	PAR 为 AD 和 $C/\overline{BE}$偶校验信号线,对于主驱动 PAR,在完成地址传送之后一个时钟或在每一个写数据期间$\overline{IDRY}$变为有效后一个时钟进行偶校验;对于目标驱动,PAR 在每个读数据期间$\overline{TDRY}$变为有效后一个时钟后进行驱动
接口控制引脚		
$\overline{FRAME}$	持续三态*	$\overline{FRAME}$对于主控设备是一个双向输入/输出信号,对于目标从设备,它是输入信号。当一个主控设备请求总线时,可采样$\overline{FRAME}$和$\overline{IDRY}$,如果两个同时为无效电平,并且在同一时钟的上升沿,GNT 为有效电平,就认定该主控设备已获取总线。在主控设备发起传输时,$\overline{FRAME}$由当前主设备驱动,表示传输开始,在传输过程中,$\overline{FRAME}$一直保持有效,直到启动方准备开始传输最后一个数据时,$\overline{FRAME}$变为无效电平
$\overline{IDRY}$	持续三态*	$\overline{IDRY}$是启动方准备好信号,由总线当前的主设备驱动。在一个读周期时,$\overline{IDRY}$有效表示主设备已准备好接收数据;在写周期,表示有效数据已出现在 AD 总线上
$\overline{TDRY}$	持续三态*	$\overline{TDRY}$是目标方准备好信号,由目标方驱动。在读操作时,$\overline{TDRY}$有效,表示有数据已出现在 AD 总线上;在写操作时,表示目标方已准备好接收数据
$\overline{STOP}$	持续三态*	目标方驱动$\overline{STOP}$,当$\overline{STOP}$信号有效,表明它希望启动方停止当前的正在进行的数据传输
$\overline{LOCK}$	持续三态*	该信号由启动方驱动,用于锁定正在访问的存储器地址,表示一个原操作(读—修改—写),需要进行多个操作周期
IDSEL	输入	初始化设备选择,是 PCI 设备的输入信号,用于访问设备配置寄存器的片选信号
$\overline{DEVSEL}$	输入	设备选择信号,由目标方驱动,当目标方通过译码确认是它的地址时,使$\overline{DEVSEL}$为有效电平。若发起方在发起一次传输时,在 6 个 CLK 周期内检测到$\overline{DEVSEL}$是有效电平,则认为目标从设备皆未能响应,或是地址不正确,这将导致传输失败

名　称	类　型	说　明
仲裁引脚		
$\overline{REQ}$	双向状态	申请信号,向仲裁器说明该设备想要使用总线,这是点—点信号,每个总线主控都有自己的REQ
$\overline{GNT}$	双向状态	允许信号。通知请求总线的齐备,仲裁器已同意总线访问
出错报告引脚		
$\overline{PERR}$	持续三态*	极性错误。在写操作周期中,目标方检测出数据极性错误;在读操作周期中,发起方检测出数据极性错误
$\overline{SERR}$	集电极开路	系统错误,可由PCI的任一设备驱动,产生一个脉冲信号,表示报告发生了地址极性错误或数据极性错误或数据极性错误之外的其他严重错误。该引脚为开极,可以同时由多个PIC设备驱动

*:是在一个时间仅由一个拥有者驱动的持续三态信息。

表13.3　PCI可选信号线

名　称	类　型	说　明
中断引脚		
$\overline{INTA}$	集电极开路	中断A,用于请求一次中断
$\overline{INTB}$	集电极开路	中断B,用于中断请求,仅在多功能设备中使用
$\overline{INTC}$	集电极开路	中断C,用于中断请求,仅在多功能设备中使用
$\overline{INTD}$	集电极开路	中断D,用于中断请求,仅在多功能设备中使用
Cache 支持引脚		
$\overline{SBO}$	输入/输出	侦听放弃信号。该信号是PCI Cache/bridge 的输出信号,同时对驻留在PCI总线可高速缓冲存储的子系统来说是一个输入信号。它由桥驱动至有效电平,标明PCI存储器访问的是即将要读或更改的陈旧信息。$\overline{SBO}$信号仅当SDONE信号也由桥驱动至有效电平时才有意义。当采样到SDONE,$\overline{SBO}$信号都是有效电平时,正在寻址的可高速缓冲PCI存储子系统应该向发起方作出响应,通知它再试一次
SDONE	输入/输出	侦听完成信号。该信号是PCI Cache/bridge 输出信号,同时对驻留在PCI总线上可高速缓冲存储的子系统来说是一个输入信号。当处理器的侦听-存储器开始后,SDONE信号由桥驱动至无效电平;当侦听已经完成后,桥将SDONE信号驱动至有效电平。侦听的结果在$\overline{SBO}$信号上显示出来。$\overline{SBO}$信号为无效时,表示PCI发起方正访问的是存储器中的有效行,PCI可由高速缓冲存储器通知允许接收或提供指定的数据。当$\overline{SBO}$为有效电平时,表示PCI发起方正访问的是存储器中的无效行,因而应该不结束这个数据的访问。相反地,存储器目标应该通知PCI发起方重试一次来结束这次访问
64 位总线扩展引脚		
$AD_{63\sim32}$	双向三态	地址、数据复用用于将总线扩展到64位
$C/\overline{BE}_{7\sim4}$	双向三态	总线命令和字节允许复用信号。在发送地址期间,信号线上表示的附加总线命令;在数据传送期间,信号线上指示在4个扩展字节通路中哪些载有有效数据

名　称	类　型	说　明
64 位总线扩展引脚		
$\overline{REQ}_{64}$	持续三态*	用于请求 64 位传输
$\overline{ACK}_{64}$	持续三态*	表明目标方愿意执行 64 位传输
PAR_{64}	双向三态	在扩展 AD 和 C/$\overline{BE}$ 上一个时钟周期后提供偶校验信号
JTAG/边界扫描引脚		
TCK	输入	测试时钟在进行边界扫描时,用于记录状态信息并测试设备的输入输出数据
TDI	输入	测试输入。用于将测试数据和指令通过串行移位送入设备中
TDO	输出	测试输出。用于将测试数据和指令通过串行移位从设备中输出
TMS		测试模式选择。用于控制"测试访问口控制器"的状态
$\overline{TRES}$	输入	测试复位。用于初始化"测试访问口控制器"

*:是在一个时间仅由一个拥有者驱动的持续三态信息。

13.5.3　PCI 总线体系结构

　　PCI 总线的设计与其他总线的差异在于使用了电子桥接器,如图 13.8 所示。PCI 有如下特性:

　　① 驱动 PCI 总线的全部控制由 PCI 桥实现:PCI 桥就是 PCI 总线控制器。它独立于处理器,采用独特的 FIFO(先进先出)式的中间缓冲器设计,将处理器子系统与外围设备分开,使 CPU 脱离对 I/O 的直接控制。通过 PCI 总线控制器在 CPU 与高速外设之间传输数据,像一座桥,故称"PCI 桥"。CPU 输出数据,先把成批数据送到 PCI 缓冲器,然后再由 PCI 总线控制器将数据写入挂在 PCI 总线上的输出设备,在此过程中,CPU 可以执行其他操作。读入时也是由 PCI 桥先把输入设备的数据成批装入 PCI 缓冲器中,在此过程中 CPU 可并发执行其他

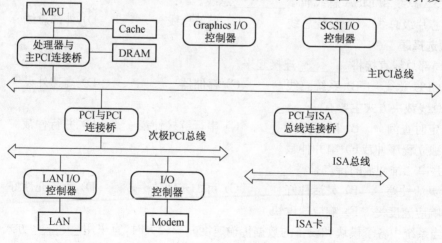

图 13.8　基于 PCI 总线的系统结构框图

操作;整个数据块装入缓冲器后,再快速读进 CPU。因此 PCI 总线和 CPU 总线的操作互相分离,互不影响。

②兼容性强,适用范围广:使用标准总线桥的特殊模块可将 PCI 局部总线转换为 ISA,EISA,MCA,VESA 等标准总线,从而在 PCI 总线系统中可继续使用原先适配的 ISA,EISA,MCA,VESA 等总线的设备。

③可采用多 PCI 总线:当要连接到 PCI 总线上的设备很多而总线驱动能力不足时,可采用多 PCI 总线,这些总线都可并发工作,每组总线上可接若干个外设。

习题 13

一、填空题

1. 按所传输信号的性质划分,总线有_____总线、_____总线和_____总线。

2. 局部总线将_____从_____总线上卸下,通过控制和驱动电路直接连到_____总线上,使它们相互匹配。

3. 占用总线进行数据传输,通常有 4 个阶段,分别是_____、_____、_____ 和

_____。

4. ISA 总线是 XT 总线的扩充,在原_____线基础上再增加_____线。

二、单项选择题

1. 双向传输的总线有_____。
   A) 地址总线　　　B) 数据总线　　　C) 存储器读写控制线　D) I/O 端口读写控制线

2. 单板机、单片机和早期的 PC 机使用的总线都采用_____。
   A) 单总线结构　　　　　　　　B) 并发总线结构
   C) 带 Cache 的并发总线体系结构　D) 双重总线结构

3. 占用总线,在源和目标之间完成一次数据传输,称为一个_____。
   A) 指令周期　　　B) 总线周期　　　C) 时钟周期　　　D) DMA 周期

4. ISA 总线和 EISA 总线属于_____总线。
   A) 芯片级总线　　B) 系统总线　　　C) 局部总线　　　D) 外部总线

三、多项选择题

1. 局部总线直接将_____连接起来。
   A) CPU 总线　　B) 系统总线　　　C) 存储器　　　　D) 高速外设

2. 总线裁决方式主要有_____。
   A) 定时查询　　B) 随机查询　　　C) 串行链接仲裁　D) 并行仲裁
   E) 独立程序仲裁F) 串并仲裁

3. 并串二维仲裁的特点是_____。
   A) 灵活性差　　B) 灵活性好　　　C) 可扩充性差　　D) 可扩充性好
   E) 响应速度慢　F) 响应速度快

4. 当系统中各个模块和设备的数据传输速度差异较大时,宜采用_____方式。
   A) 同步方式　　B) 异步方式　　　C) 半同步方式　　D) 周期分裂方式

5. PCI 是高性能的局部总线,能兼容_____等总线。

A) ISA   B) EISA   C) RS-232-C   D) USB

E) MCA   F) VL BUS

四、简答题

1. 按总线连接的对象处在系统的层次来分,总线可分为哪几种,其所连接的对象各是什么?

2. 并发总线结构中,总线控制器起什么作用,它是如何提高系统效率的?

3. 总线操作有哪些,简述之。

4. 简述 ISA 总线的主要性能。

5. PCI 桥在 PCI 总线操作中起什么作用,它是如何使 CPU 脱离对 I/O 的直接控制从而使 CPU 与 PCI 并行工作的?

6. PCI 总线为什么能在 Pentium(奔腾)机中得到广泛的应用,它有哪些优越的性能?

附　　录

附录 1　ASCII 字符表(7 位码)

低四位	高三位	0 000	1 001	2 010	3 011	4 100	5 101	6 110	7 111
0	0000	NUL	DLE	SP	0	@	P	、	p
1	0001	SOH	DC1	!	1	A	Q	a	q
2	0010	STX	DC2	"	2	B	R	b	r
3	0011	ETX	DC3	#	3	C	S	c	s
4	0100	EOT	DC4	$	4	D	T	d	t
5	0101	ENQ	NAK	%	5	E	U	e	u
6	0110	ACK	SYN	&	6	F	V	f	v
7	0111	BEL	ETB	'	7	G	W	g	w
8	1000	BS	CAN	(	8	H	X	h	x
9	1001	HT	EN	)	9	I	Y	i	y
A	1010	LF	SUB	*	:	J	Z	j	z
B	1011	VT	ESC	+	;	K	[	k	{
C	1100	FF	FS	,	<	L	\	l	|
D	1101	CR	GS	—	=	M	]	m	}
E	1110	SO	RS	.	>	N	↑	n	~
F	1111	SI	US	/	?	O	←	o	DEL

NUL(Null) 空白

SOH(Start of Heading)标题开始

STX(Start of Text) 正文开始

ETX(End of Text) 正文结束

EOT(End of Transmission) 传输结束

ENQ(Enquiry) 询问

ACK(Acknowledge) 应答(承认)

BEL(Bell) 响铃

BS(Backspace) 退一格

VT(Vertical Tabulation) 纵向制表

FF(From Feed) 换页

CR(Carriage Return) 回车

SO(Shift Out) 换档(移出)

SI(Shift In) 退出换档(移入)

SP(Space) 空格

DLE(Data Line Escape) 数据链换码

DC1(Device Control 1) 设备控制 1

DC2(Device Control 2) 设备控制 2

HT(Horizontal Tabulation) 横向制表   DC3(Device Control 3) 设备控制 3
LF(Line Feed) 换行   DC4(Device Control 4) 设备控制 4
SYN(Synchronous Idle) 空转同步   NAK(Negative Acknowledge) 否认
ETB(End of Transmission Block) 信息组传输结束   FS(File Separator) 文件分隔符
CAN(Cancel) 取消上一次传输内容   GS(Group Separator) 组分隔符
EM(End of medium) 媒体(纸)尽   RS(Record Separator) 记录分隔符
SUB(Substitut) 替代   US(Unit Separator) 单元分隔符
ESC(Escape) 换码   DEL(Delete) 删除前面字符

附录 2　80X86 指令系统

名　称	操作符	操作数形式	功　　能	标志位变化 A C O P S Z D I T
ASCII 加法调整	AAA		若 AL 的低 4 位大于 9 或 AF＝1,则 AL←AL+6,AH←AH+1,CF＝AF＝1,AL 高 4 位清零;否则 AL 高 4 位清零,CF＝AF＝0	√√××××－－－ 指令举例 AAA
ASCII 除法调整	AAD		AL←AL+AH×10 AH←0	×××√√√－－－ AAD
ASCII 乘法调整	AAM		AH,AL←AL÷10 商在 AH 中,余数在 AL 中	×××√√√－－－ AAM
ASCII 减法调整	AAS		若 AL 的低 4 位低于 9 或 AF＝1,则 AL←AL-6,AH←AH-1,CF＝AF＝1,AL 高 4 位清零;否则 AL 高 4 位清零,CF＝AF＝0	√√××××－－－ 指令举例 AAS
带进位 加　法	ADC	寄,寄 寄,存 存,寄 寄,数 存,数	若 CF＝1, 则目的操作数←目的操作数+源操作数+1; 否则,目的操作数←目的操作数+源操作数	√√√√√√－－－ 指令举例 ADC AX,BX ADC DX,[1000] ADC AX,[SI+200]
加　法	ADD	同上	目的操作数←目的操作数+源操作数	√√√√√√－－－
逻辑与	AND	同上	目的操作数←目的操作数∧源操作数	×00√√√－－－ AND AX,BX AND DX,[BX+100]
调整选 择字的 RPL	ARPL (2 3 4)	寄,寄 存,寄	目的操作数与源操作数应为段选择字,若目的操作数的 RPL 小于源操作数的 RPL,则使目的 RPL 与源的 RPL 相等,ZF＝1;否则 ZF＝0;目的操作数的 RPL 不变	－－－－－√－－－ 指令举例 ARPL SS:[ESP],AX

名　称	操作符	操作数形式	功　　能	标志位变化 A C O P S Z D I T
检查边界	BOUND （2 3 4）	寄16,存32 寄32,存64	检查寄存器中的数组索引(有效地址)是否超过存储器所规定的上、下界,若超过,则产生异常中断5	— — — — — — — — — 指令举例 BOUND AX,[BP]
从低位 扫　描	BSF （3 4）	寄16,寄16, 寄16,寄16, 寄32,寄32, 寄32,寄32,	从右边扫描源操作数以寻找第1个非零位,若源操作数=0,则 ZF=1;若某位为1,则 ZF=0,并将此位的序号送入目的寄存器中	— — — — — √ — — — 指令举例 BSF EAX,[EBX] BSF AX,BX
从高位 扫　描	BSR （3 4）	寄16,寄16, 寄16,寄16, 寄32,寄32, 寄32,存32,	从左边扫描源操作数以寻找第1个非零位,若源操作数=0,则 ZF=1;若某位为1,则 ZF=0,并将此位的序号送入目的寄存器中	— — — — — √ — — — 指令举例 BSR EAX,ECX BSR AX,[BX]
交换字 节顺序	BSWAP （4）	寄32	32 位寄存器的 0 字节与 3 字节交换,1 字节与 2 字节交换 3 2 1 0	— — — — — — — — — 指令举例 BSWAP EAX
位测试	BT （3 4）	寄16,寄8, 存16,寄16, 寄16,数8, 存16,数8, 寄32,寄8, 存32,寄8, 寄32,数8, 存32,数8,	将源操作数作为位序号,指定目的操作数中的相应位送到 CF 中	— √ — — — — — — — 指令举例 BT AX,11 BT EDX,20 BT EBX,AL
位测试 并求反	BTC （3 4）	同 BT	同 BT,并且对相应位求反	— √ — — — — — — — BTC BX,2
位测试 并清零	BTR （3 4）	同 BT	同 BT,并且对相应位清零	— √ — — — — — — — BTR AX,CL
位测试 并置位	BTS （3 4）	同 BT	同 BT,并且对相应位置位	— √ — — — — — — — BTS [BX],5
近直调用	CALL	近标号	16 位地址:SP*←SP*−2,SS:[SP*]←IP IP←OFFSET 近标号;32 位地址:SP*←SP*−4 SS:[SP*]←EIP,EIP←OFFSET 近标号	— — — — — — — — — 指令举例 CALL LABEL1

名　称	操作符	操作数形式	功　能	标志位变化 A C O P S Z D I T
近间调用	CALL	存$_{16}$，寄$_{16}$，存$_{32}$，寄$_{32}$，	16 位地址：SP*←SP*−2,SS:[SP*]←IP IP←地址变量$_{16}$ 32 位地址：SP*←SP*−4,SS:[SP*]←EIP, EIP←地址变量$_{32}$	－ － － － － － － － － 指令举例 CALL AX CALL EBX
远直调用	CALL	远标号	16 位地址：SP*←SP*−2,SS:[SP*]←CS SP*←SP*−2,SS:[SP*]←IP,CS←SEG 远标号或选择字,IP←OFFSET 远标号； 32 位地址：SP*←SP*−4,SS:[SP*]←CS,扩充为 32 位,SP*←SP*−4,SS:[SP*]←IP, CS←SEG 远标号或选择字 EIP←OFFSET 远标号	－ － － － － － － － － 指令举例 CALL　FAR　PTR LABE12
远间调用	CALL CALL （3 4）	存$_{32}$ 存$_{48}$	16 位地址：SP*←SP*−2,SS:[SP*]←CS SP*←SP*−2,SS:[SP*]←IP,CS←存$_{32}$+2, IP←存$_{32}$； 32 位地址：SP*←SP*−4,SS:[SP*]←CS; 扩充为 32 位,SP*←SP*−4,SS:[SP*]← EIP,CS←存$_{48}$+2,EIP←存$_{48}$	－ － － － － － － － － 指令举例 CALL　DWORD　PTR [BX]
带符号字节扩展	CBW		把 AL 符号位扩充到 AH 中，即：若 AL＜80H,则 AH＝0,否则 AH＝0FFH	－ － － － － － － － － CBW
带符号双字节扩展	CDQ （3 4）		将 EAX 按有符号扩展到 EDX 与 EAX 中	－ － － － － － － － － CDQ
清进位标志	CLC		CF＝0	－ 0 － － － － － － －
清方向标志	CLD		DF＝0	－ － － － － － 0 － －
清中断标志	CLI		IF＝0	－ － － － － － － 0 －
清任务转换标志	CLTS （2 3 4）		清任务转换标志 TS 为 0（对 80286 在 MSW 中）；对 386 及 486 清(CR0)$_3$＝0	－ － － － － － － － － CLTS
进位标志求反	CMC		CF←＝	－ √ － － － － － － － CMC
比较	CMP	寄,寄 寄,存 存,寄 寄,数 存,数	目的操作数−源操作数,结果影响标志位	√ √ √ √ √ √ － － － CMP AX, 80H CMP AL, CL CMP ESI, EDI CMP[EBP], EDX

名　称	操作符	操作数形　式	功　　能	标志位变化 A C O P S Z D I T
字节串比较	CMPSB		DS:[SI*]−ES:[DI*],若 DF=0,则 SI*←SI*+1, DI*←DI*+1;若 DF=1,则 SI*←SI*−1, DI*←DI*−1	√√√√√--- 指令举例 CMPSB
双字串比较	CMPSD（3 4）		DS:[SI*]−ES:[DI*],若 DF=0,则 SI*←SI*+4, DI*←DI*+4;若 DF=1,则 SI*←SI*−4, DI*←DI*−4	√√√√√--- 指令举例 CMPSD
字串比较	CMPSW		DS:[SI*]−ES:[DI*],若 DF=0,则 SI*←SI*+2, DI*←DI*+2;若 DF=1,则 SI*←SI*−2, DI*←DI*−2	√√√√√--- 指令举例 CMPSW
比较传送	CMPXCHG（4）	寄,寄 寄,存 存,寄	累加器−目的操作数产生 ZF,如果 ZF=1 则目的操作数←源操作数, 否则累加器←目的操作数	-----√--- CMPXCHG AH,BL CMPXCHG EBX,ESI
带符号字扩展	CWD		把 AX 的符号位扩展到 DX,若 AX<8000H 则 DX=0,否则,DX=0FFFFH	--------- CWD
带符号字扩展(寄32)	CWDE（3 4）		将 AX 按带符号数扩展到 EAX 中	--------- CWDE
加法调整	DAA		若 AL AND 0FH>9 或 AF=1,则 AL←AL +6 且 AF=1;若 AL≥0A0H 或 CF=1,则 AL←AL+60H 且 CF=1,否则 AL 内容不变	√√×√√√--- 指令举例 DAA
减法调整	DAS		若 AL AND 0FH>9 或 AF=1,则 AL←AL −6 且 AF=1;若 AL≥0A0H 或 CF=1,则 AL←AL−60H 且 CF=1,否则 AL 内容不变	√√×√√√--- 指令举例 DAS
减 1	DEC	寄或存	操作数←操作数−1	√-√√√√---
无符号除法	DIV	寄存	字节运算:AH,AL←AX÷操作数,其中被除数 AX 为双倍字节长,除后的商在 AL 中,余数在 AH 中 字运算:DX,AX←(DX,AX)÷操作数,DX,AX 为双字,商在 AX,余数在 DX 中 双字运算:EDX,EAX←(EDX,EAX)÷操作数,其中被除数 EDX,EAX 为 4 个字长,商在 EAX,余数在 EDX	××××××--- 指令举例 DIV CL DIV WORD PTR[SI]

名　称	操作符	操作数形式	功　能	标志位变化 A C O P S Z D I T
设置栈空间	ENTER（2 3 4）	数 1，数 2	为嵌套过程分配堆栈数 1，规定过程中需要栈空间字节数，数 2 为过程的嵌套级别数	－－－－－－－－ ENTER 50，2
处理器交权	ESC	数，存 数，寄	处理器脱离，交权给协处理器	－－－－－－－－ ESC 20，AL
暂停	HLT		使处理器暂停执行	－－－－－－－－
带符号除法	IDIV	寄存	字节运算：AH，AL←AX÷操作数，商（－127～127）在 AL 中，余数在 AH 中。字运算：DX，AX←（DX，AX）÷操作数，商（－32767～32767）在 AX，余数在 DX 中 双字运算：EDX，EAX←（EDX，EAX）÷操作数，商（80000000H～7FFFFFFFH）在 EAX，余数在 EDX，被除数为除数的双倍长，商溢出时产生异常中断	×××××－－－ 指令举例 IDIV BL IDIV WORD PTR[DI]
带符号乘法	IMUL	寄存	字节运算：AX←操作数×AL；字运算：DX，AX←操作数×AX，双字运算：EDX，EAX←操作数×EAX	×√√×××－－－ IMUL CL IMUL EBX IMUL DX，BX，300
	IMUL（2 3 4）	寄，数 寄，存，数 寄，寄，数	寄←寄×数 寄←存×数 前寄←后寄×数	
	IMUL（3 4）	寄，存 寄，寄	寄←寄×存 前寄←前寄×后寄 溢出时 OF＝CF＝1，否则 OF＝CF＝0	IMUL AX，BX
输入	IN	累，数 累，DX	端口中信息送累加器中，数为端口号，其值在 0～255 间，超过 255 的端口号放在 DX 中，累加器可为 AL 或 AX 或 EAX（386 及其以后 CPU 可用）	－－－－－－－－ 指令举例 IN AX，40H
加 1	INC	寄或存	操作数←操作数＋1	√－√√√√－－－
字符输入	INS（2 3 4）	存，DX	若存储器操作数为字节，则功能同 INSB 若存储器操作数为字，则功能同 INSW	－－－－－－－－
字节串输入	INSB（2 3 4）		首先将 DX 指示端口中的信息送入内存字节地址 ES：[DI*]中，若 DF＝0，则 DI*←DI*＋1；否则 DI*←DI*－1	－－－－－－－－ 指令举例 INSB
字串输入	INSW（2 3 4）		首先将 DX 指示端口中的信息送入内存字 ES：[DI*]中，如果 DF＝0，则 DI*←DI*＋4；否则 DI*←DI*－4	－－－－－－－－ 指令举例 INSW

名　称	操作符	操作数形式	功　　能	标志位变化 A C O P S Z D I T
双字串输入	INSW（3 4）		首先将 DX 指示端口中的信息送入内存双字 ES:[DI*]中,如果 DF=0,则 DI*←DI*+4;否则 DI*←DI*−4	— — — — — — — — 指令举例 INSD
中断调用	INT	数	16 位地址:SP*←SP*−2,SS:[SP*]←FLAGS,IF=TF=0,SP*←SP*−2,SS:[SP*]←CS,SP*←SP*−2 SS:[SP*]←IP;实模式:CS←数×4+2,IP←数×4,32 位地址:SP*←SP*−4,SS:[SP*]←FLAGS,IF=TF=0,SP*←SP*−4,SS:[SP*]←CS 扩充为 32 位,SP*←SP*−4,SS:[SP*]←EIP;保护模式由中断类型码经过中断门和任务门描述符转中断处理程序	— — — — — — 0 0 指令举例 INT 2 INT 50H
溢出中断调用	INTO		当 OF=0 时无操作。当 OF=1 时,其操作与 INT 相同(中断类型码 4)	— — — — — — 0 0 INTO
清高速缓存	INVD（4）		清高速缓存	— — — — — — — — INVD
清 TBL 中页项	INVLPG（4）		该指令清除 TBL 中的页项	— — — — — — — — INVLPC
中断返回	IRET		实模式下有下列功能:恢复中断点:IP←[SP*],SP←SP*+2,CS←SS:[SP*],SP←SP*+2;恢复标志寄存器:FLAGS←SS:[SP],SP←SP*+2;保护模式下它启动任务转换返回,要经过特权检查	√√√√√√√√ 指令举例 IRET
高于转移	JA/JNBE	近标号	若 CF OF ZF=0,则 IP*←OFFSET 标号;否则 IP* 不变	— — — — — — — —
	JA/JNBE（3 4）	近标号	注:IP* 表示 IP 或 EIP(用于 32 位地址),短标号是 8 位带符号数地址,近标号是 16 位或 32 位带符号数地址	指令举例 JA LABEL1
高于等于转移或无进位转移	JAE/JNB/JNC	短标号	若 CF=0,则 IP*←OFFSET 标号;否则 IP* 不变	— — — — — — — —
	JAE/JNB JNC(3 4)	近标号	注:IP* 与短、近标号说明同 JA 语句	指令举例 JAE LABEL2

名　称	操作符	操作数形式	功　　能	标志位变化 A C O P S Z D I T
低于转移或进位转移	JB/JC /JNAE	短标号	若 CF OR ZF=1，则 IP*←OFFSET 标号；否则 IP* 不变 注：IP* 与短、近标号说明同 JA 语句	－ － － － － － － － 指令举例 JB LABEL3
	JB/JNAE JC(3 4)	近标号		
低于等于转移	JBE/JNA	短标号	若 CF OR ZF=1，则 IP*←OFFSET 标号；否则 IP* 不变 注：IP* 与短、近标号说明同 JA 语句	－ － － － － － － － 指令举例 JBE LABEL1
	JBE/JNA （3 4）	近标号		
计数零转移	JCXZ 或 JECXZ （3 4）	短标号	若 CX=0(对 JCXZ)或若 ECX=0(对 JECXZ)，则 IP*←OFFSET 标号；否则 IP* 不变 注：IP* 表示 IP 或 EIP(32 位地址)	指令举例 JCXZ LABEL
等于或全零转移	JE/JZ	短标号	若 ZF=1，则 IP*←OFFSET 标号；否则 IP* 不变 注：IP* 与短、近标号说明同 JA 语句	－ － － － － － － － 指令举例 JE LABEL1
	JE/JZ （3 4）	近标号 （3 4）		
大于转移	JG/JNLE	短标号	若 SF ⊕ OF=0 且 ZF=0，则 IP*←OFFSET 标号；否则 IP* 不变 注：IP* 与短、近标号说明同 JA 语句	－ － － － － － － － 指令举例 JNLE LABEL2
	JG/JNLE （3 4）	近标号		
大于等于转移	JGE/JNL	短标号	若 SF ⊕ OF=0 且 ZF=1，则 IP*←OFFSET 标号；否则 IP* 不变 注：IP* 与短、近标号说明同 JA 语句	－ － － － － － － － 指令举例 JGE LABEL3
	JGE/JNL （3 4）	近标号		
小于转移	JL/JNGE	短标号	若 SF ⊕ OF=1 且 ZF=0，则 IP*←OFFSET 标号；否则 IP* 不变 注：IP* 与短、近标号说明同 JA 语句	－ － － － － － － － 指令举例 JL LABEL1
	JL/JNGE （3 4）	近标号		
小于等于转移	JLE/JNG	短标号	若 SF ⊕ OF=1 且 ZF=1，则 IP*←OFFSET 标号；否则 IP* 不变 注：IP* 与短、近标号说明同 JA 语句	－ － － － － － － － 指令举例 JLE LABEL2
	JLE/JNG （3 4）	近标号		
近直转移	JMP	近标号	对 386 以前的 CPU IP←OFFSET 近标号；对 386 以后的 CPU 实现 EIP←OFFSET 近标号	－ － － － － － － － JMP LABEL3
远直转移	JMP	远标号	实模式对 386 以前的 CPU IP←OFFSET 远标号，CS←SEG 远标号；对 386 及其以后 CPU 实现 EIP←OFFSET 远标号；CS←SEG 远标号；保护模式通过任务门或调用门转移	－ － － － － － － － 指令举例 JMP FAR PTR LA-BEL1

311

名　称	操作符	操作数形式	功　能	标志位变化 A C O P S Z D I T
近间转移	JMP	寄 16 存 16	对 386 以前的 CPU，IP←寄 16/存 16；对 386 及其以后的 CPU 实现 EIP←寄 32/存 32	— — — — — — — — —
近间转移	JMP（3 4）	寄 32 存 32	对 386 以前的 CPU，IP←寄 16/存 16；对 386 及其以后的 CPU 实现 EIP←寄 32/存 32	指令举例 JMP BX JMP EAX
远间转移	JMP	存 32 存 48	实模式对 386 以前的 CPU，IP←存 32，CS←存 32＋2；对 386 及其以后的 CPU 实现 EIP←存 48，CS←存 48＋4；保护模式通过任务门或调用门转移	— — — — — — — — — 指令举例 JMP　DWORD　PTR [BX]
不等于转移或非零转移	JNE/JNZ	短标号	若 ZF＝0，则 IP*←OFFSET 标号，否则 IP* 不变 注：IP* 与短、近标号说明同 JA 语句	— — — — — — — — —
不等于转移或非零转移	JNE/JNZ（3 4）	近标号（3 4）	若 ZF＝0，则 IP*←OFFSET 标号，否则 IP* 不变 注：IP* 与短、近标号说明同 JA 语句	指令举例 JNE LABEL3
无溢出转移	JNO	短标号	若 OF＝0，则 IP*←OFFSET 标号，否则 IP* 不变 注：IP* 与短、近标号说明同 JA 语句	— — — — — — — — —
无溢出转移	JNO（3 4）	近标号（3 4）	若 OF＝0，则 IP*←OFFSET 标号，否则 IP* 不变 注：IP* 与短、近标号说明同 JA 语句	指令举例 JNO LABEL3
正号转移	JNS	短标号	若 SF＝0，则 IP*←OFFSET 标号，否则 IP* 不变 注：IP* 与短、近标号说明同 JA 语句	— — — — — — — — —
正号转移	JNS（3 4）	近标号（3 4）	若 SF＝0，则 IP*←OFFSET 标号，否则 IP* 不变 注：IP* 与短、近标号说明同 JA 语句	指令举例 JNS LABEL1
溢出转移	JO	短标号	若 OF＝1，则 IP*←OFFSET 标号，否则 IP* 不变 注：IP* 与短、近标号说明同 JA 语句	— — — — — — — — —
溢出转移	JO（3 4）	近标号（3 4）	若 OF＝1，则 IP*←OFFSET 标号，否则 IP* 不变 注：IP* 与短、近标号说明同 JA 语句	指令举例 JO LABEL2
偶性奇偶转移	JP/JPE	短标号	若 PF＝1，则 IP*←OFFSET 标号，否则 IP* 不变 注：IP* 与短、近标号说明 JA 语句	— — — — — — — — —
偶性奇偶转移	JP/JPE（3 4）	近标号（3 4）	若 PF＝1，则 IP*←OFFSET 标号，否则 IP* 不变 注：IP* 与短、近标号说明 JA 语句	指令举例 JP LABEL3
奇性奇偶转移	JNP/JPO	近标号	若 PF＝0，则 IP*←OFFSET 标号，否则 IP* 不变 注：IP* 与短、近标号说明同 JA 语句	— — — — — — — — —
奇性奇偶转移	JNP/JPO（3 4）	近标号（3 4）	若 PF＝0，则 IP*←OFFSET 标号，否则 IP* 不变 注：IP* 与短、近标号说明同 JA 语句	指令举例 JNP LABEL1
负号转移	JS	近标号	若 SF＝1，则 IP*←OFFSET 标号，否则 IP* 不变 注：IP* 与短、近标号说明同 JA 语句	— — — — — — — — —
负号转移	JS（3 4）	近标号（3 4）	若 SF＝1，则 IP*←OFFSET 标号，否则 IP* 不变 注：IP* 与短、近标号说明同 JA 语句	指令举例 JS LABEL1
装标志到 AH	LAHF		取低 8 位标志送 AH	— — — — — — — — — LAHF

名 称	操作符	操作数形 式	功 能	标志位变化 A C O P S Z D I T
取访问权	LAR (2 3 4)	寄 16,寄 16 寄 16,存 16	将源操作数中选择字指出的描述符中的访问权字节装到目的操作数中	— — — — — — — — —
	LAR (3 4)	寄 32,寄 32 寄 32,存 32		指令举例 LAR EBX,EAX
装 DS 段值 及 地 址	LDS	寄 16,存 32	寄 16←存 32 DS ←存 32+ 2	— — — — — — — — —
	LDS(3 4)	寄 32,存 48	寄 32←存 48 DS ←存 48+ 4	LDS SI, [BX]
装有效 地 址	LEA	寄 16,存 32	寄←存储器的有效地址	— — — — — — — — —
	LEA(34)	寄 32,存 48		LEA AX,[BP+DI]
释 放 栈空间	LEAVE (2 3 4)		释放过程所占用的空间,恢复堆栈指针 SP←BP,BP←SS:[SP],SP←SP+2	— — — — — — — — —
				LEAVE
装 ES 段值 及 地 址	LES	寄 16,存 32 寄 32,存 48 (3 4)	寄 16←存 32 ES ←存 32+ 2 寄 32←存 48 ES ←存 48+ 4	— — — — — — — — —
				LES DI,[BX]
装 FS 段值 及 地 址	LFS	寄 16,存 32 寄 32,存 48	寄 16←存 32 FS ←存 32+ 2 寄 32←存 48 FS ←存 48+ 4	— — — — — — — — —
				LFS DI,[BX]
装全局描述 符表寄存器	LGDT (2 3 4)	存 40 存 48	286 全局描述符表寄存器 GDTR←存 40 386 及其以后的 CPU 为 GDRT←存 48	— — — — — — — — —
				LGDT [SI]
装 GS 段 值及地址	LGS (3 4)	寄 16,存 32 寄 32,存 48	寄 16←寄 32 GS ←存 32+ 2 寄 32←存 48 GS ←存 48+ 4	— — — — — — — — —
				LGS DI,[BP]
装中断描述 符表寄存器	LIDT (2 3 4)	存 40 存 48	286 中断描述符表寄存器 IDTR←存 40 386 及其以后的 CPU 为 IDTR←存 48	— — — — — — — — —
				LIDT [BP]
装局部 描 述	LLDT (2 3 4)	寄 16 存 16	局部描述符表寄存器 LDTR←操作数	— — — — — — — — —
				LLDT AX
置机器 状态字	LMSW 2 3 4 特	寄 16 存 16	机器状态字寄存器 MSW←操作数	— — — — — — — — —
				LMSW [SP]
总线封锁	LOCK		总线封锁	
取字节串	LODSB		AL←DS:[SI*],若 DF=0,则 SI* ←SI* +1; 否则 SI* ←SI* −1	— — — — — — — — —
				LODSB
取双字串	LODSD		EAX←DS:[SI*],若 DF=0,则 SI* ←SI* +4;否则 SI* ←SI* −4	— — — — — — — — —
				LODSD

名　称	操作符	操作数形　式	功　　能	标志位变化 A C O P S Z D I T
取字串	LODSW		AX←DS:[SI*],若 DF＝0,则 SI*←SI*＋2;否则 SI*←SI*−2	－ － － － － － － － － LODSW
计数循环	LOOP	短标号	CX*←CX*−1,若 CX* 不为 0,则 IP*←OFFSET 短标号,否则 IP* 不变	－ － － － － － － － － LOOP LABEL1
零计数/等计数循环	LOOPZ/LOOPE	短标号	CX*←CX*−1,若 CX* 不为 0 且 ZF＝1,则 IP*←OFFSET 短标号,否则 IP* 不变	－ － － － － － － － － LOOPE LABEL2
非零计数/非等计数循环	LOOPNZ/LOOPNE	短标号	CX*←CX*−1,若 CX* 不为 0,ZF＝0 则 IP*←OFFSET 短标号,否则 IP* 不变	－ － － － － － － － － LOOPNE LABEL3
装入段界限值	LSL （2 3 4）	寄16,寄16 寄16,存16 寄32,寄32 寄32,存32	286 用 16 位,386 及其以后 CPU 用 32 位。将源操作数的选择字所对应的段描述符的界限值装入目的寄存器 成功 ZF＝1,失败 ZF＝0	－ － － － － √ － － － 指令举例 LSL AX,BX
装入 SS 段值及地址	LSS （3 4）	寄16,存32 寄32,存48	8086 及 286CPU 实现:寄 16←存 32,SS←存 32＋2 386 及其以后 CPU 实现:寄 32←存 48,SS←存 48＋4	－ － － － － － － － － 指令举例 LSS ESP,[BX]
装入任务寄存器	LTR （2 3 4）	寄16 存16	将任务状态的选择字装入 TR 寄存器中,并置 TSS 为忙	－ － － － － － － － － LTR [BX]

传　送	MOV	寄,寄 寄,存
		存,寄
		段寄,存/寄
		存/寄,段寄
		存/寄,数
			目的操作数←源操作数
			源操作数的值不变
				－ － － － － － － － －
				指令举例
				MOV ES,DX
				MOV DI,[BX]
				MOV [BX],AL

	MOV
	（3 4）
		寄32,CRi
		CRi,寄32
		寄32,DRi
		DRi,寄32
		寄32,TRi
		TRi,寄32
			保护模式下的特权指令,目的操作数←源操作数,实现通用寄存器与控制类寄存器之间的转换,用于 386 及其以后的 CPU
			CRi(i＝0,2,3)
			DRi(i＝0,1,2,3,6,7)
			TRi(i＝3,4,5,6,7)
				MOV EBX,CR0
				MOV CR2,EAX
				MOV TR1,ECX
				MOV TR0,EDX

字节串传送	MOVSB		ES:[DI*]←DS:[SI*],若 DF＝0,则 DI*←DI*＋1,SI*←SI*＋1;否则 DI*←DI*−1,SI*←SI*−1	－ － － － － － － － － 指令举例 REP MOVSB
双字串传送	MOVSD （3 4）		ES:[DI*]←DS:[SI*],若 DF＝0,则 DI*←DI*＋4,SI*←SI*＋4;否则 DI*←DI*−4,SI*←SI*−4	－ － － － － － － － － 指令举例 REP MOVSD

314

名　称	操作符	操作数形式	功　　能	标志位变化 A C O P S Z D I T
字串传送	MOVSW		ES:[DI*]←DS:[SI*],若 DF=0,则 DI*←DI*+2 SI*←SI*+2;否则 DI*←DI*−2,SI*←SI*−2	－ － － － － － － － － REP MOVSW
带符号数传送并扩展	MOVSX (3 4)	寄16,寄8 寄16,存8 寄16,寄16 寄16,存16 寄32,寄8 寄32,存8 寄32,寄16 寄32,存16	将源操作数作为带符号数传送并扩展到目的操作数中。若目的操作数与源操作数位数相等,则仅实现传送	－ － － － － － － － － 指令举例 MOVSX AX,CL MOVSX EBX,DX MOVSX EBP,[ESI]
无符号数传送并扩展	MOVZX (3 4)	同 MOVSX	将源操作数作为无符号数传送并扩展到目的操作数中。若目的操作数与源操作数位数相等,则仅实现传送	－ － － － － － － － － MOVZX EAX,SI MOVZX ECX,DL
无符号数乘法	MUL	寄存	字节运算:AX←操作数×AL 字运算:DX,AX←操作数×AX 双字运算:EDX,EAX←操作数×EAX,若结果高一半为全零,则 CF=OF=0,否则 CF=OF=1	×√√×××－－－ 指令举例 MUL BL MUL WORD PTR[SI]
求补	NEG	寄或存	操作数←NOT(操作数)+1	√√√√√√－－－
空操作	NOP		CPU 空转 3 个时钟周期	－ － － － － － － － －
求反	NOT	寄或存	操作数←操作数每位置反	－ － － － － － － － －
逻辑或	OR	寄,寄 寄,存 存,寄 寄,数 存,数	目的操作数←目的操作数∨操作数	×00√√√－－－ OR AL,[BX] OR EAX,EBX
字节输出	OUT	数,AL DX,AL	AL 送端口中,"数"为端口号,其值为 0−255,超过 255 的端口号放在 DX 中	－ － － － － － － － － OUT 80H,AL
字输出	OUT	数,AX DX,AX	AX 送端口中,"数"为端口号,其值为 0−255,超过 255 的端口号放在 DX 中	－ － － － － － － － － OUT DX,AX
双字输出	OUT (3 4)	数,EAX DX,EAX	EAX 送端口中,"数"为端口号,其值为 0−255,超过 255 的端口号放在 DX 中	－ － － － － － － － － OUT DX,EAX
字符串输出	OUTS (2 3 4)	DX,源存	若源存储器操作数为字节,其功能同 OUTSB; 若源存储器操作数为字,其功能同 OUTSW	－ － － － － － － － － OUTS DX,[SI]

315

名　称	操作符	操作数形　式	功　　能	标志位变化 A C O P S Z D I T
字节串输出	OUTSB (3 4)	DX,源存	把 DS:[SI*]指示的字节送到 DX 指示的端口中,若 DF＝0,则 SI* ← SI* ＋1;否则 SI* ← SI* －1	－ － － － － － － － － OUTSB
双字串输出	OUTSD (3 4)		把 DS:[SI*]指示的双字送到 DX 指示的端口中,若 DF＝0,则 SI* ← SI* ＋4;否则 SI* ← SI* －4	－ － － － － － － － － OUTSD
字串输出	OUTSW (3 4)	.	把 DS:[SI*]指示的字送到 DX 指示的端口中,若 DF＝0,则 SI* ← SI* ＋2;否则 SI* ← SI* －2	－ － － － － － － － － OUTXW
弹出栈	POP	寄、段寄(除CS 外)或存	操作数←SS:[SP*],对 16 位操作数,SP* ← SP* ＋2;对 32 位操作数,SP* ← SI* ＋4	－ － － － － － － － － POP AX
弹出通用寄存器	POPA (2 3 4)		从当前栈顶开始,将栈内容按顺序弹出到通用寄存器 DI,SI,BP,SP,BX,DX,CX 及 AX 中	－ － － － － － － － － POPA
弹出扩充通用寄存器	POPAD (3 4)		从当前栈顶开始,将栈内容按顺序弹出到 32 位通用寄存器 EDI,ESI,EBP,ESP,EBX,EDX,ECX 及 EAX 中	－ － － － － － － － － POPAD
弹出到标志	POPF		16 位栈段时 FLAGS←SS:[SP],SP←SP＋2;32 位栈段时 FLAGS←SS:[ESP],ESP←ESP＋2	√√√√√√√√ POPF
弹出到扩充标志	POPFD (3 4)		16 位栈段时 EFLAGS←SS:[SP],SP←SP＋4;32 位栈段时 EFLAGS←SS:[ESP],ESP←ESP＋4	√√√√√√√√ 指令举例 POPFD
压入栈	PUSH	寄或段寄或存	16 位操作数:SP* ←SP* －2,32 位操作数:SP* ←SP* －4,SS:[SP]* ←操作数	－ － － － － － － － － PUSH AX
	PUSH (2 3 4)	数 16	16 位操作数:SP* ←SP* －2,32 位操作数:SP* ←SP* －4,SS:[SP]* ←数	－ － － － － － － － － 指令举例 PUSH 1000H
	PUSH (3 4)	数 32		
压入通用寄存器	PUSHA (2 3 4)		把通用寄存器 EAX,ECX,EBX,ESP,EBP,ESI 及 EDI 顺序压入栈中	－ － － － － － － － － PUSHA
压入扩充通用寄存器	PUSHAD (3 4)		把扩充通用寄存器 EAX,ECX,EBX,ESP,EBP,ESI 及 EDI 顺序压入栈中	－ － － － － － － － － PUSHAD
压标志入栈	PUSHF		SP* ←SP* －2,SS:[SP*]←FLAGS	

名 称	操作符	操作数形 式	功 能	标志位变化 A C O P S Z D I T
压扩充标志入栈	PUSHFD（3 4）		$SP^* \leftarrow SP^* -4, SS:[SP^*] \leftarrow EFLAGS$	— — — — — — — — — PUSHFD
带进位位循环左移1位	RCL	寄,1 存,1	目的操作数连同 CF 循环左移 1 位,若移位前与移位后的最高位不等,则 OF=1,否则 OF=0	-√√------ RCL AX,1
带进位位循环左移	RCL	寄,CL 存,CL	目的操作数连同 CF 左移 CL 或"数"位	-√×------
	RCL（3 4）	寄,数 存,数（数的范围为 2~31）	操作数 ← CF ←	指令举例 RCL BL,CL
带进位位循环右移1位	RCR	寄,1 存,1	目的操作数连同 CF 循环右移 1 位,若移位前与移位后的最高位不等,则 OF=1,否则 OF=0	-√√------ RCR AX,1
带进位位循环右移	RCR	寄,CL 存,CL	目的操作数连同 CF 右移 CL 或"数"位	-√×------
	RCR（2 3 4）	寄,数 存,数（数的范围为 2~31）	操作数 → CF →	指令举例 RCR AX,3 RCR EAX,CL
重复前缀	REP	串指令	重复执行所写串指令,重复次数在 CX 中或 ECX 中(32 位操作数时)	标志位同所用串指令 REP INSB
相等重复前缀	REPE/REPZ	CMPS SCAS	重复次数在 CX* 中: ①若 CX*=0 或 ZF=0 则转③,否则转②; ②执行一次后续串指令,CX* ←CX*-1,转①; ③停止重复,执行下面的指令	标志位同所用串指令 指令举例 REPE CMPSB REPE SCASW
不相等重复前缀	REPNE/REPNZ	CMPS SCAS	重复次数在 CX* 中: ①若 CX*=0 或 ZF=1 则转③,否则转②; ②执行一次后续串指令,CX* ←CX*-1,转①; ③停止重复,执行下面的指令	标志位同所用串指令 指令举例 REPNE CMOSB REPNZ SCASD
近返回	RET N 或 RET（近过程中的指令）	空数16数32（3 4）	16 位操作数:IP←SS:[SP]SP←SP+2 或 SP ←SP+2+数 16; 32 位操作数:EIP←SS:[SP*],SP* ←SP*+4 或 SP←SP+4+数 32	指令举例 RET RET 8
远返回	RETF 或 RET（远过程中的指令）	空数16数32（3 4）	16 位操作数:IP←SS:[SP],SP←SP+2 或 SP← SP+2+数 16,CS←SS:[SP],SP←SP+2 或 SP← SP+2+数 16;32 位操作数:EIP←SS:[SP*] SP* ←SP*+4 或 SP←SP+4+数,CS←SS:[SP] SP* ←SP*+4 或 SP←SP+4+数	— — — — — — — — — 指令举例 RETF RET 4 RET 8

名　称	操作符	操作数形式	功　　能	标志位变化 A C O P S Z D I T
循环左移1位	ROL	寄,1 存,1	目的操作数循环左移1位,CF是目的操作数最高位的原值,如果CF≠现操作数最高位值,则OF=1,否则OF=0	－√√－－－－－－ 指令举例 ROL AL,1
循环左移	ROL	寄,CL 存,CL	目的操作数连同CF左移CL或"数"位,CF与操作数移位后最低位的值相同	－√×－－－－－－ 指令举例 ROL AX,CL ROL [EBX],8
	ROL (2 3 4)	寄,数 存,数 (数的范围为 2～31)	CF ← 操作数 ←	
循环右移1位	ROR	寄,1 存,1	目的操作数循环右移1位,CF与目的操作数移位后最高位的值相同, 如果CF≠现操作数最高位值,则OF=1,否则OF=0	－√√－－－－－－ 指令举例 ROR AL,1
循环右移	ROR	寄,CL 存,CL	目的操作数右移CL或"数"位,CF为目的操作数移位后的最高位值	－√×－－－－－－ 指令举例 ROR DI,CL ROR EDX,5
	ROR (2 3 4)	寄,数 存,数 (数 范围为 2～31)	→ 操作数 → CF	
送AH到标志	SAHF		将AH中的内容送标志寄存器的低8位	√√－√√√－－－ SAHF
算术左移1位	SAL	寄,1 存,1	目的操作数左移1位,移出的位送CF中,低位用0补空。若CF不等于操作数最高位移后的值,则OF=1,否则OF=0	×√√√√√－－－ SAL BX,1
算术左移	SAL	寄,CL 存,CL	目的操作数左移CL或"数"位,低位用0补空,即补CL或"数"个0,CF为移出的最后1位的值	×√×√√√－－－
	SAL (2 3 4)	寄,数 存,数 (数的范围为 2～31)	CF ← 操作数 ← 0	SAL BX,CL SAL [EBX],5 SAL EAX,4
算术右移1位	SAR	寄,1 存,1	目的操作数右移1位,高位用符号位补空,CF为移前最低位的值	×√ 0√√√－－－ SAR SI,1
算术右移	SAR	寄,CL 存,CL	目的操作数右移CL或"数"位,高位用符号位补空,CF为最后1次移位前的最低位的值	×√×√√√－－－
	SAR (2 3 4)	寄,数 存,数 (数的范围为 2～31)	操作数 → CF	指令举例 SAR AX,CL SAR EBX,6

名　称	操作符	操作数形式	功　能	标志位变化 A C O P S Z D I T
带借位减法	SBB	寄,寄 存,寄 寄,存, 寄,数 存,数	目的操作数←目的操作数−源操作数−CF	√√√√√√--- 指令举例 SBB AX,BX SBB DX,[SI] SBB EAX,EBX
字节串扫描	SCASB		AL−ES:[DI*]影响标志位。若 DF=0,则 DI*←DI*+1;否则 DI*←DI*−1	√√√√√√--- REPNZ SCASB
双字串扫描	SCASD		EAX−ES:[DI*]影响标志位。若 DF=0,则 DI*←DI*+4;否则 DI*←DI*−4	√√√√√√--- REPZ SCASD
字串扫描	SCASW		AX−ES:[DI*]影响标志位。若 DF=0,则 DI*←DI*+2;否则 DI*←DI*−2	√√√√√√--- REP SCASW
高于设置	SETA/ SETNBE (3 4)	寄 8 存 8	若 CF=0 和 ZF=0 即高于或不低于等于,则操作数=1,否则操作数=0	--------- 指令举例 SETA AL
高于等于设置	SETAE/ SETNB (3 4)	寄 8 存 8	若 CF=0 即高于或不低于,则操作数=1,否则操作数=0	--------- 指令举例 SETAE AH
低于设置	SETB/ SETNAE (3 4)	寄 8 存 8	若 CF=1 或 ZF=1 即低于或不高于等于,则操作数=1,否则操作数=0	--------- 指令举例 SETB DH
低于等于设置	SETBE/ SETNA (3 4)	寄 8 存 8	若 CF=1 或 ZF=1 即低于或不高于,则操作数=1,否则操作数=0	--------- 指令举例 SETBE BL
等于设置	SETE/ SETZ (3 4)	寄 8 存 8	若 ZF=1 即等于或为 0,则操作数=1,否则操作数=0	--------- 指令举例 SETE CH
不等于设置	SETNE/ SETNZ (3 4)	寄 8 存 8	若 ZF=0 即不等于或不为 0,则操作数=1,否则操作数=0	--------- 指令举例 SETNE BH
大于设置	SETG/ SETNLE (3 4)	寄 8 存 8	若 ZF=0 或 SF=OF 即大于或不小于等于,则操作数=1,否则操作数=0	--------- 指令举例 SETG DL

名　称	操作符	操作数形　式	功　　能	标志位变化 A C O P S Z D I T
大于等于 设置	SETGE/ SETNL （3 4）	寄8 存8	若SF＝OF即大于等于或不小于，则操作数＝1，否则操作数＝0	－ － － － － － － － － 指令举例 SETGE AL
小于设置	SETL/ SETNGE （3 4）	寄8 存8	若SF≠OF即小于或不大于等于，则操作数＝1，否则操作数＝0	－ － － － － － － － － 指令举例 SETL AH
小于等于 设置	SETLE/ SETNG （3 4）	寄8 存8	若ZF＝1或SF≠OF即小于等于或不大于，则操作数＝1，否则操作数＝0	－ － － － － － － － － 指令举例 SETLE BL
有借位或 进位设置	SETB/ SETC （3 4）	寄8 存8	若CF＝1即借位或进位则操作数＝1，否则操作数＝0	－ － － － － － － － － 指令举例 SETC BH
无借位或 进位设置	SETNC （3 4）	寄8 存8	若CF＝0即无借位，则操作数＝1，否则操作数＝0	－ － － － － － － － － SETNC DH
无溢出 设置	SETNO （3 4）	寄8 存8	若OF＝0即无溢出，则操作数＝1，否则操作数＝0	－ － － － － － － － － SETNO AH
奇校设置	SETNP/ SETPO （3 4）	寄8 存8	若PF＝0，则操作数＝1；否则操作数＝0	－ － － － － － － － － 指令举例 SETNP AL
正号设置	SETNS （3 4）	寄8 存8	若SF＝0即为正号，则操作数＝1；否则操作数＝0	－ － － － － － － － － SETNS DH
溢出设置	SETO （3 4）	寄8 存8	若OF＝1即溢出，则操作数＝1；否则操作数＝0	－ － － － － － － － － SETO DH
偶校设置	SETP/ SETPE （3 4）	寄8 存8	若PF＝1，则操作数＝1；否则操作数＝0	－ － － － － － － － － 指令举例 SETP BH
负号设置	SETS （3 4）	寄8 存8	若SF＝1即为负号，则操作数＝1；否则操作数＝0	－ － － － － － － － － SETS DH
存全局描述 符表寄存器	SGDT （2 3 4）	寄40(2) 存48(3 4)	将全局描述符表寄存器GDTR的内容送内存	－ － － － － － － － － SGDT［EDI］

(续表)

名 称	操作符	操作数形式	功　　能	标志位变化 A C O P S Z D I T
逻辑左移1位	SHL	寄1. 存1	目的操作数左移1位,低位用0补空,高位移到CF中,若CF≠操作数最高位移后的值,则OF=1,否则OF=0	×√√√√√--- SHL AL,2
逻辑左移	SHL SHL (234)	寄,CL 存,CL 寄,数 存,数 (数的范围为2~31)	目的操作数左移CL或"数"位,低位用0补空,即补CL或"数"个0,CF为最后一次移位前最高位的值 CF ← 操作数 ← 0	×√×√√√--- 指令举例 SHL DI,1 SHLD AX,CL
多字节左移	SHLD (34)	寄16,寄16,数8 存16,寄16,数8 寄16,寄16,CL 存16,寄16,CL 寄32,寄32,数8 寄32,寄32,CL 存32,寄32,CL	第三操作数为移位次数,CF与第一操作数联合左移,右边移空的位由第二操作数从左边顺序提供,但第二操作数本身不变。CF为第一操作数最后移出的位。移1位时判溢出:如果CF与第一操作数符号不同,则OF=1,否则OF=0 CF ← 第一操作数 ← 第二操作数	×√√√√√--- 指令举例 SHLD EAX,EBX,5 SHLD AX,BX,CL
逻辑右移1位	SHR	寄,1 存,1	目的操作数右移1位,高位用0补空,移出的位送到CF中,若操作数最高位移不等于其次高位,则OF=1,否则OF=0	×√√√0√--- SHR AX,1
逻辑右移	SHR SHR (234)	寄,CL 存,CL 寄,数 存,数 (数的范围为2~31)	目的操作数右移CL或"数"位,高位用0补空,CF中为最后移出的一位 0 → 操作数 → CF	×√×√0√--- SHR BX,3 SHR EAX,CL
多字节右移	SHRD (34)	寄16,寄16,数8 存16,寄16,数8 寄16,寄16,CL 存16,寄16,CL 寄32,寄32,数8 寄32,寄32,CL 存32,寄32,CL	第三操作数为移位次数,CF与第一操作数联合右移,左边移空的位由第二操作数从右边顺序提供,但第二操作数本身不变;CF中是最后移出的位 第一操作数 → 第二操作数 → CF	×√×√√√--- 指令举例 SHRD DX,BX,CL SHRD [BX],EDX,4
存中断描述符表寄存器	SIDT (234)	存40(2) 存48(34)	将IDT寄存器内容送内存	--------- SIDT [EBX]
存局部描述符表寄存器	SLDT (234)	存16	将LDT寄存器内容中选择字送内存	--------- SLDT [BX]

321

（续表）

名　称	操作符	操作数 形　式	功　　能	标志位变化 A C O P S Z D I T
存机器 状态字	SMSW	寄 16 存 16	将 MSW 送内存或寄存器	－ － － － － － － － SMSW［BP］
置进位标志	STC		CF＝1	－ 1 － － － － － －
置方向标志	STD		DF＝1	－ － － － － － 1 － －
置中断标准	STI		IF＝1	－ － － － － － － 1 －
存字节串	STOSB		ES:［DI*］←AL,若 DF＝0,则 DI*←DI*＋1, 否则 DI*←DI*－1	－ － － － － － － － STOSB
存双字串	STOSD （3 4）		ES:［DI*］←EAX,若 DF＝0,则 DI*←DI*＋ 4,否则 DI*←DI*－4	－ － － － － － － － STOSD
存字串	STOSW		ES:［DI*］←AX,若 DF＝0,则 DI*←DI*＋2, 否则 DI*←DI*－2	－ － － － － － － － STOSW
存任务 寄存器	STR （2 3 4）	寄 16 存 16	目的操作数←TR	－ － － － － － － － STR［BP］

减法	SUB	寄,寄
		寄,存
		存,寄
		寄,数
		存,数
			目的操作数←目的操作数－源操作数	√√√√√√－－－
				指令举例
				SUB CX,BX
				SUB EAX,EBX

测试	TEST	同上	目的操作数 AND 源操作数,产生标志位	×0 0√√√－－
读校验	VERR （2 3 4）	寄 16 存 16	操作数是选择字,判断该选择字对应的段是否 可读:可读,ZF＝1,不可读,ZF＝0	－ － － － － √ － － VERR BX
写校验	VERW （2 3 4）	寄 16 存 16	操作数是选择字,判断该选择字对应的段是否 可写:可写,ZF＝1,不可写,ZF＝0	－ － － － － √ － － VERW BX
等待	WAIT		使 CPU 等待输入端有效,执行等待时能响应 中断。等待结束时对中断返回下条语句	－ － － － － － － － WAIT
写回并清 高速缓存	WBINVD （4）		将高速缓存写回内存,并清空内部与外部高速 缓存	－ － － － － － － － WBINVB
交换加	XADD （4）	寄,寄 存,寄	目的操作数←目的操作数＋源操作数 源操作数←原目的操作数	√√√√√√－－－ XADD BX,CX
交换	XCHG	寄,寄 寄,存 存,寄	目的操作数←源操作数 源操作数←原目的操作数	－ － － － － － － － 指令举例 XCHG SI,AX

322

名　称	操作符	操作数形　式	功　　能	标志位变化 A C O P S Z D I T
字符转换	XLAT	表变量名 (可缺省)	以 BX 为表基址换码 AL←[AL＋BX*] 注:BX* 表示 BX 或 EBX(32 位地址)	− − − − − − − − − XLAT
异或	XOR	寄,寄 寄,存 存,寄 寄,数 存,数	目的操作数＝目的操作数⊕源操作数	×0 0 √ √ √ − − − 指令举例 XOR SI,DX XOR EAX,ECX

说明:

① 凡操作符下未用圆括号注明者均为所有 80X86CPU 的指令(包括 8086),否则为 80X86 对应的某 CPU 的指令。例如 "BOUND(2 3 4)"说明 BOUND 为 286,386 及 486CPU 的指令。

② 操作数形式中凡未说明操作数者均指 8 位或 16 位或 32 位。如果操作数带有下标,则下标就表示操作数的位数。例如"存$_{48}$"表示 48 位存储器操作数,"寄$_{32}$"表示 32 位的通用寄存器,"段寄"表示段寄存器。SI* 表示 SI 或 ESI,DI* ,SP* ,BP* 等与 SI* 类似。

③ 标志位变化中,记号"√"表示有变化;"−"表示无变化;"×"表示不确定;"0"表示该位置"0";"1"表示该位置"1"。

主要参考文献

1. 周明德. 微型计算机系统原理与应用[M]. 北京:清华大学出版社,1998.
2. 田瑞庭主编. 微型计算机原理与应用[M]. 北京:中国科学技术出版社,1997.
3. 李广军,王厚军. 实用接口技术[M]. 西安:西安电子科技大学出版社,1998.
4. 李兆凤. 8088/8086 汇编语言程序设计[M]. 北京:中央广播电视大学出版社,1993.
5. 余龙山. 微型计算机原理及应用[M]. 北京:化学工业出版社,1999.
6. 傅麒麟. 微型计算机接口技术[M]. 北京:中央广播电视大学出版社,1994.
7. 姚燕南,薛钧义. 微型计算机原理[M]. 西安:西安电子科技大学出版社,1994.